LÜDOU JIANKANG SHIPIN KAIFA
JI QI GONGXIAO JIZHI YANJIU

绿豆健康食品开发及其功效机制研究

郎双静 刁静静 王立东 著

中国纺织出版社有限公司

图书在版编目（CIP）数据

绿豆健康食品开发及其功效机制研究／郎双静，刁静静，王立东著 . -- 北京：中国纺织出版社有限公司，2025. 8. -- ISBN 978-7-5229-2767-1

Ⅰ . TS214. 9

中国国家版本馆 CIP 数据核字第 2025L7L341 号

责任编辑：闫　婷　　责任校对：寇晨晨　　责任印制：王艳丽

中国纺织出版社有限公司出版发行
地址：北京市朝阳区百子湾东里 A407 号楼　邮政编码：100124
销售电话：010—67004422　传真：010—87155801
http://www. c-textilep. com
中国纺织出版社天猫旗舰店
官方微博 http://weibo. com/2119887771
三河市宏盛印务有限公司印刷　各地新华书店经销
2025 年 8 月第 1 版第 1 次印刷
开本：710×1000　1/16　印张：21. 25
字数：373 千字　定价：98. 00 元

前　　言

　　绿豆是重要的食用豆类，富含淀粉、蛋白质、维生素等营养成分和多酚、多肽、多糖等生物活性物质，具有抗氧化、抗菌、抗炎、降压、降脂等活性。同时，绿豆具有清热解毒、利尿止渴、健脾益气等功效。

　　多酚是植物抗氧化系统中的重要组成部分，对植物营养吸收、蛋白质合成和细胞骨架构造有一定影响。多酚是通过莽草酸途径和苯丙酸途径生成的，前体物质来自糖酵解和磷酸戊糖途径的中间产物。多酚具有抗炎、抗癌、抗菌、抗感染、降血糖和降低胆固醇的作用。针对提高绿豆酚类物质含量的研究方法较多，如通过基因突变或嫁接等生物强化方法来达到富集多酚的效果，但由于物种基因保护的局限性，致使富集效率较低。发芽可作为提高绿豆中多酚含量的有效方法。近年来，利用非生物方法诱导绿豆萌发过程中酚类化合物积累的研究受到人们关注，其具有更高的效率和控制生物活性化合物合成的潜力。机械损伤（如超声、高压、脉冲电场、等离子体等）可诱导绿豆萌发过程中生物活性物质含量和抗氧化能力的提升。此外，盐胁迫也是一种经济和可持续的非生物诱导技术，通常被用来激活种子的次生代谢。寻求高效的富集方法，明晰其富集机制及健康功效，已成为开发绿豆功能性食品的重要任务。

　　蛋白质是生命的物质基础，是食品中不可或缺的重要成分之一。不同来源的蛋白质的分子结构不同，其营养功效及功能特性不同。近年来的研究已证实通过物理、化学或生物方法可以改变蛋白质的空间结构和物理化学性质，获得具有更好功能和营养特性的物质。其中，酶法水解具有成本低、操作简单、得率较高、反应条件温良的优点，是目前较为常用的处理手段之一，该法得到的蛋白酶解产物具有较高的抗氧化、降胆固醇、降血脂、调节血糖等生物功效。现有研究已证实蛋白质酶解产物的结构和分子量与其生物功效之间存在较高的相关性，为进一步提高蛋白质酶解产物的生物利用率和生物功效，超声波辅助酶解技术已被应用于蛋白质加工利用领域。蛋白质可以通过超声波产生的空化效应和机械效应改变其分子结构，从而改变蛋白质的酶解效率和功能活性。为了进一步提高蛋白质的综合利用率，寻求更为便捷和高效的蛋白质酶解技术，明确其结构与功效和特性之间的作用模式成为深度开发优质蛋白质资源的首要目标。

本书主要介绍了绿豆多酚的不同富集方法、富集机制和健康功效,绿豆抗氧化肽的制备、结构解析和健康功效,绿豆蛋白酶解物的结构特征和健康功效,以及绿豆全籽粒的高效利用及相关产品开发。书中系统介绍了超声协同外源 GABA 处理对绿豆发芽过程中多酚代谢物和淀粉性质的影响、超声波协同钙离子处理对绿豆芽多酚富集机制及生物活性的影响;绿豆抗氧化肽结构分析及其对氧化诱导肝细胞 WRL-68 的脂代谢调控作用;绿豆抗氧化肽制备及其对高脂诱导小鼠肠道代谢产物的影响;绿豆蛋白酶解物结构分析及其对调节高脂小鼠脂代谢水平的影响;干法超微粉碎对全籽粒绿豆及其预混合粉加工特性的影响等内容。本书从机理到工艺、从技术到产品,具体、详尽地介绍了绿豆健康食品开发的关键技术和功效机制。

全书由黑龙江八一农垦大学的郎双静、刁静静、王立东合著而成,并由王长远完成主审。其中,第一章、第二章和第三章由郎双静编写,第四章和第五章由刁静静编写,第六章和第七章由王立东编写。本书的出版得到黑龙江省重点研发计划“豆类膳食功能因子的精准生物富集及靶向调控技术研究与应用(2022ZX02B18)”、黑龙江省杂粮生产与加工优势特色学科项目(黑教联〔2018〕4号)、黑龙江省双一流学科协同创新成果项目“杂粮健康主食化食品产业化加工技术研究(LJGXCG2024-P38)”、黑龙江省自然科学基金项目(LH2024C088)、黑龙江省重点研发计划“营养功能型大豆复配制品创制及稳态化保持关键技术研究(2024ZX02B12-02)”、黑龙江省环大学大院大所创新创业生态圈联合引导资金项目《低 GI 杂粮功能主食化食品加工》(DQ25STQ005)、大庆市指导性科技计划项目“低 GI 速煮型杂粮预制粥料产业化加工技术研究(zd-2024-45)”、黑龙江八一农垦大学学术专著论文基金的资助。本书在成书过程中得到黑龙江八一农垦大学王长远、李昌盛的大力支持,在此表示由衷的感谢,并对参与研究项目的黑龙江八一农垦大学李晓强、于世博、刘妍兵、苗雪、胡锦瑞、陈静、肖紫萱等科研人员表示诚挚的感谢。

由于作者水平有限,受研究方法和条件的局限,书中难免会出现疏漏或者不恰当的观点和叙述,愿各位同仁和广大读者在阅读的过程中能够给予更多的指导,并提出宝贵的意见。我们衷心希望本书的出版可以为相关科研人员、企业人员和高校教师提供参考。最后,再次感谢在本书编写与出版过程中所有对我们的工作给予支持和帮助的人们。

郎双静　刁静静　王立东
2025 年 1 月于大庆

目　　录

第一章 绪论

第一节 绿豆及其营养功能特性

绿豆，豇豆属（*Vigna radiate* L.），是一种一年生的草本植物，主要生长在热带、亚热带及温带地区。中国绿豆主要分布在黄河、淮海以及东北三大地区，占全国播种总面积的 70% 以上。我国绿豆种植时间悠久，以绿豆为原料的制品常出现在人们的日常生活中，包括我们所熟知的绿豆糕、绿豆沙、绿豆粥、绿豆粉皮、绿豆酒等食品，这也说明绿豆在食品发展中有很重大的意义。绿豆也具有较高的药用价值，其籽粒、根茎、叶、芽、花皆可入药，有利湿消肿、利尿止渴、健脾益气、消暑解热的功效。《开宝本草》中记载，绿豆可以"消肿下气，压热解毒"；《本草纲目》中说，绿豆是"食中要物""济世之良谷""解金石、砒霜、草木、一切诸毒"。因其具有清热解毒、护肝等功效，在国际上被许多国家（中国、加拿大、柬埔寨等）认为是最有价值的可食性豆类作物之一，已经广泛应用于医疗、保健和食品等领域。

绿豆是重要的食用豆类和传统功能性食品，富含多种营养成分，如淀粉、酚类、蛋白质、维生素、多糖等，其子叶中淀粉含量较高，而种皮中多酚类物质含量较高；绿豆中的营养成分使其具有抗氧化、抗菌、抗炎等多种生物活性，除上述生物活性外，绿豆还可以清热解毒、增进食欲，对保护心脑血管、降低胆固醇、保肝也有明显疗效，是我国人民喜爱的药食同源食物。Baza 等的研究发现绿豆具有高蛋白且低致敏的特性，因而将其推荐作为婴儿断奶的食品补充剂。Zhou 等的研究发现绿豆皮中具有抗氧化活性物质，此外还有研究表明绿豆具有抑制肥胖和抑菌等许多生理学功能。

第二节 绿豆多酚功能特性研究进展

一、绿豆多酚的组成结构

绿豆多酚从存在形态上分为游离酚和结合酚。Krygier 等最先提出了结合态多酚的理论概念，是指需要水解后萃取的酚类物质，并根据这一概念设计了测定这两种不同存在形态多酚的方法，在这一理论概念提出后，国内外大量研究者就这一理论概念加以深入研究。结合态多酚是由共价键与食品基质相结合的多酚，有难萃取的特点。游离态多酚是指以单体形式被物理吸附或截留于食品基质中的多酚，具有溶解性好，易溶于水或有机溶剂的特点。侯春宇等研究表明绿豆主要含有没食子酸、儿茶素、阿魏酸、对香豆酸、异槲皮苷等酚酸物质。魏美霞等通过高效液相色谱—质谱联用（LC-MS）技术对绿豆多酚化合物进行分析鉴定，得出结论：绿豆多酚的组成成分主要以牡荆素、芹菜素、香豆雌酚、大豆苷元等为主，除此之外还发现其他多酚化合物共 39 种。Pajak 等经计算得出绿豆中木犀草素含量为 0.36 mg/100 g。王富豪分析鉴定出绿豆种子中多酚类物质包括儿茶素和表没食子酸儿茶素，这两者以糖基化形式存在，除此之外还有二氢槲皮素 3-O-鼠李糖苷、木犀草素 7-O-葡萄糖苷、山奈酚等多种多酚化合物。通过 Yang 等和 Tang 等对绿豆多酚进行分析鉴定的结果可以发现，绿豆中富含杨梅素、槲皮素、山奈酚等多种多酚化合物。肖金玲等通过非靶向代谢组学对绿豆中的酚类化合物进行探究发现，响应最高的几种多酚类物质为芹黄春、二氢槲皮素、表儿茶素、芦丁、香叶木素、(-)-表没食子儿茶素等。董银卯等对从绿豆中提取的有效多酚进行了成分分析，发现其主要组成成分为香豆酸、莽草酸、肉桂酸等。

由上述研究结果得出结论，绿豆中的多酚类化合物主要有槲皮素、山奈酚、芦丁、儿茶素、木犀草素、鼠李糖和牡荆素等及其衍生物，因提取和检测方法不同，其含量存在一定差异。

二、绿豆多酚的生物活性

绿豆含有酚酸类和黄酮类生物活性物质，它们是谷物中植物化学物质主要且复杂的组成之一。绿豆中的多酚可以有效保护绿豆内的生物大分子，避免其受到自由基的氧化损伤；除此之外，绿豆多酚可以与金属离子螯合，抑制金属离子催化氧化反应。综上所述，因为绿豆多酚具有以上功能特性，所以使其具备了抗氧化、降血压、降血脂和缓解糖尿病并发症等功效。绿豆多酚的强抗氧化活性使其在食品中常作为抗氧化剂存在。

蔡亭等对绿豆浸泡液进行了分析测定，结果表明多酚含量与抗氧化活性存在正相关关系；盛亚男等采用溶剂浸提法对绿豆游离酚进行提取，研究表明游离酚具有较强的抗氧化活性；梁雪梅等发现加工方式会影响绿豆芽的多酚含量进而影响其抗氧化活性。由此可以说明，无论是游离酚还是结合酚，或是具有不同的多酚化合物组成，绿豆多酚都具有较好的抗氧化活性，针对这一特性可进行深入研究。

第三节 绿豆肽功能特性研究进展

绿豆蛋白的氨基酸种类丰富，被酶解后释放的绿豆肽（MBPs）片段具有抗氧化、降胆固醇、提高免疫能力等功能特性，是良好的植物源功能性生物活性肽。目前，绿豆蛋白多作为动物饲料等低值化产品被利用，造成了优质资源的浪费。近年来研究发现，酶解是一种提高蛋白质利用率的有效途径，其可极大提升蛋白质的功能特性。绿豆蛋白酶解物已被发现具有多种功效，具体如下。

一、绿豆抗氧化肽

大量的研究表明绿豆肽具有良好的抗氧化活性。Xie 等将绿豆蛋白酶解并超滤纯化出 3 种肽段：MBPHs（mung bean protein hydrolysates）-Ⅰ（<3 kDa）、MBPHs-Ⅱ（3 kDa~10 kDa）和 MBPHs-Ⅲ（>10 kDa），这三种分子量不同的肽段均能提高细胞活力，MBPHs-Ⅰ 和 MBPHs-Ⅱ 能通过增加 SOD（superoxide dismutase）和 GSH 水平以及抑制脂质过氧化来减轻 NCTC-1469 细胞的氧化应激，且这 3 种肽段对 H_2O_2 诱导的氧化应激细胞都具有良好的保护作用，其中的 MBPHs-Ⅰ 能有效清除 NCTC-1469 细胞内的活性氧。Jennifer 等测定了绿豆白蛋白酶解物的 ABTS 自由基清除、亚铁离子螯合能力和氧自由基吸收能力（ORAC），结果表明，酶解物中具有较高的亚铁离子螯合活性（1400~1500 μg EDTA equiv/mL）和 ORAC 值（>120 μmol/L Trolox equiv），该研究认为绿豆肽是一种有效的铁离子螯合剂，具有很高的抗氧化潜力。Sonklin 等研究发现，用中性蛋白酶对绿豆蛋白酶解 12 h 时，酶解物的 DPPH 和 ABTS 自由基清除率最高，且与其他级分相比，肽段长度小于 1 kDa 的肽级分抗氧化能力最佳，用菠萝蛋白酶对此肽级分进行二次水解后，发现肽段抗氧化活性增强，风味增加。夏吉安等采用中性蛋白酶酶解得到了具有良好自由基清除效果的绿豆肽，利用超滤膜以及葡聚糖凝胶柱色谱对绿豆肽进行分离纯化后，发现绿豆肽对 DPPH 自由基、羟自由基的清除率可高达（91.58±2.44）%。李琴等发现中性蛋白酶酶解的绿豆肽具有良好的抗氧化效果，其抗氧化活性虽不及维生素 C，但高于 2，6-二叔丁基-4-甲基苯酚（butylated hydroxy toluene，BHT）。

二、绿豆免疫调节肽

巨噬细胞属免疫细胞，是一种守护范围很广的白细胞，有吞食并处理大型异物、细胞排泄出的老旧废物、寿终红细胞等多种功能，巨噬细胞在炎症发生时会奔赴相应部位处理异物。巨噬细胞还是研究细胞吞噬、细胞免疫和分子免疫学的重要对象。杨健等在绿豆肽对巨噬细胞增殖、糖原、核酸、ATPase、LZM、SOD及细胞因子的影响研究中发现，高浓度 MBPs 对巨噬细胞内糖原影响较大；MBPs浓度增高，核内 DNA 及胞质内 RNA 的染色程度逐渐增加，细胞活性逐渐增强。当 MBPs 质量浓度在 100 μg/mL 以上，对巨噬细胞酶内 SOD 活性和缓解 LPS 的刺激作用有显著的效果；MBPs 可以上调巨噬细胞促炎性细胞因子的表达，并可下调 LPS 诱导的巨噬细胞促炎性因子的分泌，从而达到调节机体免疫力的作用。刁静静等采用葡聚糖凝胶 G-15 层析分离绿豆肽，得到不同级分的绿豆肽，将其作用于 RAW 264.7 巨噬细胞测定其免疫活性，结果得出免疫活性与肽的分子量具有相关性，当分子量为 903 Da 时，肽链免疫活性较高，且该级分能增强巨噬细胞增殖能力，激活正常巨噬细胞的细胞因子 IL-6、L-1β 和 TNF-α 的表达，还可以抑制 LPS 诱导产生 IL-6、L-1β 和 TNF-α 等细胞因子。IL-6 由淋巴细胞和某些非淋巴细胞（如成纤维细胞、内皮细胞等）产生，是一种参与机体应激反应和免疫调节的重要细胞因子。IL-6 水平可以作为反映机体炎症与组织损伤严重程度的重要指标。于笛等的研究同样证实了 MBPs 可显著缓解 LPS 所诱导巨噬细胞的促炎性细胞因子 IL-1α 和 IL-6 过度分泌，表明其通过调节巨噬细胞的促炎性细胞因子水平发挥抗炎作用。后来的研究发现，绿豆肽通过阻断脂糖（LPS）刺激 RAW 264.7 巨噬细胞中的 NF-κB 通路，对促炎介质产生了强烈和剂量依赖性的抑制作用。此外，发酵绿豆通过诱导脾细胞增殖和提高血清 IL-2 和干扰素 γ 的水平，对小鼠的脾细胞产生免疫刺激作用。游离氨基酸的存在可增强细胞毒性和免疫调节能力。绿豆肽还被证明可以减轻 H_2O_2（50 μmol/L，30 min）对肝母细胞瘤 HepG2 细胞的遗传毒性。有趣的是，完整绿豆中的 vicilin 蛋白（MBVP）和由碱性蛋白酶、胰蛋白酶生成的绿豆 vicilin 蛋白水解物（AMBVPH 和 TMBVPH），除了具有抗氧化和 ACE 抑制活性外，还具有剂量依赖性的抗乳腺癌细胞（MDA-MB-231、MCF-7）的增殖活性作用。

综上所述，绿豆肽具有良好的调节免疫的功能特性，尤其体现在对炎症的调节作用上。

三、绿豆降脂肽

TC、TG 等指标是临床上判断肝脏脂质积累的重要指标，当 TC 单独升高时可以被诊断为高胆固醇血症，不仅如此，TC 水平对动脉粥样硬化性心血管疾病

（arteriosclerotic cardiovascular disease，ASCVD）发病风险具有预测作用。TG 的单独升高可被诊断为高甘油三酯血症，而当 TC、TG 二者同时升高时，患者在临床上可被诊断为混合型高脂血症，胰腺炎的发病风险会增加。Watanabe 等评估了绿豆分离蛋白对高脂小鼠肝脏 TG 积累的影响，以阐明其预防非酒精性脂肪肝疾病发病和进展的潜在能力，在这项研究中，发现绿豆分离蛋白可以在非酒精性脂肪性肝炎模型中，不依赖体重减轻机制减轻肝脏中 TG 的积累并抑制肝炎和纤维化。酶消化的绿豆肽抑制了原代肝细胞培养中新生脂肪生成相关基因（*Srebf1*、*Fasn* 和 *Scd1*）的表达，表明绿豆分离蛋白直接作用于肝脏以减少 TG 积累。除酒精性脂肪肝外，酒精诱导的氧化应激是另一种严重的肝损伤。发芽和发酵绿豆的水提物可显著降低血清丙氨酸氨基转移酶（ALT）、天冬氨酸氨基转移酶（AST）、TC、TG、一氧化氮（NO）和丙二醛（MDA）活性，并在乙醇诱导的肝损伤中增加铁离子还原抗氧化能力（FRAP）和超氧化物歧化酶（SOD）活性。Kohno 的团队探究了绿豆分离蛋白在临床上的降脂作用，结果显示，绿豆蛋白的摄入使人体内的 TG 水平显著下降，血清脂联素水平显著升高且肝功能酶活性有明显改善，证明绿豆蛋白有助于抵抗内脏的脂肪堆积，达到预防肝功能下降的特性。

以上研究都证实了绿豆蛋白肽具有调节脂代谢的功能特性，这一特性对预防代谢性肝病具有巨大潜力。

第四节 绿豆蛋白酶解物生物活性研究进展

（一）绿豆蛋白酶解物的抗氧化活性

自 1956 年 Harman 提出自由基理论以来，人们逐渐认识到人类的衰老以及许多疾病与体内物质氧化产生的自由基有关。自由基是指含有一个或多个未配对电子的分子、原子、基团或离子，自由基的化学性质活泼、反应性极强，容易反应产生稳定的分子，自由基通过攻击生命大分子来造成组织细胞的损伤，是引起机体衰老、肿瘤以及一些其他疾病的根本原因。随着人们认识水平的不断提高，已经逐步认识到清除体内自由基对健康的重要性，目前在食品工业和制药工业中多采用 2，6-二叔丁基-4-甲基苯酚（butyl hydroxyl toluene，BHT）、丁基羟基茴香醚（butyl hydroxyl anisole，BHA）、叔丁基对苯二酚（tert-butyl hydro quinone，TBHQ）和没食子酸丙酯（propyl gallate，PG）等合成抗氧化剂，这些合成抗氧化剂具有的毒、副作用对人体会造成潜在的伤害。研究发现，绿豆蛋白酶解物具有良好的抗氧化活性，且安全，无污染、毒、副作用。研究发现，采用中性蛋白酶水解绿豆蛋白，得到绿豆抗氧化活性肽的水解液，随后采取超滤技术和Sephadex G-25 凝胶色谱技术对蛋白酶解物进行分离纯化，获得的纯化绿豆蛋白酶解物对羟自由基、DPPH自由基的清除率可高达91.70%和74.68%。由此可得出结论，绿豆蛋白经水解获得的酶解物具有较好的抗氧化效果，其抗氧化效果虽然不及对照的L-抗坏血酸，但是其抗氧化效果高于工业抗氧化物质BHT。傅亮等以碱性蛋白酶酶解绿豆蛋白，获得具有良好还原能力的绿豆抗氧化肽，测定发现其对羟自由基和超氧阴离子清除作用的IC50分别是13.96 mg/mL和12.67 mg/mL，阻碍脂质过氧化能力的IC50为15.77 mg/mL，绿豆蛋白抗氧化肽在4种抗氧化体系中均表现出较强的抗氧化活性。何情分别使用碱性蛋白酶、中性蛋白酶以及木瓜蛋白酶在各自酶的最适条件下，酶解绿豆蛋白，以水解度、NSI（可溶性氮含量）为指标，结果发现碱性蛋白酶水解效果最好，水解度、NSI分别达到23.07%、60.22%。对碱性蛋白酶水解获得的绿豆多肽还原能力、羟自由基的捕获能力、超氧阴离子捕获能力和抗脂质过氧化能力进行测定，均表现出较强的抗氧化活性，后3种抗氧化体系的IC50分别为13.63 mg/mL、16.85 mg/mL以及10.31 mg/mL。Soklin等采用中性蛋白酶水解12 h时的绿豆蛋白水解物DPPH和ABTS自由基清除率达到最高值，随后经超滤膜进行分级，低于1kDa的肽段表现出较高的羟基和超氧化物的清除效果，之后采用菠萝蛋白酶对绿豆蛋白进行水解，并测定氨基酸组成，发现绿豆抗氧化肽疏水性氨基酸含量较高。

（二）绿豆蛋白酶解物的降脂能力

肝脏是人们研究脂类代谢的重要靶器官，负担着胆固醇和磷脂的合成，脂蛋白合成和运输等功能，对维持机体脂代谢平衡有着重要作用，肝脏中的胆固醇代谢是维持人体胆固醇平衡的关键。胆固醇的吸收、合成、运输和排泄等过程与许多酶、转运体、受体的协同作用有关。长期摄入高脂、高能量的饮食会导致机体中甘油三酯的增加和脂肪酸的β-氧化，产生大量的氧自由基，肝脏线粒体DNA遭受损伤，从而使肝脏组织细胞能量代谢产生障碍。大量的研究发现，植源性蛋白酶解物能够发挥良好的降脂能力，如大豆疏水性肽能够结合胆汁酸，促进胆固醇排泄，胃蛋白酶的酶解产物降胆固醇作用明显，在酸性蛋白酶解物中分离出的Val-Val-Tyr-Pro氨基酸序列，是降低甘油三酯的有效序列。侯佩琳等研究证实，绿豆蛋白经过中性蛋白酶的酶解得到的酶解物，具有很好的降血脂效果，与胆酸盐—脱氧胆酸钠的结合率达到60.46%，随后建立了秀丽隐杆线虫高胆固醇动物模型，结果证实水解物能够通过降低胆固醇的含量达到降低血脂的目的。目前，对于植源性蛋白酶降脂酶解物的研究多集中在大豆蛋白、荞麦蛋白上，对于绿豆的降脂活性大多仍停留在绿豆蛋白。但是，绿豆蛋白酶解物比绿豆蛋白更容易被人体消化吸收，酶解后的绿豆蛋白的降脂活性发挥仍需进一步试验。

（三）绿豆蛋白酶解物的免疫调节作用

改革开放以来，中国经济飞速发展，人民膳食结构变化巨大，导致很多慢性疾病的发病率"井喷式"上升，世界卫生组织报告全球每年约有4000万人死于心血管疾病、糖尿病、癌症、慢性呼吸道疾病等慢性非传染性疾病。饮食的改变使人们摄入大量的油脂，引起机体氧化损伤，而这种氧化损伤又导致了炎症因子增加。研究发现，酶解后的绿豆蛋白能够显著降低小鼠肿瘤坏死因子 α （tumor necrosis factor-α，TNF-α）、白细胞介素-1β （interleukin-1β，IL-1β）、白细胞介素-6 （interleukin-6，IL-6）、γ-干扰素 （Interferon γ，IFN-γ）分泌量，同时上调白细胞介素-10 （interleukin-10，IL-10）抗炎因子的表达，抑制促炎因子的分泌，提高机体免疫力。郭健等认为分子量低于1 kDa的绿豆蛋白酶解物能够提高巨噬细胞吞噬能力，促进淋巴细胞增殖，王凯凯用碱性蛋白酶酶解绿豆蛋白，发现酶解物刺激巨噬细胞发挥免疫调节作用，舒缓LPS刺激巨噬细胞导致的炎症因子分泌水平升高。刁静静、杨健、迟治平等人的研究均证实了绿豆蛋白在经过蛋白酶处理后得到的产物，在动物模型以及细胞模型中均能够发挥良好的免疫调节作用。

综上，绿豆蛋白酶解物具有良好的体外抗氧化活性、降脂能力以及抑制炎症因子分泌的功效。绿豆蛋白酶解物是一种有效的生物活性物质，来源于食品，安全、天然、无毒，但是目前对于绿豆的应用大多还是集中在绿豆淀粉，这就造成了绿豆蛋白资源的浪费。因而，为了提高绿豆蛋白的利用率，减少资源浪费，越来越多的学者们把目光落在绿豆蛋白上，研究发现，采用蛋白酶处理绿豆蛋白后，绿豆蛋白被水解成各种小分子的酶解物，更易于人体消化吸收，在此基础上，发现了绿豆蛋白酶解物具有的各种功能活性，特别是调节免疫活性及抗氧化活性，但是绿豆蛋白酶解物调节脂质代谢作用的具体作用模式还不清楚，需要进一步的研究证明。

参考文献

［1］EBERT A W，CHANG C H，YAN M R，et al. Nutritional composition of mungbean and soybean sprouts compared to their adult growth stage ［J］. Food Chemistry，2017，237（15）：15-22.

［2］王丽侠，程须珍，王素华. 绿豆种质资源、育种及遗传研究进展［J］. 中国农业科学，2009，42（5）：1519-1527.

［3］ 刘全贵，李翠云，王才道．山东省绿豆种质资源营养品质研究［J］．山东农业科学，1992 （5）：38-39.

［4］ QIAN L L, LI D W, SONG X J, et al. Identification of baha´sib mung beans based on fourier transform near infrared spectroscopy and partial least squares［J］. Journal of Food Composition and Analysis, 2021, 105 (1)：104-118.

［5］ DU M X, XIE J H, GONG B, et al. Extraction, physicochemical characteristics and functional properties of mung bean protein［J］. Food Hydrocolloids, 2017, 76 (3)：131-140.

［6］ ZHAO K, ZHANG B, SU C Y, et al. Repeated heat-moisture treatment：a more effectiveway for structural and physicochemical modification of mung bean starch compared with continuous way［J］. Food and Bioprocess Technology：An International Journal, 2020, 13 (3)：452-461.

［7］ LAI F R, WEN Q B, LI L, et al. Antioxidant activities of water-soluble polysaccharide extracted from mung bean (*vigna radiata* l.) Hull with ultrasonic assisted treatment［J］. Carbohydrate Polymers, 2010, 81 (2)：323-329.

［8］ ZHANG X W, SHANG P P, QIN F, et al. Chemical composition and antioxidative and anti-inflammatory properties of ten commercial mung bean samples［J］. LWT -Food Science and Technology, 2013, 54 (1)：171-178.

［9］ ZHONG K, LIN W, WANG Q, et al. Extraction and radicals scavenging activity of polysaccharides with microwave extraction from mung bean hulls［J］. International Journal of Biological Macromolecules, 2012, 51 (4)：612-617.

［10］ 刘爱萍，陈尚武，苗颖，等．绿豆酸奶发酵工艺的研究［J］．食品科学，2007，28 (2)：108-111.

［11］ 齐岩，檀昕，程安玮，等．葡萄皮和籽中游离酚和结合酚组成及抗氧化活性比较［J］．核农学报，2017，31 (1)：104-109.

［12］ 李艳，刘梅森，万红霞，等．高效液相色谱法测定玉米中的游离酚和结合酚［J］．中国粮油学报，2015，30 (9)：108-111.

［13］ 颜才植，叶发银，赵国华．食品中多酚形态的研究进展［J］．食品科学，2015，36 (15)：249-254.

［14］ 候春宇．蒸汽爆破加工对红豆和绿豆中不同结合态多酚及抗氧化活性的影响［D］．长春：吉林农业大学，2020.

［15］ 魏美霞，梁雪梅，林欣梅，等．绿豆发芽过程中多酚组成及抗氧化活性的变化［J］．中国粮油学报，2021，36 (2)：27-33.

［16］ PAULINA P, ROBERT S, DOROTA G, et al. Phenolic profile and antioxidant activity in selected seeds and sprouts［J］. Food Chemistry, 2014, 143 (15)：300-306.

［17］ 王富豪．不同品种绿豆营养品质、多酚化合物组成及功能活性研究［D］．南京：南京财经大学，2021.

［18］ YANG Q Q, GE Y Y, ANIL G, et al. Phenolic profiles, antioxidant activities, and antiproliferative activities of different mung bean (*vigna radiata*) varieties from srilanka［J］. Food Bioscience, 2020, 37 (3)：100705.

［19］ TANG D, DONG Y, REN H, et al. A review of phytochemistry, metabolite changes, and medicinal uses of the common food mung bean and its sprouts (*vigna radiata*). ［J］. Chemistry Central journal, 2014, 8 (1)：4.

［20］ 肖金玲，沈蒙，葛云飞，等 . 萌发绿豆中多酚类物质动态变化规律及其抗氧化活性的研究 ［J］. 中国粮油学报，2020，35（7）：28-35.

［21］ 董银卯 . 萌芽绿豆抗敏抗氧化活性物质分析及其作用机制研究 ［D］. 哈尔滨：哈尔滨工业大学，2014.

［22］ 张六州 . 绿豆饼干生产工艺的研究 ［J］. 粮食与油脂，2018，31（3）：72-75.

［23］ KETHA K，GUDIPATI M. Immunomodulatory activity of non starch polysaccharides isolated from green gram（*vigna radiata*）［J］. Food research international，2018，113：269-276.

［24］ HIROYASU Y，KUNIHIRO K. Effects of cerebroside and cholesterol on the reconstitution of tono-plast h+-atpase purified from mung bean（*vigna radiata* l.）Hypocotyls in liposomes ［J］. Plant & Cell Physiology，1994（4）：655-663.

［25］ 刁静静 . 绿豆肽对小鼠巨噬细胞免疫活性的影响及其作用机制 ［D］. 大庆：黑龙江八一农垦大学，2019.

［26］ XIE J H，YE H D，DU M X，et al. Mung Bean Protein Hydrolysates Protect Mouse Liver Cell Line Nctc-1469Cell from Hydrogen Peroxide-Induced Cell Injury ［J］. Foods，2019，9（1）：14-14.

［27］ KUSUMAH JENNIFER，REAL HERNANDEZ LUIS M，GONZALEZ DE MEJIA ELVI-RA. Antioxidant Potential of Mung Bean（<italic>Vigna radiata</italic>）Albumin Peptides Produced by Enzymatic Hydrolysis Analyzed by Biochemical and In Silico Methods ［J］. Foods，2020，9（9）：1241-1241.

［28］ CHUNKAO SIRIPORN，YOURAVONG WIROTE，YUPANQUI CHUTHA T，et al. Structure and Function of Mung Bean Protein-Derived Iron-Binding Antioxidant Peptides ［J］. Foods（Basel，Switzerland），2020，9（10）：1406-1406.

［29］ SONKLIN C，LAOHAKUNJIT N，KERDCHOECHUEN O. Assessment of antioxidantproperties of membrane ultrafiltration peptides from mungbean meal proteinhydrolysates ［J］. PeerJ，2018，6（7）：5331-5337.

［30］ 夏吉安，黄凯，李森，等 . 绿豆抗氧化肽的酶法制备及其抗氧化活性 ［J］. 食品与生物技术学报，2020，39（10）：40-47.

［31］ 杨健，郭增旺，刁静静，等 . 绿豆肽对 RAW264.7 巨噬细胞增殖及免疫活性物质的影响 ［J］. 中国食品学报，2019，19（8）：22-30.

［32］ 刁静静，迟治平，刘妍兵，等 . 不同级分绿豆肽免疫活性的分析 ［J］. 食品科学，2020，41（1）：133-138.

［33］ 于笛，周伟，郭增旺，等 . 绿豆寡肽对脂多糖诱导巨噬细胞 RAW264.7 的抗炎作用 ［J］. 中国食品学报，2020，20（8）：41-48.

［34］ DIAO J J，CHI Z P，GUO Z W，et al. Mung Bean Protein Hydrolysate Modulates the Immune Response Through NF-κB Pathway in Lipopolysaccharide-Stimulated RAW 264.7Macrophages ［J］. Journal of food science，2019，84（9）：2652-2657.

［35］ ALI N M，YEAP S K，YUSOF H M，et al. Comparison of free a mino acids，antioxidants，soluble phenolic acids，cytotoxicity and immunomodulation of fermented mung bean and soybean ［J］. Journal of the Science of Food & Agriculture，2016，96（5）：1648-1658.

［36］ WONGEKALAK L O，SAKULSOM P，JIRASRIPONGPUN K，et al. Potential use of antioxi-dative mungbean protein hydrolysate as an anticancer asiatic acid carrier ［J］. Food Research International，2011，44（3）：812-817.

[37] NEHA G，NIDHI S，SAMEER S B. Vicilin-A major storage protein of mungbean exhibits antioxidative potential，antiproliferative effects and ACE inhibitory activity [J]. PLoS ONE，2018，13（2）：e0191265.

[38] HARMAN D. Aging：A Theory Based on Free Radical and Radiation Chemistry [M]. Berkeley：University of California Radiation Laboratory，1955.

[39] HARMAN D. Aging：a theory based on free radical and radiation chemistry [J]. J Gerontol，1956（11）：298-300.

[40] NAJAFIAN L，BABJI A S. A review of fish-derived antioxidant and antimicrobia l peptides：Their production，assessment，and applications [J]. Peptides，2011，33：178-185.

[41] 蒋海萍，廖丹葵，童张法. 抗氧化活性肽的研究进展 [J]. 广西科学，2015，22（1）：60-64.

[42] 丁亚男，高观祯，汪惠勤，等. 婴幼儿配方奶粉对人结肠腺癌系 Caco-2 细胞和 SD 大鼠腹腔巨噬细胞自由基水平的影响 [J]. 中国食品学报，2021，21（2）：9-17.

[43] KRISHNAKUMAR S，KHAN T，RAJASHEKHAR C R，et al. Influence of Graphene Nano Particles and Antioxidants with Waste Cooking Oil Biodiesel and Diesel Blends on Engine Performance and Emissions [J]. Energies，2021，14（14）：1-17.

[44] 郑鸿涛，刘子雄，魏荣，等. QuEChERS 净化—气相色谱—质谱法测定食用植物油中 4 种合成抗氧化剂 [J]. 食品与机械，2021，37（3）：64-69.

[45] 张海生，孙键，张瑞妮，等. 绿豆抗氧化活性肽的分离纯化及其组成分析 [J]. 食品工业科技，2012，33（14）：153-156.

[46] 孙键. 绿豆抗氧化活性肽的制备及其抗氧化活性研究 [D]. 西安：陕西师范大学，2011.

[47] 李琴，张海生，许珊，等. 绿豆抗氧化活性肽的制备及其抗氧化活性研究 [J]. 江西农业大学学报，2013，35（5）：1063-1069.

[48] 傅亮，何倩，陈勇，等. 绿豆多肽的制备工艺及抗氧化作用 [J]. 食品与机械，2010，26（6）：79-82.

[49] 何倩. 绿豆多肽的制备工艺及其抗氧化性和促发酵作用 [D]. 广州：暨南大学，2011.

[50] SONKLIN C，LAOHAKUNJIT N，KERDCHOECHUEN O. Assessment of antioxidant properties of membrane ultrafiltration peptides from mungbean meal protein hydrolys ates [J]. PeerJ，2018，6（7）：1-20.

[51] SONKLIN C，LAOHAKUNJIT N，KERDCHOECHUEN O，et al. Volatile flavour compou nds，sensory characteristics and antioxidant activities of mungbean meal protein hydrolysed by bromelain [J]. Journal of Food Science and Technology Mysore，2017，55（2）：1-13.

[52] 刘璐，姜雨佑，李书书. 性激素及其受体在肝脏脂类代谢中的作用机制研究进展 [J]. 中华内分泌代谢杂志，2020，36（3）：267-272.

[53] ZHANG X，LIU J，SU W，et al. Liver X receptor activation increases hepatic fatty acid desaturation by the induction of SCD1expression through an LXRα-SREBP1c-dependent mechanism [J]. Journal of Diabetes，2014，6（3）：212-220.

[54] 周小理，刘泰驿，闫贝贝，等. 苦荞对高脂膳食诱导小鼠生理及肠道菌群的影响 [J]. 食品科学，2018，39（1）：172-177.

［55］ 侍荣华．苦荞活性肽对脂代谢的调节作用及机理研究［D］．上海：上海应用技术大学，2019．

［56］ 方钰发，冯晋，周艳凯，等．肝 X 受体在脂质代谢中的研究进展［J］．中国综合临床，2021，37（1）：88-92．

［57］ BOER J F D, SCHONEWILLE M, DIKKERS A, et al. Transintestinal and Biliary Cholesterol Secretion Both Contribute to Macrophage Reverse Cholesterol Transport in Rats［J］. Arteriosclerosis Thrombosis & Vascular Biology, 2017, 37（4）: 643-646.

［58］ YANG X F, QIU Y Q, WANG L, et al. A high-fat diet increases body fat mass and up-regulates expression of genes related to adipogenesis and inflammation in a genetically lean pig［J］. Journal of Zhejiang University-Science B（Biomedicine & Biotechnology）, 2018, 9（11）: 884-894.

［59］ 段梦晨，王旭，胡佳亮，等．Mechanism research on inulin improving lipid metabolism disorders based on metabolomics［J］．上海中医药大学学报，2019，33（2）：80-85．

［60］ SCHUMACKER P T. Reactive oxygen species in cancer: a dance with the devil［J］. Cancer Cell, 2015, 27（2）: 156-157.

［61］ KIMIKAZU I, KIYOSHI S, FUMIO I. Involvement of post-digestion hydrophobic peptides in plasma cholesterol-lowering effect of dietary plant proteins［J］. Agric Biol Chem, 1986, 50（5）: 1217-1222.

［62］ 杨玉英，王伟，张玉，等．天然蛋白源降血脂活性肽的研究进展［J］．浙江农业科学，2013（9）：1157-1162．

［63］ KYOICHI K, HISAKO M, CHIZUKO F, et al. Globin digest acidic protese hydrolysate inhibits dietary hypertriglyceridemin and Val-Val-Tyr-Pro one of its constituents possesses most superior effect［J］. Life Sciences, 1996, 58（20）: 1745-1755.

［64］ 侯珮琳，赵肖通，张彦青，等．绿豆蛋白降血脂水解物的制备及纯化工艺［J］．食品工业科技，2020，41（9）：186-193．

［65］ 侯珮琳．绿豆蛋白水解物制备及其降血脂作用的研究［D］．天津：天津商业大学，2020．

［66］ 何梦洁，苏丹婷，邹艳，等．1990 年和 2016 年中国膳食相关慢性病疾病负担比较［J］．卫生研究，2019，48（5）：130-134．

［67］ 左建辉，易军波．慢性病管理的实践与挑战［J］．内科理论与实践，2019，14（6）：49-51．

［68］ IJAZAHMAD M, IJAZ M U, MUZAHIR H, et al. High fat diet incorporated with meat proteins changes biomarkers of lipid metabolism, antioxidant activities, and the serum metabolomic profile in Glrx1 /mice［J］. Food & Function, 2020, 11: 1-47.

［69］ SONG W, SONG C, SHAN Y, et al. The antioxidative effects of three lactobacilli on high-fat diet induced obese mice［J］. Rsc Advances, 2016（70）: 1-11.

［70］ 刁静静，刘妍兵，李朝阳，等．绿豆肽对脂多糖诱导急性肺损伤小鼠肺组织的保护作用［J］．食品科学，2020，41（17）：176-181．

［71］ DIAO J J, CHI Z P, GUO Z W, et al. Mung bean protein hydrolysate modulates the immune response through NF-κB pathway in lipopolysaccharide-stimulated RAW 264. 7macrophages［J］. Journal of Food Science, 2019, 84（9）: 2652-2655.

［72］ 郭健．绿豆蛋白多肽对小鼠缺氧耐受力和免疫力提高的研究［J］.食品与生物技术学报，2010，29（5）：715-720.

［73］ 王凯凯．绿豆肽的结构鉴定及对小鼠巨噬细胞免疫活性物质的影响作用研究［D］.大庆：黑龙江八一农垦大学，2016.

［74］ 于笛．绿豆寡肽对脂多糖诱导急性肺损伤小鼠的保护作用［D］.大庆：黑龙江八一农垦大学，2019.

［75］ 刁静静，迟治平，孙迪，等．绿豆肽对RAW264.7巨噬细胞的免疫调节作用［J］.中国生物制品学杂志，2019，32（9）：950-957.

［76］ 迟治平．不同级分绿豆肽对RAW264.7细胞免疫调节作用的研究［D］.大庆：黑龙江八一农垦大学，2020.

第二章　超声协同外源 GABA 处理对绿豆发芽过程中多酚代谢物和淀粉性质的影响

第一节　引言

　　绿豆又称青小豆，属豇豆属、亚洲豇豆亚属，为主要栽培品种。绿豆在我国有两千多年的种植历史，是我国主要经济作物之一，作为中国传统健康食品重要组成，被用于中国传统医学食物疗法。绿豆种植面积较广，生长在温带、亚热带等多个地区，主要在我国长江下游、黄淮河流域及东北地区种植，产量和面积均居世界前列，具有适应性广、抗逆性强的特点。绿豆含有均衡的营养物质，包括蛋白质、碳水化合物、膳食纤维、维生素、矿物质和必需脂肪酸，还含有多糖和多酚类活性物质，具有抗炎、抗氧化、降糖、降压、抗菌和降脂活性。但在绿豆加工和利用方面存在技术及装备水平落后、产品质量差、附加值低等问题，制约了我国绿豆加工业的快速发展。

　　发芽是一个自然的生化过程，发芽初期相关生物合成酶被激活，发芽后绿豆具有丰富的次级代谢物和良好的生物活性，发芽可充分提高绿豆的营养和药用价值，减少或消除植酸等抗营养成分。发芽还可以提高谷物的口感、风味、生物活性化合物含量以及抗氧化能力。在发芽过程中，结合酚类物质部分转化为游离态，同时新合成多酚物质，增加多酚含量。具有羟基结构的多酚，一般由羟基肉桂酸和羟基苯甲酸组成，是高等植物中重要的次级代谢产物。多酚是植物抗氧化系统中的重要组成部分，它们对植物的营养吸收、蛋白质合成和细胞骨架构造有一定影响。多酚、黄酮类化合物和木质素都是通过莽草酸途径和苯丙酸途径生成的，前体物质来自糖酵解和磷酸戊糖途径的中间产物。多酚具有抗炎、抗癌、抗菌、抗感染、降血糖和降低胆固醇的作用，不能在人体内合成。

　　淀粉是绿豆的主要营养成分，占全谷物的 50%~60%。在发芽产品中，淀粉性质变化对应用有很大影响。目前需要开发具有低血糖指数（low glyecmic index，low GI）的食品，以应对肥胖和 2 型糖尿病。大多数谷物产品血糖指数高，包括米饭、小麦面包和玉米饼，摄入这些食物在短时间内诱发血糖升高，造成餐后血糖水平和胰岛素浓度大幅波动，含有抗性淀粉的食物可以减少餐后血糖上升，并被结肠中的微生物发酵，保持肠道健康。绿豆因其直链淀粉含量高，具有低中血糖指数，在调节血糖方面具有重要作用。

在食品检测和成分表征方面，代谢组学技术是发现和鉴定特定代谢物的重要工具。绿豆芽全生长发育过程中，超声和外源 γ-氨基丁酸（γ-aminobutyric acid, GABA）预处理是如何影响多酚类差异代谢产物、代谢途径和抗氧化能力的，目前尚不清楚。淀粉性质对以绿豆为原料的产品理化和功能特性有重要影响。当前还鲜有揭示绿豆发芽过程中淀粉结构和理化性质变化的研究。因此，本研究旨在全面评估 GABA 与超声波预处理对绿豆种子发芽期间多酚类物质的含量和组成、抗氧化能力以及淀粉性质的综合影响。在此研究基础上，形成一个通用的研究方案。采用超声波结合外源 GABA 进行预处理，提高谷物、豆类和其他种子的活性物质含量，利用非靶向代谢组学技术鉴定代谢物种类和代谢途径，通过体外消化率评估富含活性物质产品的抗氧化活性和估计血糖生成指数。

一、发芽技术研究进展

（一）发芽技术概述

全谷物富含酚类、类胡萝卜素等多种生理活性物质，具有调节血糖、抗氧化等生理功能。但是全谷物具有加工过程不易成型、货架期短、适口性差等问题，制约其发展。当今常用物理加工技术，如挤压膨化、蒸汽爆破、微粉化和超高压技术等来改善全谷物品质和延长货架期，但会造成部分营养素损失。研究发现，萌芽技术、发酵技术及酶辅助技术可提高全谷物营养品质，增强生理功能，改善全谷物加工和食用品质。

萌芽技术是有效提高谷物营养价值的重要生物方法，种子在适宜的温度、水分等条件下萌发，逐渐形成一株完整植株，具有绿色、环保、健康等特点，芽苗在中药中的应用已有 2300 余年的历史。随着萌芽技术持续发展，萌芽全谷物已成为功能食品发展的新兴趋势。萌发是生命发展初级和最有活力的阶段。萌发过程可提高蛋白质、淀粉等大分子营养物质的利用度，谷物中抗营养物质被降解，增加多酚、维生素、γ-氨基丁酸等活性物质含量，对高血糖、高血压等慢性疾病预防和调控有积极作用。

（二）发芽分子机制

萌发是指谷物在一定温度、湿度和水分条件下发生吸胀作用，激活内源酶进行有序生理反应，改变原始形态的生物学过程。分为吸胀、萌发和出苗阶段：吸胀阶段，种子迅速吸水膨胀改变形状，种子细胞壁变疏松，细胞质基质进行水合反应，小分子代谢物和细胞溶质渗透到细胞外，参与代谢的各种酶被激活，糖酵解、戊糖磷酸途径代谢能力增强，原始 mRNA 转录、DNA 和线粒体修复作用旺盛；萌发阶段，吸水速率减缓，合成新线粒体和蛋白质，种皮变薄，营养物质大量分解，胚开始生长；出苗阶段，种子细胞进行有丝分裂，吸水速率变快，长出胚根和胚芽，这一过程为谷物萌发。

萌发过程的能量主要源自淀粉酶降解淀粉供能，前期和后期代谢的淀粉酶分别是 β-淀粉酶和 α-淀粉酶。萌芽过程激活淀粉去分支酶水解 α-1，6 糖苷键。萌芽时间增加，淀粉颗粒表面粗糙有孔隙，使淀粉酶吸附在淀粉颗粒表面发生催化反应，α-淀粉酶活性可以反映萌发程度。

（三）发芽研究进展

在自然发芽方面，Sharma 等研究谷子萌发过程对 GABA 和多酚含量的变化及与体外抗氧化活性的关系，结果表明，种子萌发对 γ-氨基丁酸、总酚含量及抗氧化活性均有显著影响。与天然谷子粉相比，发芽谷子粉提取物的体外抗氧化能力显著提高。李经纬以豌豆为原料，研究萌芽程度对淀粉、总酚等物质含量变化、豌豆全粉水合特性、糊化特性、质构特性等功能特性的影响，表明添加萌芽豌豆全粉可改善面团特性，提升面包品质，减轻面包中豆腥味。刘裕以绿豆和青稞为原料，研究发现杂粮发芽处理对淀粉、蛋白性质和功能均有显著影响，但不改变淀粉晶型；干燥方式影响谷物理化与功能特性；添加发芽粉制作杂粮面条可以提高面条营养，但会降低面条品质。刘婷婷以 6 种杂豆为原料，研究发芽、浸泡等工艺对杂豆多酚含量和抗氧化能力的影响，研究表明发芽可显著提高多酚类物质的含量，在发芽 4~5 d 时多酚含量最高；绿豆发芽 5 d 总酚含量是天然绿豆的 4.6 倍，相对于其他杂粮，绿豆适合通过发芽保留酚类物质。

在理化和物理处理方面，徐汇等综述了谷物发芽时盐、超声波、光、等离子体及低氧胁迫等对多酚含量的影响，表明胁迫可提高发芽率、缩短发芽周期、促进多酚类活性物质富集。卞紫秀等优化超声波处理萌发富集苦荞麦黄酮工艺，得到最佳工艺为超声功率 320 W，超声波时间 30 min，超声波温度 29 ℃，此条件苦荞麦萌发率为 98%，在培养 4 d 芽苗中的黄酮含量为 8.24 g/100 g。Swieca 等研究低温条件下发芽和采后贮藏对豌豆、扁豆和绿豆芽淀粉含量和抗氧化能力的影响，表明发芽和贮存可有效提高营养价值。酚类抗氧化活性能力提升，影响其体外生物可及性。Li 等研究光周期对绿豆芽维生素 E 和类胡萝卜素生物合成的影响，绿豆在恒定光照、半光照和恒定黑暗 3 种不同的光周期下萌发，表明半光照是绿豆芽中维生素 E 和类胡萝卜素积累的最佳条件。张东旭等研究紫外辐照对种子萌发的影响，表明辐射强度具有最适区间，2.4 kJ/m² 辐射促进种子萌发，改善幼苗生化组成，高强度辐射则抑制萌发。方晓敏等研究低频静磁场对发芽玉米酚类物质富集及降糖活性的影响，表明静磁场处理能够促进玉米发芽、诱导酚类物质富集，提高酚类物质的降糖效果。Luo 等研究静磁场（SMF）处理对糙米种子萌发的影响，分析 α-淀粉酶活性及淀粉结构和功能性质的变化，探讨静磁场处理对萌发糙米的刺激作用。将糙米暴露于 SMF（10 mT，60 min，25 ℃）中，萌发 0~72 h，与对照组相比，SMF 处理使 α-淀粉酶活性提高 15.2%，发芽率、茎长、根长和鲜重均有提高。从淀粉的性质来看，SMF 处理改变微观结构，导致双折射现象部分消失，对结晶类型无显著影响，轻微提高糊化温度，显著降低峰值黏度。

在协同处理发芽方面，Jiang 等利用真空胁迫和外源谷氨酸钠联合处理，采用响应面法优化最佳 GABA 富集工艺，探讨发芽过程中 GABA 富集分子机制，分析 GABA 合成途径中谷氨酸脱羧酶和多胺氧化酶活性。符京燕等研究表明，GA-BA 浸种显著提高 Al^{3+} 胁迫下抗氧化酶活性及非酶抗氧化物质含量，降低 Al^{3+} 胁迫的氧化伤害，提高细胞膜稳定性，诱导脱水蛋白基因表达。许先猛等以苦荞种子为研究对象，优化微波协同 L-苯丙氨酸处理富集发芽苦荞黄酮工艺，表明联合处理对苦荞萌发富集黄酮类物质有促进作用。周新勇等研究表明添加外源亚精胺可显著缓解 NaCl 对发芽大豆生长抑制效应，促进大豆芽生长，提高 GABA 合成关键酶活性，促进 GABA 富集。徐丽等优化催芽温度及 $CaCl_2$ 溶液浓度，富集发芽小米 γ-氨基丁酸，最优工艺发芽小米 GABA 含量较天然小米提高 2.9 倍。王颖等研究发现磁化水萌芽可提高绿豆维生素 C 和总黄酮含量、提升抗氧化能力，研究表明，磁化水培育绿豆芽，能显著增加抗氧化成分，提高抗氧化活性。邱紫云等用不同浓度梯度葡萄糖、蔗糖和果糖溶液处理绿豆，结果表明 0.05% 蔗糖处理显著提高绿豆芽菜维生素 C、总酚含量和抗氧化能力。

二、γ-氨基丁酸研究进展

（一）γ-氨基丁酸概述

γ-氨基丁酸（γ-a minobutyric acid，GABA）作为天然非蛋白四碳氨基酸，普遍存在于有机生物体中，在植物中具增强抗逆性、临时氮库、刺激激素分泌、调节生长发育、信号传递等功能。GABA 通过谷氨酸脱羧反应或多胺降解途径合成和积累，其积累是对植物的胁迫保护作用。GABA 在线粒体中降解，GABA 从细胞质跨膜运输到线粒体基质中，经转氨酶（GABA-T）作用，丙酮酸或 α-酮戊二酸接受氨基，生成琥珀酸半醛，在琥珀酸半醛脱氢酶（SSADH）催化下，生成琥珀酸重新进入三羧酸循环通路。研究表明，γ-氨基丁酸处理可以提高水稻芽苗多酚含量，这是由于关键酶基因和蛋白质的表达增加，以及酶促进多酚合成。在胁迫和非胁迫条件下，外源 GABA 处理增加番茄植株内源 GABA 浓度和酚酸含量。此外，外源 GABA 明显促进了发芽大豆生长，调节了苯丙氨酸酶活性，并诱导多酚类物质积累，增强体外抗氧化酶活性和自由基清除能力。GABA 在哺乳动物中是重要的神经抑制递质，40%左右中枢神经突触以 GABA 为递质，具有降血压、促进睡眠、增强记忆力、抗焦虑和改善脑机能等多重生理功能。绿豆在发芽过程中激活蛋白酶、谷氨酸脱羧酶等，谷氨酸脱羧生成 GABA，同时在 GABA-T 催化下生成的琥珀酸半醛被持续消耗。所以，GABA 生成和消耗是共存的。

（二）γ-氨基丁酸的作用

在逆境胁迫下植物产生分子、细胞和生理生化水平的耐受机制，使其在逆境环境中可以生存。GABA 代谢是三羧酸循环的旁路代谢，发挥着调节细胞质酸碱平衡和渗透压，促进乙烯等激素合成的作用；维持植物 C/N 平衡，调节植株生长及形态发育等过程；调节抗逆基因表达，增强抗逆性；可能作为信号分子发挥防治病虫害作用。

GABA 在植物体内的作用主要有：调节 pH、调控离子转运、平衡碳氮营养、信号分子、调节生长、调节渗透压、参与植物免疫。①当植物细胞处于酸性环境中，激活谷氨酸脱羧酶，大量富集 γ-氨基丁酸以清除 H^+，因此 γ-氨基丁酸具有维持细胞内环境酸碱平衡，缓解酸化对植物造成损伤的作用。②γ-氨基丁酸可通过调节细胞离子转运体活性，提高 K^+、Ca^{2+}、Mg^{2+} 吸收速率，降低 Na^+、Cl^-、Fe^{2+} 的转运速率，达到调控离子跨膜运输作用。③γ-氨基丁酸是非蛋白氨基酸，作为植物游离氨基酸库组成成分，是关键的碳氮代谢中间代谢物质，在氮代谢中具有临时氮库和加快氮代谢的作用。④γ-氨基丁酸通过细胞膜 GABA-B 受体触发花粉管细胞顶端 K^+ 外流和 Ca^{2+} 内流，刺激花粉管顶端极性生长。GABA 对于植物体生理过程与反应的传导与调控具有重要作用。⑤调控植物生长发育，γ-氨基丁酸诱导植物幼苗合成乙烯，加速植株离心生长。⑥γ-氨基丁酸是小分子有机物，与脯氨酸、甜菜碱有相似理化性质，在 pH 近中性条件下电离出正负离子，在水中有极高的溶解度，具有平衡细胞内外渗透压和保护膜系统的作用。⑦γ-氨基丁酸是动物神经系统中关键抑制性神经递质，高 γ-氨基丁酸水平是植物对生物胁迫的一种防御手段。

（三）γ-氨基丁酸处理发芽研究进展

γ-氨基丁酸与发芽间存在紧密关系。Zhou 等研究了 GABA 提高萌发种子和幼苗水分胁迫下耐受性与抗氧化活性、DREB 表达和蛋白积累的关系，表明 GABA 可调控种子萌发、参与渗透调节、抗氧化代谢和相关蛋白表达。Ma 等研究外源 GABA 对氯化钠胁迫下萌发脱壳大麦内源 GABA 代谢和抗氧化能力的影响，表明 GABA 处理能缓解氯化钠胁迫的生长抑制和氧化损伤，经 GABA 处理后大麦幼苗内源 GABA 和游离氨基酸含量显著升高，特别是脯氨酸，这是由于相应酶活性的变化引起。GABA 处理大麦中，苯丙氨酸解氨酶、肉桂酸 4-羟化酶和 4-香豆酸辅酶 A 连接酶活性增加，总酚含量和抗氧化能力高于对照组。Priya 等研究 GABA 作为一种热保护剂，可提高热胁迫下绿豆植株的生长能力。GABA 处理热胁迫植株生殖功能在花粉萌发、花粉活力、柱头接受能力和胚珠活力方面均有显著改善；GABA 改善热胁迫下植株光合机制和碳同化（蔗糖合成及其利用）作用；GABA 提高生物合成酶活性，增加脯氨酸和海藻糖等物质积累。赵嫚等研究外源 GABA 对盐胁迫下楚雄金花菜种子萌发及幼苗生长的影响，表明 GABA 预处理可提高超氧化物歧化酶、过氧化物酶、过氧化氢酶和抗坏血酸过氧化物酶活性，降低 H_2O_2 和 MDA 含量，提高抗氧化酶活性，降低盐胁迫诱导氧化损失和膜损伤，改善种子抗盐胁迫。于立尧研究外源 γ-氨基丁酸对甜瓜幼苗生长、抗干旱胁迫的影响，表明 GABA 可以缓解干旱下幼苗叶片与根系的生长抑制，提高叶片含水率，平衡细胞酸碱度；外源 GABA 降低干旱造成活性氧胁迫与渗透胁迫，保护细胞膜结构与功能。

三、超声波技术研究进展

（一）超声波概述

植物在生长环境中受到自然应力和人为应力刺激，产生应激反应，人们将应力分为积极应力和消极应力，适宜应力刺激有利于植物生长，反之抑制植物生长或导致死亡。早期研究人员发现，适宜的音乐刺激可促进植物生长。超声波是指频率在 20~100 kHz 的声波，通常高于人类的听觉范围，超声育种作为农业生物物理学的一个重要领域和一种潜在新兴加工技术，具有经济实惠、高效、环保等优点。超声促进种子加速萌发并积累 GABA 和多酚等对人类健康有益的化合物。植物在超声波、低温、干燥、紫外线辐射和盐胁迫下，产生大量自由基，调控植物中酚酸代谢酶基因被激活，并合成大量多酚化合物，防御自由基引起氧化损伤。

（二）超声波富集活性物质机制及效应水平

超声刺激种子主要机制主要有：热效应、机械效应、声流效应、空化效应和触变效应。①热效应是超声在介质中传播，种子不断吸收声波能量，种子内部温度升高，影响种子生长发育进程。②机械效应是低强度超声使传播介质产生振动，增强质点振动能量，增强细胞膜通透性和酶活性，加快生化反应速率，从而影响植物生长。③声流效应是超声波介于两种介质时（水和种子），产生辐射压力，对种子结构和细胞产生声流和撕力，引发分子结构变化，进而影响活性和代谢。④空化效应是高强度超声波在介质中产生的空化泡瞬间崩解，产生伴随着高温高压的冲击流。低强度超声波的机械振动和稳定空化效应增加了振动的能量，增强细胞壁和细胞膜通透性，提升细胞内外的物质交换能力。⑤触变效应是植物组织结合性物质和细胞膜通透性，在低强度超声处理结束时恢复原本状态，高强度超声处理后造成不可逆损伤。

超声波生物学效应主要分为 3 个水平：分子水平、细胞水平和整体水平。①分子水平是研究蛋白质、酶、淀粉等在种子或植株中的变化；在超声作用下氨基酸间发生转化，蛋白质侧链或起始端基团发生变化，使蛋白质构型发生转变或蛋白质裂解。超声可解聚核酸，从源头影响蛋白质合成，超声也可促使酶原激活，从而提高酶促反应速率。②在细胞水平上，超声促使细胞机械分裂，改变细胞膜通透性、细胞结构和细胞质结构理化特性，从而影响细胞的分裂、增殖和新陈代谢。③整体水平上，超声可以打破植物种子休眠，提高发芽率，缩短发芽周期，促进生长和发育。超声诱变育种可改良品质、改变遗传特性和防病虫害能力。

综上所述，超声预处理发芽原理可总结为：超声波产生的能量可打破种子休眠状态，提高发芽率，缩短发芽时间，增强植物细胞活力，促进细胞分裂和生长速度，增强淀粉酶和过氧化物酶活性，大分子化合物分解生成新的化合物参与生长和代谢过程。当适宜强度超声波处理时，细胞液中产生空化泡，气泡振动、收缩和塌陷，产生高压导致细胞膜破裂，产生细小孔隙，增加细胞膜通透性，有利于离子和代谢物扩散与跨膜运输，进一步引发细胞生理和生化变化，控制基因表达。高强度超声会造成细胞结构损伤，抑制细胞生长，并诱发细胞凋亡。因此，对于不同类型种子，应使用适当超声波功率和时间。

（三）超声波处理发芽研究进展

Kalita 等研究水稻萌发过程中超声启动水化过程，并构建水化动力学模型，结果表明，超声—水引发在较短的浸泡时间内具有较高的有效水分扩散系数，具有更高的水化效率和吸水速率，浸泡时间更短，减少浸泡过程，验证微空化导致高传质的理论，有利于商业应用。白均元研究超声辐射对绿豆种子细胞膜通透性的影响，当超声频率与细胞膜频率一致，细胞膜发生共振，最大程度吸收声波能量，引起生物物理效应；通过细胞膜尺寸，计算超声育种中心频率；超声波对发芽率和发芽势的影响依次为频率、功率、时间。雷月等采用超声波辅助喷雾加湿法富集发芽黑糙米生物活性物质，以 GABA 和多酚含量为指标，以响应面优化试验确定最优富集工艺，表明超声辅助加湿法可有效富集黑糙米多酚和 GABA，提升功能活性。吴小勇等研究超声波处理对绿豆芽富硒作用的影响，表明随超声处理时间、频次增加，绿豆吸水率和总硒含量增加，说明超声波处理可促进绿豆富硒。Estivi 等研究发现低频超声可提高谷物水化速率，通过增加水合作用、促进生长激素释放和消除生长抑制剂来促进萌发。此外，低频超声提高酚类化合物、多糖含量；改变淀粉结构和糊化特性；蛋白质部分变性，改善界面特性和多肽生物利用性。Ampofo 和 Ngadi 研究了超声辅助菜豆豆芽酚生产及抗氧化性能，结果表明，超声诱导（360 W、60 min）显著提高了发芽代谢物积累，提高了防御性酚合成酶活性，酚类物质富集和抗氧化能力显著升高。与对照组相比，发芽时间缩短 60 h。表明超声诱导是一种绿色新方法，可用于生产富含酚有机营养豆芽。Naumenko 等研究超声刺激发芽小麦抗氧化活性及 γ-氨基丁酸合成，系统研究不同强度和时间低频超声（20 kHz）对小麦萌发过程的影响。发现 227 W/L 超声处理 3 min 可使小麦籽粒萌发时间缩短 25%，促进 γ-氨基丁酸合成，提高抗氧化活性和黄酮类化合物含量。扫描电镜显示蛋白质基质聚集，表明超声处理可提高发芽产品营养价值。Ding 等研究超声处理对发芽红米 GABA 及其他健康相关代谢产物的影响，采用 16 W/L 超声波处理 5 min 后浸泡发芽。结果表明，在发芽 72 h 后红米中 GABA 和维生素 B$_2$ 显著升高，与未处理发芽水稻相比，超声处理发芽 GABA、O-磷酸乙醇胺和葡萄糖-6-磷酸等代谢产物显著升高，表明超声胁迫发芽是提高糙米 GABA 等健康成分的有效方法。Yu 等采用超声处理花生种子，制备富含白藜芦醇、低过敏蛋白的花生芽。以 28 kHz、45 kHz 和 100 kHz 超声波在清洗池中处理 20 min。与对照萌发花生相比，3 d 后花生芽中白藜芦醇含量分别提高了 2.25 倍、3.34 倍和 1.71 倍，同时蛋白质含量保持不变，过敏蛋白含量降低。超声处理后，发芽率和总糖含量略有提高，粗脂肪含量降低，超声处理与发芽结合是生产富含白藜芦醇、低过敏蛋白花生芽的一种有效方法。

四、多酚类物质研究进展

（一）多酚类物质概述

多酚是蔬菜、水果、谷物和豆类中天然存在的化学成分，大部分集中在种皮或果皮中，它们是一个复杂的类别，包含至少 10000 种物质，多酚化合物分子基本骨架主要由苯酚构成，因取代苯环不同数目羟基而各具特征，包括一个或多个芳香环结构，与单个或多个羟基结合在一起，存在形式为游离态和结合态。游离酚不与其他物质共价结合；多酚与淀粉、蛋白质或多糖形成结合酚，在胃液和肠液中水解或经酶解后转化为游离态。植物合成多酚来抵御内部（自由基）或环境胁迫（紫外线、真菌、昆虫和动物），保护植物免受氧化损伤。以前认为酚在人体营养中是抗营养物质，目前已有系统研究工作证实，日常饮食摄入的多酚类化合物，具有抗炎、抗氧化和其他复杂的生物学作用，特别是预防代谢紊乱和慢性疾病。抗氧化作用被认为是多酚预防疾病的主要原因，酚类物质作为氢和电子供体，具有强还原性，对羟自由基、氧自由基等具显著清除能力。多酚作为增强人体免疫系统的生物活性物质，可抑制细胞炎症和肿瘤血管生成。多酚，尤其是黄酮类，由于其在植物性膳食中含量丰富（如蔬菜、水果和饮料），近年来被广泛用于减少慢性疾病风险，作为抗氧化剂用于治疗特定疾病，如心血管疾病、糖尿病和认知问题。酚类物质通过螯合金属离子、抑制氧化酶活性、激活抗氧化酶，调节生物体内氧化应激，保护脂类、蛋白质以及 DNA 等生物大分子免受氧化损伤。

（二）多酚合成途径

多酚类物质普遍存在于植物中，是重要次生代谢产物，主要通过莽草酸途径合成。4-磷酸赤藓糖（磷酸戊糖途径）和磷酸烯醇式丙酮酸（糖酵解途径）缩合反应生成 7-磷酸庚酮糖进入莽草酸及分支酸途径。莽草酸通过系列反应合成 L-苯丙氨酸，进入苯丙烷代谢途径合成酚类物质。酚类物质主要通过苯丙烷代谢途径合成，L-苯丙氨酸经脱氨酶脱氨，生成反式双键，进入肉桂酸及苯丙烷下级途径。该途径肉桂酸-4-羟化酶催化肉桂酸羟基化形成对香豆酸，中间步骤涉及芳环的羟基化和甲基化反应，产生其他衍生物包括酚酸，如咖啡酸、阿魏酸等。而后对香豆酸经对香豆酸-CoA 连接酶催化后生成对香豆酰-CoA。对香豆酰-CoA 是黄酮类和芪类物质合成的关键化合物。香豆酰-CoA 与经查尔酮合酶催化的三个丙二酰-CoA 单元缩合成三环类黄酮结构。而柚皮素—查尔酮通过查尔酮异构酶将对香豆酰-CoA 特异性转化为柚皮素，进一步合成黄酮类和异黄酮类化合物。

五、发芽淀粉研究进展

淀粉是日常饮食中重要的碳水化合物，淀粉分子分为直链和支链淀粉分子。萌发引起总淀粉、直链淀粉含量及其化学组成的重要变化。萌发过程中激活的各种生物活性化合物及高抗氧化活性有助于降低自由基损伤，有益于人类健康。Pal 等研究表明发芽降低糙米淀粉的糊化起始、峰值和最终温度，各黏度值降低；发芽降低淀粉结晶度，含有较多长侧链支链淀粉和较少短链支链淀粉。Chinma 等研究萌发时间（0、24 h、48 h 和 72 h）对班巴拉花生淀粉理化特性、体外淀粉消化率和微结构变化的影响。随着发芽时间的延长，分离淀粉的淀粉得率、L^* 值、直链淀粉含量和抗性淀粉含量均显著下降。扫描电子显微镜显示，发芽淀粉光滑无降解迹象；吸水率、膨胀度、溶解度随发芽时间延长而增加；淀粉晶型未改变，但增加淀粉相对结晶度；峰值温度高于原淀粉。天然淀粉和发芽淀粉均含有高比例抗性淀粉和较高的糊化温度。Baranzelli 等研究小麦发芽过程对淀粉特性的影响，表明发芽提高淀粉酶活性、膨胀度和溶解度，降低淀粉相对结晶度。发芽过程使淀粉膜抗拉强度和延伸率显著提高，未来发芽小麦淀粉可应用淀粉薄膜的原料。Oseguera-Toledo 等研究表明，随着萌发时间延长，高粱淀粉中直链淀粉和支链淀粉物理化学性质发生改变，晶体结构未改变。在发芽不同阶段，扫描电子显微镜显示了酶在淀粉颗粒中的侵袭过程。萌发进无定形区淀粉降解，还原糖含量增加。高粱浸泡后，糊化曲线的峰值和最终黏度较高，而在发芽过程中呈下降趋势，这些变化与淀粉降解和支链淀粉脱枝有关。左娜等研究发现随着芽长增加，绿豆淀粉含量、白度减小，表面逐渐光滑，破损颗粒增多，粒径减小，圆度增大，芽长 0.2 cm 时淀粉峰值黏度最高，随着芽长增加，最终黏度逐渐下降。

第二节　材料与方法

一、试验材料与仪器

（一）原料
绿豆，购买自北大荒粮食集团大庆粮谷食品科技有限公司。

（二）主要试剂
表 2-1 列出了本次试验中主要试剂和材料，其他试剂均为分析纯。

表 2-1　主要试剂和材料

名称	规格	生产厂家
γ-氨基丁酸（GABA）	纯度≥99%	上海麦克林生化科技有限公司
次氯酸钠（NaClO）	分析纯	广东百科化学试剂有限公司
无水乙醇	分析纯	辽宁泉瑞试剂有限公司
直/支链淀粉标准品	分析纯	Sigma-aldrich 公司
溴化钾（KBr）碎晶	光谱纯	天津市恒创立达科技发展有限公司
福林酚试剂	分析纯	国药集团化学试剂有限公司
无水碳酸钠（Na$_2$CO$_3$）	分析纯	天津市致远化学试剂有限公司
没食子酸标准品	分析纯	上海阿拉丁生化科技有限公司
芦丁标准品	分析纯	上海阿拉丁生化科技有限公司
氢氧化钠（NaOH）	分析纯	天津市大茂化学试剂厂
石油醚	分析纯	天津市科密欧化学试剂有限公司
总抗氧化试剂盒	分析纯	南京建成生物工程研究所
ABTS	分析纯	上海源叶生物科技有限公司
过硫酸钾（K$_2$S$_2$O$_8$）	分析纯	上海麦克林生化科技有限公司
DPPH	分析纯	上海源叶生物科技有限公司
DNS 试剂	分析纯	飞净生物科技有限公司
人工唾液、胃液、肠液	无菌	飞净生物科技有限公司
α-淀粉酶	5 U/mg	上海源叶生物科技有限公司
α-葡萄糖苷酶	50 U/mg	上海源叶生物科技有限公司
盐酸（HCl）	分析纯	国药集团化学试剂有限公司
乙腈	LC-MS	美国 ThermoFisherScientific 公司
甲酸	LC-MS	东京化成工业株式会社
甲酸铵	LC-MS	Sigma-aldrich

（三）主要仪器

试验中主要仪器与设备见表 2-2。

表 2-2　主要仪器与设备

名称	型号	生产厂家
超声波清洗器	KH-500GDV	昆山禾创超声仪器有限公司
激光粒度分布仪	Bettersize2000	丹东市百特仪器有限公司
扫描电子显微镜	S-3400N	日本 HITACHI 公司
X 射线衍射仪	BrukerD8	德国 ADVANCE 公司

续表

名称	型号	生产厂家
傅里叶红外光谱仪	Nicolet6700	美国 ThermoFisherScientific 公司
恒温恒湿培养箱	ZXMP-R1230	上海智城分析仪器制造有限公司
恒温磁力搅拌	DF-101S	上海力辰邦西仪器科技有限公司
快速黏度分析仪	RVA-Super4	澳大利亚新港科器公司
气浴振荡器	CHA-2A	常州申光仪器有限公司
恒温水浴锅	HH-4	江苏省金坛市宏华仪器厂
离心机	TG16-WS	长沙湘仪离心机仪器有限公司.
分析天平	AR2140	梅特勒-托利多国际有限公司
紫外可见分光光度计	TU-1800	北京普析仪器公司
电热恒温鼓风干燥箱	DHG-101-0A	上海尚仪生物技术有限公司
高速万能粉碎机	FW 100	天津市泰斯特仪器有限公司
液相色谱仪	Vanquish	美国 ThermoFisherScientific 公司
质谱仪	Orbitrap Exploris 120	美国 ThermoFisherScientific 公司

二、试验方法

（一）绿豆化学成分测定

（1）水分测定参照 GB/T 5009.3—2016。

（2）灰分测定参照 GB/T 5009.4—2016。

（3）蛋白质测定参照 GB/T 5009.5—2016。

（4）脂肪测定参照 GB/T 5009.6—2016。

（5）膳食纤维测定参照 GB 5009.88—2014。

（6）淀粉测定参照 GB 5009.9—2016。

（7）采用刘襄河双波长法测定并计算绿豆和绿豆淀粉中直链淀粉和支链淀粉的含量。

（二）绿豆游离多酚含量测定

福林—酚法测定多酚含量的原理：酚类物质分子中含有酚羟基，具有强还原性，在碱性条件下可将福林酚试剂中强氧化性的钨钼酸（黄色 W^{6+} 离子）还原，生成蓝色的钨蓝、钼蓝混合物（蓝色 W^{5+} 离子），蓝色物质在 765 nm 波长处有最大吸光度，且颜色深浅与多酚含量呈正相关，所以测定蓝色化合物的吸光度值计算多酚含量具有快速便捷的特点。

1. 没食子酸标准曲线

按照李巨秀和王柏玉所述，用福林—酚法测定游离酚含量，精确移取 0、0.25 mL、0.50 mL、0.75 mL、1.00 mL、1.25 mL 和 1.50 mL 没食子酸标准溶液于 25 mL 试管中，再分别加入 3.0 mL 福林—酚试剂，摇匀静置 30 s 后分别加入 6.0 mL Na_2CO_3 溶液（12%），摇匀定容至 25 mL，在 25 ℃下避光放置 2 h，以 0 样为空白，于 765 nm 波长处测定吸光度。以标准溶液浓度 0、1 μg/mL、2 μg/mL、3 μg/mL、4 μg/mL、5 μg/mL 和 6 μg/mL 为横坐标，765 nm 波长处吸光度为纵坐标绘制标准曲线（图 2-1）。没食子酸标准曲线方程为：$y = 0.15x + 0.059$（$R^2 = 0.9997$）。

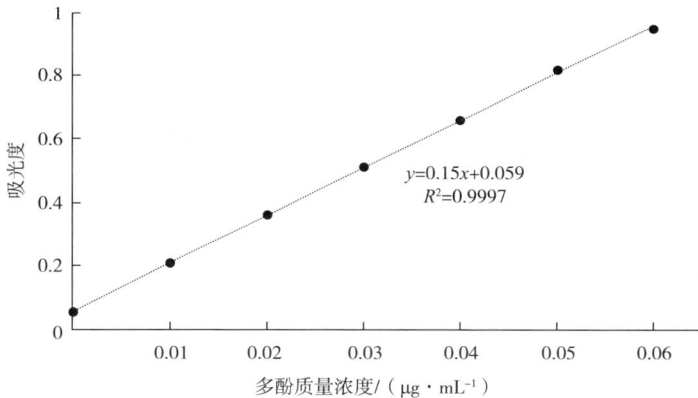

图 2-1　没食子酸标准曲线

2. 游离多酚含量测定

将 1.0 mL 绿豆芽乙醇提取液移入 25 mL 试管中，并按照上述 1. 方法进行游离多酚含量测定。计算公式如式（2-1）所示。

$$X = \frac{c \times v \times n}{m \times 1000} \qquad (2-1)$$

式中：X 为单位质量绿豆芽粉（干基）中游离多酚含量（mg GAE/g DW）；c 为根据标准曲线方程换算所得溶液中多酚的质量浓度（μg/mL）；v 为萃取溶液体积（mL）；n 为稀释系数；m 为用于萃取的样品质量（g）。

（三）绿豆游离黄酮含量测定

芦丁为黄酮类物质，是测定黄酮含量常用的对照品之一。原理是黄酮类化合

物的羟基与 Al^{3+} 发生络合反应，在 510 nm 处有最大吸收峰，该法是应用最广的总黄酮测定方法。

1. 芦丁标准曲线

根据高丽威和李向荣方法稍作修改绘制芦丁标准曲线（图 2-2），精确称取 20.0 mg 芦丁标准品，配制 0.25 mg/mL 芦丁标准溶液，分别吸取 0.0、0.5 mL、1.0 mL、2.0 mL、3.0 mL 和 4.0 mL 芦丁标准溶液于 10 mL 刻度试管中，70%乙醇溶液定容摇匀，从各浓度芦丁溶液中吸取 0.5 mL 加入 10 mL 刻度试管中，70%乙醇溶液分别定容至 5 mL，加入 0.3 mL NaNO₂（5%），混匀后避光放置 6 min，加入 0.3 mL 的 Al（NO₃）₃（10%），混匀后避光放置 6 min，最后加入 4% NaOH 溶液 4 mL，70%乙醇溶液定容至 10 mL，混匀避光反应 15 min。以空白调零，于 510 nm 波长下测定其吸光度，平行测定 3 次。游离黄酮浓度为横坐标，510 nm 波长处吸光度值为纵坐标绘得芦丁标准曲线，标准曲线方程为：$y = 11.817x + 0.0362$（$R^2 = 0.9992$）。

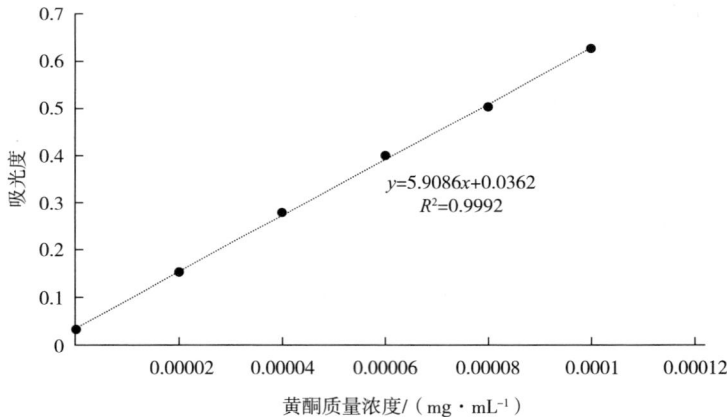

图 2-2 芦丁标准曲线

2. 游离黄酮含量测定

将 3.0 mL 绿豆芽乙醇提取液放入 10 mL 试管中，并按照上述 1. 方法进行游离黄酮含量测定。计算公式如式（2-2）所示。

$$X = \frac{c \times v \times n}{m} \tag{2-2}$$

式中：X 为单位质量绿豆芽粉（干基）中游离黄酮含量（mg RE/g DW）；c 为根据标准曲线计算所得提取物游离黄酮浓度（mg/mL）；v 为待测溶液体积

（mL）；n 为稀释系数；m 为用于萃取样品质量。

（四）绿豆发芽处理

实验选择 50.00 g 颗粒饱满、大小均匀、无明显划痕或机械损伤的种子。绿豆种子在 0.5%（v/v）次氯酸钠溶液中浸泡 15 min，用蒸馏水冲洗 3 次并沥干。将处理过绿豆种子放入 250 mL 烧杯中，按豆液比 1：3（w/v）比例加入 10 mmol/L GABA 溶液。将样品置于 20 ℃、功率为 370 W 超声波发生器中处理 40 min。转移到 30 ℃水浴中浸泡 8 h。绿豆浸泡完成后放在发芽盘中，在发芽盘底部放置 500 mL GABA 溶液（10 mmol/L），用两层纱布覆盖种子。将样品置于 30 ℃、湿度为 75%培养箱中发芽 12 h、24 h、48 h、72 h 和 96 h，每 12 h 更换一次 GABA 培养液。绿豆发芽流程见图 2-3。

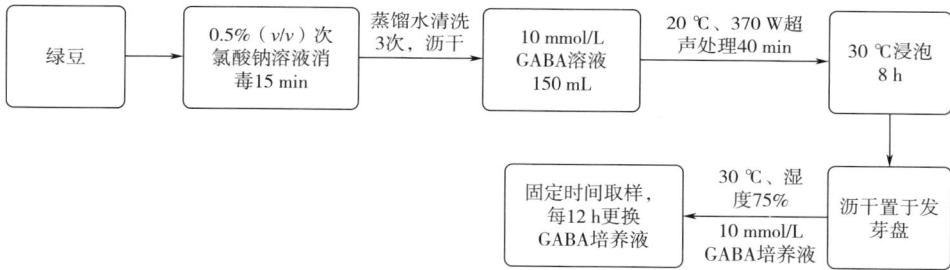

```
┌────────┐      ┌──────────────┐  蒸馏水清洗    ┌──────────────┐  20 ℃、370 W超    ┌──────────┐
│  绿豆  │ ───→ │ 0.5%（v/v）次 │  3次、沥干    │ 10 mmol/L    │  声处理40 min    │ 30 ℃浸泡 │
│        │      │ 氯酸钠溶液消  │ ─────────────→│ GABA溶液     │ ─────────────→  │   8 h    │
└────────┘      │ 毒15 min     │                │ 150 mL       │                  └──────────┘
                └──────────────┘                └──────────────┘                       │
                                                                                        ▼
                ┌──────────────┐  30 ℃、湿     ┌──────────┐
                │ 固定时间取样，│  度75%        │ 沥干置于 │
                │ 每12 h更换    │ ←──────────── │ 发芽盘   │
                │ GABA培养液    │  10 mmol/L    │          │
                └──────────────┘  GABA培养液    └──────────┘
```

图 2-3　绿豆发芽流程图

1. 富集多酚单因素实验设计表

进行单因素实验，研究超声波和 GABA 参数对提取效率影响，并确定不同参数狭窄范围。研究 4 个参数，包括 GABA 浓度（0、5 mmol/L、10 mmol/L、15 mmol/L 和 20 mmol/L）、GABA 浸泡时间（2 h、4 h、6 h、8 h 和 10 h）、超声波功率（240 W、280 W、320 W、360 W 和 400 W）和超声波时间（10 min、20 min、30 min、40 min 和 50 min）。考察单一因素时，固定其余反应条件为，GABA 浓度 10 mmol/L、GABA 浸泡 8 h、超声功率 360 W 和超声时间 30 min。富集多酚单因素实验设计如表 2-3 所示。

表 2-3　富集多酚单因素实验设计表

因素	水平				
	1	2	3	4	5
GABA 浓度/（mmol·L^{-1}）	0	5	10	15	20
浸泡时间/h	2	4	6	8	10

续表

因素	水平				
	1	2	3	4	5
超声功率/W	240	280	320	360	400
超声时间/min	0	10	20	30	50

2. 富集多酚响应面优化实验

根据单因素实验结果，选择3个主要变量（GABA浓度、超声功率和超声时间）进行响应面优化。采用Design-Expert 8.0.6.1软件进行Box-Benhnken试验设计，以GABA浓度、超声功率和超声时间为自变量X，以游离多酚含量作为响应值Y，生成一个3水平、3因素Box-Behnken设计，包括17个实验运行。每个变量被编码为3个水平（-1，0，1），响应面试验因素与水平表见表2-4。

表2-4　响应面试验因素与水平表

编码号	GABA浓度/（mmol·L^{-1}）	超声功率/W	超声时间/min
-1	5	320	10
0	10	360	30
1	15	400	50

（五）绿豆芽干燥和储存

绿豆芽用蒸馏水清洗去除黏液，冷冻干燥至恒重，粉碎3次，绿豆芽粉与石油醚按照料液比1:5混合均匀，搅拌脱脂5 h，重复3次，用真空袋包装，并储存在-80 ℃冷冻室中直至使用，用于多酚提取。

绿豆芽用蒸馏水清洗去除黏液，45 ℃热风干燥至恒重，粉碎3次，过80目筛，储存在4 ℃冷藏室中直至使用，用于绿豆芽淀粉提取。

（六）绿豆芽多酚提取

在最优绿豆芽多酚富集工艺基础上，选择乙醇提取豆芽多酚最佳条件。将20.0 g绿豆芽粉样品称量到一个1000 mL具塞锥形瓶中，并与一个水冷装置相连。以1:35（w/v）固液比加入乙醇水溶液（60%，v/v）并充分混合。使用磁力搅拌器将混合物在40 ℃温度下搅拌2 h。通过真空过滤获得提取物。每个样品平行提取3次，储存在4 ℃冰箱中，用于测定游离多酚、游离黄酮含量、抗氧化活性和非靶向代谢组学检测。

1. 多酚提取单因素试验设计

以游离多酚提取量为指标，考察乙醇浓度、料液比、提取温度和提取时间对绿豆芽多酚提取量影响，考察因素水平如表 2-5 所示。考察单一因素时，称取 4 g 绿豆芽粉于 250 mL 具塞三角瓶中（装有冷凝装置），固定其余反应条件为：70%（v/v）乙醇、料液比 1∶15（g/mL）、50 ℃、提取时间 2 h。

表 2-5　多酚提取单因素试验设计表

因素	水平				
	1	2	3	4	5
乙醇浓度/%	40	50	60	70	80
料液比/（g·mL^{-1}）	1∶15	1∶20	1∶25	1∶30	1∶35
提取温度/℃	30	40	50	60	70
提取时间/h	1	2	3	4	5

2. 正交试验优化绿豆芽多酚提取工艺

分析单因素试验最优参数，采用游离多酚提取量为指标，以乙醇浓度、料液比、提取温度、提取时间为因变量进行 4 因素 3 水平正交试验（表 2-6），优化绿豆芽多酚提取工艺参数。

表 2-6　多酚提取正交试验因素水平表

水平因素	A 乙醇浓度/%	B 料液比/（g·mL^{-1}）	C 提取温度/℃	D 提取时间/h
1	40	1∶25	50	2
2	50	1∶30	60	3
3	60	1∶35	70	4

（七）绿豆芽多酚提取物抗氧化活性测定

DPPH 清除能力主要试验原理是 DPPH 自由基具有单电子，其单电子被夹在苯环中间氮原子上，不易配对。DPPH 在 517 nm 处具有最大吸光度，与乙醇溶液混合时为紫色，当加入具有抗氧化能力多酚活性物质时，DPPH 单电子能够与其结合或被替代，从而减少自由基数量，表现出褪色现象，因此在评定 DPPH 清除能力时，相对颜色越浅清除能力越好。ABTS 清除能力依据 2，2-联氮-二（3-

乙基-苯并噻唑-6-磺酸）二铵盐与过二硫酸钾反应后生成绿色 ABTS 自由基，其最强吸收出现在 734 nm 处，吸光值与自由基清除能力成反比。

1. 总抗氧能力测定

绿豆芽提取物总抗氧化能力采用总抗氧化试剂盒测定。根据试剂盒说明，3 个实验平行进行，在 520 nm 处测量吸光度。总抗氧化能力计算方法如式（2-3）所示。

$$T\text{-}AOC = 0.01 \times \frac{OD_1 - OD_2}{30} \times \frac{V_1}{V_2} \tag{2-3}$$

式中：T-AOC 为总抗氧化能力 OD_1 为待测样品吸光度值；OD_2 为对照样品吸光度值；V_1 为反应溶液体积；V_2 为取样体积。

2. DPPH 自由基清除能力

将 0.40 mL 提取物样品与 2.6 mL DPPH—乙醇溶液（0.1 mmol/L，w/v）混合，在黑暗中放置 30 min。然后，以乙醇为空白，在 517 nm 处测量吸光度。DPPH 自由基清除能力计算公式如式（2-4）所示。

$$RSC = \left(1 - \frac{A_1 - A_2}{A_0}\right) \times 100\% \tag{2-4}$$

式中：RSC 为 DPPH 自由基清除率；A_1 为 400 μL 样品提取物和 2.6 mL DPPH 溶液吸光度；A_2 为 400 μL 提取物和 2.6 mL 乙醇吸光度；A_0 为 400 μL 乙醇和 2.6 mL DPPH 溶液吸光度。

3. ABTS 自由基清除能力

将 0.1 g ABTS 和 0.029 g 过硫酸钾粉末样品溶于去离子水，制成 100 mL ABTS 自由基储备溶液。将制备好溶液在 4 ℃冰箱中保存 12 h，然后稀释至 734 nm 处吸光度为 0.700±0.020。将 0.2 mL 提取物样品放入试管中，加入 5.8 mL ABTS 溶液，混合均匀，在黑暗中反应 6 min。然后在 734 nm 处测量吸光度。计算公式如式（2-5）所示。

$$RSC = \left(\frac{A_1 - A_2}{A_1}\right) \times 100\% \tag{2-5}$$

式中：RSC 为 ABTS 自由基清除率；A_1 为空白对照组吸光度值；A_2 为样品溶液测量组吸光度值。

（八）非靶向代谢组学分析

代谢组学是继蛋白质组学、基因组学和转录组学后出现的新兴学科，具有高通量、灵敏度高、检测范围大等特点，通过鉴定小分子代谢物，分析代谢途径。代谢组学分为靶向、非靶向代谢组学，可鉴定相对分子质量小于 1000 Da 的物质，非靶向代谢组学注重于代谢物的定性，而代谢组学侧重于已知代谢物的定量分析。

提取物在 4 ℃下以 12000 r/min 离心 10 min，上清液经 0.22 μm 滤膜过滤，滤液加入检测瓶中进行 LC-MS 检测。色谱条件如下：流速 0.25 mL/min，柱温 40 ℃，进样量 2 μL。在正离子模式下，流动相为 0.1% 甲酸乙腈（C）和 0.1% 甲酸水（D）；在负离子模式下，流动相为乙腈（A）和 5 mmol 甲酸铵水（B）。质谱分析条件如下：Thermo Orbitrap Exploris 120 质量检测器，电喷雾电离源（ESI），数据以正负离子模式收集。一级全扫描分辨率为 60000，一级离子扫描范围为 100~1000 m/z，二级碎片由 HCD 进行。碰撞电压为 30%，第二级分辨率为 15000。前 4 个离子被碎片化，同时，使用动态排除法来去除非必要 MS/MS 信息。

（九）体外模拟消化

按照 Minekus 等描述，对绿豆芽粉进行体外模拟消化，包括口腔、胃和肠道阶段。将 20.0 g 绿豆粉样品制成 15% 匀浆，在沸水浴中熟化 15 min，然后放置在 37 ℃振荡器中 1 h，加入 37 ℃蒸馏水至 200 g，用高速匀浆器制成匀浆。将 10 g 匀浆样品放入 50 mL 离心管中，在 37 ℃和 170 r/min 气浴摇床中进行模拟体外消化。加入 2 mL 人工唾液并充分混合。模拟口腔消化 10 min。将样品 pH 值调整为 1.5，并加入 3 mL 人工胃液模拟胃消化阶段 2 h，然后将消化物 pH 值调整为 6.8，并加入 3 mL 人工肠液模拟肠消化 3 h，分别在胃消化 1 h、2 h 以及肠消化 1 h、2 h 和 3 h 取样。如上述（二）、（三）和（七）所述，对游离多酚和黄酮类化合物释放量以及抗氧化活性进行测定。

（十）绿豆芽淀粉提取

根据 Gao 等方法，并略作修改，用碱法提取发芽绿豆淀粉。精确称量过 80 目筛 100.0 g 绿豆芽粉。将样品放入 2000 mL 烧杯中，加入 1500 mL 0.4%（m/m）NaOH 溶液并充分混合均匀。之后将样品放在 35 ℃恒温气浴摇床中，以 170 r/min 摇动 2 h。反应结束 4000 r/min 离心去除上清液，用蒸馏水反复清洗沉淀物，用 80 目尼龙纱布过滤，得到纯白色淀粉，淀粉在 40 ℃下干燥至恒重。研磨并通过 90 目筛子得到发芽绿豆淀粉。

（十一）颗粒形貌观察

扫描电子显微镜（SEM）可观测样品整体形貌和样品表面形貌。利用扫描电子显微镜观察绿豆粉及绿豆淀粉在发芽过程中颗粒形貌变化情况。

根据 Wang 所述，取少量样品分散于导电双面胶上，将样品镀金处理，加速电压为 10 kV，于适当放大倍数观察发芽绿豆和淀粉颗粒表观形貌。

（十二）淀粉粒度和比表面积分析

根据 Wang 等方法，使用激光粒度分布仪测定淀粉粒度和比表面积。样品均匀分布在以蒸馏水为介质的超声分散池中。粒度和比表面积参数由仪器自动测定。

（十三）淀粉结晶结构分析

X-射线衍射（XRD）是对物质晶体结构分析的重要手段，可通过衍射特征峰来分析物质晶体结构。淀粉结晶区结构在 X-射线衍射特征峰中呈尖峰特征，无定形区结构呈弥散特征，利用 XRD 技术可分析淀粉在发芽过程中晶体结构和晶型变化情况。淀粉结晶结构变化可用相对结晶度（relative crystallinity，RC）来表示，将 XRD 衍射图谱分割为尖锐结晶峰区域和弥散非结晶峰区域，然后分别计算结晶区和非晶区面积，从而获得淀粉相对结晶度。

采用 X 射线衍射仪（XRD），通过步进扫描法检测淀粉，检测参数：特征射线为 CuKα，40 kV 管压，40 mA 电流，测量角度 2θ 区间为 $4°\sim60°$，步长 $0.02°$，扫描速度为 $2°/min$。使用 MDI Jade 软件分析计算淀粉结晶度，结果取 3 次拟合平均值。

（十四）淀粉分子基团结构分析

傅里叶变换红外光谱技术（FTIR）是获得淀粉分子基团信息，分析淀粉短程有序结构，表征物质分子结构的重要手段。常用的中红外光谱图中分为官能团区（$4000\sim1300\ cm^{-1}$）和指纹区（$1300\sim400\ cm^{-1}$）两个区域。淀粉结构的红外光谱表征，主要是利用官能团区中基团伸缩振动产生谱带和指纹区化学键伸缩振动和弯曲振动信息谱带。

称取被测样品 3.0 mg，与 300.0 mg KBr 粉末研磨至混匀，经压片处理后通过红外光谱分析仪进行全波段扫描测试，波长范围为 $400\sim4000\ cm^{-1}$，分辨频率为 $4\ cm^{-1}$，扫描次数为 64 次。

（十五）淀粉糊化特性分析

快速黏度分析仪（RVA）是检测糊化淀粉黏度特性的有效工具。淀粉糊化与结晶结构、双螺旋结构等分子间有序排列密切相关，其本质是水分子作用使得淀粉分子间氢键断裂，破坏分子间缔合状态，使之分散在水中并呈胶体溶液。

根据 Tiledo 方法，将 2.5 g 淀粉样品分散在 25 mL 蒸馏水铝锅中。使用均质器混合样品，然后用快速黏度分析仪进行分析。

（十六）淀粉溶解度和膨胀度测定

称取 0.6 g 待测淀粉样品与 29.4 mL 蒸馏水混合，在 90 ℃下加热 30 min 并不断摇动。冷却到室温后，以 3500 r/min 离心 20 min，得到淀粉糊。将上清液倒入培养皿中，在 105 ℃下干燥至恒定重量。溶解度公式如式（2-6）所示，膨胀度公式如式（2-7）所示。

$$S = \frac{A}{W} \times 100\% \tag{2-6}$$

$$B = \frac{P}{W \times (1-S)} \times 100\% \tag{2-7}$$

式中：S 为溶解度，%；A 为淀粉溶解量，%；W 为不含水淀粉质量，g；B 为膨胀率，%；P 为膨胀淀粉质量，g。

（十七）淀粉糊透明度测定

淀粉样品与水混合均匀，形成 1%（m/m）淀粉悬浮液。将淀粉悬浮液从沸水浴中糊化 20 min，自然冷却到 25 ℃。摇匀淀粉悬浮液，分别在 10 min、30 min、60 min 和 120 min 时，在 650 nm 处测量透明度，同时用蒸馏水进行空白实验。

（十八）淀粉体外模拟消化

1. 淀粉消化

淀粉用猪胰腺 α-淀粉酶和淀粉糖苷酶进行模拟消化。将 600 mg（精确到 0.001 g）淀粉准确称量到 30 mL 醋酸钠缓冲液（pH 5.2）中。将样品混合并在 95 ℃下糊化 15 min，糊化后样品在 37 ℃恒温平衡 1 h。加入 5 mL 猪胰腺 α-淀粉酶（100 U/mL）和淀粉糖苷酶（40 U/mL）混合物。在 37 ℃气浴中摇动样品（170 r/min），并在 10 min、20 min、40 min、60 min、90 min、120 min 和 180 min 时取样。加入无水乙醇终止消化，以 4000 r/min 离心 5 min。

2. 葡萄糖标准曲线

准确称取 100.0 mg 葡萄糖，溶于少量蒸馏水中，并定容于 100 mL 容量瓶中，分别移取 0.0、0.2 mL、0.4 mL、0.6 mL、0.8 mL、1.0 mL 和 1.2 mL 葡萄糖标准溶液于 25 mL 容量瓶中，加入蒸馏水定容至 2 mL，然后加入 1.5 mL DNS 试剂并摇匀，在沸水中加热 5 min，迅速冷却定容至 25 mL，混匀后于 540 nm 波长处测定吸光度。标准曲线（图 2-4）为：$y = 12.036x + 0.0224$（$R^2 = 0.9948$）。

3. 抗性淀粉含量和估计血糖指数计算

以淀粉水解率（HRS）为纵坐标，以时间为横坐标绘制水解曲线。通过计算 0~180 min 淀粉（$\text{AUC}_{\text{sample}}$）水解曲线下面积和参考食物（白面包，$\text{AUC}_{\text{reference}}$）来确定样品淀粉水解指数（$HI$）。样品估计血糖指数（$eGI$）按照以下式（2-8）~式（2-11）计算。

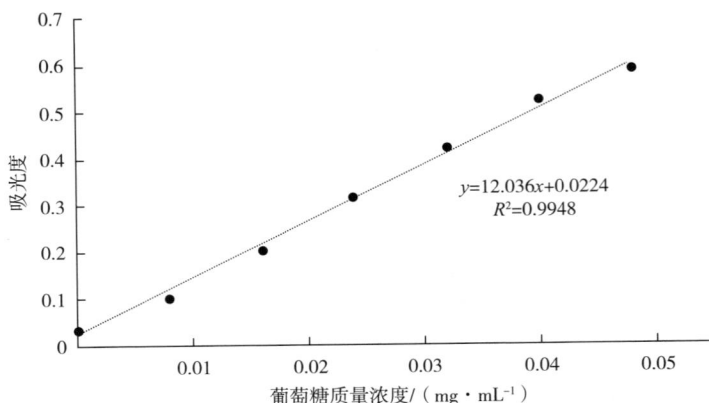

图 2-4 葡萄糖标准曲线

$$RS(\%) = 100 - \left(0.9 \times \frac{G_{120} - FG}{TS} \times 100\right) \tag{2-8}$$

$$HRS = \frac{m_1 \times 0.9}{TS} \times 100\% \tag{2-9}$$

$$HI = \frac{AUC_{sample}}{AUC_{reference}} \tag{2-10}$$

$$eGI = 39.71 + 0.549 \times HI \tag{2-11}$$

式中：RS 为抗性淀粉含量，%；G_{120} 为消化 120 min 内释放葡萄糖含量，mg；FG 为淀粉糊化后未消化时游离葡萄糖含量，mg；TS 为淀粉重量，mg；HRS 为淀粉水解率，%；m_1 为采样点消化葡萄糖当量，mg。

（十九）统计分析

所有实验都至进行 3 次平行试验，结果以平均值±SD 表示。使用 SPSS 26 软件进行方差分析（ANOVA）和邓肯多重范围检验。采用 Origin 2021 和 Design-Expert 软件对实验结果进行绘图。

非靶向代谢数据处理和多变量分析。原始数据首先通过 ProteoWizard 软件包中 MSConvert 转换为 mzXML 格式，并使用 XCMS 进行特征检测、保留时间校正和对齐处理。代谢物通过准确质量（<30 mg/kg）和 MS/MS 数据进行鉴定，这些数据与 HMDB，massbank，LipidMaps，mzcloud 和 KEGG 匹配。使用缩放法对数据进行平均中心化。模型建立在主成分分析（PCA）、正交部分最小平方判别分析（PLS-DA）和部分最小平方判别分析（OPLS-DA）上。P 值< 0.05 和 VIP 值>1 被认为是有统计学意义代谢物。差异性代谢物由 MetaboAnalyst 进行路径分析。使用 KEGG Mapper 工具对代谢物和相应途径进行可视化。

第三节　结果与分析

一、萌发绿豆多酚富集及提取工艺优化和体外消化特性

（一）绿豆化学成分分析

由表 2-7 可知，绿豆中水分、脂肪、粗蛋白、灰分、淀粉和总膳食纤维含量分别为 11.56%、0.73%、22.93%、5.42%、52.13% 和 7.77%。

表 2-7　绿豆基本组成

原料	水分/%	脂肪/%	粗蛋白/%	灰分/%	淀粉/%	总膳食纤维/%
绿豆	11.56±0.03	0.73±0.04	22.39±0.17	5.42±0.13	52.13±1.27	7.77±0.028

（二）绿豆芽多酚富集工艺优化

1. 绿豆芽多酚富集单因素

超声和 GABA 条件（GABA 浓度、GABA 浸泡时间、超声功率和超声时间）对游离多酚含量影响如图 2-5 所示。游离多酚含量随着 GABA 浓度增加而增加，在 GABA 浓度为 10 mmol/L 时含量最高为 4.11 mg GAE/g DW。然而，当 GABA 浓度增加到 15 mmol/L 和 20 mmol/L 时，游离多酚含量趋于下降。据报道，GABA 作为一种信号分子与植物细胞中谷氨酸受体结合。在本研究中，随着 GABA 浓度增加，GABA 与酶受体结合达到饱和。从图 2-5（b）可以看出，绿豆在 GABA 溶液中浸泡 8 h 时，游离多酚含量最高，这可能是由于超声波预处理引起细胞膜结构变化，增加绿豆种子对 GABA 溶液吸收能力，导致游离多酚含量增加。当绿豆在适宜温度和时间下浸泡，细胞壁软化，种皮渗透性增强，解除种子休眠，溶液中 GABA 渗透到种子中，激活多酚合成代谢相关酶。然而，随着浸泡时间延长到 10 h，游离多酚含量下降，可能是因为长时间浸泡，绿豆籽粒中营养成分（结合酚类）过度流失，酶活力降低；较短浸泡时间不足以软化种皮，胚轴也很难突破种皮生长。因此，浸泡时间选择 8 h 较为合适。

超声波空化作用产生微小气泡，气泡在绿豆种皮处塌陷，破坏种皮表面，形成微小孔洞。种皮是阻止种子吸收水分和氧气的物理屏障，而这两种物质都是种子萌发所必需的。因此，增加种皮孔隙度可以增加水和氧吸收，促进发芽。从图 2-5（c）可以看出，随着超声功率增加，游离酚含量先增加后减少。

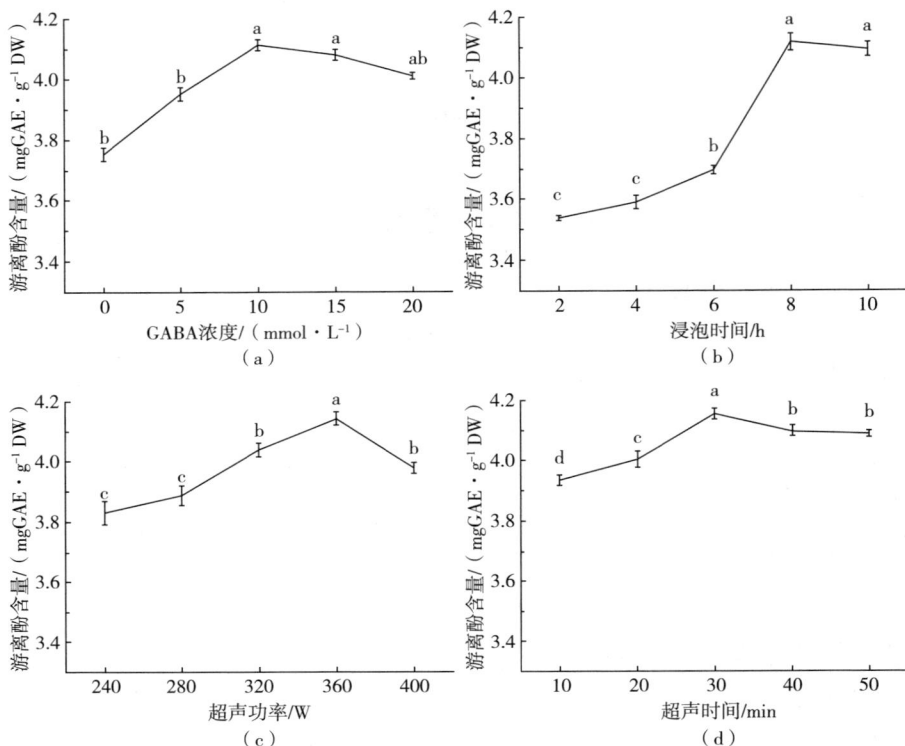

图 2-5　GABA 浓度（a）、浸泡时间（b）、超声功率（c）、
超声时间（d）对绿豆游离多酚含量影响

这可能是由于低功率超声促进绿豆种子水化，增强多酚代谢途径酶活性，加速游离多酚合成和结合酚类化合物释放。400 W 超声处理导致游离多酚含量下降，这可能是由于高功率超声机械损伤和空化作用，导致绿豆种子结构破裂和多酚损失。从图 2-5（d）可以看出，随着超声处理时间增加，游离多酚含量先增加，在超声处理 30 min 时达到最大值，然后趋于下降。这可能是由于较短时间超声处理可以有效地激活多酚代谢途径酶，促进种皮中结合酚类物质释放。然而长时间超声处理会对种子细胞产生损伤，减少多酚合成，多酚过多溶解于浸泡液造成损失。

2. 绿豆芽多酚富集响应面试验结果

根据表 2-3 因素水平表和上述 1. 单因素试验结果，设计 3 因素 3 水平 Box-Behnken 中心组合试验。该响应面共设 17 个试验点（表 2-8），1、2、7、8、12 五个中心实验点，平行 3 次验证试验，评估试验误差。进行优化试验结果多元回归拟合，得到回归方程为：$Y = 4.48 + 0.059X_1 + 0.11X_2 + 0.085X_3 - 0.14X_1X_2 - 0.048X_1X_3 - 0.0075X_2X_3 - 0.13X_1^2 - 0.22X_2^2 - 0.081X_3^2$

表 2-8　绿豆芽多酚富集响应面试验结果

试验号	X_1 （GABA 浓度）	X_2 （超声功率）	X_3 （超声时间）	游离酚含量/ （mg GAE·g^{-1}）
1	0	0	0	4.59±0.04
2	0	0	0	4.44±0.06
3	−1	0	1	4.25±0.03
4	−1	0	−1	4.15±0.02
5	0	1	−1	4.23±0.04
6	1	0	−1	4.19±0.01
7	0	0	0	4.43±0.06
8	0	0	0	4.54±0.03
9	1	−1	0	4.22±0.05
10	0	−1	−1	3.97±0.02
11	0	1	1	4.36±0.01
12	0	0	0	4.39±0.06
13	1	0	1	4.48±0.03
14	−1	−1	0	3.84±0.01
15	−1	1	0	4.31±0.05
16	1	1	0	4.13±0.04
17	0	−1	1	4.13±0.05

3. 模型显著性检验

响应面图分析是基于合理的实验设计。利用响应曲面变化情况和等高线稀疏程度，可以确定最佳工艺条件，同时可以直观地评价各因素之间的相互作用。图 2-6 中响应面和等高线变化反映 GABA 浓度（A）、超声功率（B）和超声时间（C）之间相互作用对发芽绿豆游离多酚含量影响。等高线图形状反映各种因素之间相互作用。当等高线为圆形时，表示两个因素相互作用不显著，而椭圆或马鞍形等高线表示两个因素相互作用显著。图 2-6 是 AB（GABA 浓度和超声功率）、AC（GABA 浓度和超声时间）和 BC（超声功率和超声时间）相互作用响应面和等高线图，其中，AB 相互作用显著（$P<0.05$，表 2-9）。AB 等高线图是椭圆形［图 2-6（a）和图 2-6（b）］，表明相关因素之间有很强相互作用，而 AC 和 BC 等高线图是圆形，表明因素之间相互作用相对较弱。

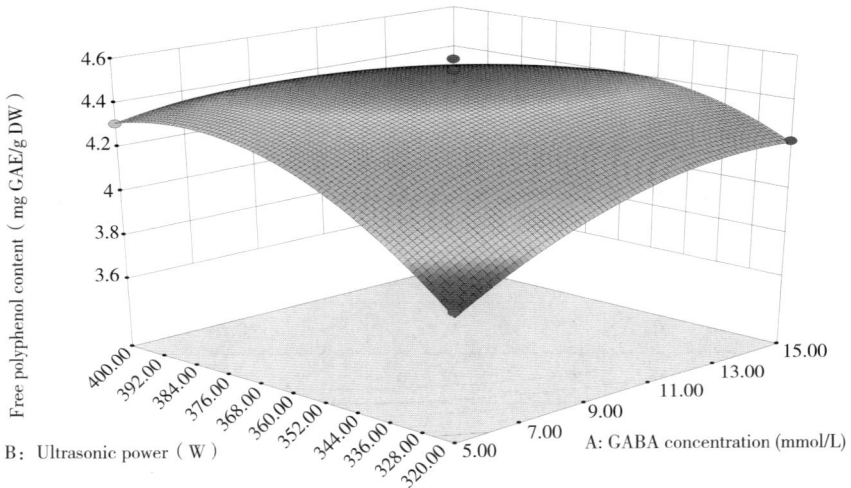

（a）

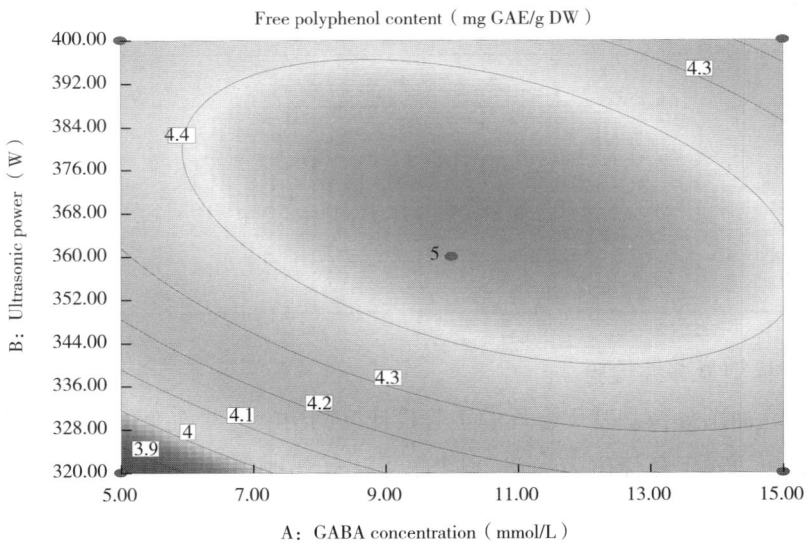

（b）

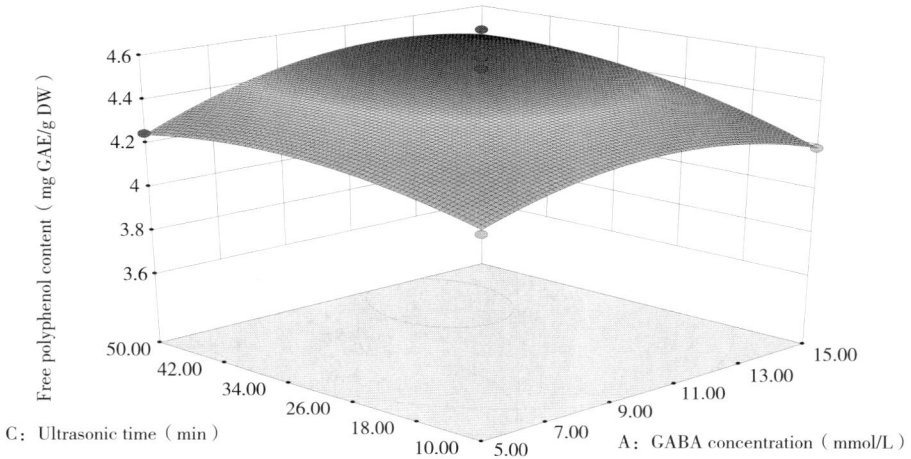

（c）

Free polyphenol content（mg GAE/g DW）

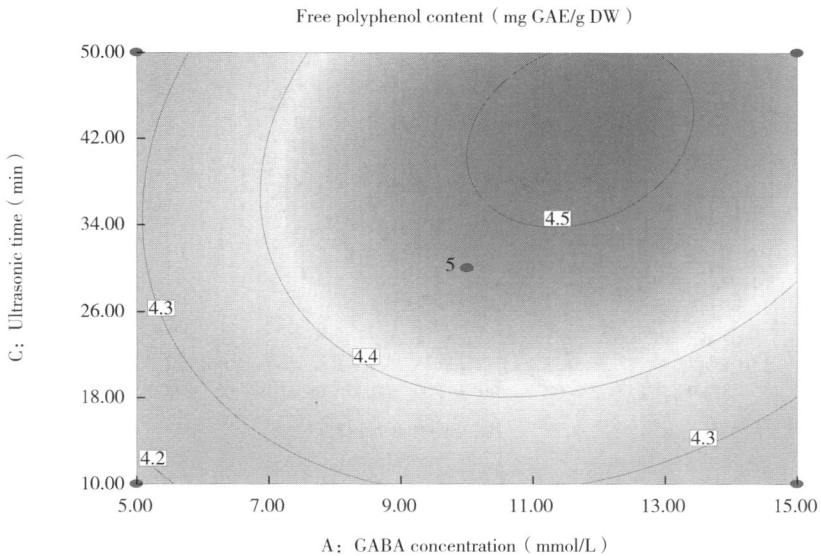

（d）

图 2-6

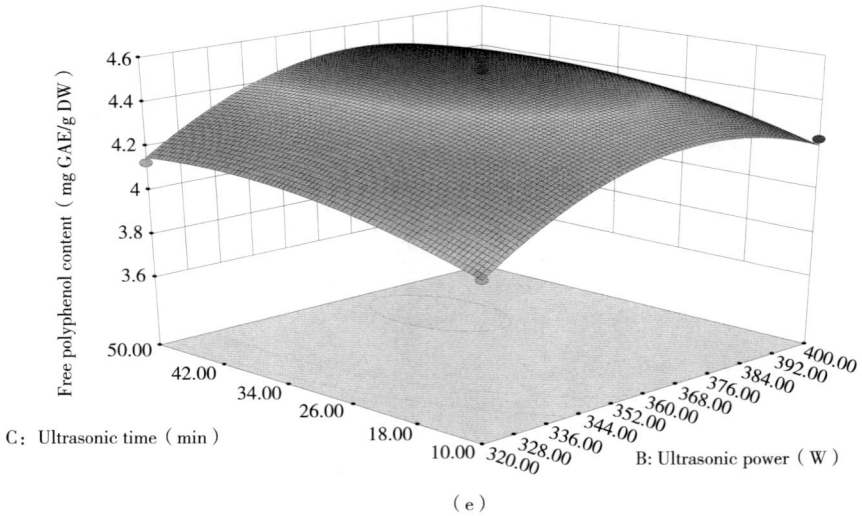

（e）

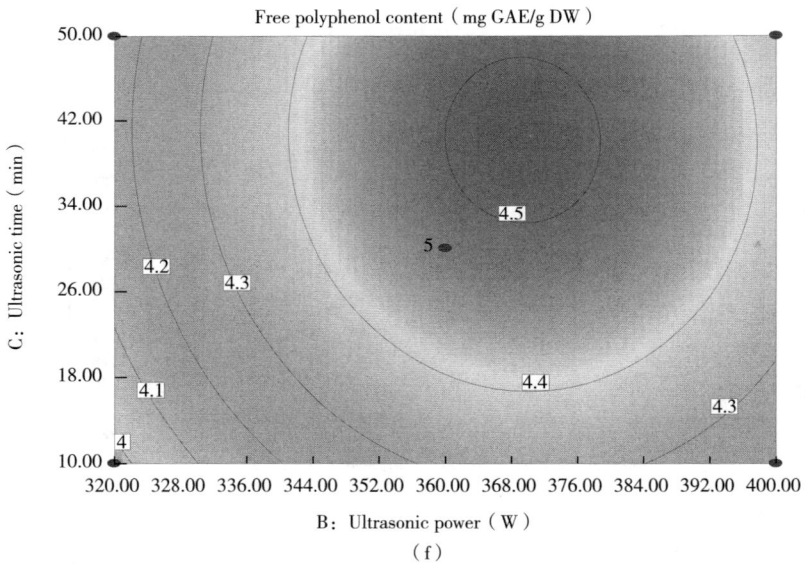

（f）

图 2-6　AB、AC 和 BC 相互作用等高线和响应面图

　　方差分析结果见表 2-9。总模型极显著（$P<0.01$），失拟误差不显著（$P>0.05$）。结果表明，多项式具有可接受的准确性，它可以预测 GABA 浓度、超声功率、超声时间对绿豆发芽后游离多酚含量影响。回归模型显著性检验表明，X_1、X_1^2 和 X_2^2 对多酚富集量有显著影响（$P<0.05$），X_2、X_3、X_1X_2 和 X_3^2 对多酚富集量有极显著影响（$P<0.01$）。然而，其他因素影响并不显著。根据 F 值大小，各因素对绿豆芽多酚含量影响依次为超声功率>超声时间>GABA 浓度。

表 2-9 响应面回归模型方差分析

来源	平方和	自由度	均方	F 值	P 值
模型	0.61	9	0.067	15.08	0.0009
X_1	0.028	1	0.028	6.18	0.0418
X_2	0.095	1	0.095	21.19	0.0025
X_3	0.058	1	0.058	12.95	0.0088
X_1X_2	0.08	1	0.078	17.56	0.0041
X_2X_3	0.009025	1	0.009025	2.02	0.1981
X_3X_4	0.0002250	1	0.0002250	0.050	0.8288
X_1^2	0.070	1	0.070	15.69	0.0055
X_2^2	0.21	1	0.21	47.32	0.0002
X_3^2	0.028	1	0.028	6.26	0.0408
残差	0.031	7	0.004465		
失拟误差	0.00375	3	0.001125	0.16	0.9170
纯误差	0.028	4	0.006970		
总和	0.64	16			

使用 Design Expert 8 软件对工艺参数进行优化。绿豆芽富集多酚最佳条件如下：超声功率为 366.13 W，超声时间为 41.77 min，GABA 浓度为 11.27 mmol/L。预测多酚含量为 4.52 mg GAE/g DW。由于此参数不利于操作，调整参数为超声功率 370 W，超声时间 40 min，GABA 浓度为 10 mmol/L。在这些条件下进行验证测试（3 次平行测试）。绿豆芽多酚含量为 4.49 mg GAE/g DW，这与预测值相近，表明利用响应面分析法对绿豆芽富集多酚优化条件准确可靠。

（三）绿豆芽多酚提取工艺优化

1. 绿豆芽游离多酚提取单因素

由图 2-7（a）可知，绿豆芽中游离多酚提取量，随着乙醇浓度增加，呈现先上升后下降趋势，在乙醇浓度为 50%（v/v）时达到最高。

由图 2-7（b）可知，绿豆芽多酚提取量随料液比增加而升高，当料液比为 1∶30 时多酚提取量最大，可能是因为乙醇使多酚与淀粉、蛋白等大分子物质间共价键断裂，溶剂多接触充分，断裂完全。料液比 1∶35 时多酚提取量维持平衡。

由图 2-7（c）可知，提取温度为 30~60 ℃时，多酚提取量上升较快，可能是因为绿豆中部分结合酚转化为游离酚，且在此温度范围内使分子运动速率加快，而使多酚物质被大量提取出来。在温度为 70 ℃时提取量最大。

由图 2-7（d）可知，绿豆多酚提取量 1~4 h 时逐渐上升，4 h 提取量达到峰值，之后呈现下降趋势，可能是因为长时间提取多酚与空气接触氧化为其他物质。

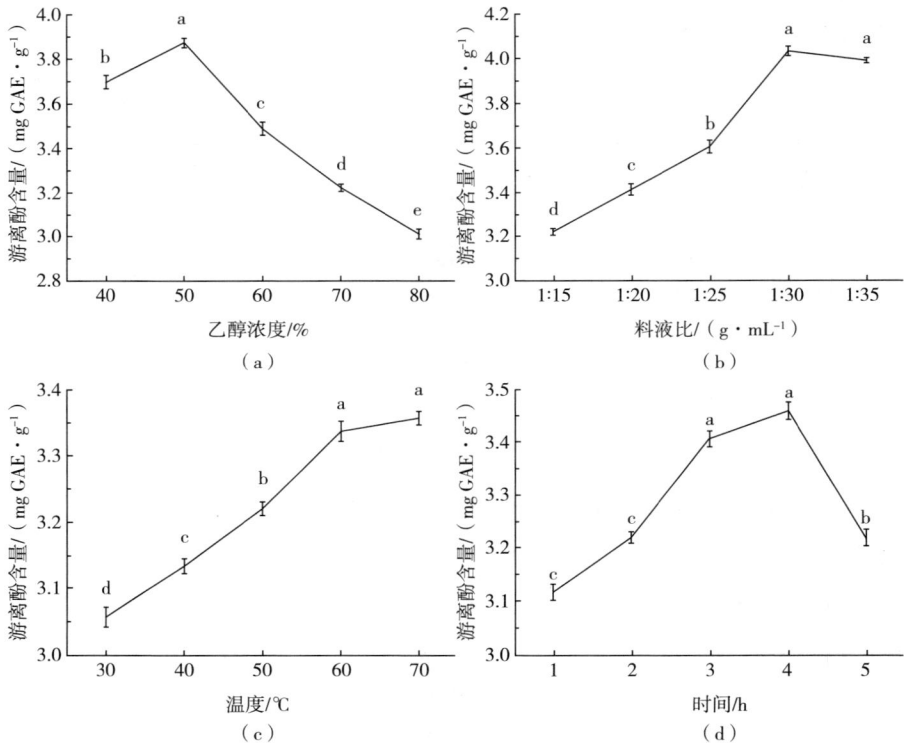

图 2-7 提取绿豆芽多酚单因素结果

2. 绿豆芽多酚提取正交试验设计

由表 2-10 可知，乙醇萃取绿豆芽多酚实验下，乙醇浓度、料液比、反应温度、反应时间对绿豆芽多酚得率均有影响，因 B>C>A>D，得到较优工艺条件为 $B_3C_3A_3D_1$，乙醇浓度 60%（v/v）、反应温度为 70 ℃、反应时间为 2 h、料液比为 1∶35（m/v）。经验证试验，绿豆芽多酚得率为 4.58 mg GAE/g。为避免温度过高造成多酚类物质损失，将提取温度调整为 40 ℃（表 2-10）。

表 2-10　绿豆芽多酚提取正交试验结果 L_9（3^4）

试验号	A	B	C	D	总酚含量/（mg GAE·g^{-1}）		
1	1	1	1	1	3.85	3.87	3.86
2	1	2	2	2	4.45	4.46	4.20
3	1	3	3	3	4.56	4.53	4.58
4	2	1	2	3	3.93	3.98	3.98
5	2	2	3	1	4.38	4.45	4.41
6	2	3	1	2	4.38	4.34	4.45
7	3	1	3	2	4.25	4.10	4.19
8	3	2	1	3	4.38	4.41	4.38
9	3	3	2	1	4.58	4.70	4.68
K_1	12.79	12.00	12.64	12.93			
K_2	12.77	13.17	12.99	12.94			
K_3	13.22	13.60	13.15	12.91			
k_1	4.26	4.00	4.21	4.31			
k_2	4.26	4.39	4.33	4.31			
k_3	4.41	4.53	4.38	4.30			
R	0.15	0.53	0.17	0.009			

表 2-11　方差分析表

变异源	SS	df	MS	F	显著性
A	0.133	2	0.067	15.886	**
B	1.367	2	0.683	162.997	**
C	0.136	2	0.068	16.178	**
D	0.000	2	0.000	0.054	
误差	0.075	18	0.004		
总计	502.922	27			

注　** 代表 $P<0.05$，极显著。

（四）不同发芽处理绿豆游离多酚、黄酮含量及抗氧化活性

未发芽和不同处理发芽 48 h 绿豆游离多酚和黄酮含量、总抗氧化能力、ABTS 自由基清除率和 DPPH 自由基清除率见图 2-8。GABA、超声、超声联合 GABA 处理对绿豆萌发 48 h 中游离多酚和游离黄酮含量有显著影响；在相同的萌发时间（48 h），联合处理绿豆样品游离多酚和游离黄酮含量高于单一 GABA 或

超声处理的样品。此外，超声处理的样品中多酚含量相对较高，与未经处理绿豆种子和未经超声波和 GABA 处理发芽种子相比，超声波和 GABA 联合处理使绿豆芽中游离多酚和黄酮类化合物含量显著提高。超声波使种皮破碎，加速水化过程，导致分子结构和酶催化作用发生变化，触发应激反应系统，增强次级代谢物如多酚生成。超声波空化作用与机械效应促进细胞膜通透性，促进离子和代谢物扩散和跨膜运输，外源性 GABA 可以通过细胞膜并进入细胞基质。GABA 作用归结为，调节多酚合成关键酶基因，增加蛋白质表达和酶活性，刺激激素分泌和生长发育，并进一步引起细胞内生理和生化变化，达到富集效果。因此，绿豆多酚含量增加是由于 GABA、超声波和发芽处理综合作用。

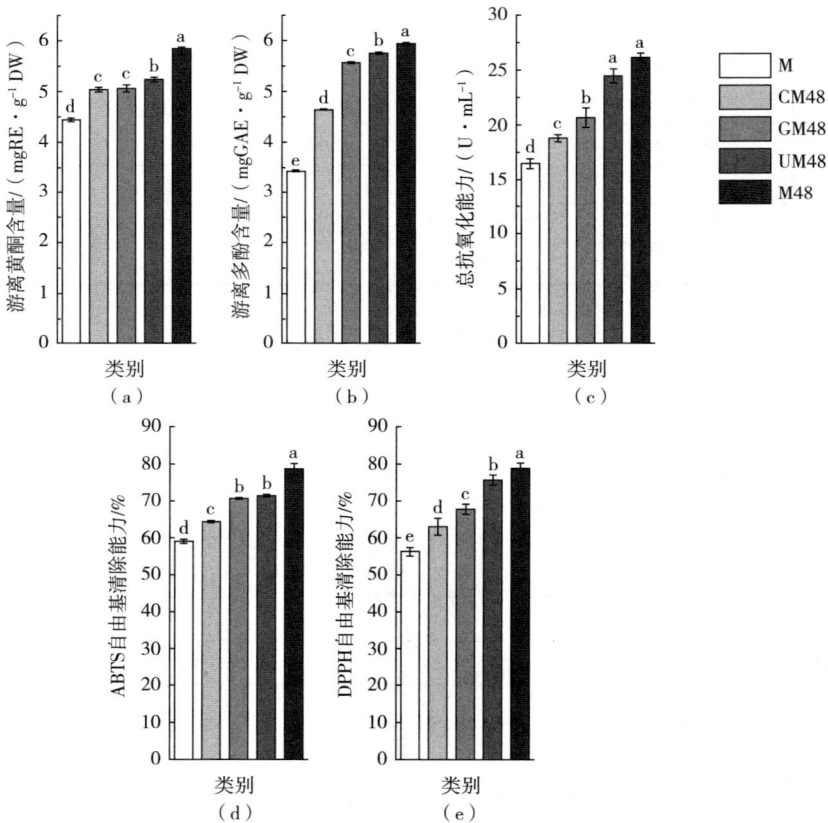

图 2-8　发芽绿豆游离黄酮含量（a），游离多酚含量（b），总抗氧化能力（c），

ABTS 自由基清除能力（d）和 DPPH 自由基清除能力（e）

GABA、超声波和普通萌发处理对绿豆的抗氧化活性均有显著影响，经 GA-

BA 和超声波联合处理并发芽 48 h 绿豆，其总抗氧化能力、ABTS 自由基清除能力和 DPPH 自由基清除能力最高 [图 2-8 (c) ～ (e)]。多酚类化合物是天然抗氧化剂，因此，分析绿豆芽提取物游离多酚和黄酮含量与抗氧化活性之间相关性。从表 2-12 可以看出，所有相关系数都在 0.946 以上，黄酮类化合物与抗氧化能力之间相关性较高，这是因为黄酮类化合物合成是在酚酸合成途径下游，并且积累量较大。这些结果表明，抗氧化活性与多酚含量呈正相关，抗氧化活性增强主要可归因于绿豆经 GABA、超声波和发芽处理后，多酚等抗氧化剂含量增加。此外，绿豆抗氧化能力可能受到维生素影响，如维生素 E 和维生素 C 以及其他抗氧化剂存在，这些物质含量因发芽而增加，增强抗氧化能力。

表 2-12　绿豆芽游离多酚和类黄酮含量与抗氧化活性相关性分析

指标	游离黄酮	游离多酚	总抗氧化	DPPH	ABTS
游离黄酮	1				
游离多酚	0.998 **	1			
总抗氧化	0.993 *	0.984 *	1		
DPPH	0.988 *	0.978	0.999 **	1	
ABTS	0.962	0.946	0.988 *	0.993 *	1

注　* 表示显著 ($P<0.05$)，** 表示极显著 ($P<0.01$)。

(五) 不同发芽处理绿豆代谢产物差异

1. 主成分分析

在主成分分析 (PCA) 得分图上，质控样品聚集在一起，表明结果具有高度可靠性和可重复性，系统误差在可控范围内 (图 2-9)。不同发芽处理分散分布，组内有聚集趋势，表明不同处理发芽绿豆代谢物存在差异。非靶向代谢组学结果还显示，在绿豆发芽过程中，经超声和 GABA 联合处理绿豆多酚含量和组成存在差异，代谢差异是加工过程中多酚类物质积累和消耗造成的。

2. 差异代谢物聚类分析

超声波预处理，外源 GABA 作为营养液使绿豆芽中代谢物组成产生差异 (图 2-10)。使用非靶向代谢组学技术鉴定出 55 种多酚类代谢物 [图 2-10 (a)]。所鉴定多酚类化合物可分为 4 类，即黄酮类、异黄酮类、酚类和香豆素类衍生物 [图 2-10 (b)]。聚类分析将具有相同特征代谢物归为一类，体现出代谢物在不同组别间的差异，图中横坐标代表不同实验分组，纵坐标代表代谢物。热图颜色代表代谢物相对含量，蓝色代表低含量代谢物，红色代表高含量代谢物。

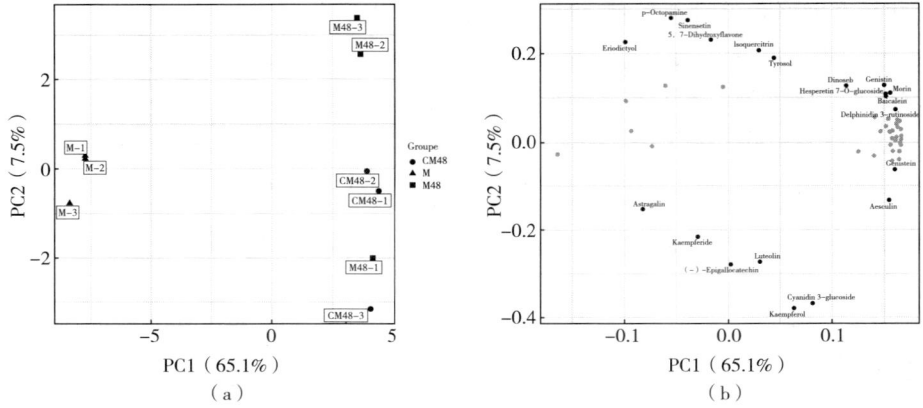

图 2-9　非靶向代谢组学 PCA 得分图（a）和 PCA 载荷图（b）

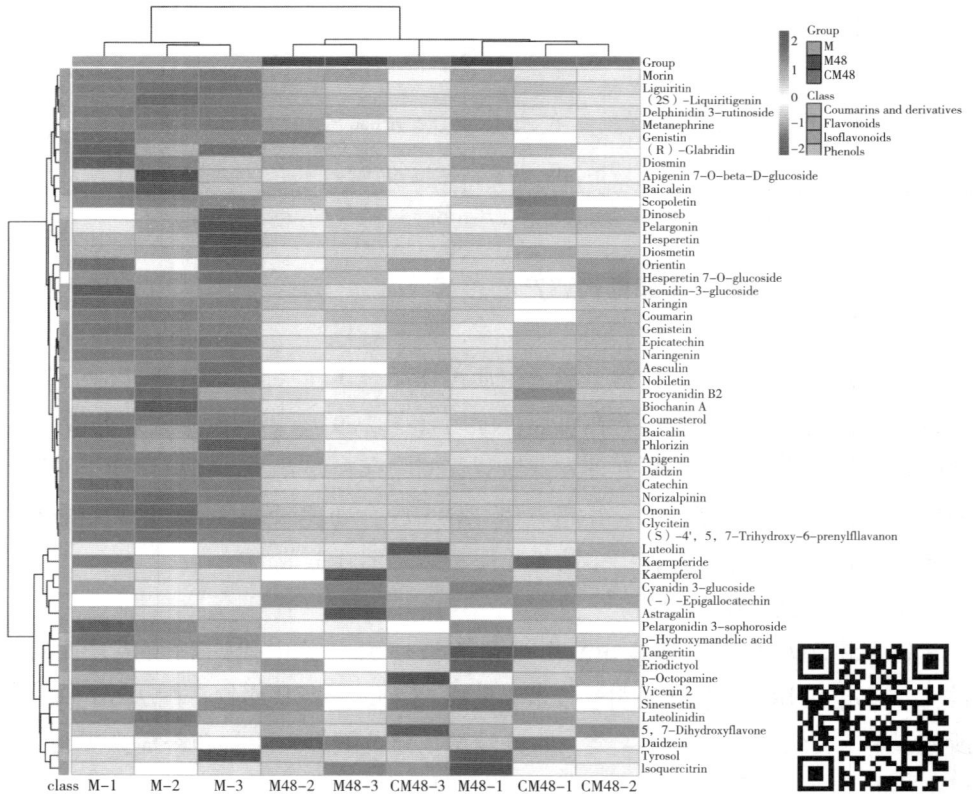

（a）

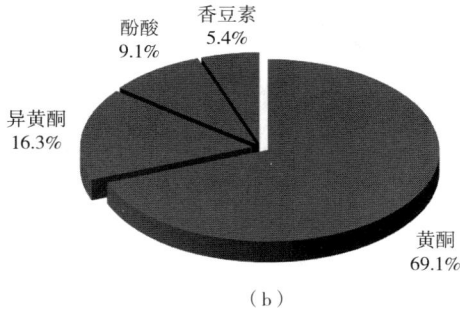

图 2-10　绿豆芽多酚代谢物热图（a）和成分比例图（b）

3. 差异代谢物筛选与鉴定

经超声波和 GABA 联合处理并发芽 48 h 绿豆（M48）、未经超声波和 GABA 处理发芽 48 h 绿豆（CM48）以及未经处理绿豆种子（M）中多酚类化合物差异性积累，结果显示在图 2-11。与 M 相比，CM48 有 31 个上调和 1 个下调多酚类化合物 [图 2-11（a）]。然而，与 M 相比，M48 显示出 32 个上调和 1 个下调多酚类化合物 [图 2-11（b）]。此外，与 CM48 相比，M48 显示出 6 个上调多酚化合物和 3 个下调多酚化合物 [图 2-11（c）]。

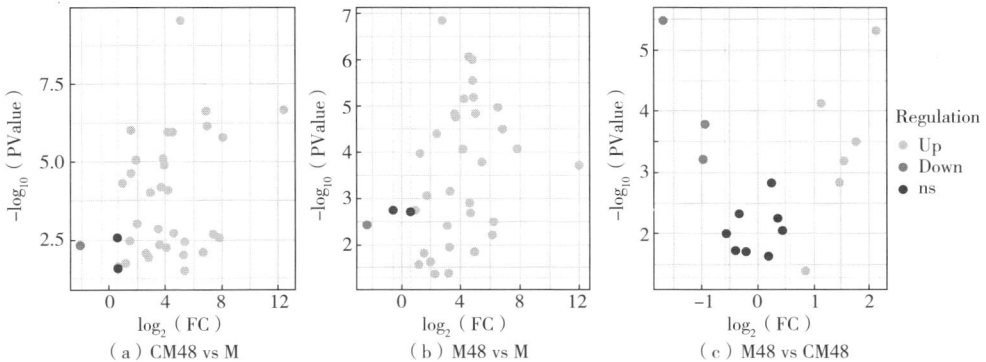

图 2-11　不同处理发芽间差异代谢物筛选火山图

图 2-12 为 M48 相对于 CM48 中 6 种代谢物相对含量，发现染料木素具有预防妇科疾病和调节肠道健康有益作用。（-）-表没食子酸和表儿茶素可作为治疗蛇毒引起止血功能障碍辅助剂，还具有益于视网膜和心血管健康作用。川陈皮素可以改善糖尿病肾病，调节血小板功能，并减少非酒精性脂肪肝。柚皮苷是一种有效抗癌剂，可以减少炎症和过敏反应。生物酶 A 能有效降低血脂。

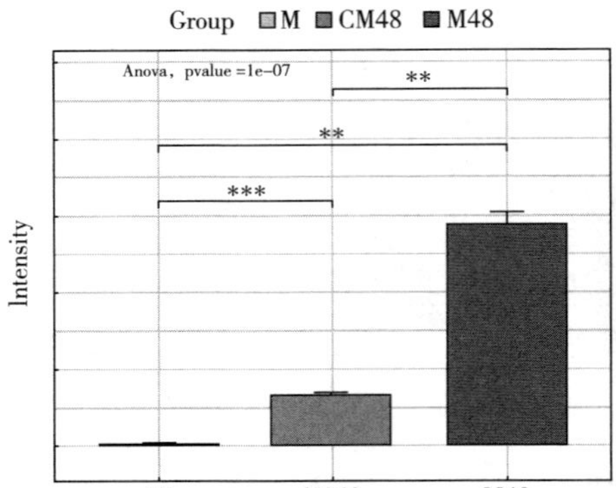

（a）染料木素

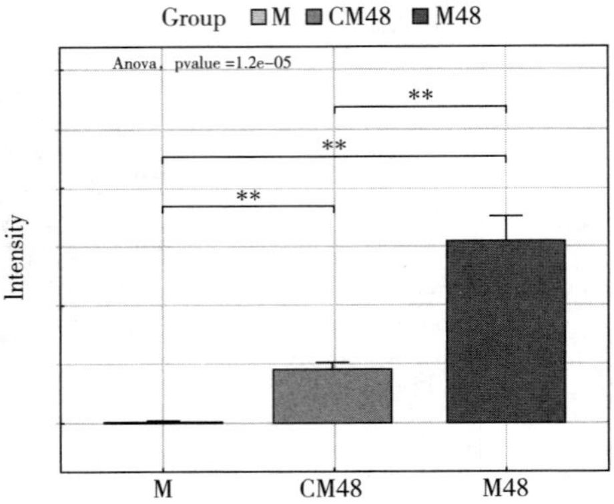

（b）川陈皮素

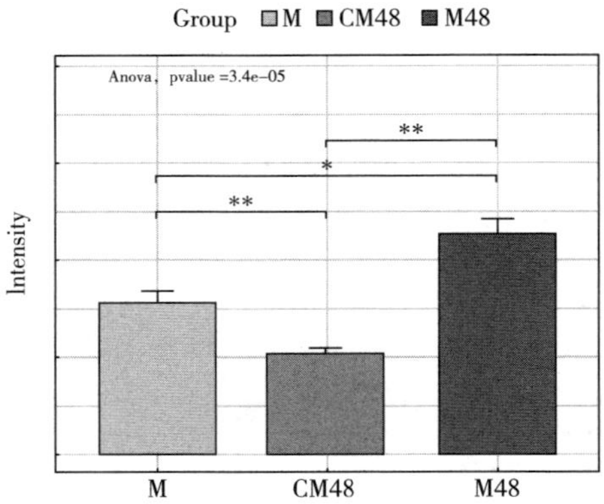

（c）（−）-表没食子素

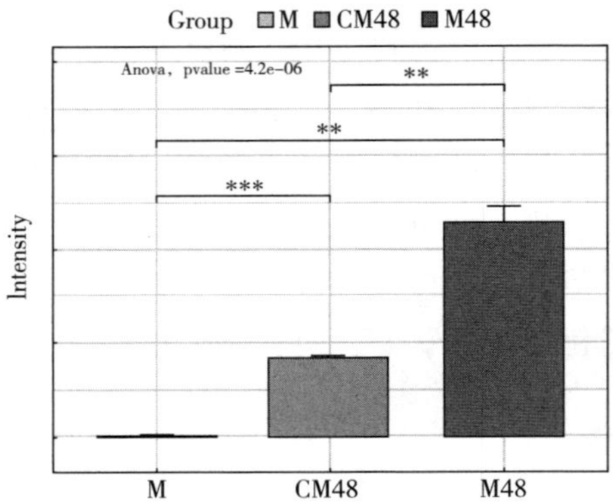

（d）柚皮苷

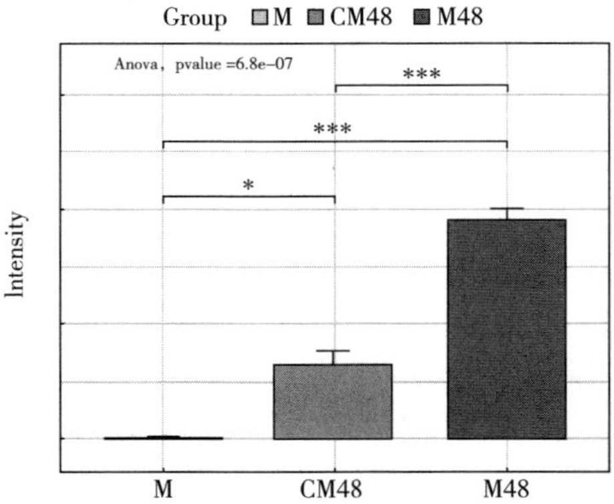

（e）表儿茶素

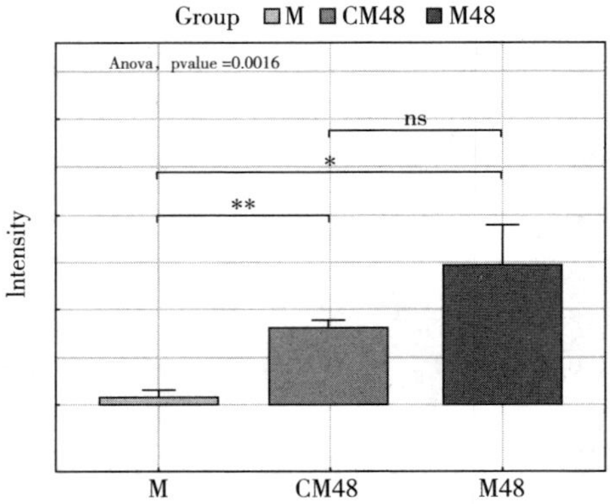

（f）生物酶A

图 2-12　发芽绿豆中多酚类物质变化

（六）多酚类代谢物 KEGG 途径分析

为探索主要代谢途径，根据 KEGG 数据库对不同多酚代谢物进行注释。结果显示（图 2-13），不同发芽模式下绿豆多酚代谢物主要代谢途径是异黄酮类、黄酮类、苯丙类、花青素、黄酮醇生物合成、酪氨酸代谢、次级代谢物生物合成等［图 2-13（a）和图 2-13（b）］。最主要代谢途径是黄酮类、异黄酮类和苯丙类化合物生物合成。分析经超声波与 GABA 联合处理并发芽 48 h 绿豆（M48）与未处理发芽 48 h 绿豆（CM48）之间代谢途径差异［图 2-13（c）］，发现有 6 条代谢途径被激活，包括黄酮类、异黄酮类、苯丙类、花青素、次级代谢物生物合成及代谢途径。图 2-13（d）～（f）显示不同发芽处理间代谢途径上差异代谢物分布。从图 2-13（d）和图 2-13（e）可以看出，对照发芽和超声联合 GA-BA 处理发芽都能有效激活多酚代谢途径。图 2-13（f）显示超声联合 GABA 处理发芽组与对照发芽组之间 6 条代谢途径。采用超声波联合外源 GABA 进行预处理可以增强绿豆发芽期间多酚积累，激活多酚代谢途径。

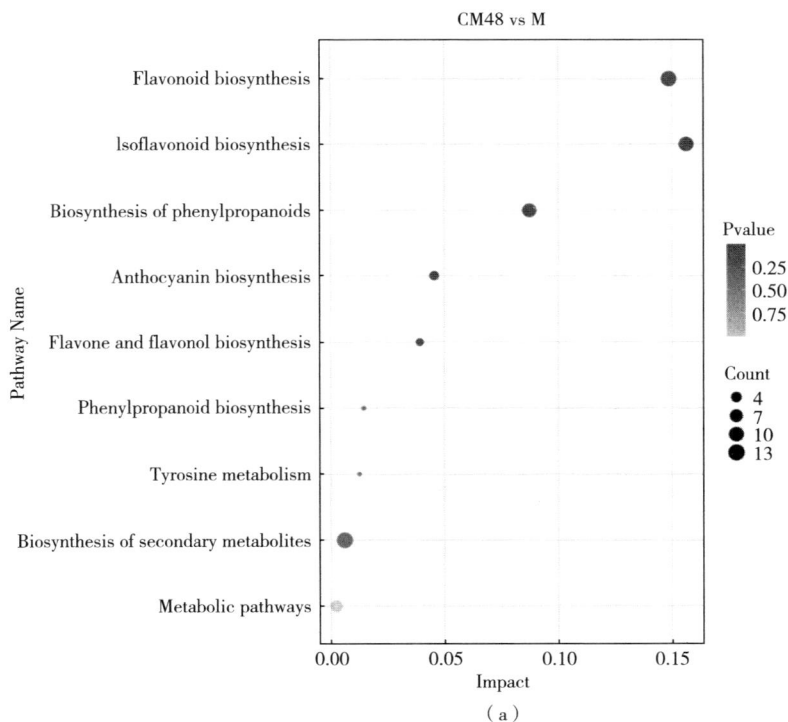

图 2-13

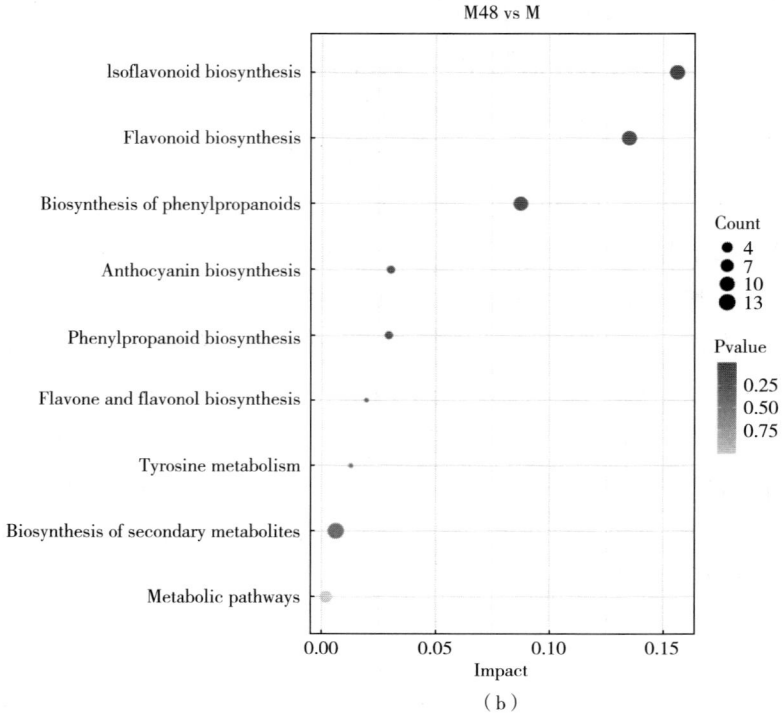

（b）

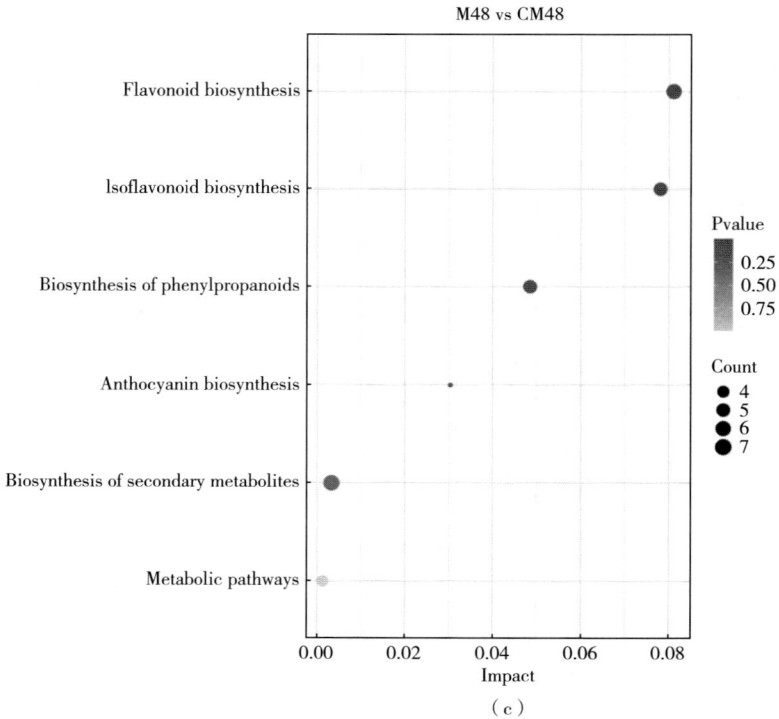

（c）

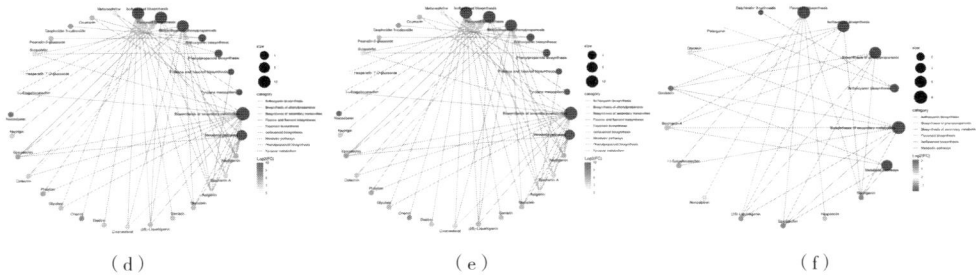

（d）　　　　　　　　　　　　（e）　　　　　　　　　　　　（f）

图 2-13　差异代谢物 KEGG 富集途径 ［（a）－（c）］ 和差异
代谢物在代谢途径中分布网络图 ［（d）－（f）］

（七）绿豆芽粉形态结构

绿豆芽粉表观形貌如图 2-14 所示。可以看出，未经处理的绿豆粉表面光滑，附着少量细小颗粒。然而，发芽绿豆粉表观形貌被破坏，具有鳞片状结构。这是由于在发芽过程中，淀粉颗粒和蛋白质等大分子物质被破坏和分解。此外，超声处理空化和机械效应可能导致绿豆芽颗粒形态结构改变。

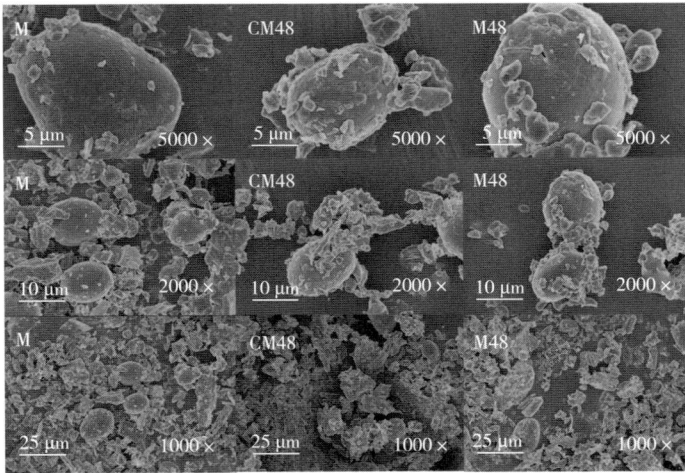

图 2-14　绿豆粉和绿豆芽粉扫描电镜观察

（八）绿豆芽粉体外模拟消化

有研究发现，发芽 2~3 d 是大规模制备绿豆芽常用时间，在保持适口性和良好卫生条件下，可以避免长期发芽对绿豆感官和营养特性的不利影响。采用发芽48 h 绿豆芽粉研究体外模拟消化过程中，多酚在胃肠道消化阶段释放率和稳定性。多酚在体外消化过程中释放情况如图 2-15（a）、（b）所示。多酚在胃和肠道消化过程中表现出良好的稳定性，而且随着消化时间的延长，多酚释放量逐渐增加。这有利于调节血糖，多酚类物质可以与碳水化合物消化酶结合，抑制淀粉酶活性。在胃消化结束时，M48 样品释放游离黄酮和多酚分别为 3.11 mg RE/g DW 和 4.71 mg GAE/g DW。然而，在体外胃肠消化完成时，M48 样品释放游离黄酮和多酚分别达到 3.50 mg RE/g DW 和 6.07 mg GAE/g DW。M48 样品总释放量明显高于 M 和 CM48 样品。多酚含量增加归因于消化过程中大分子物质水解，导致多酚—蛋白质、多酚—多糖和富含纤维细胞壁释放多酚。

抗氧化活性是鉴定潜在健康益处的有效工具，在模拟胃肠消化过程中，通过 T-AOC、ABTS 和 DPPH 指标来评估，如图 2-15（c）~（e）所示。这些抗氧化指标随着多酚释放量增加而逐渐增加，并与多酚含量呈现正相关趋势。这是因为多酚是天然抗氧化剂，对自由基有很强清除能力。氧化应激在慢性病发生和发展中起着至关重要作用，如糖尿病、阿尔茨海默氏病和色素沉积等。研究发现，从绿豆和绿豆芽中提取抗氧化活性物质几乎没有副作用，表明绿豆芽粉在功能食品领域有很大应用潜力。

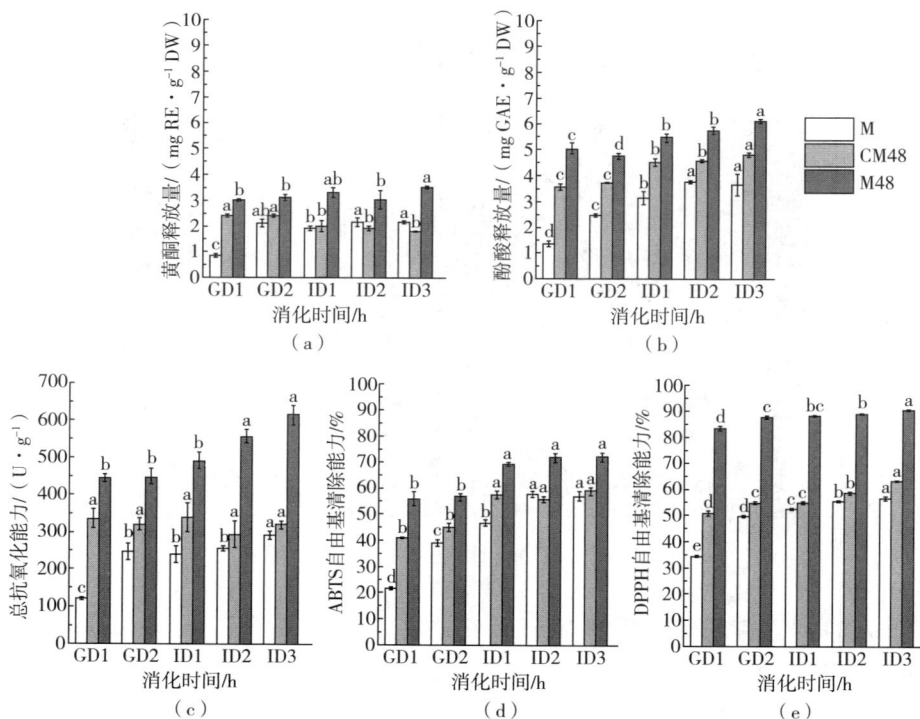

图 2-15　绿豆和不同处理发芽绿豆游离黄酮（a）、游离酚酸（b）以及总抗氧化能力（c）、ABTS 清除活性（d）和 DPPH 清除活性（e）释放率

（九）小结

针对目前杂粮中功能性因子含量低、活性物质富集技术烦琐和富集机制不明晰瓶颈。以绿豆为原料，采用超声波联合外源 GABA 技术预处理，优化绿豆芽多酚富集及提取参数。以总抗氧化能力，DPPH 和 ABTS 清除能力评估多酚粗提物抗氧化能力。以非靶向代谢组学技术鉴定多酚差异代谢物和代谢通路。通过模拟体外消化试验评估消化过程中多酚释放速率、抗氧化能力。

（1）本研究以绿豆为原料，优化超声协同外源 GABA 发芽条件为超声功率 370 W、超声时间 40 min、GABA 浓度 10 mmol/L、浸泡时间 8 h，绿豆发芽 48 h 游离多酚含量为 4.49 mg GAE/g DW。

（2）采用乙醇萃取法提取绿豆芽多酚，最佳提取条件为乙醇浓度 60%（v/v）、反应温度为 40 ℃、反应时间为 2 h、料液比为 1∶35（m/v）。绿豆芽多酚得率为 4.58 mg GAE/g。

（3）与绿豆和对照发芽相比，发芽 48 h 绿豆粉体表面被分解，游离多酚、游离黄酮含量及抗氧化能力提高。非靶向代谢组学分析的结果表明，激活 6 条代谢途径，富集 6 种多酚类物质。在模拟胃消化过程中，稳定释放的多酚类物质具有良好抗氧化活性。

在最佳功率和时间下的超声处理软化了绿豆种子的外皮，超声波的空化作用在种子细胞壁上产生了微小的孔隙，促进了 GABA 的膜运输。GABA 参与了黄酮类、异黄酮类和苯丙类的合成和代谢途径。上述结果为开发粮豆中活性物质富集技术提供支撑，富集得到的多酚具有抗氧化等活性，需进一步研究绿豆芽在动物模型和人体上的潜在健康益处。为开发萌芽功能性食品提供理论依据，利于后续试验开展。

二、绿豆发芽过程中抗氧化活性及多酚差异类代谢物

（一）发芽过程中多酚含量和抗氧化活性

对不同发芽时期绿豆芽进行形态观察，见图 2-16。测定未发芽、浸泡和发芽过程中绿豆种子游离多酚含量、游离黄酮含量、总抗氧化能力、ABTS 和 DPPH 自由基清除率，结果见图 2-17。与未处理种子（对照组）相比，浸泡后绿豆种子游离多酚含量、游离黄酮含量、总抗氧化能力和 ABTS 清除活性下降。这些指标下降归因于超声波机械和化学作用，在超声波处理过程中破坏绿豆种子细胞结构，促进游离和细胞内多酚和黄酮释放。游离多酚类物质可溶于水，容易流失，从而影响抗氧化能力。另外，可能是由于较高超声功率使游离

黄酮类化合物降解，导致黄酮类化合物含量下降。在另一项研究中，发现总多酚含量在浸泡 12 h 后减少，而在发芽 48 h 后增加 41%～76%。本研究中非靶向代谢组学分析结果验证黄酮类化合物在浸泡过程中损失或降解（图 2-20）。另外，绿豆种子浸泡后，DPPH 清除活性从 56.19% 提高到 70.49%［图 2-16（d）］，这可能是由于外源 GABA 在浸泡过程中渗透到细胞中，因此增强物质代谢，产生具有 DPPH 自由基强清除能力代谢产物。此外，外源 GABA 可能对 DPPH 清除能力有贡献。随着绿豆种子发芽时间延长至 96 h，DPPH 清除活性进一步提高。

图 2-16　绿豆发芽过程中形貌观察

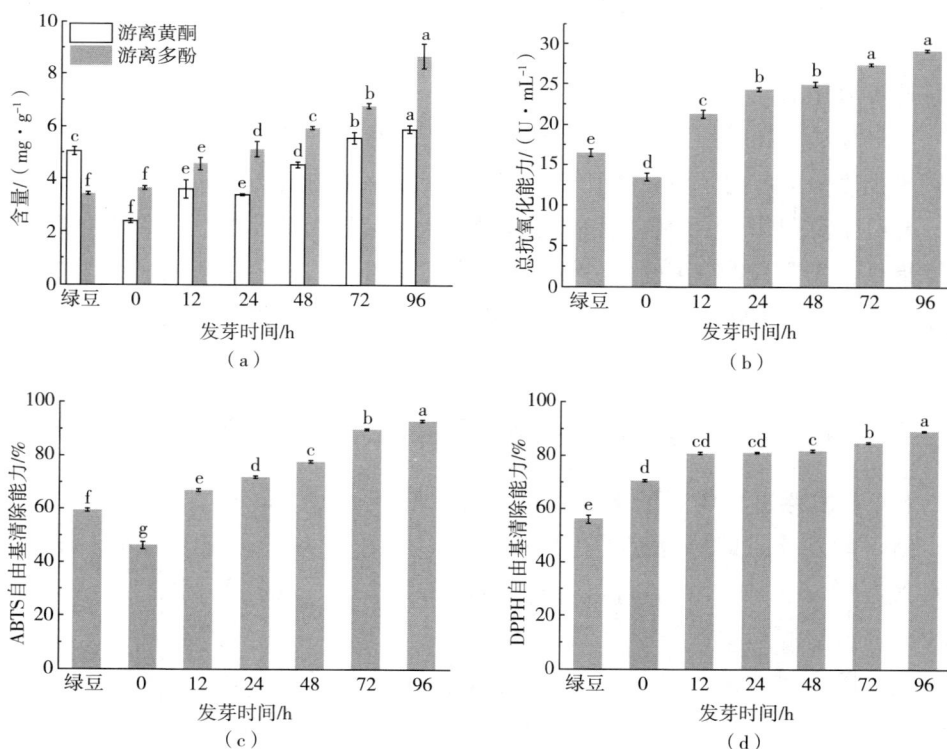

图 2-17　发芽过程中绿豆游离多酚和游离黄酮含量（a）；总抗氧化能力（b）；ABTS 自由基清除活性（c）；DPPH 自由基清除活性（d）

据报道，发芽可以明显改善绿豆代谢物。在另一项研究中，游离黄酮、游离多酚和总酚总含量在发芽期间逐渐增加。在本研究中，游离多酚、黄酮类物质含量和抗氧化活性随着发芽时间增加而增加。研究表明，多酚和黄酮类化合物是重要抗氧化剂，抗氧化能力与多酚浓度和组成有关，这与前人研究相一致，即发芽可以增加绿豆种子总酚含量和抗氧化能力。因此，本研究利用非靶向代谢组学技术进一步描述外源 GABA 结合超声波处理富集绿豆芽多酚组成。

（二）非靶向代谢组学主成分分析

采用 QC 样本和总体样本 PCA 统计分析，对本研究稳定性进行评价和分析，在主成分分析（PCA）得分图上，QC 样品聚在一起，表明结果具有较高可靠性和重复性，系统误差可控［图 2-18（a）］。采用 PCA 方法，观察样本总体分布，PC1 和 PC2 分别解释总方差的 53.70 % 和 8.00 %，不同发芽时间明显分离，组内出现聚集趋势［图 2-18（b）］，整体上表明绿豆不同发芽时间代谢物有差异。非靶向代谢组学结果表明，基于超声协同 GABA 前处理，绿豆发芽过程中不同时间点所检测到酚类化合物含量和组成有很大差异，这是由于发芽过程中酚类代谢物积累与代谢造成差异。

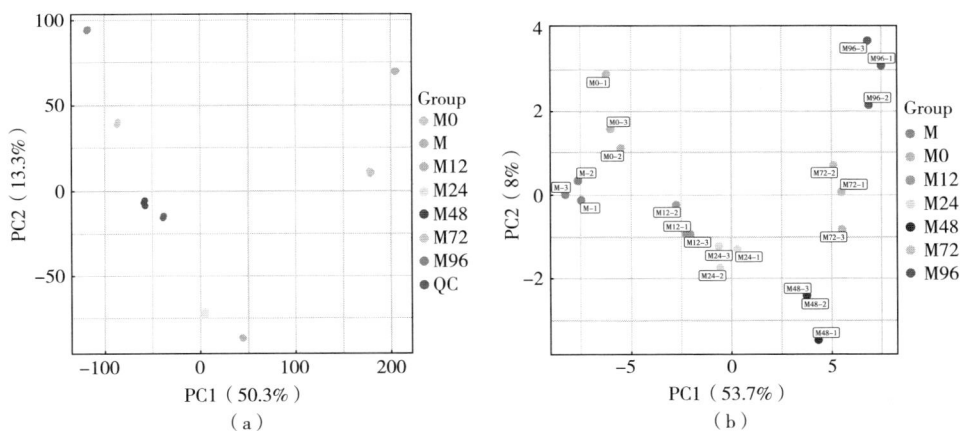

图 2-18 非靶向代谢组学 PCA 得分图和主成分分析图

（三）绿豆芽代谢物差异

总体而言，基于超声前处理，外源 GABA 作为营养液发芽过程中，不同发芽时期绿豆芽中代谢物组成存在很大差异。绿豆芽中共检测到 23 大类（图 2-19），608 种代谢物（图 2-20）。具体来说，最丰富活性物质是多酚类代谢物，其中包

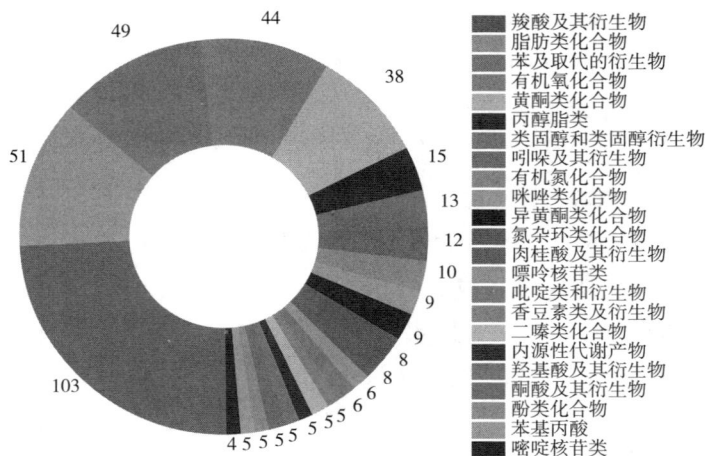

图 2-19　不同萌发时间绿豆芽代谢物种类

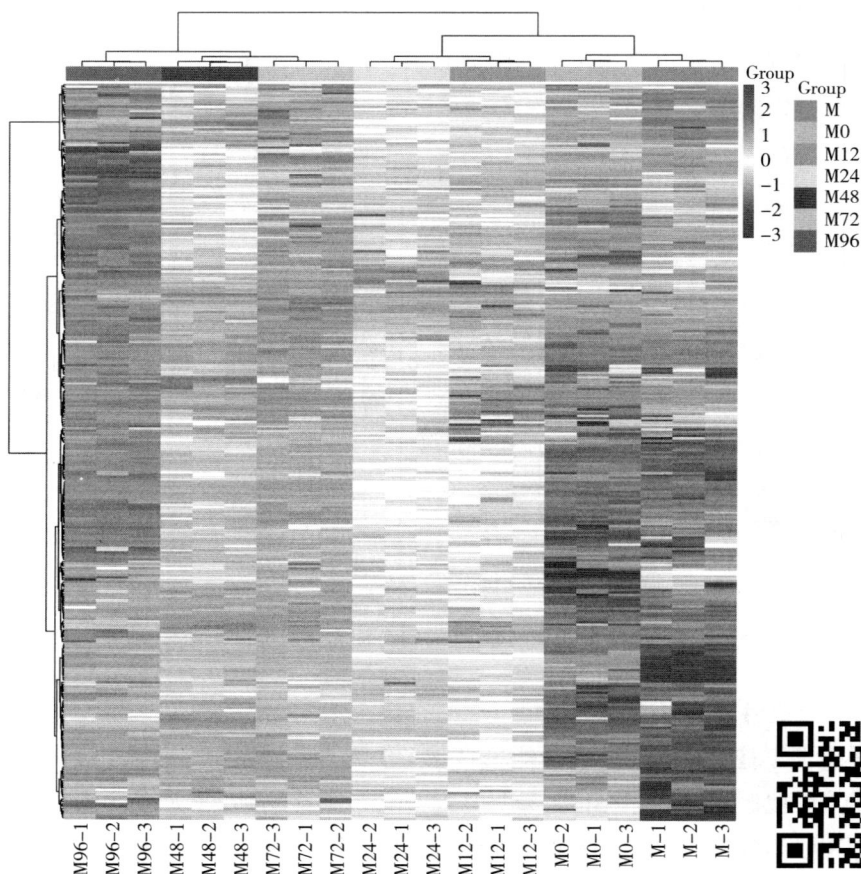

羧酸及其衍生物
脂肪类化合物
苯及取代的衍生物
有机氧化合物
黄酮类化合物
丙醇脂类
类固醇和类固醇衍生物
吲哚及其衍生物
有机氮化合物
咪唑类化合物
异黄酮类化合物
氮杂环类化合物
肉桂酸及其衍生物
嘌呤核苷类
吡啶类和衍生物
香豆素类及衍生物
二嗪类化合物
内源性代谢产物
羟基酸及其衍生物
酮酸及其衍生物
酚类化合物
苯基丙酸
嘧啶核苷类

图 2-20　不同萌发时间绿豆芽代谢物总热图

含 55 种代谢物（图 2-21）。检测到多酚类化合物可分为 4 类，黄酮类、异黄酮类、酚类、香豆素类及衍生物。其中，黄酮类化合物含量最高，占多酚类化合物总量 66.70%，包括双黄酮类和多黄酮类、黄酮类、黄酮苷类、羟基黄酮类、O-甲基黄酮类（图 2-22）。据报道，多酚类单体含量随着发芽时间延长而增加。这些结果表明，经超声波结合 GABA 处理后，多酚类化合物含量和种类随着发芽时间延长呈现上升趋势，说明绿豆芽是多酚类化合物优良来源，这与前人研究一致。

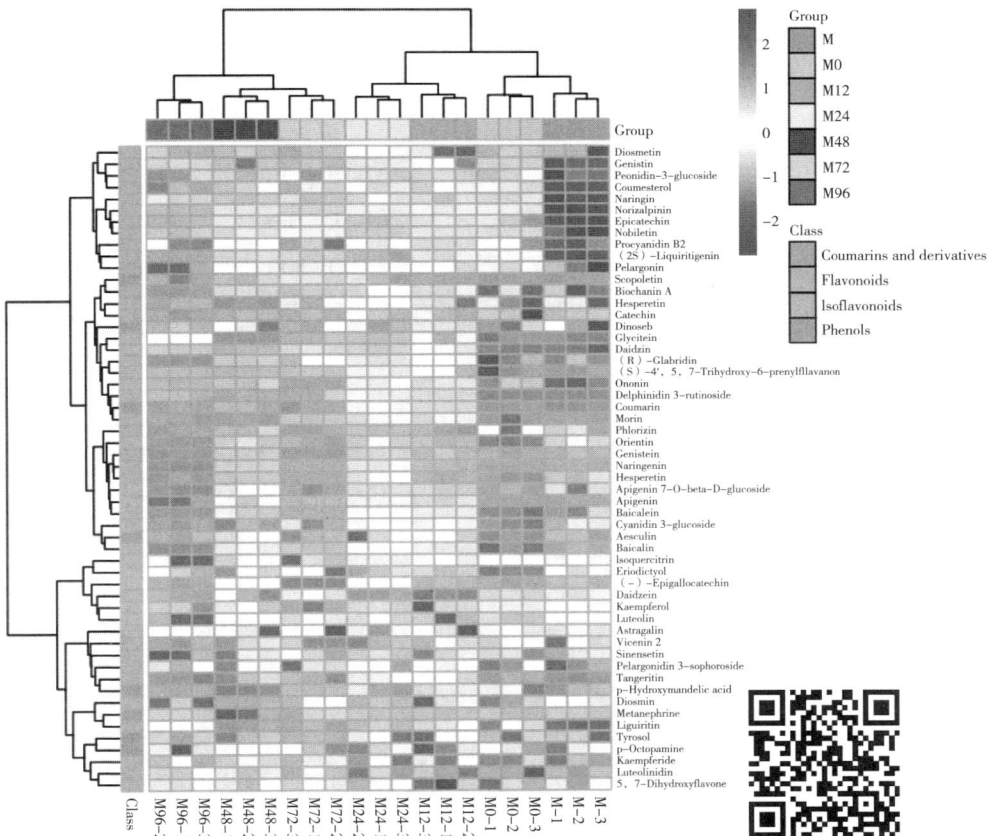

图 2-21　不同萌发时间绿豆芽多酚类代谢物热图

（四）多酚含量和抗氧化能力相关性

发芽过程中抗氧化值提高与抗氧化化合物含量增加有关，如维生素、多酚和黄酮类化合物。分析多酚类化合物含量与抗氧化能力相关性（图 2-23）。相关分析显示，70.91% 多酚类化合物含量与抗氧化能力之间存在显著正相关（$p <$ 0.05）。例如，表儿茶素、秦皮素苷、儿茶素、高良姜素、川陈皮素、香豆素、

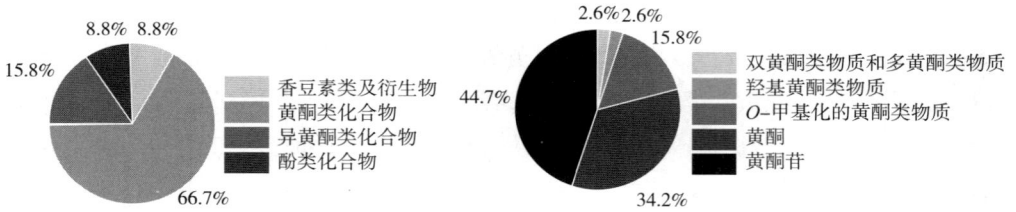

图 2-22 不同萌发时间绿豆芽多酚类代谢物种类

桑色素、(S) -4′, 5, 7-三羟基-6-异戊基黄酮与总抗氧化能力相关性分别为 0.814、0.826、0.804、0.829、0.801、0.802、0.811、0.894。秦皮素苷、芒柄花苷、儿茶素、高良姜素、香豆素、芹菜素、金雀异黄酮、橙皮试、桑色素、根皮苷、(S)-4′, 5, 7-三羟基-6-异戊基黄酮和 ABTS 自由基清除能力相关性为 0.855、0.834、0.849、0.857、0.863、0.813、0.841、0.821、0.830、0.801 和 0.900。表儿茶素、柚皮苷、川陈皮素、大豆试与 DPPH 自由基清除能力相关系数分别为 0.809、0.802、0.860 和 0.818。还有 29.09% 多酚类化合物与总抗氧化

图 2-23 不同萌发时间绿豆芽多酚类代谢物与抗氧化活性相关性热图

能力、ABTS 和 DPPH 自由基清除能力呈负相关或无相关，如桔皮素、p-羟基扁桃酸、圣草酚、天竺葵素，这些多酚类化合物相对含量随着发芽时间延长呈现减少或保持不变。抗氧化活性与多酚总含量、多酚化学结构、基团数量和位置密切相关，可以解释一些单体酚与抗氧化活性有负相关或无相关。

（五）绿豆发芽过程中多酚类差异代谢物

筛选不同发芽期绿豆芽中差异代谢物，结果显示在图 2-24 中；不同发芽期绿豆芽多酚类差异代谢物，结果显示在图 2-25 中。对于采用 GABA 浸泡 8 h 绿豆（M0）与未处理绿豆相比［M，图 2-24（a）和图 2-25（a）］，104 和 101 个代谢物被上调和下调，包括 11 个上调和 6 个下调多酚类化合物。绿豆发芽 12 h，245 个和 73 个代谢物被上调和下调，包括 18 个上调和 4 个下调多酚类化合物［图 2-24（b）和图 2-25（b）］。当绿豆种子发芽 24 h 后，274 种和 69 种代谢物

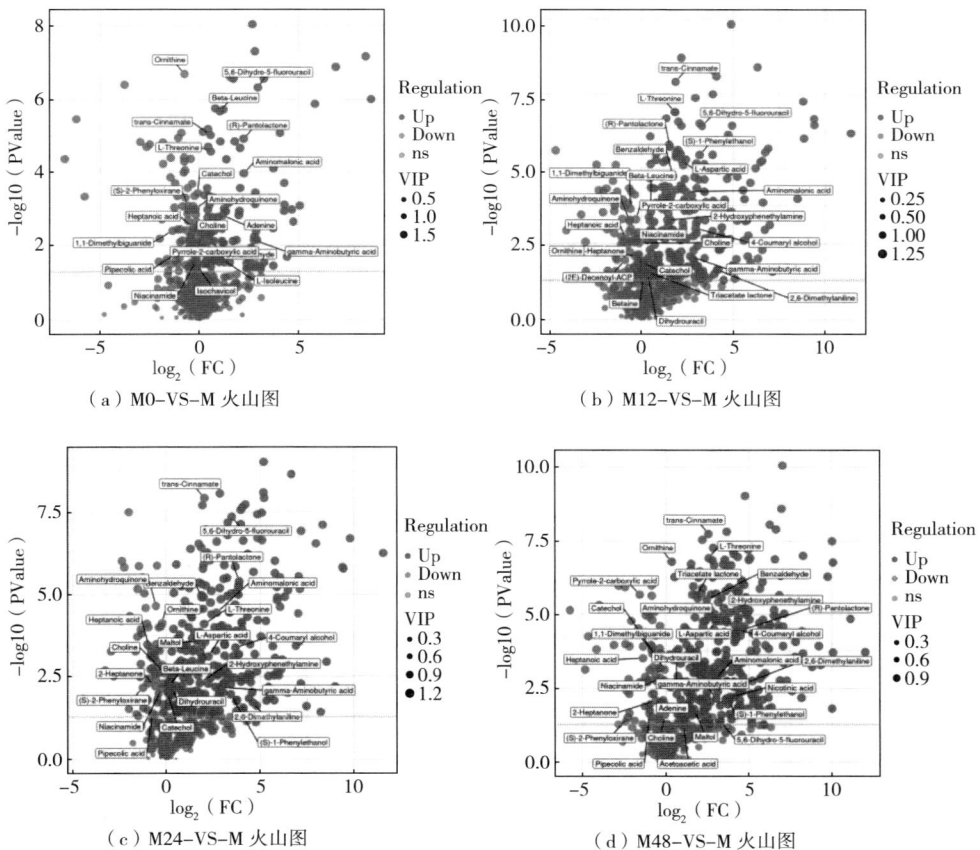

（a）M0-VS-M 火山图

（b）M12-VS-M 火山图

（c）M24-VS-M 火山图

（d）M48-VS-M 火山图

图 2-24

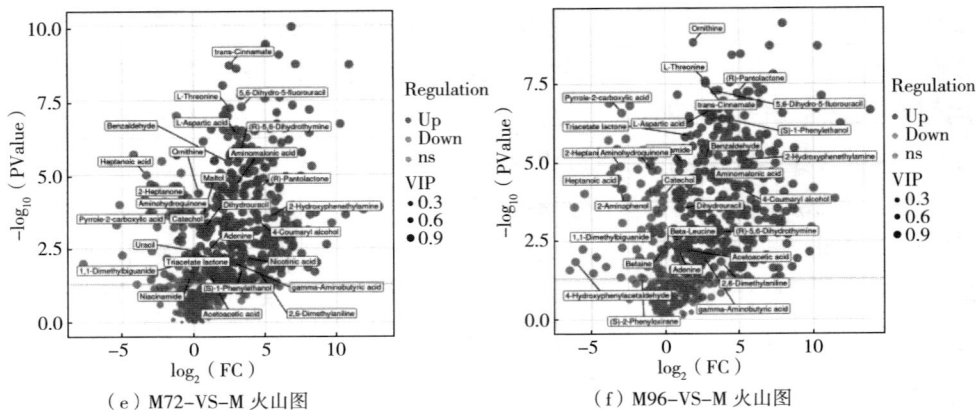

（e）M72-VS-M 火山图　　　　　　　　（f）M96-VS-M 火山图

图2-24　绿豆发芽过程中总体差异代谢物火山图

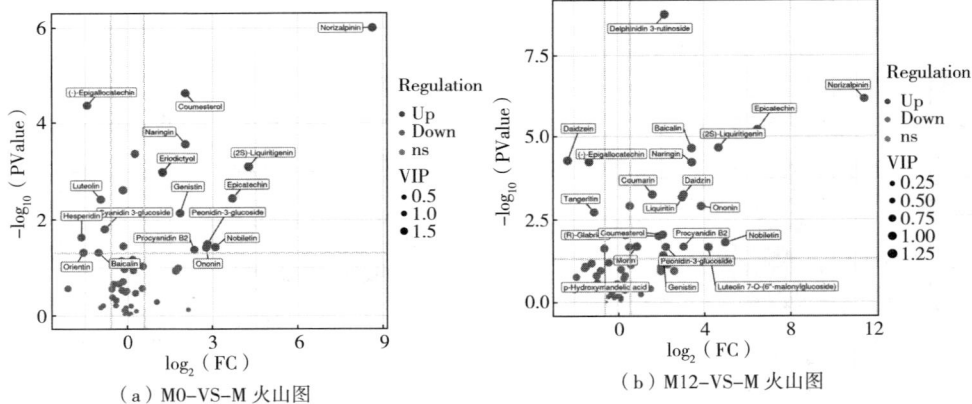

（a）M0-VS-M 火山图　　　　　　　　（b）M12-VS-M 火山图

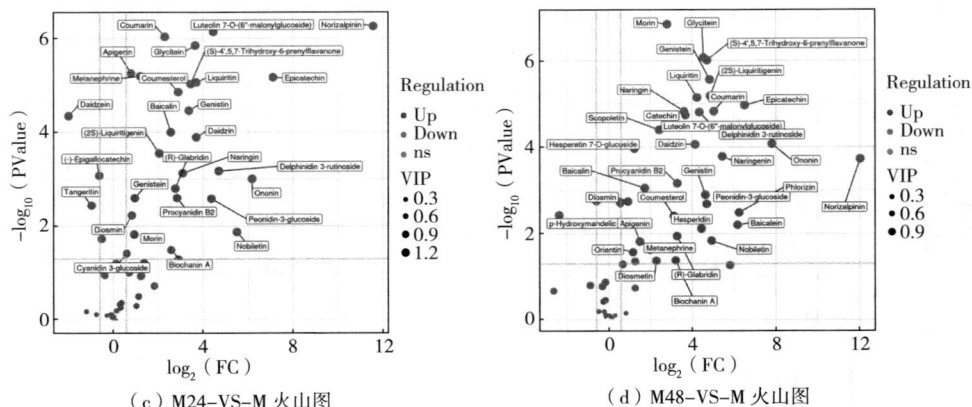

（c）M24-VS-M 火山图　　　　　　　　（d）M48-VS-M 火山图

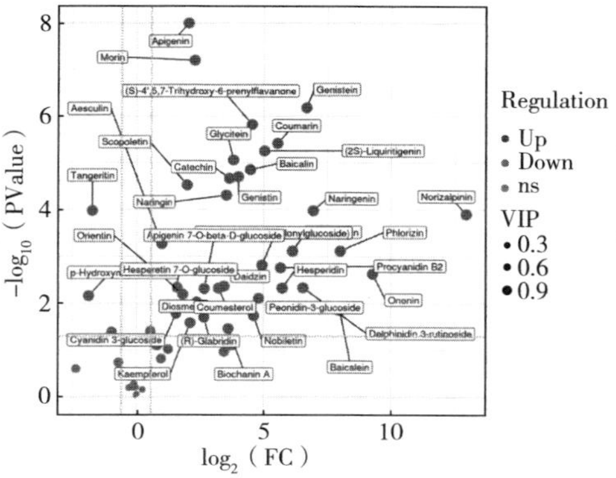

（e）M72-VS-M 火山图 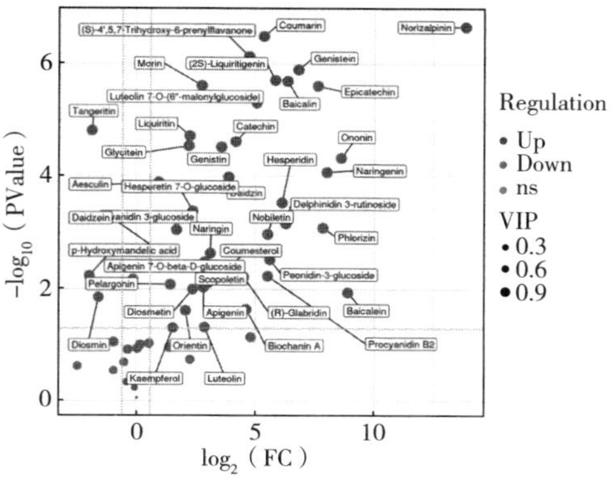　　　　（f）M96-VS-M 火山图

图 2-25　绿豆发芽过程中多酚类差异代谢物筛选火山图

被上调和下调，包括 26 种上调和 3 种下调多酚类化合物［图 2-24（c）和图 2-25（c）］。随着发芽时间延长到 48 h，312 和 66 个代谢物被上调和下调，包括 32 个上调和 1 个下调多酚类化合物［图 2-24（d）和图 2-25（d）］。在发芽 72 h 绿豆中，321 和 61 个代谢物被上调和下调，包括 34 个上调和 2 个下调多酚类化合物［图 2-24（e）和图 2-25（e）］。在发芽 96 h 绿豆中差异代谢产物最多，其中 331 和 78 个代谢物被上调和下调，包括 38 个上调和 3 个下调多酚类化合物［图 2-24（f）和图 2-25（f）］，其中酚类化合物含量上调也最为显著。

韦恩图是显示元素集合重叠区域图示，可用于统计不同比对组中所共有和独有差异代谢物数目，可以直观显示不同比对组中差异代谢物组成相似性和重叠情况。图 2-26（不含 M0VS M）显示，在不同发芽时间绿豆芽常见酚类代谢物有 17 种，分别为甘草素、光甘草定、芹菜素、黄芩苷、香豆素、山楂酸、大豆甙、飞燕草素-3-云香糖苷、表儿茶素、染料木黄酮、桑色素、柚皮苷、川陈皮素、高良姜素、芒柄花苷、芍药素葡萄糖苷、原花青素 B₂。发芽 96 h 独有酚类代谢物有 3 种，分别为紫云英苷，天竺葵苷，木犀草素，72 h 和 96 h 共同独有酚类代谢物有 1 种，是芹甙元-7-葡萄糖苷。

（六）多酚代谢途径

为探索超声协同外源 GABA 处理后，绿豆发芽过程中多酚类物质主要代谢途径，根据 KEGG 数据库对不同多酚代谢物进行注释。结果显示，不同发芽期绿豆多酚代谢物主要代谢途径是黄酮类、异黄酮类、苯丙酸类、黄酮醇、花青素类、苯丙酸类生物合成、酪氨酸代谢、次级代谢物生物合成等代谢途径（图 2-27、图 2-28）。

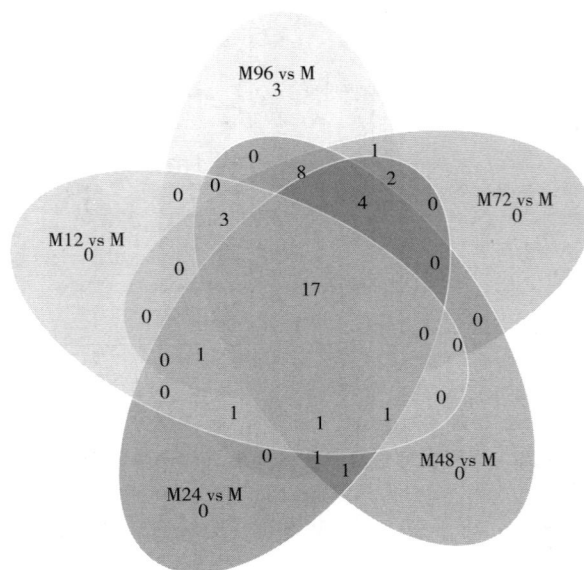

图 2-26　绿豆发芽过程中多酚类差异代谢物韦恩图

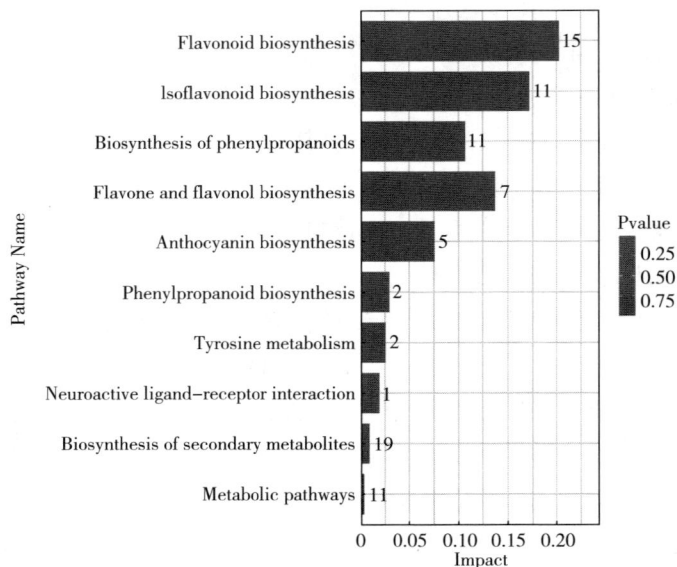

图 2-27　多酚类代谢物 KEGG 途径

　　同一通路上代谢物在不同发芽时间段存在差异，含量和代谢物种类也存在差异（图 2-29）。最重要代谢途径是黄酮类化合物生物合成、异黄酮生物合成和苯丙类化合物生物合成。绿豆浸泡期间主要代谢途径是黄酮类生物合成，其原因是

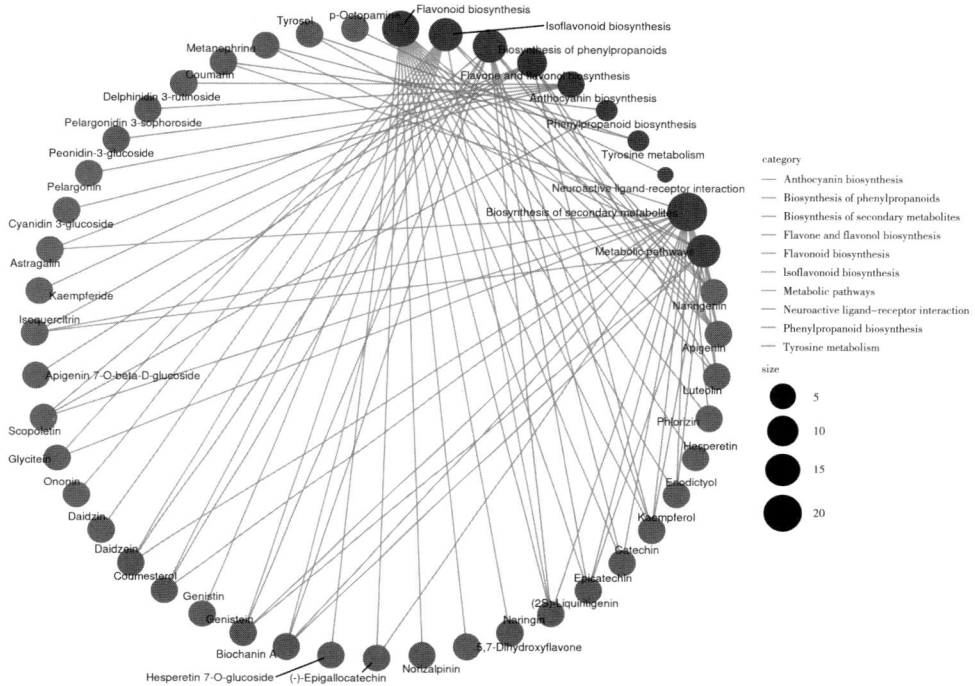

图 2-28　多酚类代谢物在代谢途径中分布

在浸泡过程中，黄酮类物质容易分散在浸泡液中导致含量下降，这与本研究中多酚类物质和抗氧化活性降低结果一致。发芽期间最主要代谢途径是异黄酮生物合成，表明异黄酮代谢是多酚物质含量和抗氧化活性主要贡献者。综上所述，超声波与外源 GABA 联合处理，发芽时间延长有利于酚类物质积累。

（七）小结

（1）在超声波和 GABA 联合处理下，游离多酚和游离黄酮含量显著提高，并与发芽时间呈正相关，抗氧化活性随之增高。

（2）通过非靶向代谢组学分析，检测到 608 种代谢物，包括 55 种多酚类化合物，单体酚含量与总抗氧化能力、ABTS 自由基清除能力和 DPPH 自由基清除能力呈正相关。发芽过程中确定 10 条酚类化合物的代谢途径，包括黄酮类、异黄酮类和苯丙类的生物合成等。

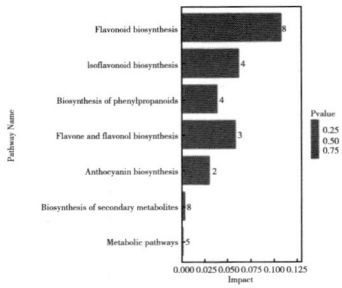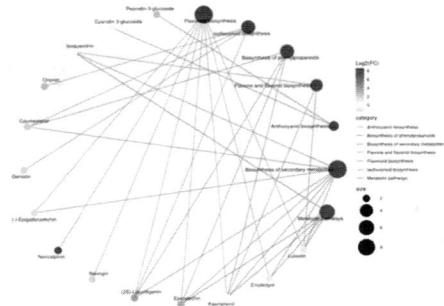

（a）M0-vs-M

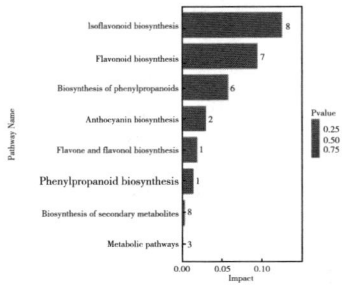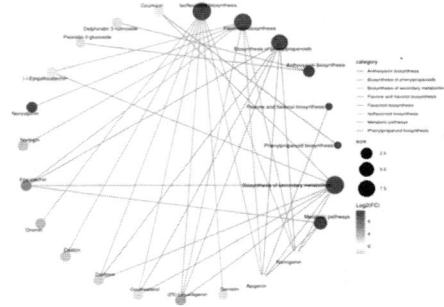

（b）M12-vs-M

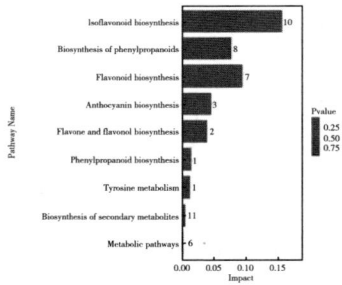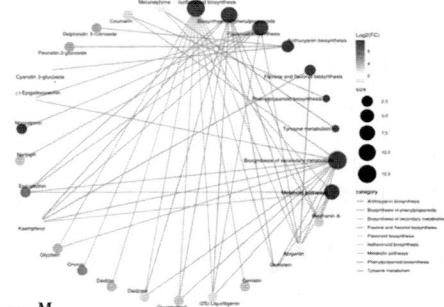

（c）M24-vs-M

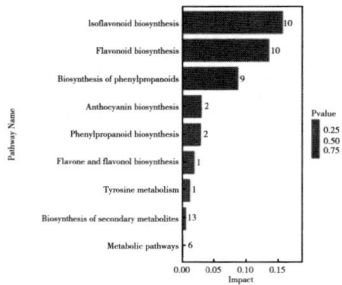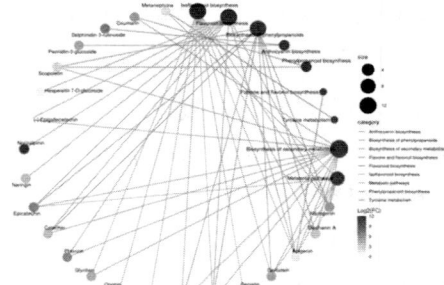

（d）M48-vs-M

（e）M72-vs-M

（f）M96-vs-M

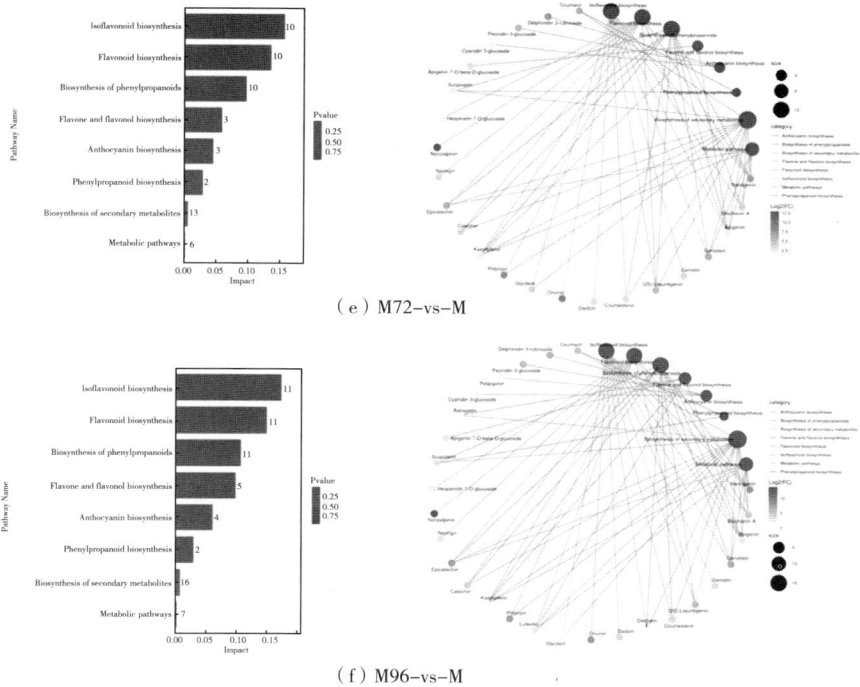

图 2-29　绿豆在不同萌发时间下多酚代谢物 **KEGG** 途径

综上所述，超声和 GABA 联合处理可作为一种有效技术来提高绿豆芽生物活性物质含量，且抗氧化活性与发芽时间呈正相关。

三、绿豆萌发过程中淀粉结构、理化性质及功能特性

（一）淀粉含量和组成

超声波联合 γ-氨基丁酸（GABA）处理发芽，不同发芽时间绿豆淀粉含量、纯度、直支链淀粉含量、抗性淀粉含量见表 2-13。结果表明，发芽绿豆中淀粉含量显著降低。绿豆中淀粉含量为 52.13%，随着发芽时间的延长，在发芽 24 h 降低至 43.54%，在 96 h 时降至最低为 21.18%。淀粉是发芽过程中主要能量来源，通过 α-淀粉酶、β-淀粉、脱枝酶和 α-葡萄糖苷酶共同水解成单糖。这种降低可能是超声处理增强了种皮渗透性，加速发芽过程中水分摄入，从而为酶水解提供更丰富的底物。超声改变细胞壁结构，增强内源性酶活性，酶通过细胞壁释放，从而提高淀粉酶水解效率。

采用碱法提取淀粉，纯度在 96.19%～99.60% 之间。适宜浓度的 NaOH 溶液有

利于淀粉中蛋白质的分离与溶出，分离出的淀粉含有少量灰分、脂类和蛋白质。

发芽过程显著增加绿豆中直链淀粉占总淀粉比例，峰值出现在发芽 12 h。在藜麦中也有类似结果，这可能是由于支链淀粉链酶解为直链淀粉。在发芽期间，直链淀粉和支链淀粉均被水解，有研究发现支链淀粉优先水解，发芽后长链支链淀粉减少，支链淀粉中短链含量增加。抗性淀粉含量在发芽期间增加，是由于淀粉水解酶将淀粉分解成糊精和葡萄糖。发芽初期高抗性淀粉结构不容易被淀粉酶水解，导致发芽 12 h 时抗性淀粉含量最高。随着发芽时间延长，为给芽苗生长供给能量，抗性淀粉开始水解，导致抗性淀粉含量在发芽后期减少。

表 2-13　绿豆芽中淀粉含量和组成

样品	淀粉含量/%	淀粉纯度/%	直链淀粉/%	支链淀粉/%	抗性淀粉/%
M	52.13±1.27[a]	97.98±1.17[a]	46.19±0.63[e]	53.81±0.62[a]	61.57±0.44[e]
M0	49.33±0.60[b]	96.18±1.77[a]	48.07±0.76[d]	51.93±0.77[b]	63.75±0.42[d]
M12	45.44±0.22[c]	96.43±0.65[a]	53.28±0.52[a]	46.72±0.53[e]	70.65±0.95[a]
M24	43.54±0.40[c]	99.60±1.05[a]	51.26±0.47[b]	48.74±0.46[d]	68.35±0.66[b]
M48	34.81±1.44[d]	96.44±1.31[a]	49.75±0.59[c]	50.25±0.59[c]	66.31±0.83[c]
M72	31.08±0.24[e]	96.82±1.14[a]	48.39±0.60[d]	51.61±0.61[b]	64.52±0.26[cd]
M96	21.18±0.19[f]	96.25±0.56[a]	48.29±0.71[d]	51.71±0.70[b]	64.39±0.55[cd]

注　同列中肩字母不同表示差异显著（$p<0.05$）。

（二）淀粉粒径分布

表 2-14 为天然和发芽绿豆淀粉粒径分布和比表面积。发芽处理显著降低绿豆淀粉 D_{10}、D_{50} 和 D_{90} 值，这表明发芽处理可以降低绿豆淀粉粒径，而比表面积随着发芽时间的延长逐渐增加。淀粉粒径随发芽时间延长而逐渐减小，是由于淀粉酶将淀粉降解并为绿豆发芽提供能量。有研究发现，发芽后绿豆淀粉表面出现凹痕和孔洞，不同发芽时间绿豆淀粉粒径分布图，如图 2-30 所示，发芽过程中绿豆淀粉粒径分布逐渐向小粒度方向移动，分布曲线变狭窄。Cheng 等研究发现发芽糙米、燕麦、高粱和小米淀粉，与天然淀粉相比粒径分布曲线变得更窄，大直径淀粉颗粒的数量减少。

表 2-14　不同发芽时间绿豆淀粉粒径分布和比表面积

样品	粒径分布			
	$D_{10}/\mu m$	$D_{50}/\mu m$	$D_{90}/\mu m$	$S/(m^2 \cdot g^{-1})$
M	14.04±0.02[a]	21.58±0.06[a]	32.48±0.26[a]	0.126±0.001[g]

续表

样品	粒径分布			
	$D_{10}/\mu m$	$D_{50}/\mu m$	$D_{90}/\mu m$	$S/(m^2 \cdot g^{-1})$
M0	13.67±0.01[b]	21.08±0.03[b]	30.65±0.18[b]	0.129±0.001[f]
M12	12.41±0.06[c]	19.51±0.14[c]	28.61±0.70[c]	0.141±0.001[e]
M24	12.35±0.02[d]	19.27±0.04[d]	27.79±0.28[d]	0.142±0.001[d]
M48	12.18±0.01[e]	18.98±0.02[e]	27.19±0.05[e]	0.144±0.001[c]
M72	11.55±0.01[f]	18.39±0.01[f]	26.58±0.02[f]	0.149±0.001[b]
M96	11.20±0.01[g]	17.90±0.01[g]	25.97±0.02g	0.153±0.001[a]

注　同列中肩字母不同表示差异显著（$p<0.05$）。

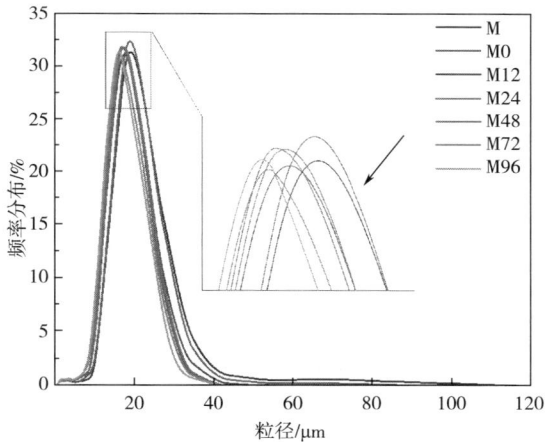

图 2-30　不同发芽时间绿豆淀粉粒径分布

（三）淀粉扫描电镜分析

图 2-31 为不同发芽时间绿豆淀粉扫描电镜图。放大 1000 倍后观察淀粉颗粒形态，发芽过程中淀粉颗粒形状无明显差异，主要为椭圆形，部分颗粒形状不规则，为肾形或心形。淀粉颗粒未出现裂缝或孔洞，延长发芽期未导致绿豆淀粉颗粒严重破损。发芽后，部分淀粉颗粒粗糙，略有凹陷，可能是超声波空化作用和淀粉酶水解淀粉造成的表面损伤。在发芽过程中，淀粉降解由淀粉酶和脱支酶所主导。淀粉酶在发芽期间被激活，水解淀粉产生侵蚀，淀粉颗粒表面破坏，发芽过程中淀粉分解可作为能量来源。谷物中淀粉支直比是影响发芽期间淀粉颗粒形态的主要原因，研究表明直链淀粉含量低易被酶水解，产生更多凹坑。

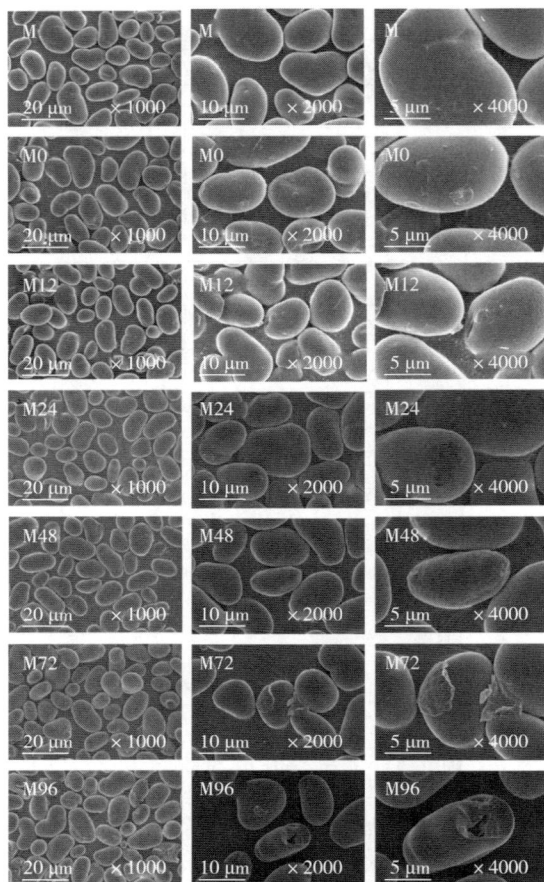

图 2-31   不同发芽时间绿豆淀粉表观形貌观察

(四) 淀粉 XRD 分析

图 2-32 和表 2-15 为从天然和发芽绿豆中分离出的淀粉结晶衍射图谱和结晶度。从绿豆和发芽绿豆中分离出所有淀粉样品在 15°、17°、18°、20° 和 23° 处有强衍射峰，属于 A 型结晶结构，表明协同处理发芽不能改变绿豆淀粉结晶结构类型，这与前人研究结果一致。绿豆淀粉的结晶度为 39.64%，经超声波处理和浸泡后（发芽 0 h），淀粉结晶度降至 23.03%，可能是超声波的空化作用和浸泡过程的水合作用破坏了淀粉结晶结构，导致结晶度下降；绿豆发芽 12 h，淀粉结晶度开始增加，到 48 h 增加到最大值为 38.57%；随着发芽时间延长到 96 h，绿豆淀粉结晶度逐渐下降。淀粉被淀粉酶解为发芽过程提供能量，而淀粉颗粒无定形区首先被水解，然后是结晶区域水解。在发芽初期 48 h 内，淀粉颗粒的无定形

区可能先被水解，因此结晶度呈逐渐上升趋势。当发芽时间延长到 72~96 h 时，绿豆淀粉结晶区逐渐水解，微晶结构部分破坏和分子链之间相互作用减少，导致淀粉颗粒结晶度下降。

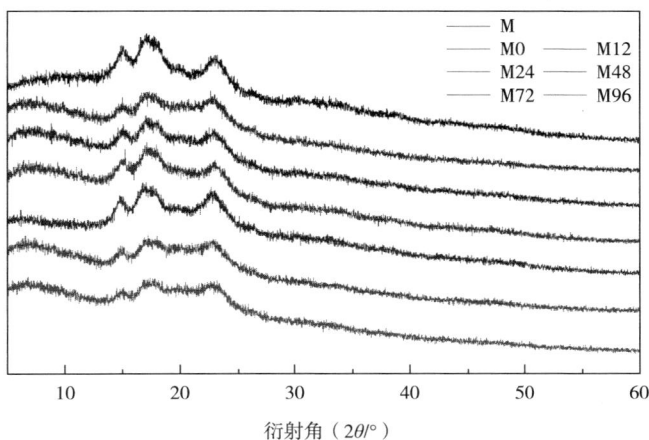

图 2-32　不同发芽时间绿豆淀粉 XRD 图谱

表 2-15　不同发芽时间绿豆淀粉的相对结晶度

样品	M	M0	M12	M24	M48	M72	M96
结晶度/%	39.64± 0.29[a]	23.03± 0.29[e]	30.39± 0.37[d]	33.36± 0.53[c]	38.57± 0.31[b]	19.56± 0.65[f]	12.72± 0.21[g]

注　同列中肩字母不同表示差异显著（$p<0.05$）。

（五）淀粉 FTIR 分析

从天然绿豆和发芽绿豆中分离出淀粉样品 FTIR 图谱如图 2-33 所示，1045 cm^{-1}/1022 cm^{-1} 处峰强度比见表 2-16。未产生新的吸收峰，表明未产生新基团。绿豆淀粉在 1423 cm^{-1}、1157 cm^{-1}、1039 cm^{-1} 和 931 cm^{-1} 处吸收峰的强度没有变化，在绿豆淀粉在发芽不同时间未出现红移，1423 cm^{-1}、1039 cm^{-1} 和 931 cm^{-1} 的吸收峰表明存在 C—O—H 拉伸振动，1157 cm^{-1} 处 CH$_2$ 相关峰表明 C—O 拉伸振动。峰强变化可能归因于发芽期间结构部分损坏，由于淀粉结构不稳定性，使键振动所需能量低。在 1045 cm^{-1} 和 1022 cm^{-1} 处吸收峰表明淀粉颗粒的结晶区和无定形区的数量。发芽过程中绿豆淀粉在 1045 cm^{-1}/1022 cm^{-1} 处峰强比呈先上升再下降的趋势。1045 cm^{-1}/1022 cm^{-1} 峰强比值降低是淀粉在发芽过程中酶的水解作用，导致结晶区的双螺旋结构破坏。另外，1045 cm^{-1}/1022 cm^{-1} 比值与 XRD 测定结晶度情况略有不同，是由于 FT-IR 透过力低，只能检测淀粉颗粒表观有序程度，而不能透过完整淀粉颗粒。而 X 射线可穿透整个淀粉颗粒，检测内部结晶结构。

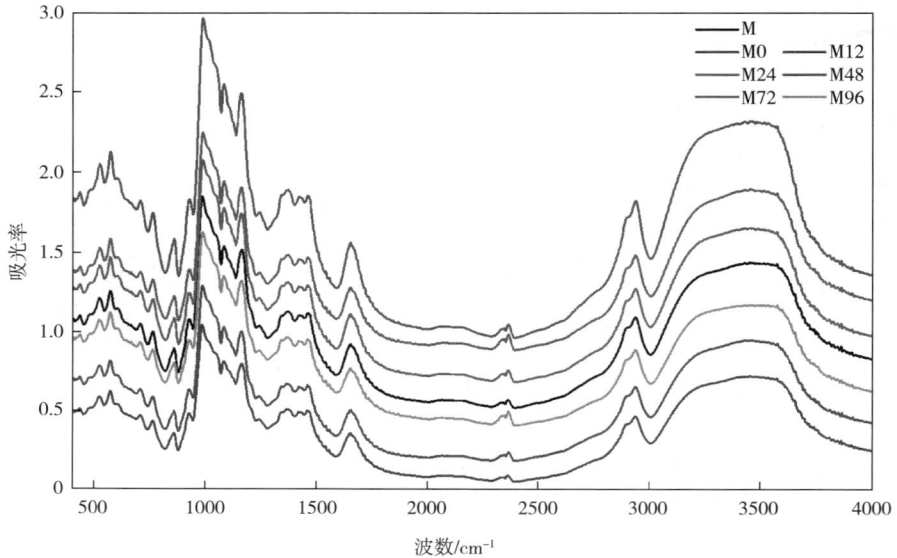

图 2-33　不同发芽时间绿豆淀粉 FTIR 图谱

表 2-16　不同发芽时间绿豆淀粉 1045 cm^{-1}/1022 cm^{-1} 有序度

样品	M	M0	M12	M24	M48	M72	M96
有序度	0.94201	0.94181	0.92766	0.93641	0.94282	0.93315	0.93449

（六）淀粉糊化特性

用快速黏度分析仪测定绿豆和发芽绿豆淀粉黏度特性，如图 2-34 和表 2-17 所示。RVA 曲线显示出平滑单峰，随着发芽时间增加，淀粉黏度显著变化，峰值、谷值和最终黏度呈现先下降后上升再下降趋势。最大值分别出现在 12 h 和 48 h，黏度总体呈下降趋势，与直链淀粉含量和淀粉分子的聚集有关。研究表明，发芽淀粉黏度与淀粉来源和发芽条件有关。糊化黏度是淀粉的主要性质，受淀粉来源、支链淀粉与直链淀粉比例以及淀粉水解程度影响。淀粉黏度下降，可能是由于超声波激活淀粉酶，包括 α-淀粉酶和 β-淀粉酶，促进淀粉水解为小分子。直链淀粉含量下降和淀粉转化为糊精，可溶性糖含量增加为胚芽提供能量。峰值黏度降低与淀粉多孔结构有关，多孔结构使淀粉颗粒更易水解，对溶胀的抵抗力降低。谷值黏度的降低是因为发芽过程中淀粉发生降解，颗粒尺寸减小。发芽 48 h 后，黏度参数呈上升趋势，是因为淀粉酶先水解非结晶区，致密的结晶区占据主要地位，大部分直链淀粉被水解，黏度上升。糊化温度可以反映淀粉糊化的难度，天然淀粉的峰值温度低于发芽淀粉，表明绿豆淀粉在发芽后不易凝胶化。

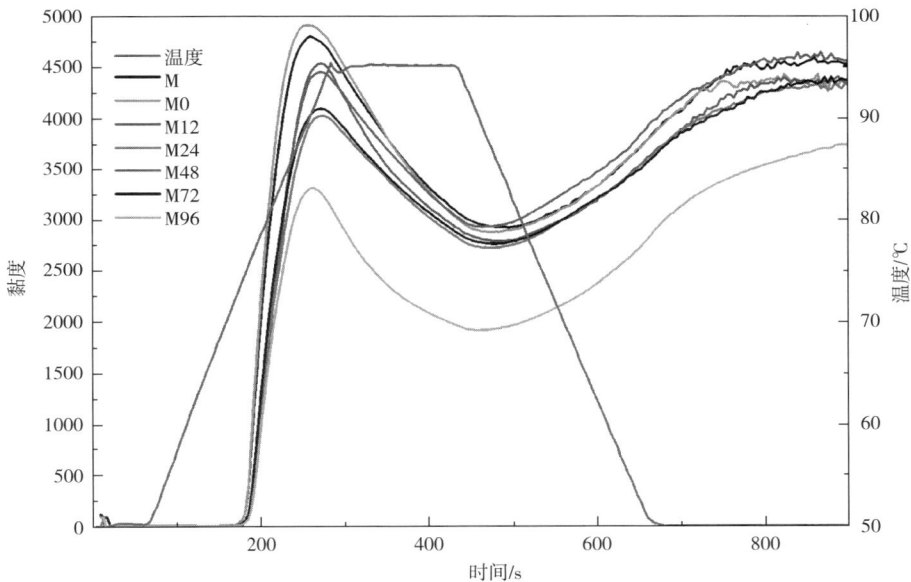

图 2-34　不同发芽时间绿豆淀粉 RVA 曲线

表 2-17　绿豆芽中淀粉黏度特性

样品	峰值温度/℃	峰值黏度/(mPa·s)	谷值黏度/(mPa·s)	最终黏度/(mPa·s)	回生值/(mPa·s)	崩解值/(mPa·s)
M	72.55±0.10^c	4792.56±86.20^a	2907.33±33.97^b	4520.67±46.50^a	2635.45±48.32^a	1885.22±61.79^a
M0	72.70±0.42^c	4899.67±73.12^b	2861.45±21.54^a	4340.49±22.26^a	2302.12±11.23^a	2038.37±93.22^a
M12	73.40±1.24^b	4526.67±36.12^c	2775.01±24.36^c	4333.67±42.59^b	2582.13±14.11^b	1751.54±32.50^b

续表

样品	峰值温度/℃	峰值黏度/(mPa·s)	谷值黏度/(mPa·s)	最终黏度/(mPa·s)	回生值/(mPa·s)	崩解值/(mPa·s)
M24	73.50± 0.02[a]	4011.23± 19.16[d]	2709.46± 12.15[c]	4318.67± 32.88[b]	3016.34± 15.50[b]	1302.33± 18.01[c]
M48	73.50± 0.01[a]	4442.49± 58.10[d]	2913.48± 28.74[c]	4550.67± 96.04[b]	3020.92± 46.52[b]	1529.75± 49.52[c]
M72	73.50± 0.03[a]	4081.78± 32.18[d]	2751.72± 10.63[c]	4364.48± 23.12[c]	3034.00± 15.64[c]	1330.48± 52.53[c]
M96	74.30± 0.09[a]	3292.49± 61.17[d]	1899.43± 13.57[c]	3727.48± 55.02[c]	1640.33± 25.83[c]	1393.66± 12.55[c]

注　同列中肩字母不同表示差异显著（$p<0.05$）。

（七）淀粉溶解度与膨胀度

图 2-35 为天然和发芽绿豆中分离出淀粉溶解度。淀粉在发芽 12 h 后显示出比天然绿豆淀粉更大溶解度。随着发芽时间延长到 72 h，淀粉溶解度趋于下降，溶解度主要与直链淀粉有关。在发芽第一个时间段（0～12 h），淀粉酶被激活，淀粉部分水解，为种子发芽提供能量，因此，绿豆发芽 12 h 后的淀粉比原生绿豆淀粉的溶解度大。然而，随着发芽时间延长到 72 h，绿豆淀粉溶解度下降，这可能是由于发芽时消耗了淀粉。这与 Liu 等研究表明绿豆发芽改变直链淀粉比例、直链链长和结晶度，溶解度增加的结果相一致。

发芽过程中绿豆淀粉膨胀度如图 2-35 所示，随着发芽时间不断延长，淀粉膨胀度呈现先上升后下降趋势。溶解度在 24 h 达到峰值，因为淀粉酶激活，淀粉支链和非结晶区域被部分水解，亲水基团暴露，增加淀粉颗粒亲水性，使水分子进入淀粉颗粒，所以绿豆淀粉在发芽 12～48 h 具有较大膨胀度；随着发芽时间增加，在 72～96 h 淀粉膨胀度逐渐下降，可能是绿豆发芽后期，淀粉非结晶区完全水解。不同样品间膨胀度差异可能是由直链淀粉含量、直链淀粉和支链淀粉分子量、磷酸盐基团、淀粉糊黏度、直链淀粉和支链淀粉间结合力差异导致的。

（八）淀粉透明度

天然绿豆和发芽绿豆淀粉透明度如图 2-36 所示。透明度反映淀粉在水中溶解度和膨胀能力。天然绿豆淀粉透明度为 20%，浸泡 8 h 后，淀粉透光率为 25.5%，显著高于天然淀粉；发芽 12 h，透明度下降；随着发芽时间增加，淀粉透明度先增加后减少，这与直链淀粉含量和溶胀特性趋势一致。发芽 48 h 后，

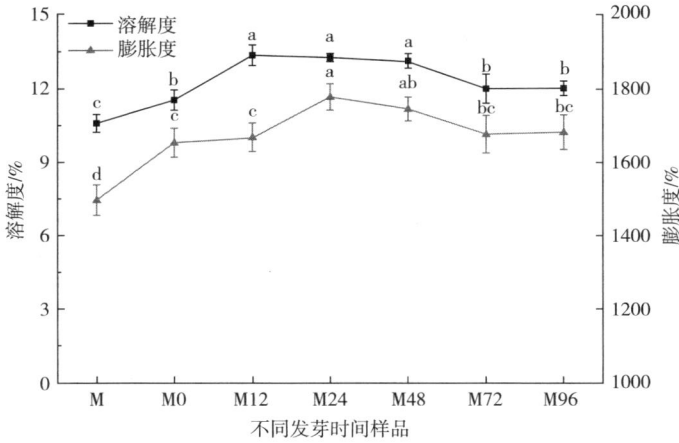

图 2-35　不同发芽时间绿豆淀粉溶解度与膨胀度

淀粉透光率达到峰值。淀粉透明度受淀粉来源、颗粒大小、直支比、淀粉排列、重结晶以及溶胀特性影响。直链淀粉间易相互作用产生回生淀粉，从而散射光线降低透光率，有研究发现直链淀粉含量与淀粉糊的透光率呈负相关。在发芽期间淀粉颗粒完整度被破坏，淀粉分子被重新排列，受损淀粉溶出，降低淀粉糊透明度。

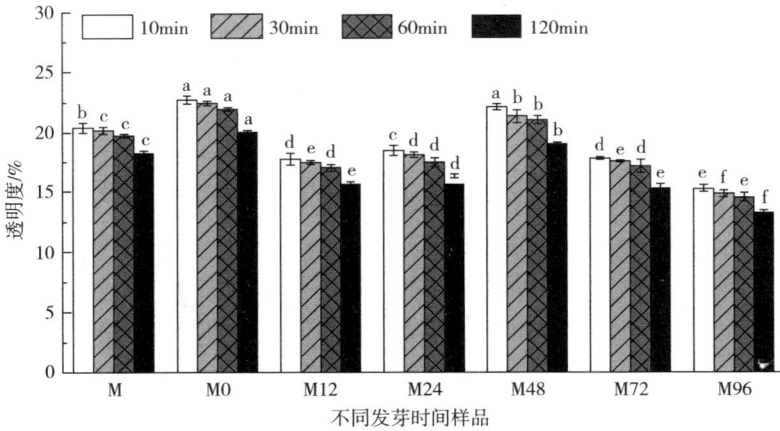

图 2-36　不同发芽时间绿豆淀粉透明度

（九）淀粉估计血糖指数（eGI）

图 2-37 显示绿豆淀粉在不同发芽时间的估计升糖指数。人体摄入淀粉后，淀粉酶解为葡萄糖，被人体吸收提供能量。消化率是淀粉基食品主要营养属性。

淀粉消化率受颗粒大小、淀粉—脂质、淀粉—多酚、淀粉—蛋白质相互作用、淀粉链长、直支比等内在因素，还受储存时间、淀粉糊化、淀粉回生和消化酶活性等外在因素的影响。发芽增强内源性 α-淀粉酶活性，随着发芽时间延长，淀粉非结晶区分子酶解，抗性淀粉含量逐渐增加。发芽处理后消化率降低，是由于发芽淀粉分子结构变化和冷却过程中淀粉老化造成的。在发芽过程中，绿豆富含多酚类化合物，与直链和支链淀粉相互作用，形成短程有序结构。这些相互作用形成取决于淀粉化学结构、酚类化合物浓度、酚类化合物类型以及食品加工方式。发芽后血糖生成指数降低，归因于糊化过程中，酚类化合物与淀粉形成 V 型淀粉包合物，使淀粉消化率降低。

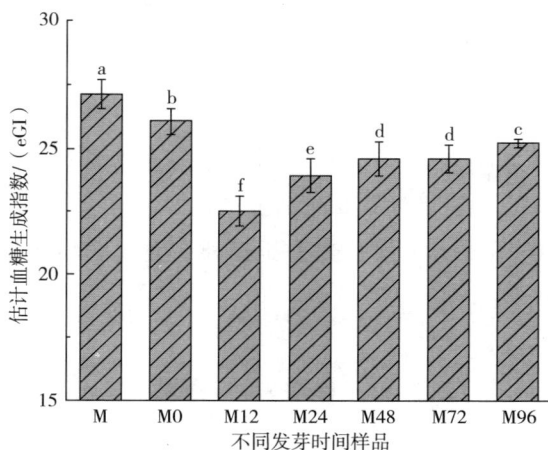

图 2-37　不同发芽时间绿豆淀粉估计血糖指数

（十）小结

（1）发芽过程中，淀粉形状未改变，表面略有侵蚀，粒径减小，比表面积增加。绿豆芽淀粉在发芽过程结晶度和有序度呈现先增高后减小趋势，在发芽48 h 达到峰值。

（2）发芽期间总淀粉含量逐渐下降。淀粉中直链淀粉和抗性淀粉占比增加，发芽 12 h 抗性淀粉含量达到最高，绿豆淀粉 eGI（估计血糖指数）值最低。

（3）发芽降低淀粉黏度，溶解度、膨胀度和透明度呈现先增加后减少的趋势，在发芽 48 h 达到峰值。

综上所述，发芽初期绿豆淀粉中抗性淀粉含量高，血糖生成指数低，理化和结构性质均有改变，绿豆淀粉结构和理化性质的变化机制需要在未来的研究中进一步调查。发芽绿豆淀粉为生产需要低黏度材料的食品（蛋糕、饼干）提供了潜在的应用材料。这项研究有助于选择从发芽绿豆中分离出淀粉，以满足其在食品工业中的预期用途。

第四节　讨论

一、萌发绿豆多酚富集及提取工艺优化和体外消化特性

采用超声联合外源 GABA 技术富集绿豆芽多酚，富集单因素结果显示游离多酚含量随着 GABA 浓度增加而增加，在 GABA 浓度为 10 mmol/L 时含量最高为 4.11 mg GAE/g DW。然而，当 GABA 浓度增加到 15 mmol/L 和 20 mmol/L 时，游离多酚含量趋于下降，可能是随着 GABA 浓度增加，GABA 与多酚代谢关键酶结合达到饱和。绿豆在 GABA 溶液中浸泡 8 h 时，游离多酚含量最高，这可能是由于超声波空化作用产生微小气泡，气泡在绿豆种皮处塌陷，破坏种皮表面，形成微小孔洞。种皮是阻止种子吸收水分和氧气的物理屏障，而这两种物质都是种子萌发所必需的，因此，增加种皮孔隙度可以增加水和氧吸收，增加绿豆种子对 GABA 溶液吸收能力，导致游离多酚含量增加，并且低功率超声促进绿豆种子水化，增强多酚代谢途径酶活性，加速游离多酚合成和结合酚类化合物释放。400 W 超声处理导致游离多酚含量下降，是由于高功率超声机械损伤和空化作用，导致绿豆种子结构破裂和多酚损失。响应面优化结果表明，各因素对绿豆芽多酚富集量影响依次为超声功率>超声时间>GABA 浓度。验证试验绿豆芽多酚富集量为 4.49 mg GAE/g DW，这与预测值相近，表明利用响应面分析法对绿豆芽富集多酚优化条件准确可靠。

采用乙醇萃取法提取绿豆芽多酚，单因素结果显示，随着乙醇浓度增加，呈现先上升后下降趋势，在乙醇浓度为 50%（v/v）时达到最高；绿豆芽多酚提取量随料液比增加而升高，当料液比为 1∶30 时多酚提取量最大；多酚提取量逐渐增加，温度为 70 ℃时提取量最大；提取时间为 4 h 时多酚提取量最大，超过 4 h 后开始下降。相较于超声、微波、超声微波协同萃取法，虽然乙醇萃取法耗时较长，但最大程度避免了物理场机械效应造成活性物质的降解。采用发芽 48 h 绿豆验证富集效果，对比不同发芽处理绿豆的游离多酚、黄酮含量及抗氧化活性，结果表明超声波和 GABA 联合处理使绿豆芽中游离多酚和黄酮类化合物含量显著提高，其总抗氧化能力、ABTS 和 DPPH 自由基清除能力显著增强。其原因可能

是超声波使种皮破碎，加速水化过程，导致分子结构和酶催化作用发生变化，触发应激反应系统，增强次级代谢物如多酚生成。同时，超声波空化作用和机械效应增加细胞膜通透性，促进离子和代谢物扩散的跨膜运输。外源性 GABA 可以通过细胞膜并进入细胞基质，调节多酚合成关键酶基因，并进一步引起细胞内生理和生化变化，达到富集效果。

非靶向代谢组学结果显示，在绿豆发芽过程中，经超声和 GABA 联合处理绿豆多酚含量和组成存在差异。鉴定出 55 种多酚类代谢物，所鉴定多酚类化合物可分为 4 类，黄酮类、异黄酮类、酚类和香豆素类衍生物。与 CM48 相比，M48 显示出 6 个上调多酚化合物和 3 个下调多酚化合物，最主要代谢途径是黄酮类化合物生物合成、异黄酮生物合成和苯丙类化合物生物合成，研究表明采用超声波联合外源 GABA 进行预处理可以增强绿豆发芽期间多酚积累。采用发芽 48 h 绿豆芽粉研究体外模拟消化过程中，多酚在胃和肠道消化过程中表现出良好稳定性，而且随着消化时间延长，多酚释放量逐渐增加，多酚含量增加归因于消化过程中大分子物质水解，导致多酚—蛋白质、多酚—多糖和富含纤维细胞壁释放多酚。研究表明绿豆芽粉在功能食品领域有很大应用潜力。

二、绿豆萌发过程中抗氧化活性及多酚差异类代谢物

测定经超声联合外源 GABA 预处理后，未发芽、浸泡和发芽过程中绿豆种子游离多酚含量、游离黄酮含量、总抗氧化能力、ABTS 和 DPPH 自由基清除率。浸泡后绿豆种子游离多酚含量、游离黄酮含量、总抗氧化能力和 ABTS 清除活性下降。这些指标下降归因于超声波机械和化学作用，在超声波处理过程中破坏绿豆种子细胞结构，促进游离和细胞内多酚和黄酮释放，游离多酚类物质可溶于水、易流失，影响抗氧化能力；也可能是由于较高超声功率使游离黄酮类化合物降解，导致黄酮类化合物含量下降。在本研究中，游离多酚、黄酮类物质含量和抗氧化活性随着发芽时间增加而增加，表明多酚和黄酮类化合物是重要抗氧化剂，抗氧化能力与多酚浓度和组成有关，即发芽可以增加绿豆种子总酚含量和抗氧化能力。因此，本研究利用非靶向代谢组学技术进一步描述外源 GABA 结合超声波处理富集绿豆芽多酚组成。

绿豆芽中共检测到 23 类，608 种代谢物，最丰富活性物质是多酚类代谢物，而黄酮类化合物占多酚类化合物总量 66.70%。表儿茶素、秦皮素苷、儿茶素、高良姜素、川陈皮素、香豆素、桑色素等具体多酚在抗氧化方面发挥重要作用。在不同发芽时间绿豆芽常见酚类代谢物有 17 种，分别为甘草素、光甘草定、芹

菜素、黄芩苷、香豆素、山楂酸、大豆甙、飞燕草素-3-云香糖苷、表儿茶素、染料木黄酮、桑色素、柚皮苷、川陈皮素、高良姜素、芒柄花苷、芍药素葡萄糖苷、原花青素 B_2。不同发芽期绿豆多酚代谢物主要代谢途径是黄酮类、异黄酮类、苯丙酸类、黄酮醇、花青素、苯丙酸类生物合成、酪氨酸代谢、次级代谢物生物合成等代谢途径。综上所述，超声波与外源 GABA 联合处理、发芽时间延长有利于酚类物质积累。

三、绿豆萌发过程中淀粉结构、理化性质及功能特性

超声波联合 γ-氨基丁酸处理发芽，测定不同发芽时间绿豆淀粉含量、纯度、直支链淀粉含量、抗性淀粉含量等理化指标。发芽绿豆中淀粉含量显著降低，绿豆中淀粉含量为 52.13%，随着发芽时间的延长，在发芽 24 h 降低至 43.54%，在 96 h 时降至最低为 21.18%，主要是因为淀粉是发芽过程中能量来源。发芽过程可显著增加绿豆中直链淀粉占总淀粉的比例，峰值出现在发芽 12 h。抗性淀粉含量在发芽期间增加，是因为发芽初期高抗性淀粉结构不容易被淀粉酶水解，导致发芽 12 h 时抗性淀粉含量最高。淀粉粒径随发芽时间延长而逐渐减小，是由于淀粉酶将淀粉降解并为绿豆发芽提供能量。发芽过程中淀粉颗粒形状无明显差异，主要为椭圆形，部分颗粒形状不规则，延长发芽期部分淀粉颗粒粗糙，略有凹陷，可能是超声波空化作用和淀粉酶水解淀粉造成表面损伤。协同处理发芽不能改变绿豆淀粉结晶结构类型，仍属于 A 型结晶结构，但结晶度随着发芽时间呈现不同的变化。FTIR 图谱显示出峰未出现红移，峰强变化可能归因于发芽期间结构部分损坏，由于淀粉结构不稳定性，使键振动所需能量低。随着发芽时间增加，淀粉黏度发生显著变化，峰值、谷值和最终黏度呈现先下降后上升再下降趋势。最大值分别出现在 12 h 和 48 h，黏度总体呈下降趋势，这种现象与直链淀粉含量和淀粉分子的聚集有关。随着发芽时间不断延长，淀粉溶解度、膨胀度、透明度均呈现先上升后下降趋势，受淀粉来源、颗粒大小、直支比、淀粉排列、重结晶以及溶胀特性影响。发芽 12 h 后血糖生成指数降低，归因于随着发芽时间延长、淀粉非结晶区分子酶解、抗性淀粉含量逐渐增加。糊化过程中，酚类化合物与淀粉形成 V 型淀粉包合物，使淀粉消化率降低。

四、小结

针对目前杂粮中功能性因子含量低、淀粉基质升糖指数高、活性物质富集技术烦琐和富集机制不明晰等问题。以绿豆为原料，采用超声波联合外源 GABA 技

术预处理，优化绿豆芽多酚富集参数。结果表明预处理发芽后游离多酚含量显著增加，抗氧化能力增强。鉴定出 55 种多酚类代谢物，主要为类黄酮、类异黄酮、酚类、香豆素类等。激活了异黄酮生物合成、类黄酮生物合成、花青素生物合成等代谢通路，绿豆芽淀粉在发芽过程结晶度和有序度呈现先增高后减小的趋势，在发芽 48 h 达到峰值；在发芽 12 h，抗性淀粉含量达到最高，eGI 值最低。不同消化阶段抗氧化活性显著高于绿豆和普通绿豆芽，并在胃肠消化均具有良好的抗氧化稳定性。突破超声波和外源 GABA 预处理发芽富集粮豆活性物质的绿色技术，可以解决杂粮中抗营养因子含量高，多酚等活性物质含量低，抗氧化能力差，GI 值高等问题，达到富集多酚类物质，降低总淀粉含量，提高淀粉中抗性淀粉占比，降低血糖生成指数的效果。

第五节　结论

本章在探讨了超声联合外源 GABA 预处理技术对富集绿豆多酚可行性基础上，对发芽 0~96 h 绿豆抗氧化活性及多酚代谢物进行鉴定，明晰了超声协同 GABA 处理与多酚代谢通路之间的响应关系；综合多种现代分析手段，探明了超声协同 GABA 处理对绿豆发芽过程中淀粉理化、结构及功能特性影响效果，揭示了超声联合外源 GABA 预处理技术发芽对绿豆发芽过程中多酚和淀粉性质的作用机制，得出以下结论：

（1）超声协同外源 GABA 预处理最佳发芽条件为超声功率 370 W，超声时间 40 min，GABA 浓度 10 mmol/L，浸泡时间 8 h，发芽 48 h，游离多酚含量为 4.49 mg GAE/g DW。乙醇萃取绿豆芽多酚最佳提取条件为，乙醇浓度 60%（v/v）、反应温度为 40 ℃、反应时间为 2 h、料液比为 1∶35（m/v）；与绿豆和对照组相比，协同提高了游离多酚和游离黄酮含量及抗氧化能力，激活 6 条代谢途径，富集 6 种单体酚。发芽 48 h 绿豆粉在模拟胃消化过程中，释放的多酚类物质具有良好抗氧化活性。

（2）在超声波和 GABA 联合处理下，多酚含量和种类与发芽时间呈正相关，共检测到 608 种代谢物，包括 55 种多酚类化合物，单体酚相对含量与抗氧化能力呈正相关。发芽期间，黄酮类、异黄酮类和苯丙类的生物合成等 10 条酚类化合物的代谢途径被激活。结果表明，超声和 GABA 联合处理可作为一种有效技术来提高绿豆芽生物活性物质含量。

（3）超声波和 GABA 预处理发芽过程中，绿豆淀粉形状未改变，表面略有侵蚀，粒径减小，比表面积增加；总淀粉含量逐渐下降，直链淀粉和抗性淀粉占比增加；发芽期间淀粉黏度、结晶度、分子有序性、溶解度、膨胀度和透明度呈现先增加后减少的趋势，在发芽 48 h 达到峰值；发芽 12 h 绿豆淀粉估计血糖指数最低。

参考文献

[1] 刘长友，程须珍，王素华，等. 中国绿豆种质资源遗传多样性研究 [J]. 植物遗传资源学报，2006（4）：459-463.

[2] 张会娟，胡志超，吕小莲，等. 我国绿豆加工利用概况与发展分析 [J]. 江苏农业科学，2014，42（1）：234-236.

[3] 纪花，陈锦屏，卢大新. 绿豆的营养价值及综合利用 [J]. 现代生物医学进展，2006（10）：143-156.

[4] 滕聪，么杨，任贵兴. 绿豆功能活性及应用研究进展 [J]. 食品安全质量检测学报，2018，9（13）：3286-3291.

[5] 张婷，袁艺，王鑫，等. 杂豆分类、营养功效及其产品开发的研究进展 [J]. 食品工业科技，2023，44（4）：428-437.

[6] PARTHA S B, ADITYA P, SANJEEV G, et al. Narendra, Physiological traits for shortening crop duration and improving productivity of greengram（*vigna radiata* L. wilczek）under high temperature [J]. Frontiers in Plant Science，2019，10：1508-1508.

[7] HOU D, LARAIB Y, XUE Y, et al. Mung Bean（*Vigna radiata* L.）：Bioactive polyphenols, polysaccharides, peptides, and health benefits [J]. Nutrients，2019，11（6）：1238.

[8] 黄迪芳，陈正行，邵瑜. 糙米发芽工艺的研究 [J]. 食品科技，2004，11：7-9.

[9] LOTIKA B, KIRAN B. Effect of household processing on the *in vitro* bioavailability of iron in Mung bean（Vigna Radiata）[J]. Food and Nutrition Bulletin，2007，28（1）：18-22.

[10] NELSON K, STOJANOVS K, VASILJEVIC T, et al. Ger minated grains：a superior whole grain functional food？[J] Canadian Journal of Physiology & Pharmacology，2013，91（6）：429-441.

[11] SHARMA S, SAXENA D C, RIAR C S. Changes in the gaba and polyphenols contents of foxtail millet on germination and their relationship with *in vitro* antioxidant activity [J]. Food Chemistry，2018，245（15）：863-870.

[12] KENNEDY D O. Polyphenols and the human brain：plant secondary metabolite ecologic roles and endogenous signaling functions drive benefits [J]. Advances in Nutrition，2014，5（5）：515-533.

[13] PONDER A, KULIK K, HALLMANN E. Occurrence and determination of carotenoids and polyphenols in different paprika powders from organic and conventional production [J]. Molecules，2021，26（10）：2980.

[14] JACOBO V, CISNEROS Z L. Bioactive phenolics and polyphenols：current advances and future trends [J]. International Journal of Molecular Sciences，2020，21（17）：6142.

[15] GONZÁLEZ B E, GÓMEZ S M P. Effect of phenolic compounds on human health [J]. Nutri-

ents，2021，13（11）：3922.

［16］DUYEN T T M，HUONG N T M，PHI N T L，et al. Physicochemical properties and *in vitro* digestibility of mung-bean starches varying amylose contents under citric acid and hydrothermal treatments［J］. International Journal of Biological Macromolecules，2020，164（1）：651-658.

［17］KAUR H，GILL B S. Comparative evaluation of physicochemical，nutritional and molecular interactions of flours from different cereals as affected by germination duration［J］. Journal of Food Measurement and Characterization，2020，14（3）：1147-1157.

［18］ZAFAR M I，MILLS K，ZHENG J，et al. Low-glycemic index diets as an intervention for diabetes：a systematic review and meta-analysis［J］. The American Journal of Clinical Nutrition，2019，110（4）：891-902.

［19］WARREN F J，FUKUMA N M，MIKKELSEN D，et al. Food starch structure impacts gut microbiome composition［J］. mSphere，2018，3（3）：2379-5042.

［20］KAUR M，SANDHU K S，SINGH N，et al. Amylose content，molecular structure，physicochemical properties and *in vitro* digestibility of starches from different mung bean（*Vigna radiata* L.）cultivars［J］. 2011，Starch，63（11）：709-716.

［21］ZHANG X Y，HUANG L，YUAN X X，et al. Widely targeted metabolomics analysis characterizes the phenolic compounds profiles in mung bean sprouts under sucrose treatment［J］. Food Chemistry，2022，395（30）：1-11.

［22］谭斌，乔聪聪. 中国全谷物食品产业的困境、机遇与发展思考［J］. 生物产业技术，2019（6）：64-74.

［23］孙元琳，仪鑫，李云龙，等. 复合全谷物挤压膨化产品的配方优化研究［J］. 中国粮油学报，2017，32（11）：47-52.

［24］刘艳香，关丽娜，孙莹，等. 易煮全谷物糙米加工技术研究进展［J］. 食品科学技术学报，2021，39（4）：139-147.

［25］高琨，谭斌，汪丽萍，等. 萌芽全谷物的研究现状、问题与机遇［J］. 粮油食品科技，2021，29（2）：71-80.

［26］申瑞玲，绍舒，董吉林. 萌动青稞的研究进展［J］. 粮油食品科技，2015，23（3）：21-25.

［27］SWIECA M，BARANIAK B，GAWLIK-D U. *In vitro* digestibility and starch content，predicted glycemic index and potential *in vitro* antidiabetic effect of lentil sprouts obtained by different germination techniques［J］. Food Chemistry，2013，138（2-3）：1414-1420.

［28］KAUKAVIRTO-NORJA A，WILHELMSON A，POUTANEN K. Germination：a means to improve the functionality of oat［J］. Agricultural and Food Science，2004，13（1-2）：100-112.

［29］NONOGAKI H，BASSEL G W，BEWLEY J D. Germination-Still a mystery［J］. Plant Science，2010，179：574-581.

［30］李香勇，龚魁杰，陈利容，等. 发芽谷物营养及功能成分变化研究进展［J］. 农产品加工，2015，392（9）：76-78.

［31］PALMIANO E P，JULIANO O J. Biochemical changes in the rice grain during germination［J］. Plant Physiology，1972，49（5）：751-756.

［32］MOONGNGARM A，SAETUNG N. Comparison of chemical compositions and bioactive compounds of germinated rough rice and brown rice ［J］. Food Chemistry, 2010, 122 （3）: 782-788.

［33］ SHABIR A M, ANNAMALAI M, MANZOOR Z S. Whole grain processing, product development, and nutritional aspects ［M］. London: Taylor & Francis Group, 2019.

［34］ KALITA D, SARMA B, SRIVASTAVA B. Influence of germination conditions on malting potential of low and normal amylose paddy and changes in enzymatic activity and physico chemical properties ［J］. Food Chemistry, 2017, 220 （1）: 67-75.

［35］ SHARMA S, SAXENA D C, RIAR C S. Changes in the GABA and polyphenols contents of foxtail millet on germination and their relationship with *in vitro* antioxidant activity ［J］. Food Chemistry, 2018, 245 （15）: 863-870.

［36］ 李经伟. 萌芽程度对豌豆宏量组分及豌豆全粉加工特性的影响研究 ［D］. 天津: 天津商业大学, 2019.

［37］ 刘裕. 发芽绿豆和青稞宏量组分结构, 理化性质及对面条品质的分析 ［D］. 杨凌: 西北农林科技大学, 2019.

［38］ 刘婷婷. 不同加工方式对杂豆酚类物质及其抗氧化性的影响 ［D］. 大庆: 黑龙江八一农垦大学, 2019.

［39］ 梁雪梅. 加工方式对绿豆芽多酚抗氧化活性及理化特性的影响 ［D］. 大庆: 黑龙江八一农垦大学. 2020.

［40］ 徐汇, 梅新, 李书艺, 等. 非生物胁迫对发芽谷物多酚的影响研究进展 ［J］. 食品工业科技, 2020, 41 （20）: 330-335.

［41］ 卞紫秀, 汪建飞, 王顺民. 超声波处理下苦荞麦萌发及富集黄酮工艺优化研究 ［J］. 安徽工程大学学报, 2018, 33 （5）: 7-13.

［42］ SWIECA M, GAWLIK-DZIKI U. Effects of sprouting and postharvest storage under cool temperature conditions on starch content and antioxidant capacity of green pea, lentil and young mung bean sprouts ［J］. Food Chemistry, 2015, 185 （15）: 99-105.

［43］ LI J, LU Y, CHEN H, et al. Effect of photoperiod on vita min e and carotenoid biosynthesis in mung bean （vigna radiata） sprouts ［J］. Food Chemistry, 2021, 358 （1）: 129915.

［44］ 张东旭, 王娟, 张永芳, 等. 紫外辐照对科罗拉多蓝杉种子萌发和幼苗生理特征的影响 ［J］. 西北师范大学学报: 自然科学版, 2021, 57 （3）: 90-95.

［45］ 方晓敏, 任世达, 贾睿, 等. 低频静磁场对发芽玉米酚类物质富集及降糖活性的影响 ［J］. 食品科学, 2022, 43 （19）: 88-94.

［46］ LUO X, LI D, TAO Y, et al. Effect of static magnetic field treatment on the germination of brown rice: Changes in α-amylase activity and structural and functional properties in starch ［J］. Food Chemistry, 2022, 383 （30）: 132392 （1-10）.

［47］ JIANG X J, XU, Q P, ZHANG A W, et al. Optimization of γ-A minobutyric acid （GABA） accumulation in ger minating adzuki beans （*vigna angularis*） by vacuum treatment and monosodium glutamate, and the molecular mechanisms ［J］. Frontiers in Nutrition, 2021, 9 （8）: 693862.

［48］ 符京燕, 梁林林, 周敏, 等. 伽马氨基丁酸浸种对铝胁迫下白三叶种子萌发及耐铝性的影响 ［J］. 草地学报, 2020, 28 （5）: 1275-1284.

［49］ 许先猛, 卞紫秀, 王顺民, 等. 微波协同 L-苯丙氨酸处理对苦荞萌发中黄酮的影响

[J]. 食品工业科技，2022，43（5）：191-198.

[50] 周新勇，齐菲，尹永祺，等. NaCl胁迫下外源亚精胺对发芽大豆生理生化及 γ-氨基丁酸代谢的影响 [J]. 扬州大学学报：农业与生命科学版，2020，41（2）：107-112，119.

[51] 徐丽，欧才智，丁阳月，等. 优化催芽温度及 $CaCl_2$ 溶液浓度提高发芽小米中 γ-氨基丁酸含量 [J]. 农业工程学报，2019，35（3）：301-308.

[52] 王颖，颜丙仁，徐炳政，等. 磁化水处理对萌芽绿豆抗氧化能力的影响 [J]. 黑龙江八一农垦大学学报，2017，29（3）：49-52.

[53] 邱紫云，刘淑敏，倪治明，等. 外源糖处理对绿豆芽 VC 含量及其抗氧化能力影响的研究 [J]. 食品工业科技，2015，36（19）：357-360.

[54] WU L，JIANHUA L，UMAIR A，et al. Exogenous γ-a minobutyric Acid（GABA）Application Improved Early Growth，Net Photosynthesis，and Associated Physio-Biochemical Events in Maize [J]. Frontiers in Plant Science，2016，7：e0149523.

[55] WU Q Y，MA S Z，ZHANG W W，et al. Accumulating pathways of γ-a minobutyric acid during anaerobic and aerobic sequential incubation in fresh tea leaves [J]. Food Chemistry，2017，240：1081-1086.

[56] 于立尧. 外源 γ-氨基丁酸对甜瓜幼苗生长，抗干旱胁迫的影响 [D]. 上海：上海交通大学，2018.

[57] SHETEIWY M S，SHAO H，QI W，et al. GABA-alleviated oxidative injury induced by salinity，osmotic stress and their combination by regulating cellular and molecular signals in rice [J]. International Journal of Molecular Sciences，2019，20（22）：5709.

[58] KERCHEV P，TOM V，SUJEETH N，et al. Molecular priming as an approach to induce tolerance against abiotic and oxidative stresses in crop plants [J]. Biotechnology Advances：An International Review Journal，2020，40：107503.

[59] 丁羽萱，王尧，姚羿安，等. 外源 γ-氨基丁酸对发芽大豆酚类物质富集及抗氧化能力的影响 [J]. 食品科学，2021，42（13）：72-78.

[60] 赵嫚，陈仕勇，李亚萍，等. 外源 GABA 对盐胁迫下金花菜种子萌发及幼苗抗氧化能力的影响 [J]. 江苏农业学报，2021，37（2）：310-316.

[61] 石磊，刘超，周柏玲，等. 萌发条件对绿豆芽中 γ-氨基丁酸含量的影响研究 [J]. 粮食与油脂，2019，32（3）：50-53.

[62] YAMAGUCHI-SHINOZAKI K，SHINOZAKI K. Transcriptional regulatory networks in cellular responses and tolerance to dehydration and cold stresses [J]. Annual Review of Plant Biology，2006，57（1）：781-803.

[63] AARON F，ADRIANO N N，RUTHIE A. Targeted enhancement of glutamate to γ-aminobutyrate conversion in Arabidopsis seeds affects C-N balance and storage reserves in a development-dependent manner [J]. Plant Physiology，2011，157（3）：1026-1042.

[64] 杨泽伟，王龙海，朱莉，等. γ-氨基丁酸代谢旁路在植物响应逆境胁迫中的作用机制研究 [J]. 生物技术进展，2014，4（2）：77-84.

[65] ZHOU M，HASSAN M J，PENG Y，et al. γ-Aminobutyric Acid（GABA）Priming Improves Seed Germination and Seedling Stress Tolerance Associated With Enhanced Antioxidant Metabolism，DREB Expression，and Dehydrin Accumulation in White Clover Under Water Stress

[J]. Frontiers in Plant Science, 2021, 12: 776939.

[66] MA Y, WANG P, CHEN Z J, et al. GABA enhances physio-biochemical metabolism and antioxidant capacity of ger minated hulless barley under NaCl stress [J]. Journal of Plant Physiology, 2018, 231: 192-201.

[67] PRIYA M, SHARMA L, KAUR R, et al. GABA (γ-a minobutyric acid), as a thermo-protectant, to improve the reproductive function of heat-stressed mungbean plants [J]. Scientific Reports, 2019, 9 (1): 7788.

[68] 陈欣. 声波促进植物生长装置的研制及其在研究水稻种子对声波刺激的应激效应中的应用 [D]. 重庆: 重庆大学, 2003.

[69] 刘贻尧, 王伯初, 赵虎成, 等. 植物对环境应力刺激的生物学效应 [J]. 生物技术通讯, 2000, 11 (3): 4.

[70] DING J Z, HOU G G, DONG M Y, et al. Physicochemical properties of ger minated dehulled rice flour and energy re-quirement in germination as affected by ultrasound treatment [J]. Ultrasonics Sonochemistry, 2018, 41: 484-491.

[71] YUAN S F, LI C J, ZHANG Y C, et al. Ultrasound as an emerging technology for the elimination of chemical contaminants in food: A review [J]. Trends in Food Science & Technology, 2021, 109 (1): 374-385.

[72] DING J, JOHNSON J, CHU Y F, et al. Enhancement of γ-aminobutyric acid, avenanthramides, and other health-promoting metabolites in germinating oats (Avena sativa L.) treated with and without power ultrasound [J]. Food Chemistry, 2019, 283 (15): 239-247.

[73] 马燕. NaCl 胁迫下 GABA 介导的大麦芽苗酚酸富集机理 [D]. 南京: 南京农业大学, 2019.

[74] RANDHIR R, KWON Y I, SHETTY K. Improved health-relevant functionality in dark germinated Mucuna pruriens sprouts by elicitation with peptide and phytochemical elicitors [J]. Bioresour Technol, 2009, 100 (19): 4507-4514.

[75] 惠潇潇. 超声辐射促进绿豆种子萌发机理的研究 [D]. 西安: 陕西师范大学, 2017.

[76] 白钧元. 超声辐射对植物种子细胞膜渗透性的研究 [D]. 西安: 陕西师范大学, 2014.

[77] NAUMENKO N, POTOROKO I, KALININA I. Stimulation of antioxidant activity and γ-a minobutyric acid synthesis in germinated wheat grain Triticum aestivum L. by ultrasound: Increasing the nutritional value of the product [J]. Ultrasonics Sonochemistry, 2022, 86: 106000.

[78] NADAR S S, RATHOD V K. Ultrasound assisted intensification of enzyme activity and its properties: amini-review [J]. World Journal of Microbiology and Biotechnology, 2017, 33 (9): 170.

[79] KALITA D, JAIN S, SRIVASTAVA B, et al. Sono-hydro priming process (ultrasound modulated hydration): Modelling hydration kinetic during paddy germination [J]. Ultrasonics sonochemistry, 2021, 70: 105321.

[80] 雷月, 宫彦龙, 邓茹月, 等. 超声波辅助喷雾加湿法富集发芽黑糙米生物活性物质工艺的响应面优化 [J]. 食品工业科技, 2020, 41 (4): 105-113.

[81] 吴小勇, 刘烨, 张延杰, 等. 超声波处理对绿豆富硒作用的影响 [J]. 现代食品科技, 2009, 25 (7): 748-750, 755.

[82] ESTIVI L, BRANDOLINI A, CONDEZO-HOYOSIMPACT L, et al. Impact of low-frequency

ultrasound technology on physical, chemical and technological properties of cereals and pseudo-cereals [J], Ultrasonics sonochemistry, 2022, 86, 106044.

[83] AMPOFO J O, NGADI M. Ultrasonic assisted phenolic elicitation and antioxidant potential of common bean (*Phaseolus vulgaris*) sprouts [J]. Ultrasonics Sonochemistry, 2020, 64: 104974.

[84] BABAEI-GHAGHELESTANY A, ALEBRAHIM M T, MACGREGOR D R, et al. Evaluation of ultrasound technology to break seed dormancy of common lambsquarters (*Chenopodium album*) [J]. Food Science & Nutrition, 2020, 8 (6): 2662-2669.

[85] DING J, ULANOV A V, DONG M, et al. Enhancement of γ-a minobutyric acid (GABA) and other health-related metabolites in ger minated red rice (*Oryza sativa* L.) by ultrasonication [J]. Ultrasonics Sonochemistry, 2018, 40: 791-797.

[86] YU M, LIU H, SHI A, et al. Preparation of resveratrol-enriched and poor allergic protein peanut sprout from ultrasound treated peanut seeds [J]. Ultrasonics Sonochemistry, 2016, 28: 334-340.

[87] 李明刚, 邓媛媛, 龚其海. 白藜芦醇抗神经退行性疾病的研究进展 [J]. 中国新药与临床杂志, 2016, 35 (10): 699-703.

[88] 马秋琛. 多酚—壳寡糖复合物的制备、表征及性质研究 [D]. 天津: 天津科技大学, 2019.

[89] 方芳, 王凤忠. UV-B 辐射对植物营养及生物活性物质的影响研究进展 [J]. 食品工业科技, 2017, 38 (5): 390-396.

[90] 易翠平, 刘爽, 林本平, 等. 谷物中多酚与多糖之间相互作用的研究进展 [J]. 中国粮油学报, 2022, 37 (4): 187-193.

[91] 肖婧泓, 辛嘉英, 路雪纯, 等. 天然结合酚类化合物的研究进展 [J]. 中国调味品, 2022, 47 (8): 210-215.

[92] 毋鑫, 黄碧君, 晏芳芳, 等. 黑米储藏与加工方式对其加工品质及膳食多酚影响的研究进展 [J]. 食品科学, 2022, 43 (3): 362-370.

[93] 王杰, 童璐, 巨学阳, 等. 茶树对茶小绿叶蝉为害的响应及其机制研究进展 [J]. 福建农林大学学报: 自然科学版, 2021, 50 (2): 145-154.

[94] RICE-EVANS C M N, PAGANGA G. Antioxidant properties of phenolic compounds [J]. Trends in Plant Science, 1997, 2 (4): 152-159.

[95] LEE J M, CALKINS M J, CHAN K, et al. Identification of the NF-E2-related factor-2-dependent genes conferring protection against oxidative stress in primary cortical astrocytes using oligonucleotide microarray analysis [J]. Journal of Biological Chemistry, 2003, 278 (14): 12029-12038.

[96] NA H K, SURH Y J. Intracellular signaling network as a prime chemopreventive target of (-) - epigallocatechin gallate [J]. Molecular Nutrition and Food Research, 2010, 50 (2): 152-159.

[97] 孙毛毛. NaCl 胁迫下 GABA 在大豆芽菜酚类物质富集中的作用 [D]. 南京: 南京农业大学, 2019.

[98] PAL P, KAUR P, SINGH N, et al. Morphological, Thermal, and Rheological Properties of Starch from Brown Rice and Germinated Brown Rice from Different Cultivars [J]. Starch, 2023, 75 (3-4): 2100266.

[99] CHINMA C E, ABU J O, AFOLABI F H, et al. Structure, *in vitro* starch digestibility and

physicochemical properties of starch isolated from germinated *Bambara groundnut* ［J］. Journal of Food Science and Technology，2023，60（1）：190-199.

［100］ JULIA B，KRINGEL K D，MALLMANN J F，et al. Impact of wheat（*Triticum aestivum* L.）germination process on starch properties for application in films ［J］. Starch，2017，71（7-8）：1800262.

［101］ OSEGUERA-TOLEDO M E，CONTRERAS-JIMÉNEZ B，HERNÁNDEZ-BECERRA E，et al. Physicochemical changes of starch during malting process of sorghum grain ［J］. Journal of Cereal Science，2020，95：103069.

［102］ 左娜，吕莹果，陈洁，等. 绿豆发芽过程中淀粉的变化研究 ［J］. 河南工业大学学报：自然科学版，2016，37（6）：81-84.

［103］ 国家卫生和计划生育委员会. 食品安全国家标准　食品中水分的测定：GB 5009.3—2016 ［S］. 北京：中国标准出版社，2016.

［104］ 国家卫生和计划生育委员会. 食品安全国家标准　食品中灰分的测定：GB 5009.4—2016 ［S］. 北京：中国标准出版社，2016.

［105］ 国家食品药品监督管理总局，国家卫生和计划生育委员会. 食品安全国家标准　食品中蛋白质的测定：GB 5009.5—2016 ［S］. 北京：中国标准出版社，2016.

［106］ 国家食品药品监督管理总局，国家卫生和计划生育委员会. 食品安全国家标准　食品中脂肪的测定：GB 5009.6—2016 ［S］. 北京：中国标准出版社，2016.

［107］ 国家市场监督管理总局，国家卫生健康委员会. 食品安全国家标准　食品中膳食纤维的测定：GB 5009.88—2023 ［S］. 北京：中国标准出版社，2014.

［108］ 国家市场监督管理总局，国家卫生健康委员会. 食品安全国家标准　食品中淀粉的测定：GB 5009.9—2023 ［S］. 北京：中国标准出版社，2016.

［109］ 刘襄河，郑丽璇，郑丽勉，等. 双波长法测定常用淀粉原料中直链淀粉、支链淀粉及总淀粉含量 ［J］. 广东农业科学，2013，40（18）：97-100.

［110］ 谢耀聪. 基于微流控芯片和电化学技术的茶多酚检测方法研究 ［D］. 无锡：江南大学，2020.

［111］ 廖斯霞. Vis-NIR 光谱的葡萄酒多指标同时分析及品牌鉴别方法 ［D］. 广州：暨南大学，2020.

［112］ 李巨秀，王柏玉. 福林—酚比色法测定桑椹中总多酚 ［J］. 食品科学，2009，30（18）：292-295.

［113］ 王华，张雄，张国涛. 荞麦中黄酮类化合物的分析方法研究进展 ［J］. 应用化工，2013，42（7）：1331-1335.

［114］ 高丽威，李向荣. 微波萃取法提取紫心甘薯总黄酮及其抗氧化活性研究 ［J］. 浙江大学学报：理学版，2009，36（5）：571-574.

［115］ 耿钰涵，程超，吴悦豪，等. 紫外处理和热激处理调控芥菜芽苗主要生理生化及褪黑素富集研究 ［J］. 核农学报，2021，35（5）：1162-1169.

［116］ 吴小勇，曾庆孝，田金河，等. 绿豆的浸泡工艺及其对绿豆种子萌发的影响研究 ［J］. 食品工业科技，2004，2：104-105.

［117］ 黄六容，蔡梅红，仲元华，等. 发芽温度对绿豆芽抗氧化成分和抗氧化能力的影响 ［J］. 安徽农业大学学报，2011，38（1）：31-34.

［118］ MAI Y H，ZHUANG Q G，LI Q H，et al. Ultrasound-Assisted Extraction，Identification，and

Quantification of Antioxidants from 'Jinfeng' Kiwifruit [J]. Foods, 2022, 11 (6): 827.

[119] SILVA J, VANAT P, MARQUES-DA-SILVA D, et al. Metal alginates for polyphenol delivery systems: Studies on crosslinking ions and easy-to-use patches for release of protective flavonoids in skin [J]. Bioactive Materials, 2020, 5 (3): 447-457.

[120] 梁红敏, 任继波, 李彦奎, 等. 改良的 DPPH 与 ABTS 自由基法评价不同葡萄籽油抗氧化能力 [J]. 中国粮油学报, 2018, 33 (1): 85-91.

[121] CHEN C W, CHI-TANG H O. Antioxidant properties of polyphenols extracted from green and black teas [J]. Journal of Food Lipids, 2010, 2: 35-46.

[122] ADOM K K, LIU R H. Antioxidant activity of grains [J]. Journal of Agricultural & Food Chemistry, 2002, 50: 6182-6187.

[123] 姜颖俊. 绿豆抗氧化肽的制备及其对果蝇肠道炎症改善机制研究 [D]. 大庆: 黑龙江八一农垦大学, 2022.

[124] ZELENA E, DUNN W B, BROADHURST D, et al. Development of a robust and repeatable UPLC-MS method for the long-term metabolomic study of human serum [J]. Analytical Chemistry, 2009, 81: 1357-1364.

[125] WANT E J, MASSON P, MICHOPOULOS F, et al. Global metabolic profiling of animal and human tissues via uplc-ms [J]. Nature Protocols, 2013, 8: 17-32.

[126] MINEKUS M, ALMINGER M, ALVITO P, et al. A standardised static in-vitro digestion method suitable for food-an international consensus [J]. Food & Function, 2014, 5: 1113.

[127] GAO F, LI X Q, LI X, et al. Physicochemical properties and correlation analysis of retrograded starch from different varieties of sorghum [J]. International Journal of Food Science & Technology, 2022, 57: 6678-6689.

[128] WANG L D, LI X Q, GAO F, et al. Effects of Jet Milling Pretreatment and Esterification with Octenyl Succinic Anhydride on Physicochemical Properties of Corn Starch [J]. Foods, 2022, 11: 2893.

[129] 姜传海, 杨传铮. 材料射线衍射和散射分析 [M]. 北京: 高等教育出版社, 2010.

[130] NARA S, KOMIYA T. Studies on the relationship between water-satured state and crystallinity by the diffraction method for moistened potato starch [J]. Starch-Stäke, 1983, 35 (12): 407-410.

[131] LIU T Y, MA Y, YU S F, et al. The effect of ball milling treatment on structure and porosity of maize starch granule [J]. Innovative Food Science and Emerging Technologies, 2011, 12 (4): 586-593.

[132] 张俐娜, 薛奇, 莫志深, 等. 高分子物理近代研究方法 [M]. 2 版. 武汉: 武汉大学出版社, 2006.

[133] 叶宪曾, 张新祥. 仪器分析教程 [M]. 2 版. 北京: 北京大学出版社, 2007.

[134] ZENG H L, CHEN P L, CHEN C J, et al. Structural properties and prebiotic activities of fractionated lotus seed resistant starches [J]. Food Chemistry, 2018, 251: 33-40.

[135] TOLEDO M O, JIMÉNEZ B C, BECERRA E H, et al. Physicochemical changes of starch during malting process of sorghum grain [J]. Journal of Cereal Science, 2020, 95: 103069.

[136] XING B, TENG C, SUN M H, et al. Effect of germination treatment on the structural and physicochemical properties of quinoa starch [J]. Food Hydrocolloids, 2021, 115: 106604.

［137］ GAO L, WU Y, WAN C, et al. Structural and physicochemical properties of pea starch affected by germination treatment. Food Hydrocolloids, 2022, 124: 107303.

［138］ 韩玲玉. 多谷物共挤压加工对其物化及消化特性影响研究 ［D］. 哈尔滨: 东北农业大学, 2019.

［139］ LACOMBE B, BECKER D, HEDRICH R. The identity of plant glutamate receptors ［J］. Science, 2001, 292: 1486-1487.

［140］ 王大为, 董欣, 张星, 等. 不同浸泡方法对绿豆吸水特性的影响 ［J］. 食品科学, 2017, 38 (13): 83-89.

［141］ 王可心, 杨思敏, 林瑞嫦, 等. 绿豆芽菜制作工艺优化及营养功能成分分析 ［J］. 食品研究与开发, 2022, 43 (12): 155-163.

［142］ IGNACIO L, CARLOS M V. Use of ultrasonication to increase germination rates of *Arabidopsis* seeds ［J］. Plant Methods, 2017, 13: 31.

［143］ WEN C T, ZHANG J X, ZHANG H H, et al. Effects of divergent ultrasound pretreatment on the structure of watermelon seed protein and the antioxidant activity of its hydrolysates ［J］. Food Chemistry, 2019, 299: 125165.

［144］ CHIU K Y. Changes in Microstructure, Germination, sprout growth, phytochemical and microbial quality of ultrasonication treated adzuki bean seeds ［J］. Agronomy, 2021, 11: 1093.

［145］ JAEEUN Y, HANA L, HUIJIN H, et al. Sucrose-induced abiotic stress improves the phytochemical profiles and bioactivities of mung bean sprouts ［J］. Food Chemistry, 2023, 400: 134069.

［146］ MIANO A C, PEREIRA J D, COSTA C N, et al. Enhancing mung bean hydration using the ultrasound technology: description of mechanisms and impact on its germination and main components ［J］. Scientific reports, 2016, 6: 38996.

［147］ NOBUKI K, KENGO O, KATSUYUKI Y. Sonoporation by Single-Shot Pulsed Ultrasound with Microbubbles Adjacent to Cells ［J］. Biophysical Journal, 2009, 96: 4866-4876.

［148］ ZHAO Y Y, XIE C, WANG P, et al. GABA Regulates Phenolics Accumulation in Soybean Sprouts under NaCl Stress ［J］. Antioxidants, 2021, 10: 990.

［149］ DAHIYA P K, LINNEMANN A R, BOEKEL M V, et al. Mung bean: technological and nutritional potential ［J］. Critical Reviews in Food Science & Nutrition. 2015, 55: 670-688.

［150］ MAŁGORZATA S, MICHAŁ Ś. Effect of ascorbic acid postharvest treatment on enzymatic browning, phenolics and antioxidant capacity of stored mung bean sprouts ［J］. Food Chemistry, 2018, 239: 1160.

［151］ ARDITO F, PELLEGRINO M R, PERRONE D, et al. *In vitro* study on anti-cancer properties of genistein in tongue cancer ［J］. Onco Targets and Therapy, 2017, 10: 5405-5415.

［152］ YU L D, RIOS E, CASTRO L, et al. Genistein: Dual Role in Women's Health ［J］. Nutrients, 2021, 13: 3048.

［153］ KIM B G. Biological Synthesis of Genistein in *Escherichia coli* ［J］. Journal of Microbiology and Biotechnology, 2020, 30: 770-776.

［154］ PEDRO H S C, MARCUS V C T, ISAAC F M K, et al. Catechin and epicatechin as an adjuvant in the therapy of hemostasis disorders induced by snake venoms ［J］. Journal of Biochemical and Molecular Toxicology, 2020, 34: e22604.

［155］ RADINA K, IVAN T. Effects of catechine and epicatechine on visual function and retinal perfusion ［J］. Acta Ophthamologica, 2022, 100: 267.

［156］ IVETA B. Biological activities of (−)−epicatechin and (−)−epicatechin−containing foods: Focus on cardiovascular and neuropsychological health ［J］. Biotechnology Advances, 2018, 36: 666-681.

［157］ XU M Z, WANG R F, FAN H, et al. Nobiletin ameliorates streptozotocin−cadmium−induced diabetic nephropathy via NF−κB signalling pathway in rats ［J］. Archives of Physiology and Biochemistry, 2021, 4: 1959617.

［158］ SAKTHIVEL V, HARVEY R, MARFOUA S A, et al. Pharmacological actions of nobiletin in the modulation of platelet function ［J］. British Pharmacological Society, 2015, 172: 4133-4145.

［159］ SARAWOOT B, POUNGRAT P, PUTCHARAWIPA M, et al. Nobiletin alleviates high−fat diet−induced nonalcoholic fatty liver disease by modulating AdipoR1 and gp91phox expression in rats ［J］. The Journal of Nutritional Biochemistry, 2021, 87: 108526.

［160］ ABDUR R, MOHAMMAD A S, MUHAMMAD I, et al. Comprehensive review on naringenin and naringin polyphenols as a potent anticancer agent ［J］. Environmental Science and Pollution Research, 2022, 29: 31025-31041.

［161］ ELVIRA E F, JOSEP Q R, XAVIER G S, et al. *In Vivo* Anti−inflammatory and Antiallergic Activity of Pure Naringenin, Naringenin Chalcone, and Quercetin in Mice ［J］. Journal of Natural Products. 2019, 82: 177-182.

［162］ XUE Z H, ZHANG Q, YU W C, et al. Potential Lipid−Lowering Mechanisms of Biochanin A ［J］. Journal of Agricultural and Food Chemistry, 2017, 65: 3842-3850.

［163］ GARZÓN A G, TORRES R L, DRAGO S R. Effects of malting conditions on enzyme activities, chemical, and bioactive compounds of sorghum starchy products as raw material for brewery ［J］. Starch−Stäke, 2016, 68 (11-12): 1048-1054.

［164］ 丁俊胄. 低氧胁迫与超声场激发对发芽糙米中 γ−氨基丁酸积累的影响及其代谢机制 ［D］. 武汉: 华中农业大学, 2016.

［165］ KAPRAVELOU G, ROSARIO M, PERAZZOLI G, et al. Germination improves the polyphenolic profile and functional value of mung bean (*Vigna radiata* L.) ［J］. Antioxidants, 2020, 9: 764.

［166］ PHAN A D T, WILLIAMS B A, NETZEL G, et al. Independent fermentation and metabolism of dietary polyphenols associated with a plant cell wall model ［J］. Food & function, 2020, 11: 2218-2230.

［167］ XIE J, SUN N, HUANG H, et al. Catabolism of polyphenols released from mung bean coat and its effects on gut microbiota during *in vitro* simulated digestion and colonic fermentation ［J］. Food Chemistry, 2022, 396: 133719.

［168］ SHEN Y, GUAN Y, SONG X, et al. Polyphenols extract from lotus seedpod (*Nelumbo nucifera Gaertn.*): Phenolic compositions, antioxidant, and antiproliferative activities ［J］. Food science & nutrition, 2019, 7: 3062-3070.

［169］ MUHAMMED T, SHINDE M, JUNNA L. Effect of soaking and germination on polyphenol content and polyphenol oxidase activity of mung bean (*Phaseolus aureus* L.) cultivars differing in seed color [J]. International Journal of Food Properties, 2014, 17: 782-790.

[170] PROKUDINA E A, HAVLÍČEK L, AL-MAHARIK N O, et al. Rapid uplc-esi-ms/ms method for the analysis of isoflavonoids and other phenylpropanoids [J]. Journal of Food Composition & Analysis. 2012, 26: 36-42.

[171] BURACHAT S, THASANPORN S, MICHAEL R A, et al. Effect of acid pretreatment and the germination period on the composition and antioxidant activity of rice bean (*Vigna umbellata*) [J]. Food Chemistry, 2017, 227: 280-288.

[172] LURIE S, WATKINS C B. Superficial scald, its etiology and control [J]. Postharvest Biology & Technology, 2012, 65: 44.

[173] TANG D, DONG Y, GUO N, et al. Metabolomic analysis of the polyphenols in germinating mung beans (vigna radiata) seeds and sprouts [J]. Journal of the Science of Food & Agriculture, 2014, 94: 1639-1647.

[174] SUJOY K S, DIVYA C, DIPAYAN D, et al. Improvisation of salinity stress response in mung bean through solid matrix priming with normal and nano-sized chitosan [J]. International Journal of Biological Macromolecules, 2020, 145: 108-123.

[175] OLIVEIRA M E A S, COIMBRA P P S, GALDEANO M C, et al. How does germinated rice impact starch structure, products and nutrional evidences? -A review [J]. Trends in Food Science & Technology, 2022, 122: 13-23.

[176] CHEN Y P, LIU Q, YUE X Z, et al. Ultrasonic vibration seeds showed improved resistance to cadmium and lead in wheat seedling [J]. Environmental Science and Pollution Research, 2013, 20: 4807-4816.

[177] 高菲, 李欣, 刘紫薇, 等. 高粱淀粉三种提取方法的比较及其理化性质分析 [J]. 黑龙江八一农垦大学学报, 2022, 34 (2): 59-67.

[178] WEI P Q, YU W, TAO K, et al. Starch structure-property relations as a function of barley germination times [J]. International Journal of Biological Macromolecules, 2019, 136: 1125-1132.

[179] SU C, SALEH A, ZHANG B, et al. Effects of germination followed by hot air and infrared drying on properties of naked barley flour and starch [J]. International Journal of Biological Macromolecules, 2020, 165: 2060-2070.

[180] CHINMA C E, ABU J O, AFOLABI F H, et al. Structure, *in vitro* starch digestibility and physicochemical properties of starch isolated from germinated Bambara groundnut [J]. Journal of Food Science and Technology, 2023, 60: 190-199.

[181] LIU Y, SU C Y, SALEH A S M, et al. Effect of germination duration on structural and physicochemical properties of mung bean starch [J]. International Journal of Biological Macromolecules, 2020, 154: 706-713.

[182] CHENG L, OH S G, LEE D H, et al. Effect of germination on the structures and physicochemical properties of starches from brown rice, oat, sorghum, and millet [J]. International Journal of Biological Macromolecules, 2017, 105: 931-939.

[183] LI G, ZHU F. Molecular structure of quinoa starch [J]. Carbohydrate Polymers, 2017, 158: 124-132.

[184] HOOVER R, RATNAYAKE W S. Starch characteristics of black bean, chick pea, lentil,

navy bean and pinto bean cultivars grown in Canada [J]. Food Chemistry, 2002, 78: 489-498.

[185] LI C Y, LI C, LU Z X, et al. Morphological changes of starch granules during grain filling and seed germination in wheat [J]. Starch, 2012, 64: 166-170.

[186] JOHN C, DAVID H I, JOHN B, et al. Polarized infraredspectra of crystalline glycosaminoglycans [J]. Carbohydrate Research, 1976, 50: 169-179.

[187] ZAVAREZE E D, DIAS A R G. Impact of heat-moisture treatment and annealing in starches a review [J]. Carbohydrate Polymers, 2011, 83: 317-328.

[188] SEVENOU O, HILL S E, FARHAT I A, et al. Organisation of the external region of the starch granule as determined by infrared spectroscopy [J]. International Journal of Biological Macromolecules, 2002, 31: 79-85.

[189] WANG R M, CHEN P, HE T S, et al. The influence mechanism of brown rice starch structure on its functionality and digestibility under the combination of germination and zinc fortification [J]. Food Research International, 2022, 161: 111825.

[190] SETIA R, DAI Z X, NICKERSON M T, et al. Impacts of short-term germination on the chemical compositions, technological characteristics and nutritional quality of yellow pea and faba bean flours [J]. Food Research International, 2019, 122: 263-272.

[191] ANNE G, TAMERA T, RAIHANNAH H, et al. Low frequency ultrasonic-assisted hydrolysis of starch in the presence of α - amylase [J]. Ultrasonics Sonochemistry, 2017, 41: 404-409.

[192] OSNAYA L G, URIBE J H, ROSAS J C, et al. Influence of germination time on the morphological, morphometric, structural, and physicochemical characteristics of Esmeralda and Perla barley starch [J]. International Journal of Biological Macromolecules, 2020, 149: 262-270.

[193] KAUR A, SINGH N, EZEKIEL R, et al. Physicochemical, thermal and pasting properties of starches separated from different potato cultivars grown at different locations [J]. Food Chemistry, 2007, 101: 643-651.

[194] LU X X, CHANG R, LU H, et al. Effect of a mino acids composing rice protein on rice starch digestibility [J]. LWT-Food Science and Technology, 2021, 146: 111417.

[195] MA Z M, GUAN X, GONG B, et al. Chemical components and chain-length distributions affecting quinoa starch digestibility and gel viscoelasticity after germination treatment [J]. Food & Function, 2021, 12: 4060-4071.

[196] LI M, PERNELL C, FERRUZZI M G. Complexation with phenolic acids affect rheological properties and digestibility of potato starch and maize amylopectin [J]. Food Hydrocolloids, 2018, 77: 843-852.

[197] HAN X, ZHANG M, ZHANG R, et al. Physicochemical interactions between rice starch and different polyphenols and structural characterization of their complexes [J]. LWT-Food Science and Technology, 2020, 125: 109277.

[198] FERRUZZI M G, HAMAKER B R, BORDENAVE N. Phenolic compounds are less degraded in presence of starch than in presence of proteins through processing in model porridges [J]. Food Chemistry, 2020, 309: 125769.

第三章　超声波协同钙离子处理对绿豆芽多酚富集机制及生物活性的影响

第一节　引言

　　绿豆是亚洲主要豆类作物之一，全球种植面积超过600万公顷。近年来，绿豆因其富含营养（淀粉、蛋白质、维生素等）和生物活性（多糖、多肽、多酚等）物质而被认为是健康饮食的一部分。虽然绿豆营养价值丰富，但其在酚类化合物方面的研究还是有限的，这些化合物主要是含羟基取代基的苯环次生代谢物，是植物对环境胁迫的防御化合物，主要包括酚酸、黄酮、异黄酮、花青素和香豆素等。许多研究学者现已证实它们对人类健康存在潜在的益处，如抗氧化、调控糖尿病、动脉粥样硬化防治等。因此，健康与食用富含酚类化合物的食物有着密不可分的关系。考虑到绿豆在社会中的广泛消费，特别是以此类作物为主要营养摄入的人群基数庞大，提高绿豆酚类化合物的含量将会对社会健康产生积极影响。此前对绿豆的研究发现，不同的绿豆因品种、源产地、贮藏方式和加工条件的不同，其内部酚类化合物含量也会存在较大差异。由于存在这些差异，针对提高绿豆酚类物质含量的研究方法出现很多，例如，通过基因突变或嫁接等生物强化的研究，以进一步达到富集多酚的效果。但由于物种基因保护的局限性，致使许多的富集研究成功率较低。因此，为了加快绿豆加工中的生物强化工作，在实践中寻求合适的加工策略迫在眉睫。

　　一个简单的方法是利用种子发芽，此过程是一个能有效提高全谷物养分的生化过程。一方面它可使储存的复杂分子（如多糖、蛋白质、脂肪等）分解代谢成简单形式的小分子；另一方面它还能在种子中积累一些次生代谢产物，如酚类化合物、维生素等，这使种子萌发可以进一步提高其营养和药用价值。之前的研究发现，绿豆、红米、谷子、藜麦萌发后游离多酚含量较未萌发种子相比分别增加了42.26%、31.92%、15%、24%，抗氧化性也得到了显著提升（$p < 0.05$）。此外，种子在发芽过程中可借助内源酶的作用消除抗营养因子（植酸、生物碱、胰蛋白酶抑制剂等）的负面影响。研究表明，发芽可激活植物体内植酸酶，并将

其分解为无机磷酸盐和肌醇，从而降低植酸含量。Wilson 等研究发现，在植物发芽过程中至少有 3 种蛋白酶（半胱氨酸蛋白酶、蛋白酶 K2 和蛋白酶 K3）攻击天然 Kunitz 型胰蛋白酶抑制剂，从而导致其含量下降。另外，苯丙氨酸解氨酶（PAL）与酪氨酸解氨酶等多酚合成关键酶同样也受到其有利调控。众多研究指出，发芽可显著影响 PAL 基因及其蛋白的表达水平，从而调控 PAL 活性来维持或促进多酚类化合物的积累。因此，生物技术诱导现已被广泛利用到植物多酚的富集工作中，其主要是通过在种子外部（或内部）引入诱导子，在生理和代谢过程链中诱导胁迫，触发防御途径，从而在最高水平下积累防御酚类化合物。Vicente-Sánchez 等综述了发芽和发酵均可有效控制藜麦中活性物质（多酚、γ-氨基丁酸等）的积累。但是，发芽是一个相对缓慢的过程，在此基础上，利用非生物技术控制种子发芽，不仅能提高发芽速率，转化其中的营养物质，还能够在酚类化合物合成原理的基础上，提高酚类化合物富集效率。

近年来，利用非生物方法诱导绿豆萌发过程中积累酚类化合物的研究越来越受到人们的关注，因为它们具有更高的效率和控制生物活性化合物合成的潜力。机械损伤（如超声、高压、脉冲电场、等离子体等）也可诱导绿豆萌发过程中生物活性物质含量和抗氧化能力的提升。超声波技术近年来被认为是一种可提高植物性食品中生物活性物质的有效方式，包括初级和次级代谢产物。据报道，超声波处理已被用于促进大豆代谢产物的形成，并提高了总酚和必须氨基酸的含量。除机械损伤外，盐胁迫也是一种经济和可持续的非生物诱导技术，通常被用来激活种子的次生代谢。例如，在不同草本植物中，人们广泛研究了不同盐离子对种子发芽的影响，以及盐离子浓度诱导种子发芽过程中生物活性物质积累的作用。同时盐胁迫会打破植物体内活性氧（ROS）的动态平衡，调控机体代谢途径，激活自身保护机制，提高酶系水平，促进发芽谷物富集活性物质。Yan 等研究发现，红米种子萌发期间受 NaCl 胁迫可富集其酚类化合物含量。但是，超声波或盐处理所造成的胁迫环境可能会抑制发芽籽粒正常生长。而补充 Ca^{2+} 可减轻胁迫环境对植物造成的伤害，其可以稳定植物细胞壁和细胞膜结构，调控酶活性以及无机离子的运输功能，维持胞内离子平衡，增强植物的抗逆性，维持植物的正常生长。因此在本研究中我们报道了一种利用超声波联合 $CaCl_2$ 胁迫刺激提高绿豆萌发过程中多酚类等抗氧化物质的新策略。通过考察 2 种非生物诱导联合处理下，绿豆发芽过程中多酚含量和抗氧化活性的变化规律，并从代谢水平揭示两种胁迫方式调控发芽绿豆富集多酚等抗氧化活性物质的机制。

第二节　材料和方法

一、材料

绿豆品种为明绿豆，购自中国山西省，并用真空包装室温储存。绿豆在实验前先清洗干净（没有灰尘、谷物、石头、昆虫等）。实验中所使用的福林酚试剂、氯化钙、次氯酸钠等均为分析纯级。

二、绿豆发芽

使用0.1%（w/v）次氯酸钠将绿豆浸泡5 min杀菌处理，然后用蒸馏水冲洗3次，以未发芽绿豆（M）作为对照组。

发芽（GM）：发芽前样品预先在蒸馏水中浸泡0.5 h，放置于发芽盘中，在恒温恒湿培养箱中［温度：（37±1）℃，湿度（90±2）%，黑暗环境］发芽0~60 h，每12 h更换一次蒸馏水。

超声发芽（UGM）：使用可调节超声发生器处理绿豆，设置超声时间3~15 min，超声功率240~360 W。样品分别放置于发芽盘中，在相同条件下的恒温恒湿培养箱中萌发0~60 h，每12 h更换1次蒸馏水。

超声联合$CaCl_2$发芽（USGM）：绿豆放置于5~100 mmol/L $CaCl_2$溶液中超声处理，不同样品分别放置于发芽盘中，在上述条件中萌发0~60 h，每12 h更换1次$CaCl_2$溶液。

三、多酚提取

对不同样品进行多酚提取，参照Zhang等的方法，并稍作修改。准确称量5.0 g样品置于250 mL三角瓶中，加入50 mL 80%乙醇。45 ℃超声2 h，4000 r/min离心20 min，滤渣反复提取2~3次，收集上清液。将提取液在45 ℃下旋蒸，定容至15 mL，−20 ℃保存备用。

四、多酚含量测定

根据Ma等的方法，将上述浓缩液稀释8倍体积。取1 mL样品，分别加入1 mL福林酚试剂和4 mL 15% Na_2CO_3溶液，蒸馏水定容至10 mL。室温下反应60 min，在765 nm下测定吸光度，每个样品重复3次。计算公式如式（3-1）所示。

$$多酚含量（mg/g）= \frac{C \times V \times A}{m} \qquad (3-1)$$

式中：C 为多酚浓度；V 为定容体积；A 为稀释倍数；m 为样品质量。

五、抗氧化能力测定

（一）DPPH 自由基清除能力

根据 Zhang 等的方法。吸取 0.1 mL 待测液，加入 3.9 mL DPPH 溶液，避光反应 30 min，以无水乙醇做参比，在 515 nm 处测定吸光度 A_1，公式如式（3-2）所示。

$$DPPH 自由基清除能力（\%）= \left(1 - \frac{A_1 - A_3}{A_2}\right) \times 100\% \qquad (3-2)$$

式中：A_2 为 0.1 mL 无水乙醇+3.9 mL DPPH；A_3 为 0.1 mL 待测液+3.9 mL 无水乙醇。

（二）FRAP 还原能力

采用 FRAP 试剂盒的测定绿豆芽提取物 Fe^{2+} 还原能力。根据试剂盒说明，3 组实验共同进行。以 $FeSO_4 \cdot 7H_2O$ 溶液为基准，建立线性方程为 $y = 0.3203x + 0.0643$（$R^2 = 0.9971$），结果以 Trolox 当量（μmol TE/g）测定。

（三）T-AOC 总抗氧化能力

采用 T-AOC 试剂盒的测定绿豆芽提取物总抗氧化能力，根据试剂盒说明，3 个实验同时进行。

六、代谢酶活性

（一）苯丙氨酸解氨酶（PAL）

测定方法参照 Cho 等的研究，并稍作修改。称取鲜样 5 g（精确至 0.1 mg），置于研钵中，加入 5 mL 提取缓冲液（含 40 g/L PVP，2 mmol/L EDTA 和 5 mmol/L β-琉基乙醇），在冰浴条件下研磨成匀浆并全部转入离心管中，4 ℃、12000 r/min 条件下离心 30 min，收集上清液。

吸取 1 mL 0.02 mol/L 的 L-苯丙氨酸和 3.5 mL 0.1 mol/L 硼酸缓冲液（pH 8.7，5 mmol/L 巯基乙醇，0.5 g/L PVP），加入 0.5 mL 上清液；对照管吸取 4.5 mL 硼酸缓冲液，加入 0.5 mL 上清液，290 nm 快速测定吸光度值（OD_0）；45 ℃ 水浴反应 1 h，加入 6 mol/L HCl 0.2 mL 终止反应，于 290 nm 处测定吸光度值（OD_1）。以每小时每毫升酶液光密度值增加 0.01 为一个酶活性单位（U）。酶活性计算公式如式（3-3）所示。

$$PAL 活力 [U/(mL \cdot h)] = \frac{\Delta OD_{290}}{V \times h \times 0.01} \qquad (3-3)$$

式中：V 为待测样体积；h 为反应时间。

（二）酪氨酸解氨酶（TAL）

采用 TAL 试剂盒测定样品 TAL 活性。根据试剂盒说明，3 个实验并行进行。

（三）超氧化物歧化酶（SOD）

采用 SOD 试剂盒测定样品 SOD 活性。根据试剂盒说明，3 个实验并行进行。

（四）谷胱甘肽过氧化物酶（GSH-px）

采用 GSH-px 试剂盒测定样品 GSH-px 活性。根据试剂盒说明，3 个实验并行进行。

七、非靶向代谢组学

吸取适量样品于 2 mL 离心管中，加入含 2-氯-L-苯丙氨酸（4 mg/L）甲醇 600 μL，旋涡振荡 30 s 后，在组织研磨器中 55 Hz 研磨 60 s。样品室温超声 15 min 后，在 12000 r/min 4 ℃离心 10 min，上清液 0.22 μm 膜过滤，滤液放入检测瓶中，用于 LC-MS/MS 检测。

实验选用 Thermo Vanquish 超高相液相色谱，色谱柱为 ACQUITY UPLC® HSS T3（2.1×100 mm，1.8 μm）。色谱柱流速 0.3 mL/min，柱温 40 ℃，进样量 2 μL。正离子模式：0.1%甲酸乙腈（B2）和 0.1%甲酸水（A2）为流动相。梯度洗脱程序为：0~1 min，8% B2；1~8 min，8%~98% B2；8~10 min，98% B2；10~10.1 min，98%~8% B2；10.1~12 min，8% B2。负离子模式：乙腈（B3）和 5 mmol/L 甲酸铵水（A3）为流动相。梯度洗脱程序为：0~1 min，8% B3；1~8 min，8%~98% B3；8~10 min，98% B3；10~10.1 min，98%~8% B3；10.1~12 min，8% B3。选用 Thermo Q Exactive 质谱检测器对样品进行质谱检测，参数设置参考 Want 等的研究。

将转换格式后的质谱数据采用 R XCMS 软件包进行峰检测，得到代谢物定量列表。通过基于 QC 样本的支持向量回归校正，消除系统误差，并在质控与质保过程中过滤掉 QC 样本中 $RSD>30\%$ 的物质，用于后续的数据分析。

第三节　结果与分析

一、多酚含量、抗氧化活性及关键氧化酶活性

以多酚含量和DPPH自由基清除能力为指标，通过单因素实验确定绿豆发芽前超声和Ca^{2+}辅助因素为：超声功率300 W，超声时间9 min，Ca^{2+}浓度5 mmol/L，发芽时间48 h。此条件下制备的样品多酚含量分别为（7.630±0.097）mg/g，（11.580±0.388）mg/g；DPPH自由基清除能力分别为（76.561±0.617）%，（76.479±2.667）%，并以此作为后续样品制备条件。

图3-1显示绿豆发芽期（12~60 h）生长状态。多酚含量与发芽时间呈正相关，且绿豆多酚含量受发芽前不同预处理方式影响显著（$p<0.05$）。GM、UGM组多酚含量显著提升，在发芽48 h时多酚含量达到峰值，分别为6.12 mg/g、7.63 mg/g（M组4.76 mg/g）。推测是超声波的空化作用增强了绿豆种子细胞壁/膜的通透性，从而使更多水分子进入种子内部转运吸收，从而唤醒休眠态的绿豆，提高能量代谢效率。在超声波作用下，机械效应催化部分关键合成与代谢酶活性。如图3-2（e）（f）所示，PAL与TAL活性均得到显著的提升。相比M组[33.33U/（mL·h）/53.36 U/g]，经超声后其活性分别提升至181.33U/（mL·h）和90.05 U/g，此部分酶活力的增加，可能对多酚合成起到至关重要的作用。Chen等研究发现超声发芽可使PAL活性提高20.50%，并且其认为这种加速代谢的方法可更有效积累酚类物质，这与本研究结果一致（Chen et al.，2023）。而USGM组多酚类物质在发芽前期（12~24 h）呈现较低的含量[图3-1（a）]，推测是机体内部因Ca^{2+}离子初期介入而出现氧化损伤现象，导致机体内代谢水平降低。但随着介入时间增加，多酚含量显著提升（$p<0.05$），可能是PAL和TAL等关键酶及酚类生物合成相关基因的表达，协助机体内部触发应激防御途径，迫使机体加速合成防御酚类化合物以应对氧化损伤，从而维持机体生命稳态。Choe等研究表明，外源引入Ca^{2+}离子可增加植物生长环境中总钙和钙调素含量，从而调节代谢关键酶及多酚合成途径。值得注意的是，GM与UGM组在发芽后期（60 h）多酚含量与抗氧化能力均显著下降，其原因可能为在发芽后期绿豆种子生长出较长的根系和子叶（图3-1），导致其呼吸作用加剧，从而导致多酚含量下降。而在单因素实验中（图3-2），无论是探讨超声时间还是超声功率，各样品组均在发芽48 h时存在最高的多酚含量和DPPH自由基清除能力。而Ca^{2+}介

入后，多酚含量与抗氧化能力在发芽后期（60 h）仍然出现上升的现象，且可以观察到 Ca^{2+} 可明显抑制绿豆芽根系与子叶的生长，这可能是 USGM 组多酚含量与抗氧化能力仍然上升的原因，并且我们发现相关酶活性（PAL、TAL、SOD、GSH-px）在发芽后期均出现下降的现象。且为确保各处理组间发芽时间一致，并结合绿豆芽状态和根系与子叶的生长情况，最终选定发芽时间 48 h 进行后续实验分析。如图 3-1 所示，发芽及诱导发芽后，DPPH［图 3-1（b）］分别提升 41.71%、43.89%、47.16%（$p<0.05$）。同时，发芽后 FRAP［图 3-1（c）］和 T-AOC［图 3-1（d）］均呈显著上升趋势（$p<0.05$）。USGM 抗氧化能力最强［DP-PH（76.48%）、FRAP（17.65 μmol TE/g）、T-AOC（77.64 U/mg）］。Wu 等在实验中发现盐胁迫和低频超声波对棕糯稻萌发期间生物活性物质的合成同样有促进作用。因此从目前的结果来看，超声联合 Ca^{2+} 诱导绿豆发芽在富集多酚类化合物方面表现出了有效的潜力。

SOD 和 GSH-px 是调节植物对非生物刺激的反应和保护细胞免受氧化损伤的关键酶。如图 3-1（e）所示，3 种处理方法均使 SOD 活性呈现上升趋势（$p<0.05$）。GM 与 UGM 组间差异不显著，USGM 组 SOD 活性显著提升（$p<0.05$），相比于单一超声波处理，Ca^{2+} 的介入可加速 SOD 表达（52.82 U/mgprot），而该酶活性增加同样与盐离子胁迫导致的代谢失调和 ROS 积累相关。处理组 GSH-px

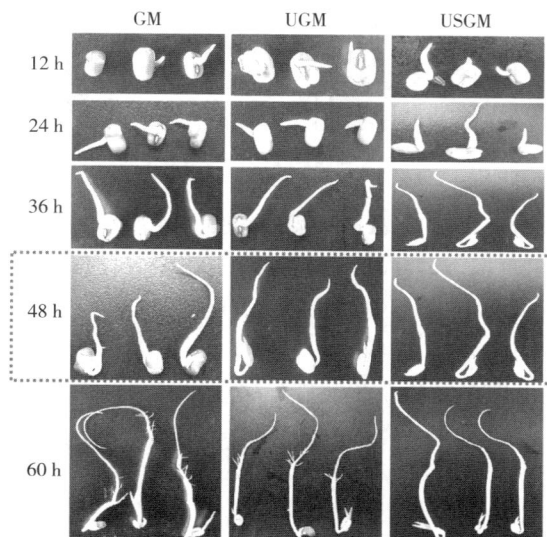

图 3-1

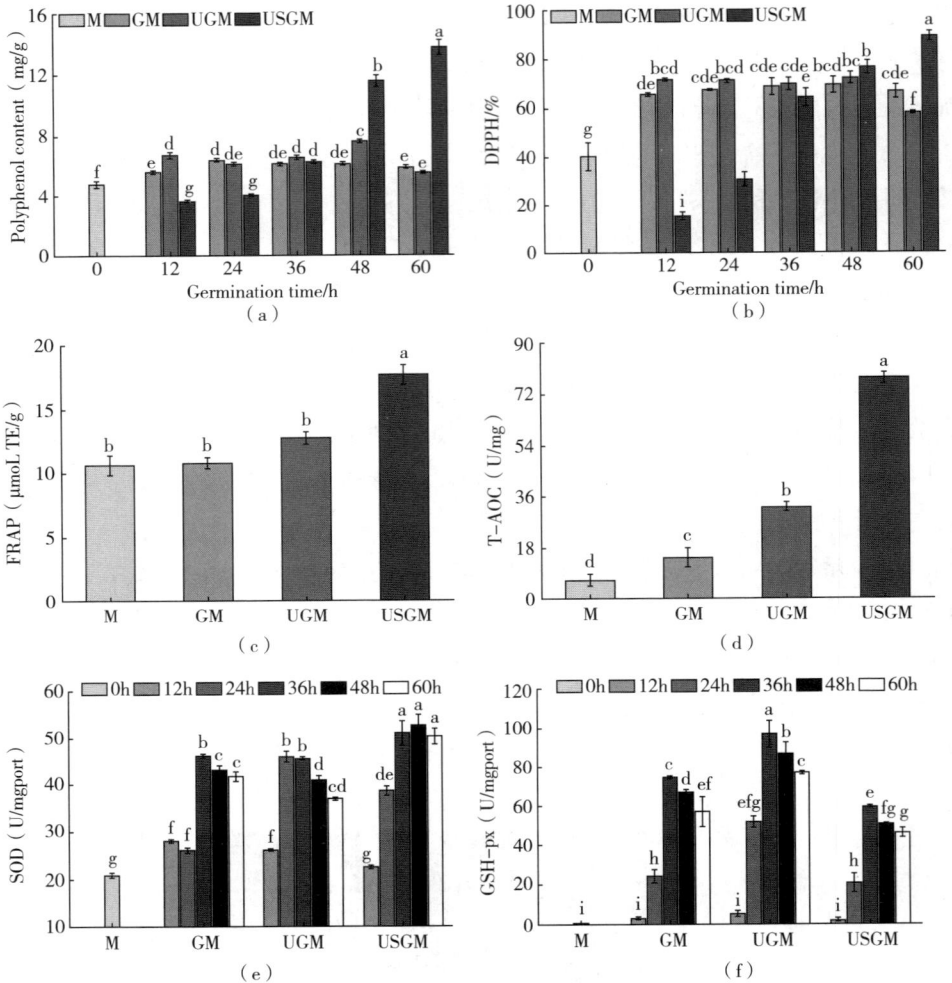

图 3-1　未经处理和预处理的绿豆萌发过程中多酚含量 [（a）]、
抗氧化活性 [（b）（c）（d）] 和关键氧化酶活性 [（e）（f）] 的变化

表现出与 SOD 相同的趋势 [图 3-1（f）]，不同的是，Ca^{2+} 介入后抑制了 GSH-
px 释放。不同处理组均在发芽 36h 表现出较强的 GSH-px 活性，其中 UGM 活性
最强（96.81 U/mgprot），可能与绿豆发芽过程中多酚的合成或代谢酶的激活
有关。

二、代谢物的鉴定和分类

通过非靶向代谢组学的方法，在正负离子模式下 M、GM、UGM、USGM 的

样本组中共鉴定出 445 个代谢产物，主要包括氨基酸及其衍生物、维生素及其衍生物、有机酸及其衍生物、脂类及其衍生物、多糖及其衍生物、多酚和生物碱等活性物质及其他类别化合物等。结果发现，多酚类代谢产物有 74 个，占总代谢产物 16.6%，其中，酚酸类化合物 20 种、黄酮类化合物 20 种、异黄酮类化合物 8 种、花青素类化合物 5 种、黄烷醇类化合物 4 种、黄酮醇类化合物 4 种、香豆素类化合物 2 种、醌类化合物 2 种以及其他多酚 9 种（表 3-1），且 4 个样品组中并未发现独有的多酚类代谢产物，说明萌发和非生物技术诱导萌发均未改变多酚类物质的种类。

表 3-1　4 个样品组多酚代谢物

序号	名称	mz	rt	exact_mass	pos/neg	类别
1	Isovitexin 2″-O-beta-D-glucoside	595.1684	275.2	594.1585	pos	flavonoid
2	Apiforol	274.0782	375.6	274.0841	pos	flavonoid
3	Cyanidin 5-O-glucoside	449.1065	311	449.1084	pos	anthocyanin
4	Asiatic acid	471.3459	346	488.3502	pos	phenolic acid
5	24-Hydroxy-beta-amyrin	425.3774	570.9	442.3811	pos	Other polyphenols
6	Hydroxypyruvic acid	104.1074	682.4	104.011	pos	phenolic acid
7	Catechol	111.0919	640.9	110.0368	pos	flavanol
8	Perillyl alcohol	153.0911	563.9	152.1201	pos	Other polyphenols
9	Salicylic acid	139.1115	397.2	138.0317	pos	phenolic acid
10	4-Hydroxcinnamic acid	146.9804	670.1	164.0473	pos	phenolic acid
11	3-Amino-4-hydroxybenzoate	154.05	113.9	153.0426	pos	phenolic acid
12	3-Dehydroshikimate	171.9926	33.7	172.0372	pos	phenolic acid
13	Vanillylmandelic acid	198.1853	643.6	198.0528	pos	phenolic acid
14	Equol	242.2842	400.8	242.0943	pos	isoflavone
15	Isovitexin	433.111	308.5	432.1056	pos	flavonoid
16	Cyanidin 3-glucoside	449.1067	289.4	449.1084	pos	anthocyanin
17	Naringin	581.184	294.3	580.1792	pos	flavonoid
18	m-Coumaric acid	147.0441	291	164.0473	pos	phenolic acid
19	trans-Ferulic acid	177.0546	260.9	194.0579	pos	phenolic acid
20	(-)-alpha-Curcumene	203.1802	397.4	202.1722	pos	flavonoid
21	Daidzein	255.0655	270.2	254.0579	pos	flavonoid
22	Epicatechin	291.086	133.9	290.079	pos	flavanol

序号	名称	mz	rt	exact_ mass	pos/neg	类别
23	Glycitein	285.0745	350.1	284.0685	pos	isoflavone
24	Daidzin	417.1171	268.8	416.1107	pos	isoflavone
25	Betulin	425.3773	656.7	442.3811	pos	Other polyphenols
26	Peonidin-3-glucoside	463.1231	308.6	463.124	pos	anthocyanin
27	Luteolin	287.0543	290.9	286.0477	pos	flavonoid
28	Formononetin	269.0802	341.1	268.0736	pos	isoflavone
29	Quinic acid	164.1072	350.7	163.0997	pos	phenolic acid
30	Phloroglucinol	127.0384	121.2	126.0317	pos	Other polyphenols
31	(-)-Jasmonic acid	211.133	260.7	210.1256	pos	phenolic acid
32	Naringenin	273.0757	310.1	272.0685	pos	flavonoid
33	Rhein	285.0379	394.7	284.0321	pos	quinone
34	Malvidin	331.0804	378.8	331.0818	pos	anthocyanin
35	Orientin	449.1066	270.4	448.1006	pos	flavonoid
36	Crataegolic acid	455.3489	444.6	472.3553	pos	phenolic acid
37	Kaempferol-3-O-rutinoside	595.1681	291	594.1585	pos	flavonoid
38	1，2，3-Trihydroxybenzene	127.0384	243	126.0317	pos	Other polyphenols
39	Maltol	127.0384	406.6	126.0317	pos	flavonoid
40	Chavicol	135.0806	468.1	134.0732	pos	Other polyphenols
41	Coumarin	147.0441	75.5	146.0368	pos	coumarin
42	Perillyl aldehyde	150.1026	616.6	150.1045	pos	Other polyphenols
43	2-Hydroxycinnamic acid	165.0548	57.3	164.0473	pos	phenolic acid
44	Perillic acid	167.1073	254.3	166.0994	pos	Other polyphenols
45	Confertifolin	235.1697	373.3	234.162	pos	quinone
46	Xanthoxic acid	266.1514	416	266.1518	pos	phenolic acid
47	Eriodictyol chalcone	289.0702	123.2	288.0634	pos	flavonoid
48	Leucopelargonidin	291.0862	197.9	290.079	pos	anthocyanin
49	Homoeriodictyol	303.0861	307	302.079	pos	flavonoid
50	Hesperetin	303.1043	73.7	302.079	pos	flavonoid
51	Aesculin	341.0866	207.4	340.0794	pos	coumarin
52	2-Hydroxy-6-pentadecylbenzoic acid	349.2737	562.6	348.2664	pos	phenolic acid

续表

序号	名称	mz	rt	exact_ mass	pos/neg	类别
53	Phloretin	255. 0663	251	274. 0841	neg	flavonoid
54	Phlorizin	417. 1168	250. 7	436. 1369	neg	flavonoid
55	trans-Cinnamate	146. 9658	368	148. 0524	neg	phenolic acid
56	2-Pyrocatechuic acid	153. 0183	239. 7	154. 0266	neg	phenolic acid
57	Shikimic acid	174. 0557	302	174. 0528	neg	phenolic acid
58	Apigenin	270. 0481	372. 4	270. 0528	neg	flavonoid
59	Biochanin A	284. 0638	346. 8	284. 0685	neg	isoflavone
60	Genistein	269. 0449	372. 4	270. 0528	neg	isoflavone
61	Catechin	289. 0715	235. 6	290. 079	neg	flavanol
62	Genistin	431. 0975	241. 3	432. 1056	neg	isoflavone
63	Puerarin	415. 102	321. 2	416. 1107	neg	isoflavone
64	Astragalin	447. 0911	284. 6	448. 1006	neg	flavonoid
65	Rutin	609. 1432	274. 6	610. 153	neg	flavonol
66	Caffeic acid	179. 0358	321. 2	180. 0423	neg	phenolic acid
67	Quercetin	301. 0355	353. 6	302. 0427	neg	flavonol
68	Quercetin 3-O-glucoside	463. 0851	283. 9	464. 0955	neg	flavonol
69	(2S) -Liquiritigenin	255. 0722	346. 9	256. 0736	neg	flavonoid
70	(S) -4′, 5, 7-Trihydroxy-6-prenylflavanone	321. 1117	529	340. 1311	neg	flavanol
71	Gallate	169. 0138	48. 8	170. 0215	neg	phenolic acid
72	Hispidulin	299. 055	378. 4	300. 0634	neg	flavonoid
73	Lamiide	421. 1332	132. 5	422. 1424	neg	Other polyphenols
74	Taxifolin	303. 0507	291. 3	304. 0583	neg	flavonol

三、多酚类代谢物主成分（PCA）和正交最偏二乘（OPLS-DA）分析

由 PCA［图 3-2（a）（b）］可以看出，在正离子模式下，各样本组的 PC1 和 PC2 评分分别为 52.06% 和 19.3%，$R^2X = 0.598$。在负离子模式下，各样本组的 PC1 和 PC2 评分分别为 48.15% 和 21.94%，$R^2X = 0.671$。两种离子模式下，R^2X 均大于 0.5，然而，PCA 无法清楚的区分不同样本组的其他代谢物。因此，

利用 OPLS-DA 模型 [图 3-2（c）（d）] 对各样本组的不同代谢产物进行了表征，在正负离子模式下，样本组 R^2X、R^2Y 和 Q^2 均大于 0.5，且 4 个样本组 R^2Y 和 Q^2 均小于置换检验中 R^2Y 和 Q^2 的原始值，由此可以发现此模型无过拟合现象且具有较好的预测能力。综合分析表明，各样本组内的分布点聚集程度较大，说明样本模型可靠，且每个样品的数据处理是具有重复性和可靠性。同时，较 M 组相比，其他 3 个样本组在处理后均表现为正效应。值得注意的是，UGM 和 US-GM 样品组具有更大的离散程度，说明各样品组间差异显著。

四、多酚差异代谢物及代谢酶活性

筛选了不同处理方法发芽绿豆中多酚类化合物差异代谢物情况，结果如表 3-2 所示。根据代谢物热图 [图 3-2（e）] 分析多酚类差异代谢物的相对积累量，结果显示，绿豆经发芽及非生物诱导发芽后，多酚差异代谢物表达量均出现显著上调的现象，其中 USGM 组差异代谢物上调效果最为显著。GM 与 M 组相比，有 36 个多酚类化合物表达上调，在上调最为显著的前 10 种化合物中，黄酮类化合物占据主导，说明萌发对黄酮类物质的富集贡献最大。同时，有 5 个多酚类化合物表达下调，分别为苯甲酸盐、水杨酸、锦葵色素、紫苏醇、无色天竺葵素。UGM 与 GM 组相比，有 18 个多酚类化合物表达上调，如 Malvidin、Quercetin、Naringenin 等；有 8 个多酚类化合物表达下调，如 Vanillylmandelic acid、Hydroxypyruvic acid、2-Hydroxycinnamic acid 等。USGM 与 UGM 组相比，有 24 个多酚类化合物表达上调，如 Epicatechin、Naringenin、Maltol 等；有 3 个多酚类化合物表达下调，如 Homoeriodictyol、Eriodictyol chalcone、（-）-alpha-Curcumene，且下调程度较小，说明 Ca^{2+} 参与萌发后，对多酚类化合物的积累起到积极作用。

苯丙氨酸和酪氨酸途径是多酚生物合成的关键途径，苯丙氨酸途径主要是依赖底物苯丙氨酸在 PAL、C4H 和 CAH 等内源酶的作用下完成对肉桂酸—香豆酸—黄烷酮途径的转化，而酪氨酸途径则是由底物酪氨酸通过 TAL 酶直接转化为香豆酸从而合成黄烷酮的途径 [图 3-4（a）]，虽两种途径下游产物相同，但前体物质存在差异，因此进一步明确不同处理组间多酚合成的主要途径至关重要。如图 3-3 所示，各处理组差异代谢物中均检测到苯丙氨酸和酪氨酸相关产物（N-Acetyl-L-phenylalanine 和 L-Tyrosine）且表达量均为显著上调，证明发芽与非生物诱导发芽对多酚的合成均表现为正向效应。值得注意的是，不同处理方法对苯丙氨酸途径的 2-Hydroxycinnamic acid 和 4-Hydroxycinnamic acid 有显著影响，UGM 组可显著提升上述代谢物表达量，但 USGM 组与其他处理组（GM、UGM）

表3-2　多酚差异代谢物

Name	mz	rt	GM vs M			UGM vs GM			USGM vs UGM		
			$\log_2$FC	P. value	VIP	$\log_2$FC	P. value	VIP	$\log_2$FC	P. value	VIP
Hesperetin	303.1043	73.7	8.15	0.000266	1.3187	3.03	0.027833	1.3728	—	—	—
Eriodictyol chalcone	289.0702	123.2	7.9	0.000023	1.3313	2.48	0.000069	1.4402	-0.91	0.000062	1.3929
Xanthoxic acid	266.1514	416	7.31	0.000000	1.3361	2.5	0.000010	1.4462	2.3	0.000008	1.3986
Daidzein	255.0655	270.2	6.6	0.000023	1.3313	—	—	—	1.07	0.000001	1.4007
Daidzin	417.1171	268.8	5.98	0.000208	1.3207	2.28	0.007746	1.4241	1.26	0.000011	1.3980
Homoeriodictyol	303.0861	307	5.64	0.035398	1.2457	-0.54	0.001168	1.4093	-0.91	0.000127	1.3892
2-Hydroxycinnamic acid	165.0548	57.3	4.96	0.000000	1.3363	-0.12	0.021118	1.2753	—	—	—
Coumarin	147.0441	75.5	4.77	0.016099	1.2944	—	—	—	0.51	0.000711	1.3715
Apiforol	274.0782	375.6	4.54	0.008637	1.2340	—	—	—	0.8	0.000078	1.3917
trans-Ferulic acid	177.0546	260.9	4.36	0.000556	1.3349	—	—	—	—	—	—
Epicatechin	291.086	133.9	4.33	0.012940	1.2105	—	—	—	4.02	0.001921	1.3213
Rhein	285.0379	394.7	4.07	0.000023	1.3312	3.16	0.000004	1.4475	—	—	—
Cyanidin 5-O-glucoside	449.1065	311	3.02	0.046282	1.0949	—	—	—	—	—	—
1, 2, 3-Trihydroxybenzene	127.0384	243	2.82	0.000033	1.3302	0.26	0.017444	1.2913	1.05	0.006080	1.3115
Glycitein	285.0745	350.1	2.7	0.019087	1.1827	—	—	—	—	—	—
3-Dehydroshikimate	171.9926	33.7	2.57	0.000154	1.3229	—	—	—	1.04	0.000393	1.3793
Cyanidin 3-glucoside	449.1067	289.4	2.49	0.013402	1.2083	2.25	0.013379	1.3097	—	—	—
m-Coumaric acid	147.0441	291	2.06	0.000041	1.3295	0.51	0.001087	1.4110	0.5	0.005447	1.3163

续表

Name	mz	rt	GM vs M log₂FC	P. value	VIP	UGM vs GM log₂FC	P. value	VIP	USGM vs UGM log₂FC	P. value	VIP
Luteolin	287.0543	290.9	1.81	0.000015	1.3323	2.96	0.000002	1.4482	0.83	0.000025	1.3963
Naringin	581.184	294.3	1.68	0.023424	1.1659	—	—	—	—	—	—
4-Hydroxycinnamic acid	146.9804	670.1	1.53	0.011237	1.3041	—	—	—	—	—	—
Naringenin	273.0757	310.1	1.49	0.006110	1.2505	3.06	0.012829	1.3137	3.08	0.034636	1.3088
Hydroxypyruvic acid	104.1074	682.4	1.45	0.030946	1.1396	-2.39	0.007975	1.3427	—	—	—
Crataegolic acid	455.3489	444.6	1.42	0.035648	1.1250	—	—	—	—	—	—
Chavicol	135.0806	468.1	0.1	0.016562	1.1932	—	—	—	—	—	—
Benzoate	123.0449	226.6	-0.14	0.025032	1.1599	—	—	—	—	—	—
Salicylic acid	139.1115	397.2	-0.84	0.006159	1.2497	—	—	—	—	—	—
Malvidin	331.0804	378.8	-1.28	0.001149	1.2993	4.17	0.000020	1.4444	2.1	0.000047	1.3943
Perillyl alcohol	153.0911	563.9	-2.1	0.046167	1.0948	—	—	—	—	—	—
Leucopelargonidin	291.0862	197.9	-2.43	0.000655	1.3085	2.23	0.001986	1.3971	0.85	0.032346	1.1904
Lamiide	421.1332	132.5	9.29	0.000073	1.2810	—	—	—	—	—	—
Puerarin	415.102	321.2	8.4	0.009059	1.2672	-0.37	0.042956	1.3660	0.51	0.003612	1.3033
Taxifolin	303.0507	291.3	7.18	0.000001	1.2890	—	—	—	0.39	0.003029	1.3087
Genistin	431.0975	241.3	5.07	0.001579	1.2482	—	—	—	—	—	—
Biochanin A	284.0638	346.8	4.28	0.000109	1.2790	—	—	—	—	—	—
Phlorizin	417.1168	250.7	2.07	0.003725	1.2789	0.88	0.000012	1.4835	0.68	0.000557	1.3441

续表

Name	mz	rt	GM vs M			UGM vs GM			USGM vs UGM		
			log$_2$FC	P. value	VIP	log$_2$FC	P. value	VIP	log$_2$FC	P. value	VIP
Hispidulin	299.055	378.4	1.78	0.002411	1.2383	0.7	0.000956	1.4500	0.45	0.010794	1.2525
Quercetin 3-O-glucoside	463.0851	283.9	1.36	0.000043	1.2830	1.57	0.002241	1.4300	2.55	0.001365	1.3290
Genistein	269.0449	372.4	0.75	0.000208	1.2749	—	—	—	0.48	0.000879	1.3376
Caffeic acid	179.0358	321.2	0.57	0.007537	1.1974	—	—	—	—	—	—
Catechin	289.0715	235.6	0.57	0.025525	1.1183	—	—	—	—	—	—
Confertifolin	235.1697	373.3	—	—	—	2.89	0.026126	1.3690	—	—	—
(-)-alpha-Curcumene	203.1802	397.4	—	—	—	1.25	0.014600	1.3055	-1.94	0.000209	1.3855
Quinic acid	164.1072	350.7	—	—	—	-0.3	0.006878	1.3506	—	—	—
Aesculin	341.0866	207.4	—	—	—	-0.63	0.000005	1.4473	—	—	—
Equol	242.2842	400.8	—	—	—	-1.81	0.003197	1.3825	1.48	0.030593	1.3152
Vanillylmandelic acid	198.1853	643.6	—	—	—	-3.93	0.007038	1.4276	3.59	0.016492	1.2525
Quercetin	301.0355	353.6	—	—	—	3.48	0.000012	1.4835	0.5	0.034129	1.1587
Maltol	127.0384	406.6	—	—	—	—	—	—	2.52	0.000534	1.3754
Astragalin	447.0911	284.6	—	—	—	—	—	—	0.78	0.000155	1.3568

注：M 代表绿豆。GM 代表发芽绿豆。UGM 代表超声波发芽绿豆。USGM 代表超声-Ca^{2+}发芽绿豆。log2FC>0 表示上升趋势，log2FC<0 表示下降趋势。

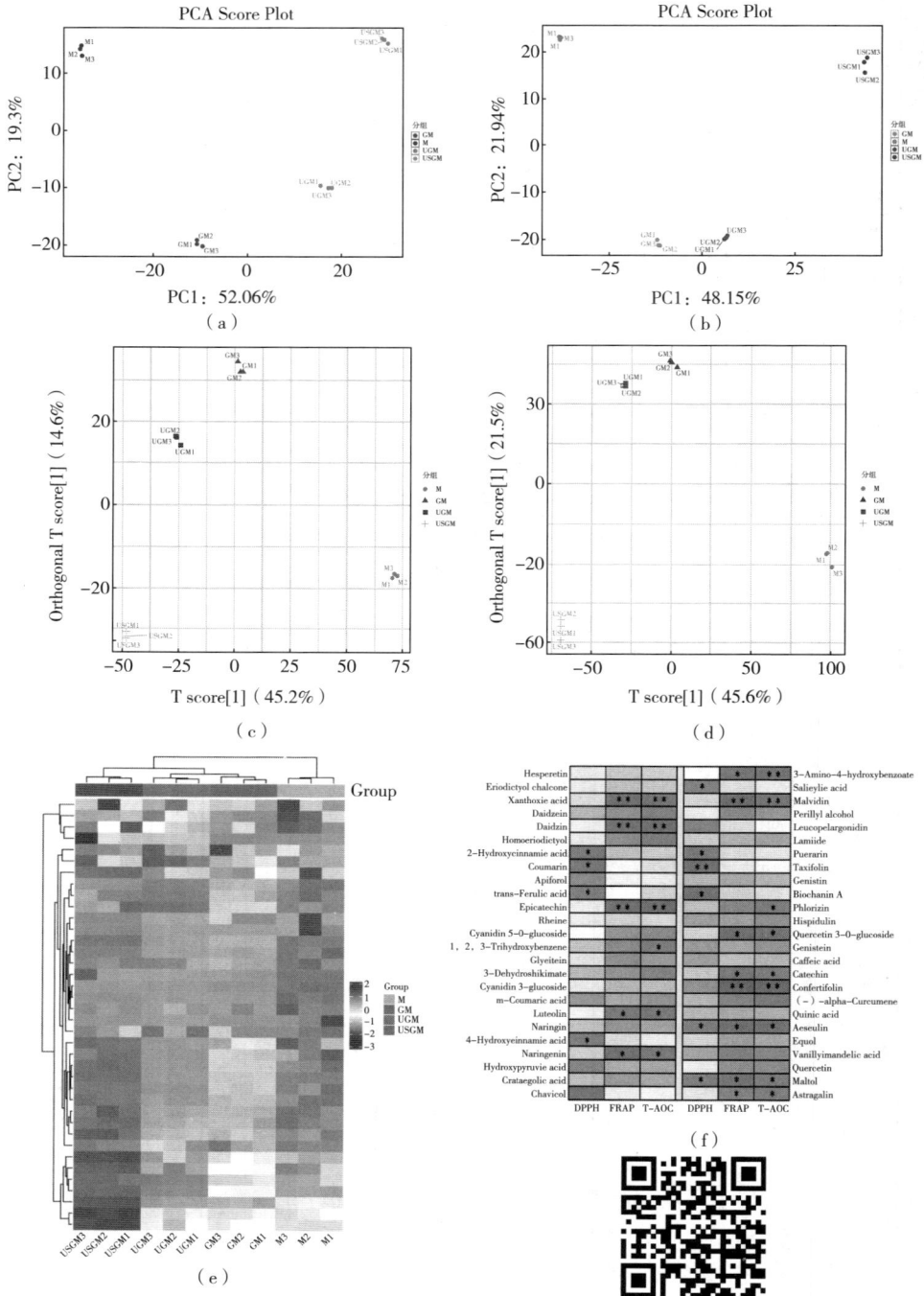

图3-2 多酚类差异代谢物 PCA、OPLS-DA、分层聚类分析热图及与抗氧化活性的相关性分析

注：＊：p<0.05，＊＊：p<0.01。

相比均出现表达不显著的现象，同时发现 Ca^{2+} 介入发芽 48 h 时 PAL 活性显著下降 [图 3-3 （a）]。在酪氨酸途径中，UGM 对 L-Tyrosine 表达量显著上调（$p<0.05$），USGM 对 L-Tyrosine 表达量极显著上调（$p<0.0001$），且超声联合 Ca^{2+} 处理对 TAL 活性的增强最显著 [图 3-3 （b）]。同时，多酚合成/代谢途径的最终下游产物（花青素、黄酮、异黄酮、黄酮醇、黄烷醇）在发芽及非生物诱导发芽处理下均表现为积极促进效果 [图 3-3 （c）]，其中对异黄酮类化合物富集效果最为显著，有 75% 的异黄酮类化合物表达上调。相较于 GM，超声波处理使除黄烷醇类外其他 4 种化合物再次出现表达上调现象，其中 66.7% 黄酮醇类显著上调。在 USGM 组中，66.7% 黄酮醇类、50% 异黄酮类、41.2% 黄酮类、40% 花青素类、25% 黄烷醇类在上述富集方法的基础上又呈现上调现象。此外，代谢酶被激发时间存在差异，各处理组发芽时间 24 h 时 PAL 活性最高，而 TAL 活性被激发在 36 h，推测在发芽过程中苯丙氨酸途径较酪氨酸途径优先参与多酚合成。多酚类差异代谢物可作为影响绿豆多酚和抗氧化能力的代表性化合物。相关性分析表明 [图 3-2 （f）]，Cinnamic acid、Coumarin、trans-Ferulic acid、Salicylic acid、Puerarin、Biochanin A 与 DPPH 自由基清除能力呈显著正相关（$p<0.05$），Taxifolin 与 DPPH 自由基清除能力呈极显著正相关（$p<0.01$）。Luteolin、Naringenin、Astragalin、Phlorizin 与总抗氧化能力显著正相关（$p<0.05$），Xanthoxic acid、Daidzin、Epicatechin、Malvidin、Confertifolin 与总抗氧化能力呈极显著正相关（$p<0.01$）。此外，我们还发现 Maltol、Aesculin 与 DPPH 自由基清除能力和总抗氧化能力均显著正相关（$p<0.05$），Ca^{2+} 介入后绿豆多酚抗氧化能力的提升主要与 Puerarin、Taxifolin、Coumarin、Epicatechin、Maltol 和 Astragalin 的累积量有关。综上所述，23 种酚类化合物（如 Daidzin、Luteolin、Phlorizin 等）与 DPPH 自由基清除能力及 FRAP 和 T-AOC 总抗氧化能力呈正相关，表明它们可能是影响绿豆抗氧化能力的主要酚类代谢产物。且不同非生物诱导发芽所调控的代谢途径存在差异，发芽与非生物诱导发芽均可激活上述两种途径，超声波和 Ca^{2+} 参与诱导绿豆萌发后，下游分流产物表达量均出现了上调的现象，但各分流产物富集量存在差异，GM 与 UGM 主要通过激活苯丙氨酸途径，而 USGM 更依赖酪氨酸途径合成多酚。

五、差异代谢物的 KEGG 注释和富集分析

为探究不同诱导方法富集多酚类化合物差异，我们对各处理组两两比较，并对差异代谢物进行注释和富集。KEGG 富集分析显示 [图 3-4 （a）（b）]，正

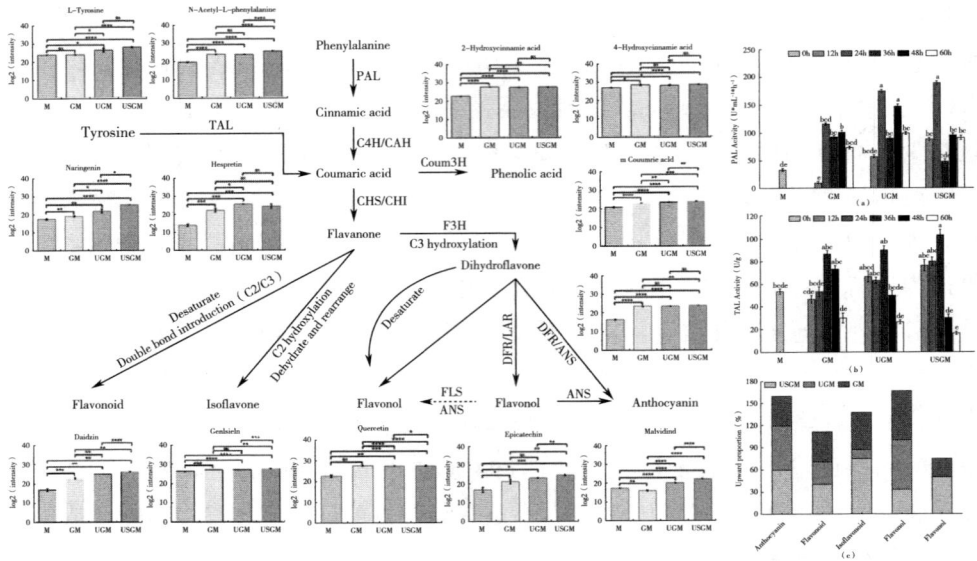

图3-3　发芽绿豆样品中关键代谢产物及相关代谢酶活性的定量分析

注：图中各组间二比二比较，NS：不显著，*：$p<0.05$，**：$p<0.01$，***：$p<0.001$，****：$p<0.0001$。

负离子模式下鉴定出的67个差异代谢物在KEGG代谢通路中注释到30个通路，主要富集到Degradation of flavonoids、Flavonoid biosynthesis、Isoflavonoid biosynthesis、Flavone and flavonol biosynthesis、Phenylpropanoid biosynthesis、Phenylalanine，Tyrosine and tryptophan biosynthesis、Phenylalanine metabolism10余条关键途径，其中前5条代谢通路被极显著富集（$p<0.01$）。鉴于上述代谢途径与多酚富集间有较强的相关性，因此本研究对上述途径进行了深入分析。结果显示，发芽与非生物诱导发芽处理均映射并激活Phenylalanine，tyrosine and tryptophan biosynthesis通路，而该途径中苯丙氨酸和酪氨酸是多酚合成的关键上游产物。简单地说，发芽显著的激发了Flavonoid biosynthesis、Degradation of flavonoids、Anthocyanin biosynthesis、Isoflavonoid biosynthesis代谢途径；而经过超声波干预后可加速促进经由Naringenin代谢转化合成的部分黄酮类物质的富集，如Luteolin、Quercetin、Leucopelargonidin等，这些多酚类活性物质可在防治脏器损伤、调控代谢性疾病（糖尿病及其并发症、非酒精性脂肪肝炎等）以及改善认知功能等方面发挥作用；而超声联合Ca^{2+}胁迫发芽后对黄酮类物质的富集更显著，且还涉及到除Coumaric acid-Naringenin外的另一条代谢通路，即Coumaric acid-Liquiritiqenin代谢通路的合成与降解。同时，还发现USGM组对Anthocyanin biosynthesis和Flavone and flavonol biosynthesis 代谢通路有积极促进作用。研究表明，上述代谢通路产物对代谢类疾病的治疗和调控起到积极的影响。综上所述，非生物胁迫显著影响多酚生物合成过程中所涉及的途径，并且黄酮、异黄酮、花青素生物合成途径在非生物发芽处理后显著上调，同时超声波和 Ca²⁺ 的介入使 Flavone and flavonol biosynthesis 也参与了多酚类化合物的合成。因此发芽及非生物胁迫发芽有利于绿豆多酚类化合物的积累。

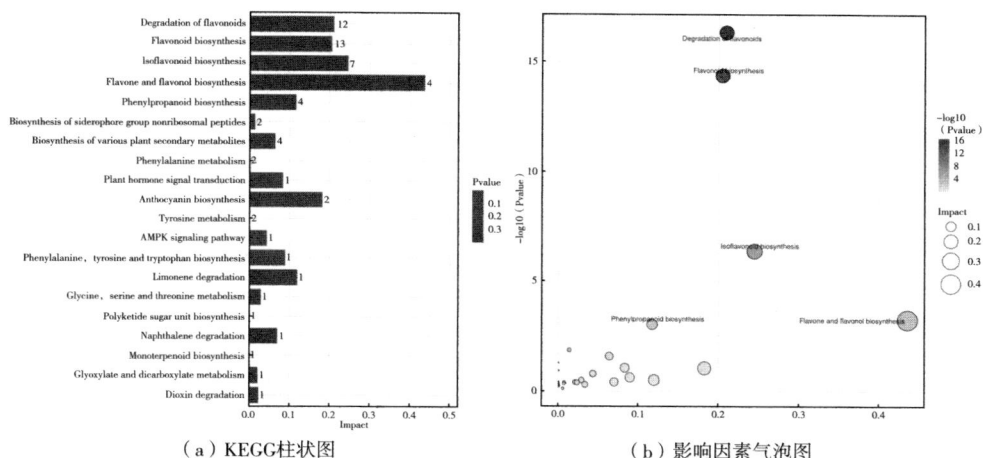

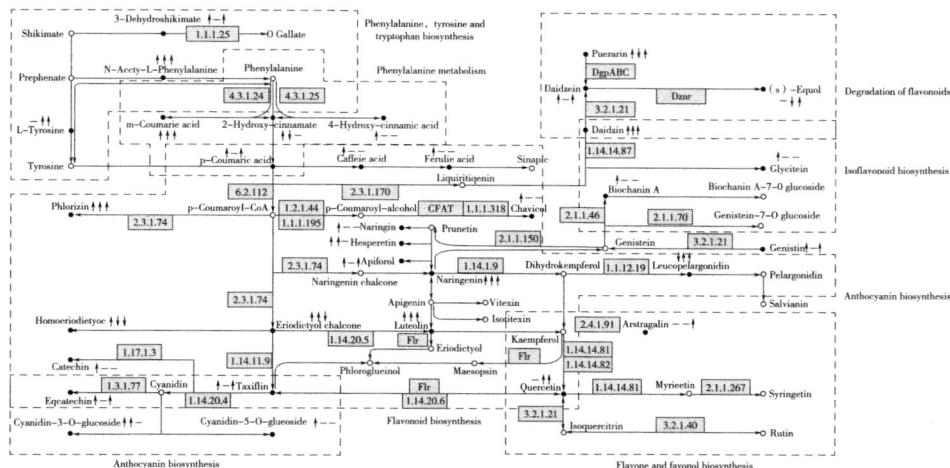

（a）KEGG柱状图　　（b）影响因素气泡图

（c）为多酚合成/代谢途径的KEGG途径

图3-4　发芽绿豆样品关键代谢途径分析

注：图（c）中各差异代谢物的箭头分别代表↑表达上调、↓表达下调和-不显著。

从左到右的顺序是 GM vs M，UGM vs GM，USGM vs UGM。

第四节 结论

本章综合评价了两种非生物胁迫技术（超声波及超声波联合 Ca^{2+}）对绿豆芽中酚类物质积累的影响。结果表明，发芽 48 h 后绿豆多酚及抗氧化活性显著提升，且超声波及 Ca^{2+} 非生物胁迫可增加多酚类物质的累积量、组成及抗氧化酶系水平，使绿豆芽的抗氧化能力得到改善，并基于非靶向代谢组学方法系统评价了发芽及非生物胁迫发芽对绿豆多酚富集效果的代谢谱，并探讨了代谢物富集途径的差异，在代谢谱中共检测到 74 中多酚类化合物，占总代谢物数量 16.6%，其中有 50 种为差异代谢物，主要分为酚酸、黄酮、异黄酮、花青素、黄酮醇、黄烷醇类化合物。超声波与 Ca^{2+} 处理对不同多酚差异代谢物的表达量表现出不同程度的上调下调，其中 USGM 组影响更显著，且在差异代谢物中，有 23 种单体酚被认为是影响绿豆多酚抗氧化活性的关键物质。胁迫方式的多样化使多酚化合物合成存在显著差异，但对关键代谢酶（PAL、TAL）活力均表现为正向促进，且 Ca^{2+} 的介入使多酚的富集更倾向于酪氨酸合成途径。Phenylalanine, tyrosine and tryptophan biosynthesis、Flavonoid biosynthesis、Isoflavonoid biosynthesis、Anthocyanin biosynthesis 等代谢通路的激活为两种非生物诱导发芽技术下酚类化合物的变化提供了代谢基础。综上所述，超声波与 Ca^{2+} 联合诱导发芽可以提高绿豆的生物活性价值和潜在的健康益处。此外，本研究结果为深入探讨绿豆多酚类化合物的代谢提供了重要的代谢信息，并为探究其他植物源多酚类化合物的富集机制提供理论依据。

参考文献

[1] KIM B C, LIM I, HA J. Metabolic profiling and expression analysis of key genetic factors in the biosynthetic pathways of antioxidant metabolites in mungbean sprouts [J]. Frontiers in Plant Science, 2023, 14: 1207940.

[2] WANG L D, LI X Q, GAO F, et al. Effect of ultrasound combined with exogenous GABA treatment on polyphenolic metabolites and antioxidant activity of mung bean during germination [J]. Ultrasonics Sonochemistry, 2023, 94: 106311.

[3] JOSEPHINE O A, MICHAEL N. Ultrasonic assisted phenolic elicitation and antioxidant potential of common bean (*Phaseolus vulgaris*) sprouts [J]. Ultrasonics Sonochemistry, 2020, 64: 104974.

[4] ZHAO G C, XIE M X, WANG Y C, et al. Molecular Mechanisms Underlying γ-Aminobutyric Acid (GABA) Accumulation in Giant Embryo Rice Seeds [J]. Journal of Agricultural and Food Chemistry, 2017, 65 (24): 4883-4889.

［5］　GAN R Y，LIU W Y，WU K，et al. Bioactive compounds and bioactivities of germinated edible seeds and sprouts：An updated review［J］. Trends in Food Science & Technology，2017，59：1-14.

［6］　FAN M C，YAN Y C，AL-ANSI W，et al. Germination-induced changes in anthocyanins and proanthocyanidins：Apathway to boost bioactive compounds in red rice［J］. Food Chemistry，2024，433（1）：137283.

［7］　PRASAD P，SAHU J K. Effect of soaking and germination on grain matrix and glycaemic potential：A comparative study on white quinoa，proso and foxtail millet flours. Food Bioscience，2023，56，Article 103105.

［8］　LIU H K，LI Z H，ZHANG X. W，et al. The effects of ultrasound on the growth，nutritional quality and microbiological quality of sprouts［J］. Trends in Food Science & Technology，2021，111：292-300.

［9］　DING J Z，ULANOV A V，DONG M Y，et al. Enhancement of gama-aminobutyric acid（GABA）and other health-related metabolites in germinated red rice（*Oryza sativa* L.）by ultrasonication［J］. Ultrasonics Sonochemistry，2018，40（Pt A）：791-797.

［10］　WU Y N，HE S D，PAN T G，et al. Enhancement of γ-aminobutyric acid and relevant metabolites in brown glutinous rice（*Oryza sativa* L.）through salt stress and low-frequency ultrasound treatments at pre-germination stage［J］. Food Chemistry，2022，410：135362.

［11］　NAVARRO J M，FLORES P，GARRIDO C，et al. Changes in the contents of antioxidant compounds in pepper fruits at different ripening stages，as affected by salinity［J］. Food Chemistry，2006，96（1）：66-73.

［12］　YAN Y X，LUO X H，FAN M C，et al. NaCl stress enhances pigment accumulation and synthesis in red rice during the germination stage［J］. Food Bioscience，2023，56：103224.

［13］　MA Y T，ZHANG S，FENG Y C，et al. Modification of the Structural and Functional Characteristics of Mung Bean Globin Polyphenol Complexes：Exploration under Heat Treatment Conditions［J］. Foods. 2023，12（11）：2091.

［14］　CHO D H，LIM S T. Changes in phenolic acid composition and associated enzyme activity in shoot and kernel fractions of brown rice during germination［J］. Food Chemistry，2018，256：163-170.

［15］　VASILEV N，BOCCARD J，LANG G，et al. Structured plant metabolomics for the simultaneous exploration of multiple factors［J］. Scientific Reports，2016，6：37390.

［16］　WANT E J，MASSON P，MICHOPOULOS F，et al. Global metabolic profiling of animal and human tissues via UPLC-MS［J］. Nature Protocols，2013，8（1）：17-32.

［17］　NAVARRO-REIG M，JAUMOT J，GARCÍA-REIRIZ A，et al. Evaluation of changes induced in rice metabolome by Cd and Cu exposure using LC-MS with XCMS and MCR-ALS data analysis strategies［J］. Analytical and Bioanalytical Chemistry，2015，407（29）：8835-8847.

［18］　CHOE H，SUNG J，LEE J，et al. Effects of calcium chloride treatment on bioactive compound accumulation and antioxidant capacity in germinated brown rice［J］. Journal of Cereal Science，2021，101：103294.

［19］　PARVEEN K，SADDIQUE M A B，ALI Z，et al. Genome-wide analysis of Glutathione peroxidase（GPX）gene family in Chickpea（*Cicer arietinum* L.）under salinity stress［J］.

Gene. 2023, 898: 148088.

[20] MONDO A D, SANSONE C, BRUNET C. Insights into the biosynthesis pathway of phenolic compounds in microalgae [J]. Computational and Structural Biotechnology Journal, 2022, 20: 1901-1913.

[21] ZHANG Z X, WANG J H, LIN Y, et al. Nutritional activities of luteolin in obesity and associated metabolic diseases: An eye on adipose tissues [J]. Critical Reviews in Food Science And Nutrition, 2022, 27: 1-15.

[22] CHEN W, ZHENG X D, YAN F J, et al. Modulation of Gut Microbial Metabolism by Cyanidin-3-O-Glucoside in Mitigating Polystyrene-Induced Colonic Inflammation: Insights from 16S rRNA Sequencing and Metabolomics [J]. Journal of Agricultural And Food Chemistry, 2024, 72 (13): 7140-7154.

[23] ABID M, JABBA S, WU T, et al. Effect of ultrasound on different quality parameters of apple juice [J]. Ultrasonics sonochemistry, 2013, 20 (5): 1182-1187.

[24] CURRAN J. The nutritional value and health benefits of pulses in relation to obesity, diabetes, heart disease and cancer [J]. British Journal of Nutrition, 2012, 108: S1-S2.

[25] COSTA D C, COSTA H S, ALBUQUERQUE T G, et al. Advances in phenolic compounds analysis of aromatic plants and their potential applications [J]. Trends in Food Science & Technology, 2015, 45 (2): 336-354.

[26] CAI Y, PAN Y, LIU L C, et al. Succinct croconic acid-based near-infrared functional materials for biomedical applications [J]. Coordination Chemistry Reviews, 2023, 474: 214865.

[27] CHENG X L, HAN X, ZHOU L F, et al. Cabernet sauvignon dry red wine ameliorates atherosclerosis in mice by regulating inflammation and endothelial function, activating AMPK phosphorylation, and modulating gut microbiota [J]. Food Research International, 2023, 169: 112942.

[28] CHEN J H, SHAO F, IGBOKWE C J, et al. Ultrasound treatments improve germinability of soybean seeds: The key role of working frequency [J]. Ultrasonics Sonochemistry, 2023, 96: 106434.

[29] DONG Y L, WANG N, WANG S M, et al. A review: The nutrition components, active substances and flavonoid accumulation of Tartary buckwheat sprouts and innovative physical technology for seeds germinating [J]. Frontiers in nutrition, 2023, 10: 1168361.

[30] HEWAWANSA U H A J, HOUGHTON M J, BARBER E, et al. Flavonoids and phenolic acids from sugarcane: Distribution in the plant, changes during processing, and potential benefits to industry and health [J]. Comprehensive Reviews in Food Science And Food Safety, 2024, 23 (2): e13307.

[31] HUNG C H, CHEN S D. Study of Inducing Factors on Resveratrol and Antioxidant Content in Germinated Peanuts [J]. Molecules, 2022, 27: 5700.

[32] KONG X R, ZHAO J, GAO H J, et al. Nobiletin improves diphenoxylate-induced constipation and the accompanied depressive behavior disorders by regulating gut-SCFAs-brain axis [J]. Food Bioscience, 2024, 58: 103808.

[33] LIU L P, FANG X M, REN S D, et al. Targeted metabolic reveals different part of maize in polyphenolic metabolites during germination and hypoglycemic activity analysis [J]. Food Chem-

istry：2023，19：100848.

［34］ LIU M，LI S Y，GUAN M Y，et al. Leptin pathway is a crucial target for anthocyanins to protect against metabolic syndrome ［J］. Critical Reviews in Food Science And Nutrition，2024，3：1-16.

［35］ LEMMENS E，BEIER N D，SPIERS K M，et al. The impact of steeping，germination and hydrothermal processing of wheat（*Triticum aestivum* L.）grains on phytate hydrolysis and the distribution，speciation and bio-accessibility of iron and zinc elements ［J］. Food Chemistry，2018，264：367-376.

［36］ NASER S，SINGH D，PREETAM S，et al. Posterity of nanoscience as lipid nanosystems for Alzheimer's disease regression ［J］. Mater Today Bio，2023，21：100701.

［37］ WHITE P J，BROADLEY M R. Calcium in plants ［J］. Annals of Botany，2003，92：487-511.

［38］ TRASMUNDI F，GALIENI A，EUGELIO F，et al. Salt elicitation to enhance phytochemicals in durum wheat seedlings ［J］. Journal of The Science of Food And Agriculture，2024，104（1）：249-256.

［39］ ZELM E V，ZHANG Y，TESTERINK C . Salt Tolerance Mechanisms of Plants ［J］. Annual Review of Plant Biology，2020，71（1）：403-433.

［40］ VICENTE-SANCHEZ M L，CASTRO-ALIJA M J，JIMENEZ J M，et al. Influence of salinity，germination，malting and fermentation on quinoa nutritional and bioactive profile ［J］. Critical Reviews in Food Science And Nutrition，2024，64（21/23）：7632-7647.

［41］ WILSON K A，PAPASTOITSIS G，HARTL P，et al. Survey of the Proteolytic Activities Degrading the Kunitz Trypsin Inhibitor and Glycinin in Germinating Soybeans（*Glycine max*）1 ［J］. Plant Physiology，1988，88：355-360.

［42］ YANG R，GUO Q，GU Z . GABA shunt and polyamine degradation pathway on γ-aminobutyric acid accumulation in germinating fava bean（*Vicia faba* L.）under hypoxia ［J］. Food Chemistry，2013，136（1）：152-159.

［43］ ZHANG S，SHENG Y N，FENG Y C，et al. Changes in structural and functional properties of globulin-polyphenol complexes in mung beans：exploration under different interaction ratios and heat treatment conditions ［J］. International Journal of Food Science & Technology，2021，57（4）：1920-1935.

［44］ ZELENA E，DUNN W B，BROADHURST D，et al. Development of a Robust and Repeatable UPLC-MS Method for the Long-Term Metabolomic Study of Human Serum ［J］. Analytical Chemistry，2009，81（4）：1357-1364.

［45］ ZHU J K. Abiotic Stress Signaling and Responses in Plants ［J］. Cell，2016，167（2）：313-324.

［46］ ZHANG R，CEN Q，HU W，et al. Metabolite profiling，antioxidant and anti-glycemic activities of Tartary buckwheat processed by solid-state fermentation（SSF）with Ganoderma lucidum ［J］. Food chemistry：X，2024，22：101376.

［47］ ZHANG X，GOU M，GUO C，et al. Down-Regulation of Kelch Domain-Containing F-Box Protein in Arabidopsis Enhances the Production of（Poly）phenols and Tolerance to Ultraviolet Radiation ［J］. Plant Physiology，2015，167（2）：337-350.

第四章　绿豆抗氧化肽结构分析及其对氧化诱导肝细胞 WRL-68 的脂代谢调控作用

第一节　引言

一、抗氧化肽活性构效关系研究进展

目前已有多项研究表明，食源性抗氧化肽的活性与其结构具有相关性，而豆类中的几种成分具有保肝作用，原因是它们由特定的氨基酸和生物活性肽组成。抗氧化肽的分子量对其抗氧化活性具有重要意义，低分子量的肽，其抗氧化特性更突出。韩杰等发现高温花生粕抗氧化肽在酶解制备时，水解度越高，分子量越小，这一趋势在木瓜蛋白酶处理高温花生粕蛋白时间为 120 min 时达到峰值，这时的抗氧化肽 DPPH 清除率也最高，其分子量在 1 kDa 以下。刘玉军的团队对牡丹籽粕进行了分级，结果显示小于 1 kDa 的肽段抗氧化活性最强。肽的抗氧化活性还与二级结构相关。章绍兵对菜籽抗氧化肽进行测序，最终得到的活性良好的肽相对分子质量为 683。赵世光等对茶籽抗氧化肽进行了分离纯化，发现肽段在 445 kDa 左右的级分在相比于纯化前，β-折叠上升，α-螺旋下降，这种变化对氧化应激细胞具有保护作用，并且提高了肽的热稳定性。齐宝坤等人对绿豆蛋白进行了糖基化反应，研究结果显示，这种反应能够显著改善其抗氧化活性，并且其 α-螺旋含量降低，而 β-折叠及转角以及无规卷曲形式的含量均提升。孙健的研究结果显示松子源抗氧化肽在水溶液中大多以无规卷曲的形式分布，用高压脉冲对其活性进行改善后发现，松子抗氧化肽的 Zeta 电位绝对值减小。于梦怡等对青刺果抗氧化肽进行了分离纯化及结构鉴定，发现鉴定出的 3 条肽序列都以氢键和疏水作用与 Keap1 蛋白进行结合并进行抗氧化。除二级结构外，抗氧化肽的活性一般还与其自身的氨基酸组成有关。Siriporn 等发现，肽的大小与氨基酸的类型和序列会影响各种方面的抗氧化性能：较短的肽链抗氧化能力更好；C 端存在亮氨酸有助于提高抗氧化性能，而异亮氨酸则相反，研究结果表明 PAIDL 和 LLGIL 是最有效的抗氧化剂。还有研究提到，当 Ala、Tyr 和 Trp 位于 N 端时，肽段的抗

氧化能力更强，除此之外，氨基酸序列中疏水性氨基酸的数量与抗氧化肽活性的高低呈正相关，这可能与疏水性氨基酸残基对自由基的结合具有积极作用有关。

现有研究发现，食源性抗氧化肽自身的结构与其脂代谢调节功能相关，这种相关性与抗氧化活性的标志性结构类似，都含有更多的 β-折叠和较少的 α-螺旋。刘妍兵发现对高脂小鼠具有良好脂代谢调节作用的绿豆蛋白酶解物，α-螺旋的含量为 18.99%，β-折叠含量为 22.68%，且疏水性氨基酸含量高达 21.90 g/100g，这种酶解物同时具有良好的抗氧化特性。

二、氧化应激与脂代谢异常相关性的研究进展

氧化应激被定义为活性氧产生和抗氧化防御之间平衡的紊乱，由细胞代谢过程和环境因素产生，并包含自由基，包括超氧阴离子（O_2^-）、羟基自由基（·OH）等分子。活性氧一般被认为是有害的，因为其与分子氧的反应性强，能够破坏细胞成分和细胞内稳态，导致细胞衰老或死亡。低 ROS 水平对于细胞增殖或分化等关键生物过程是必要的，因其作为信号分子诱导许多生理过程，确保细胞氧化还原稳态，避免影响细胞生长或衰老。但高水平活性氧有害，会触发不同的信号途径，例如逆行反应途径、未折叠蛋白反应（UPR）、内质网应激激活、TOR 和不同的 MAP 激酶途径。这些迫使细胞在活性氧的生成和清除之间达到动态平衡，这种平衡是通过解毒酶实现的，如超氧化物歧化酶、过氧化氢酶、谷胱甘肽过氧化物酶、谷胱甘肽或谷胱甘肽氧还蛋白和硫氧还蛋白的组分。

脂肪代谢是体内重要且复杂的生化反应，指生物体内脂肪在各种相关酶的帮助下，消化吸收、合成与分解的过程，进而加工成机体所需的物质，保证正常生理机能的运作，对于生命活动具有重要意义。脂肪吸收后在体内代谢的生化过程主要为甘油三酯、磷脂、胆固醇、血浆脂蛋白 4 类脂类物质的代谢，受胰岛素、胰高血糖素、饮食营养、体内生化酶活性等复杂而精密的调控，转变成身体各种精细生化反应所需的物质成分。肝、脂肪组织、小肠是合成脂肪的重要场所，以肝的合成能力最强。脂类物质在体内合成、分解、消化、吸收、转运发生异常，使各组织中脂质过多或过少，影响身体机能的情况时，被称为脂代谢异常。胆固醇（TC）、甘油三酯（TG）、三酰甘油、血清磷脂和血清游离脂肪酸的升高都是脂质代谢异常的显状。

人体对食物的处理结果是引起氧化应激的一个主要因素，人体处理食物时先将食物消化，并将其转化为燃料在线粒体内燃烧以制造能量，自由基也因此被同时生产出来。营养物质的过量和缺乏都会导致氧化应激。王虎生等以 130 例肥胖

型多囊卵巢综合征（polycystic ovary syndrome，PCOS）的患者为研究对象进行了关于其机体的氧化应激水平与脂代谢的研究，结果表明：肥胖组的丙二醛高，超氧化物歧化酶、视黄醇、总抗氧化活性低。氧化应激在肥胖型 PCOS 患者发病中的作用更明显，肥胖型 PCOS 患者抗氧化能力的降低与三酰甘油升高相关，肥胖可能通过脂代谢紊乱加重肥胖型 PCOS 患者的氧化应激过程。在脂肪堆积的同时氧化应激反应的升高是肥胖等相关代谢综合征的重要致病机制。MDA 是生物膜多不饱和脂肪酸过氧化过程中产生的一种主要反应醛类物质，其水平的高低通常可以反映机体内脂质过氧化程度的强弱。梁婵华等以芥子酸为主要研究对象，探究其对叙利亚黄金鼠的脂质代谢和氧化应激的影响：芥子酸能同时增强肝脏组织中 PPAR-γ、CPT-1 和 CYP7A1 的蛋白表达，并通过下调 ACC1、FAS、HMGCR 及 SREBP2 等脂质代谢相关因子来控制脂肪合成与胆固醇代谢来调控肥胖发生进程中的脂类代谢异常。此外，芥子酸还能增强血清和肝脏组织中 T-AOC 水平，降低血清与肝脏组织中 MDA 水平，从而减缓脂质氧化应激的发生。过氧化物酶体增殖物激活受体（PPAR-γ）对机体的生长发育及代谢有着重要的作用，是核受体超家族成员，主要参与肝脏脂类代谢和脂肪细胞的合成、分化过程。PPAR-α 是过氧化物酶体增殖物激活受体的亚型之一，能够调节 TG 和脂肪酸氧化阶段，促进脂肪酸向线粒体和过氧化物酶方向流动，促进脂肪酸氧化。胡博然等的研究表明：对乙醇诱导下 HepG2 细胞损伤，（+）-儿茶素 [（+）-catechin，（+）-Cat] 与表没食子儿茶素没食子酸酯（epigallocatechin gallate，EGCG）均能增加 HepG2 细胞中脂肪酸氧化基因 PPAR-α 和 CPT1 的表达，促进细胞脂肪酸氧化，减少脂质积累，提高 SOD 活性，降低 MDA 浓度，改善细胞氧化应激状态。

综上，许多研究都揭示了氧化应激往往伴随着机体的脂代谢异常，脂代谢异常的环境会继续加重氧化还原的不平衡，而抗氧化肽的加入可以极大地抑制这种恶性循环，这种良性结果为代谢性疾病的治疗方式提供了更多元的选择，为学者研究抗氧化肽对氧化应激及脂代谢异常的影响提供了充实的数据支持与坚定的理论依据。

三、抗氧化肽调节脂代谢的作用机制研究

抗氧化蛋白可以通过多种途径抑制脂质氧化，包括抑制活性氧、清除氧自由基、促氧化过渡金属螯合、还原氢过氧化物等，而肽具有比完整蛋白更高的抗氧化活性。许多研究都表明，食源性抗氧化肽的脂代谢调节机制与抗氧化、脂代谢及炎症的相关通路，尤其是甘油三酯及胆固醇的代谢相关通路关系紧密。

王越通过苦荞抗氧化肽治疗氧化应激的细胞模型，发现苦荞抗氧化肽通过激活 PPAR-α/HO-1 信号通路，促进 ABCA1 和抑制 HMGCR 的表达来调节细胞内的胆固醇代谢并发挥保护作用。相关的研究表明，沙棘籽粕蛋白肽通过激活 cGMP-PKG 通路，磷酸化 HSL 和 AMPK 通路，抑制脂肪细胞分化，减少脂肪酸合成，达到调节脂质代谢的作用。Ren 等在研究中提到，对 Nrf2/Keap1 与 TLR4/NF-κB 信号通路的调节是控制高脂饮食诱导的氧化应激和炎症性肾损伤的一种解决策略。魏云发现具有抗氧化活性的荞麦球蛋白酶解物具有降脂功能，实验结果表明这种酶解物促进了 PPAR-α 的表达，通过增强 LXR-α 的表达，促进 TG 转化，并通过抑制 SREBP2 的表达促进 TC 外排，从而达到调节脂代谢的作用。

第二节　材料与方法

一、试验材料

（一）主要材料和试剂

试验所用到的主要材料和试剂见表 4-1。

表 4-1　试验试剂与材料

材料名称	生产厂家
绿豆肽	实验室自制（水解度 25%）
葡聚糖凝胶 SephadexG-15	上海宝曼生物科技有限公司
L-组氨酸	上海麦克林生化科技有限公司
大豆卵磷脂	上海麦克林生化科技有限公司
乙腈	Fisher Chemical
甲酸	Sigma Aldrich
碳酸氢铵	Sigma Aldrich
二硫苏糖醇	Sigma Aldrich
碘乙酰胺	Sigma Aldrich
人正常肝细胞 WRL-68	上海赛百慷生物技术股份有限公司
DMEM 培养基、血清	Hyclone
PBS 磷酸缓冲盐溶液	索莱宝生物科技有限公司
青霉素-链霉素溶液	碧云天生物技术有限公司

续表

材料名称	生产厂家
3-（4，5-二甲基噻唑-2）-2，5-二苯基四氮唑溴盐	Sigma Aldrich
荧光探针相关试剂	赛默飞世尔科技有限公司
抗氧化酶活力检测试剂盒	上海楚肽生物科技有限公司
丙二醛、甘油三酯、总干固醇测定试剂盒	上海楚肽生物科技有限公司
Western blot 相关试剂	碧云天生物技术有限公司
PPAR-α、LDLR、ABCG1 单克隆抗体	碧云天生物技术有限公司
AKT、p-AKT、Keap1、Nrf2 单克隆抗体	碧云天生物技术有限公司

（二）主要仪器设备

试验所用到的主要仪器设备见表 4-2。

表 4-2　试验仪器设备

仪器名称	生产厂家
FB124 电子天平	上海恒平科学仪器有限公司
S-2600CRT 紫外分光光度计	上海精密科学仪器有限公司
PHS-25 数显 pH 计	上海精密科学仪器有限公司
紫外检测、恒流泵、收集器	上海精科实业有限公司
FD-1A-50 冷冻干燥机	杭州川一实验仪器有限公司
SY-601 恒温水浴锅	天津市欧诺仪器仪表有限公司
Sunrise 全波长时间荧光分辨酶标仪	奥地利 Tecan 公司
GL-25M 高速冷冻离心机	湖南湘仪离心机仪器有限公司
YLGF-1B 电热恒温鼓风干燥箱	上海精宏实验设备有限公司
QP-1910 实验室超纯水仪	滕州卓普分析仪器有限公司
WPL-30BE 电热恒温培养箱	天津泰斯特仪器有限公司
DW-HL1010 -80 ℃ 超低温冷冻冰箱	中国美菱有限责任公司
SW-CJ-IF 型超净工作台	北京东联哈尔仪器制造有限公司
LS-3781L-PC 型高压灭菌锅	日本松下健康医疗器械株式会社
毛细管高效液相色谱仪	赛默飞世尔科技有限公司
电喷雾-组合型离子阱 Orbitrap 质谱仪	赛默飞世尔科技有限公司
真空离心浓缩仪	Eppendorf
涡旋仪	Scilogex

仪器名称	生产厂家
荧光核心细胞培养显微镜	DB
流式细胞仪	DB

二、试验方法

（一）绿豆抗氧化肽的分离纯化

参照刁静静的方法并稍作修改。称取 50 g Sephadex G-15，加入 500 mL 蒸馏水浸泡溶胀 1 d 后沸水浴溶胀 6 h，蒸馏水反复清洗后加入去离子水平衡并排除颗粒内部气泡。将凝胶层析柱分离系统组装连接后，倒入处理好的凝胶颗粒在 1 cm×100 cm 的玻璃层析柱中。蒸馏水洗脱平衡 24 h 后，加入 0.8 mL 0.02 g/mL 的绿豆肽，流速 1 mL/min，用蒸馏水洗脱，设定紫外检测波长 220 nm。对洗脱液进行收集，冷冻干燥备用。

（二）绿豆抗氧化肽活性的测定

1. DPPH 自由基清除能力的测定

参考赵谋明等的研究方法。精确称取 2.5 mg DPPH，用无水乙醇定容至 100 mL 容量瓶中配置 DPPH 溶液。取 DPPH 溶液 4 mL 于试管中，加入 1 mL 样品溶液（加 1 mL 无水乙醇作为对照组）均匀混合，避光静置 30 min 后于 517nm 处测定吸光值，记 A_s，对照组吸光值记为 A_0。由式（4-1）计算不同处理组的 DPPH 自由基清除率。

$$\text{DPPH 清除率} = \left(1 - \frac{A_s}{A_0}\right) \times 100\% \tag{4-1}$$

2. TBARS 的测定

参考 Vhangani 等的方法并稍微修改。配制 pH 6.8 的组氨酸-KCl 溶液，加入适量大豆卵磷脂，4 ℃下超声溶解。取 5 mL 卵磷脂溶液，加入 1 mL 样品，0.1 mL 50 mmol/L $FeCl_3$，0.1 mL 10 mmol/L 抗坏血酸钠，37 ℃水浴 1 h，引发脂质氧化。取上述混合液 0.5 mL，加入 1.5 mL TBA，8.5 mL 三氯乙酸—盐酸（TCA-HCl）混匀，沸水浴 30 min，冷却，加入等体积的 $CHCl_3$，3000 r/min 离心 10 min，于 532 nm 测定吸光值。由式（4-2）计算不同处理组的 TBARS 值。

$$\text{TBARS（mg/kg）} = \frac{A_{532}}{V} \times 9.48 \tag{4-2}$$

（三）绿豆抗氧化肽的结构鉴定

液相色谱串联质谱（LC-MS/MS）系统由 Easy nLC™ 1200 系统与 Q Exactive™混合四极轨道™质谱仪（MS）组成，配有纳米电喷雾电离源。色谱在 C18 反相高效液相色谱柱（1.9 μm，100 μm）上进行，并通过在 0.1%甲酸中在 15 min 内形成 5%至 65%的乙腈梯度进行分离。洗脱液通过以正模式操作的电喷雾离子源以 2200 V 的毛细管电压直接进料到 Orbitrap MS 中。

使用 Byonic 分析和识别原始 MS 文件™肽和蛋白质鉴定的 MS/MS 搜索引擎（美国加利福尼亚州 Dotmatics 公司的蛋白质度量）。搜索参数设置如下：蛋白质修饰为氨甲酰甲基化（C）（固定）和氧化（M）（可变）；酶特异性设置为非特异性；最大漏缝数设为 3；前体离子质量耐受性设置为 20 mg/L，MS/MS 耐受性为 0.02 Da。仅选择使用高置信度鉴定的肽进行下游蛋白质鉴定分析。

（四）细胞培养及传代

参照李志永的方法并稍作修改。

细胞复苏：将冻存于液氮中的 WRL-68 细胞取出，以 75%的乙醇清洗表面，放入培养箱中解冻 2 min，取出移至 10 mL 离心管中，加入 3 mL 培养液（10%胎牛血清、90% DMEM），采用移液枪吹打均匀，使复苏的细胞均匀分散于离心管中，离心操作，离心条件：1000 r/min 离心 3 min，加入 3 mL 磷酸盐缓冲液（PBS），将细胞均一的分散在 PBS 中，离心，加入 1 mL 细胞培养液，吹打均匀，移至含有 7 mL 培养液中，采用八字摇法，将细胞及培养液摇晃均匀放置于 37 ℃ 恒温 CO_2 培养箱中培养，待细胞形态以及数量良好时，准备后续试验。

细胞传代：WRL-68 细胞培养一定时间后，观察培养基颜色，并采用光学显微镜观察细胞生长情况，当 WRL-68 细胞贴壁面积达到平皿的 80%时进行细胞传代，沿平皿壁移去培养基，3 mL PBS 清洗后移除 PBS，加入 1 mL 0.25%胰酶（含 0.01%EDTA），使胰酶分散在细胞表面，轻微振荡后于培养箱中消化 3 min，轻微振荡后于显微镜下观察，当大量细胞处于悬浮状态时加入 3 mL 培养基终止消化反应，将含有细胞的培养基吹打均匀，于 1000 r/min 条件离心 3 min，移去培养基，加入 3 mL PBS 冲洗细胞，吹打均匀后于 1000 r/min 条件离心 3 min，以 $1×10^5$ 个/mL 的数量接种到含 7 mL 的平皿中，摇匀，放入培养箱中，约 24h 更换培养液一次，48 h 传代一次，传代 2~3 次细胞状态稳定后进行实验。

细胞冻存：以细胞传代的方式获得沉于离心管底部的 WRL-68 细胞，调整细胞浓度为 $1×10^6$ 个/mL，加入 1 mL 冻存液（DMSO：胎牛血清=1：9），吹打均匀，于-4 ℃冰箱放置 2 h，后移至-20 ℃冰箱放置 2 h，将冻存的细胞再次转移至超低温-80 ℃的冰箱中储存 24 h 后放置于液氮中长期保存，待需要时，进行细胞复苏操作。

细胞分组：将培养好的 WRL-68 细胞分为以下 4 个处理组：对照组（正常培养基处理）、H_2O_2 诱导组（20 mol/L H_2O_2 处理 24 h）、MBAP 组（80 μmol/L MBAP 处理 24 h）与 H_2O_2+MBAP 组（20 mol/L H_2O_2 预处理 4 h 后，用 80 μmol/L MBAP 处理 24 h）。

（五）细胞活力测定

使用 3-（4，5-二甲基噻唑-2-基）-2，5-二苯基四唑鎓溴化物（MTT）测定法分析细胞活力。将 WRL-68 细胞以 $4×10^3$ 个细胞/孔接种在 96 孔板中，用 MBAP（0 μmol/L、10 μmol/L、20 μmol/L、40 μmol/L、60 μmol/L、80 μmol/L、100 μmol/L、200 μmol/L）处理 24 h。然后，向每个孔中加入 10 μL（0.5 mg/mL）MTT，并在 37 ℃ 的 5% CO_2 中孵育 2 h。除去上清液，用二甲基亚砜溶解甲氧基。使用 UV-MAX 动态微孔板读取器（Molecular Devices）在 490 nm 处测量吸光度。

（六）荧光探针法检测绿豆抗氧化肽对氧化应激肝细胞的影响

参照 Xiyi 等的方法并稍作修改。

细胞内活性氧的检测（DHE、MitoSOX）：细胞以 $2×10^5$ 个细胞/孔的速度接种在 6 孔板中，并用 PQ 处理 24 h。使用二氢乙锭和 MitoSOX 染色法测定细胞和线粒体 ROS 水平的变化，该染色法检测活细胞线粒体中的超氧化物。使用 Hoechst 32258 染色法观察细胞核。用霍氏染料孵育 20 min 后，在显微镜下定性观察细胞核染色。

线粒体去极化试验（JC-1）：使用 JC-1 测定经 PQ 处理的 WRL-68 细胞线粒体膜电位水平的变化。细胞与 20 mmol/L JC-1 在 37 ℃ 下孵育 15 min 后，用 PBS 洗涤。用 PBS 洗涤后，使用荧光核心细胞培养显微镜（EVOS® x）拍摄图像，并定性观察荧光强度。

膜联蛋白 V-FITC 检测细胞凋亡（Annexin V）：用 PQ 处理 24 h 后，以 $2×10^5$ 个细胞/孔的速度将 WRL-68 细胞接种在 6 孔板中。根据 Annexin V-FITC 和碘化丙啶（PI）检测试剂盒处理细胞，并通过荧光显微镜（EVOS® x）和流式细胞术分析细胞。使用 WinMDI（BD Biosciences 2.9 版）软件分析结果。

活细胞存活率的测定（钙黄绿素 Calcein 活细胞染色）：在小离心管中，用 Hanks 液对 1% 中性红水溶液作 10 倍稀释，1500 r/min 离心 7 min，取上清液置另一干净的离心管中作为染色液。将细胞悬液与染液 4：1 混合，混匀后加盖玻片静置 15~20 min 用显微镜（EVOS® x）拍摄图像。死细胞不着色，活细胞可吸收中性红溶液而呈红色。

（七）绿豆抗氧化肽对氧化应激肝细胞内活性氧的测定

处理组按照实验规范培养 12 h 后，将 WRL-68 细胞以 3×10^5 细胞/孔的密度接种在 6 孔板中。酶联免疫吸附法（ELISA）测定细胞上清液中 CAT、SOD、MDA、GPx 的相对含量。实验程序按照制造商的说明进行。

（八）绿豆抗氧化肽对氧化应激肝细胞内游离脂肪酸、甘油三酯与总胆固醇含量的测定

处理组按照实验规范培养 12 h 后，将 WRL-68 细胞以 3×10^5 细胞/孔的密度接种在 6 孔板中。ELISA 测定细胞上清液中 FFA、TG、TC 的相对含量。实验程序按照制造商的说明进行。

（九）绿豆抗氧化肽对 WRL-68 人正常肝细胞抗氧化及脂代谢通路靶基因的影响

Western blotting 法检测相关靶蛋白及基因的表达水平。根据绿豆抗氧化肽的不同浓度（0 μmol/L、40 μmol/L、60 μmol/L、80 μmol/L、100 μmol/L），将细胞在 37 ℃ 和 5%CO_2 下孵育 12 h。然后使用双辛可宁酸蛋白质定量试剂盒从每个治疗组的细胞中提取蛋白质，并计算其浓度。用浓度为 5%~10% 的聚丙烯酰胺凝胶电泳分离细胞蛋白。将凝胶施加到聚偏二氟乙烯膜上，然后将其浸入 5% 浓度的干脱脂牛奶中 1 h。在 4 ℃ 下用抗 p-AKT、AKT、Keap1、Nrf2、PPAR-α、LDLR、ABCG1 和 β-肌动蛋白的一级抗体（稀释比 1∶500）处理膜过夜，然后用三缓冲盐水和 Tween®（Sigma Aldrich®，Merck KGaA，Darmstadt，德国）洗涤 5 次。然后在室温下用二级抗体（1∶10000 稀释）处理膜 2 h。使用化学发光检测系统（GE Healthcare Life Sciences，Chalfont，UK）检查印迹。使用 ImageJ 2x 2.1.4.7 软件（德国斯图加特股份有限公司）处理 western blot 数据。

（十）绿豆抗氧化肽激活 AKT/Keap1/Nrf2 通路调节肝细胞抗氧化的分子作用机制

Western blotting 法检测相关靶蛋白及基因的表达水平。根据各组的不同处理条件，将细胞在 37 ℃ 和 5%CO_2 下孵育 12 h，然后使用双辛可宁酸蛋白质定量试剂盒从每个治疗组的细胞中提取蛋白质，并计算其浓度。再用浓度为 5%~10% 的聚丙烯酰胺凝胶电泳分离细胞蛋白。将凝胶施加到聚偏二氟乙烯膜上，然后将其浸入 5% 浓度的干脱脂牛奶中 1 h。在 4 ℃ 下用抗 p-AKT、AKT、Keap1、Nrf2 和 β-肌动蛋白的一级抗体（稀释比 1∶500）处理膜过夜，然后用三缓冲盐水和 Tween®（Sigma Aldrich®，Merck KGaA，Darmstadt，德国）洗涤 5 次。在室温下用二级抗体（1∶10000 稀释）处理膜 2 h。使用化学发光检测系统（GE Health-care Life Sciences，Chalfont，UK）检查印迹。使用 ImageJ 2x 2.1.4.7 软件（德国斯图加特股份有限公司）处理 western blot 数据。

（十一）绿豆抗氧化肽激活 PPAR-α/LDLR/ABCG1 通路调节肝细胞脂代谢的分子作用机制

Western blotting 法检测相关靶蛋白及基因的表达水平。根据各组的不同处理条件，将细胞在 37 ℃和 5% CO_2 下孵育 12 h，然后使用双辛可宁酸蛋白质定量试剂盒从每个治疗组的细胞中提取蛋白质，并计算其浓度。再用浓度为 5%~10% 的聚丙烯酰胺凝胶电泳分离细胞蛋白。将凝胶施加到聚偏二氟乙烯膜上，然后将其浸入 5% 浓度的干脱脂牛奶中 1 h。在 4 ℃下用抗 PPAR-α、LDLR、AB-CG1 和 β-肌动蛋白的一级抗体（稀释比 1∶500）处理膜过夜，然后用三缓冲盐水和 Tween®（Sigma Aldrich®，Merck KGaA，Darmstadt，德国）洗涤 5 次。在室温下用二级抗体（1∶10000 稀释）处理膜 2 h。使用化学发光检测系统（GE Healthcare Life Sciences，Chalfont，UK）检查印迹。使用 ImageJ 2x 2.1.4.7 软件（德国斯图加特股份有限公司）处理 western blot 数据。

（十二）绿豆抗氧化肽通过 PI3K/AKT 调节氧化应激肝细胞脂质代谢

按照实验规范培养 12 h，将 WRL-68 细胞以 $3×10^5$ 细胞/孔的密度接种在 6 孔板后，再以 1 μmol/L 与 5 μmol/L 的 LY294002 处理细胞 30 min。ELISA 测定细胞上清液中 FFA、TG、TC 的相对含量。实验程序按照制造商的说明进行。

（十三）绿豆抗氧化肽通过 PI3K/AKT 调节氧化应激肝细胞抗氧化水平

按照实验规范培养 12 h，将 WRL-68 细胞以 $3×10^5$ 细胞/孔的密度接种在 6 孔板后，再以 1 μmol/L 与 5 μmol/L 的 LY294002 处理细胞 30 min。ELISA 测定细胞上清液中 CAT、SOD、MDA、GPx 的相对含量。实验程序按照制造商的说明进行。

三、数据统计

使用 SPSS®（统计软件™ 19.0 版，IBM SPSS Statistics，IL，USA），使用 Tukey 诚实显著性差异检验进行多重比较，检查平均值之间的显著性差异，用星号表示统计显著差异（* 表示 $p<0.05$、** 表示 $p<0.01$、*** 表示 $p<0.001$），用字母 a、b、c、d 表示显著性差异（$p<0.05$）。使用 SigmaPlot 13.0 软件（Systat software Inc.，CA，USA）绘制图形。

第三节 结果与分析

一、绿豆抗氧化肽的活性测定及结构鉴定

（一）Sephadex G-15 分离纯化绿豆抗氧化肽及其活性测定

对绿豆抗氧化肽进行分离纯化，层析谱图见图 4-1，如图 4-1 所示，层析分离紫外色谱图中共显示出 5 个峰，22~30 min 显示峰 1，30~45 min 显示峰 2，45~77 min 显示峰 3，77~106 min 显示峰 4，106~131 min 显示峰 5。分别对这 5 个级分的绿豆肽进行抗氧化活性测定，检测结果显示第 2 级分绿豆肽抗氧化活性最好：DPPH 清除率最高（图 4-2），达到 84.82%，与其他组相比差异显著，TBARS 值最低（图 4-3），为 4.5 mg/100 mL，与其他组相比差异显著。脂质过氧化产生的醛类物质容易诱导蛋白质氧化并通过 Micheal 加成反应形成羰基，而具有活性的小分子肽类物质可以竞争性抑制该反应的形成，间接阻断或直接减少蛋白的羰基化，从而达到抗脂质氧化的目的。有研究发现，抗氧化能力更强的蛋

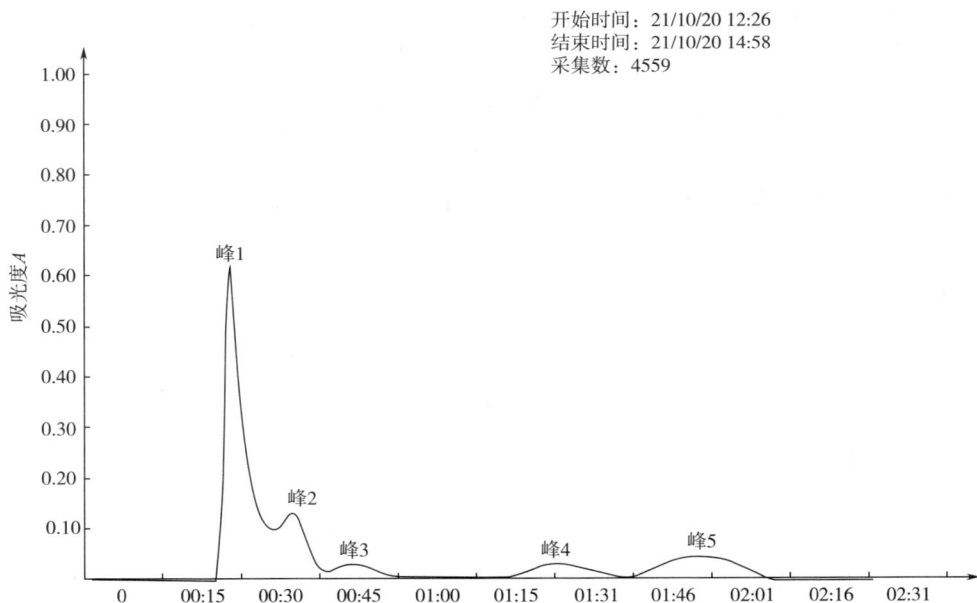

开始时间：21/10/20 12:26
结束时间：21/10/20 14:58
采集数：4559

图 4-1 G-15 层析谱图

白水解物分子量多在 1000 Da 以下，主要原因是，经分离纯化后的绿豆肽具有更小的空间位阻，成为更好的质子供体，与自由基结合为更稳定的产物，从而阻断自由基的链式反应，达到良好的清除自由基效果。一般来说分子量越小，抗氧化能力越强，但分子量过小会使具有活性的聚合结构形成困难并难以包裹住油脂，因此适当的小分子量绿豆肽具有较高的抗氧化活性。基于以上结果，为了进一步鉴定绿豆抗氧化肽结构，我们对第 2 级分绿豆肽进行收集并进行下一步研究。

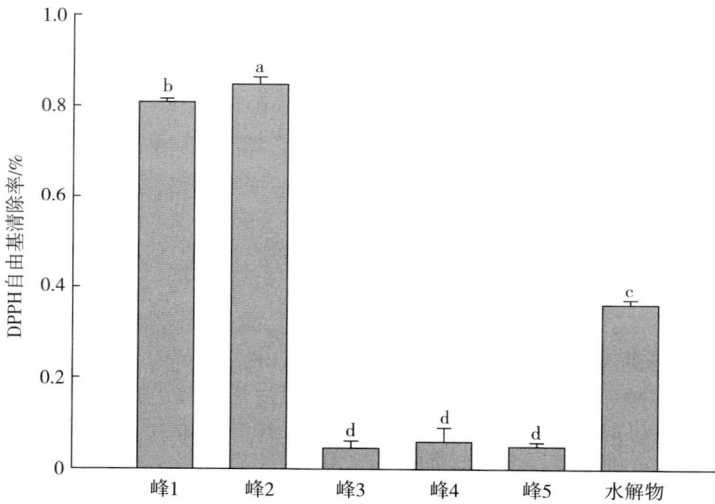

图 4-2　分离纯化后五种肽级分的 DPPH 自由基清除率

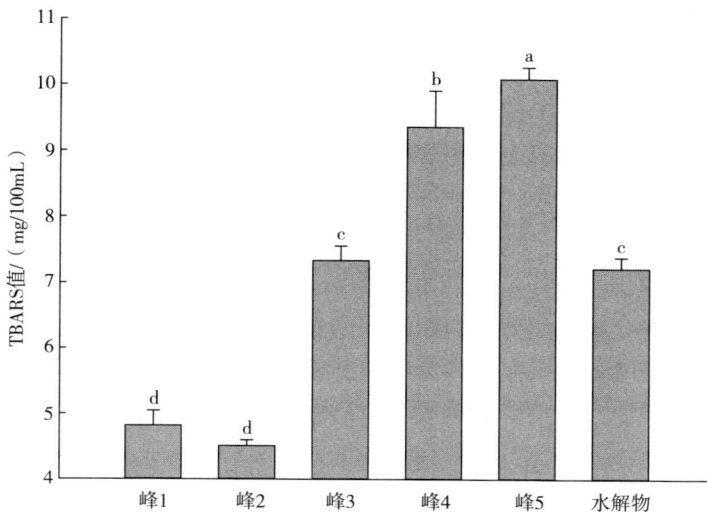

图 4-3　分离纯化后五种肽级分的 TBARS 值

(二) 绿豆抗氧化肽的一级结构鉴定

从 MBAP 中鉴定获得 4 条含有 5~9 个氨基酸残基的序列。图 4-4 所示为上述 4 条肽段的二级质谱图。这 4 条肽段的氨基酸序列分别为：SDRTQAPH [图 4-4 (a)]、SHPGDFTPV [图 4-4 (b)]、SDRWF [图 4-4 (c)]、LDRQL [图 4-4 (d)]。各肽段的分子量范围为 644~954 Da，该抗氧化肽段的分子量，这与现有研究发现的马铃薯蛋白水解物（280~800 Da）、紫枣（*Zizyphus jujuba*）蛋白水解物（678.36 Da 和 482.27 Da）、大麻蛋白水解物（441.0 Da 和 924.5 Da）、鹰嘴豆蛋白水解物（717.4 Da）等酶解物的分子量相近，且该结果与抗氧化肽的分子量范围 500~1800 Da 内的结论相符。目前大部分研究者认为，序列中氨基酸的类型对其抗氧化活性具有重要意义。某些特定氨基酸如，芳香族氨基酸 Phe，以及含咪唑基的氨基酸 His，都有可能成为抗氧化肽的活性位点。芳香族氨基酸中的吲哚基和苯环可供氢，从而减缓甚至阻止自由基链式反应，His 的抗氧化活性主要依赖 His 结构中的咪唑基。许多学者分离出的食源性抗氧化肽序列中都含有 Pro，Hernández 和 Kim 等都认为 Trp 和 Pro 的存在对抗氧化活性具有重要意义。Saiga 等的研究发现，将猪肌原纤维蛋白酶解后得到的酸性抗氧化肽中，所有序列都含有 Asp。有研究表明，疏水性氨基酸含量高也是抗氧化肽的一个共有特点。MBAP 具有良好的 DPPH 清除率和抑制脂质过氧化能力，可能与肽序列内含有 His，以及 Trp，Asp 和 Pro 等疏水性氨基酸有关，在本试验中，这些疏水性氨基酸在每条肽段中的占比分别为 37.5%、55.6%、40%、40%。因此，MBAP 的抗氧化活性与其结构相关，尤其是氨基酸序列中疏水性氨基酸的含量和组成。

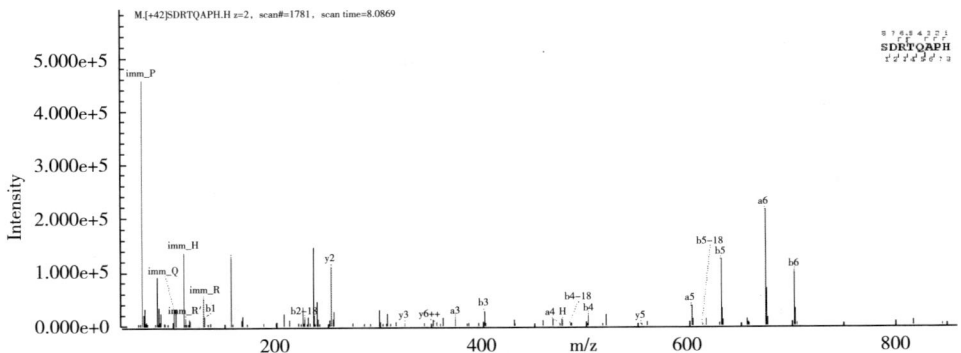

（a）MBAP 氨基酸序列 SDRTQAPH

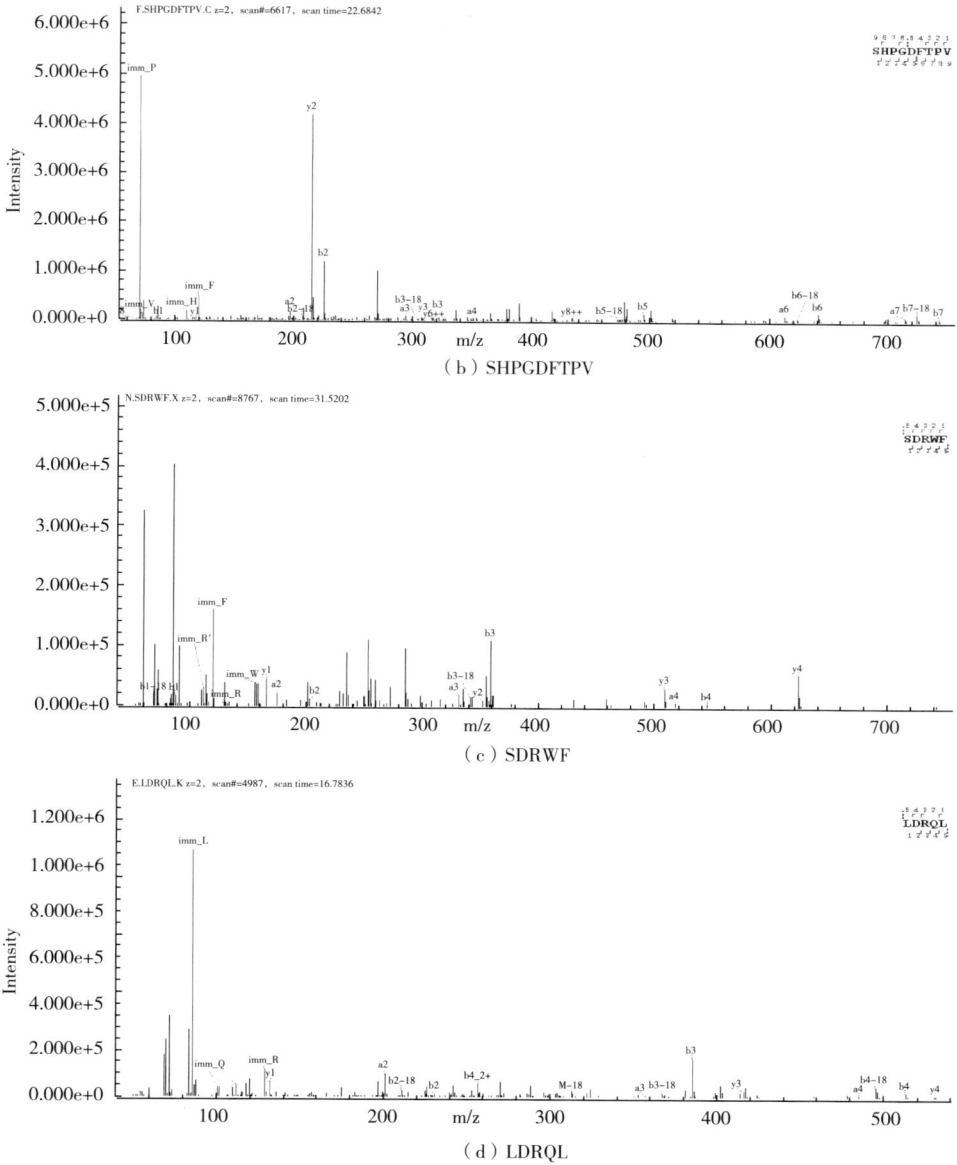

（b）SHPGDFTPV

（c）SDRWF

（d）LDRQL

图 4-4　MBAP 氨基酸序列的二级质谱图

二、绿豆抗氧化肽对氧化诱导 WRL-68 肝细胞抗氧化和脂代谢的影响

(一) 绿豆抗氧化肽对 WRL-68 细胞活力及形态的影响

WRL-68 细胞广泛用于毒理学研究，因为该细胞系表现出与培养的原代肝细胞相似的形态学、功能和细胞骨架特征。图 4-5 为 MTT 法分析 MBAP（10~200 μmol/L）对 WRL-68 细胞氧化诱导的细胞活力的影响。与对照组相比，H_2O_2 诱导的 WRL-68 的细胞活力降低了约 40%。随着 MBAP 浓度在 10~100 μg/mL 范围内的增加，氧化诱导细胞的生存活力也逐渐提高。在 80 μmol/L 时，存活率高达 80%，显著高于 H_2O_2 诱导的处理组，这表明 MBAP 可以改善氧化诱导的细胞损伤并提高细胞存活率。MBAP 浓度在 80 μg/mL 时，对细胞活力的影响达到峰值，当浓度超过 100 g/mL 时，细胞活力略有下降，但仍优于 H_2O_2 诱导的处理组。通过分析 WRL-68 的细胞活力，证实 MBAP 对氧化诱导细胞的保护作用。

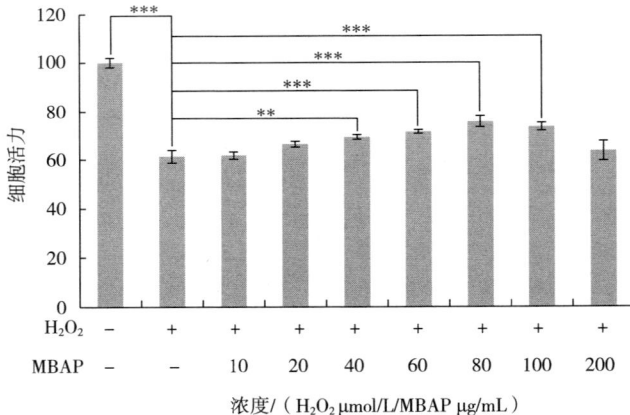

图 4-5 MTT 法测定 MBAP 对氧化应激的细胞活力

MBAP 处理对氧化诱导的 WRL-68 细胞形态和活力的影响如图 4-6 所示。显微镜图像显示，对照组和 MBAP 处理组中的细胞完整，结构正常；H_2O_2 诱导组的细胞较大，细胞集落稀疏，MBAP 加入后，细胞数量增加，细胞大小显著改善，与对照组情况相似。目前已有研究证明，由于脱氧核糖核酸的结构改变，细胞中偶尔会产生 ROS，会危及细胞的健康和功能。钙黄素的染色可以评估 MBAP 对氧化诱导 WRL-68 细胞的生存能力（图 4-7）。钙黄素是一种细胞渗透性染料，通过活细胞的胞内酯酶改变为明亮的黄绿色荧光色。结果表明，对照组中钙黄绿

素均匀地集中在活细胞的细胞质中，与对照组相比，H_2O_2 诱导组中的钙黄绿素印记稀疏，表明该组中的活细胞较少；MBAP 处理组中的钙黄绿素均匀地凝聚在活细胞的细胞质中，与 H_2O_2 处理组相比有显著差异。Hoechst 32258 直接与细胞 DNA 结合暴露于紫外光时，发出蓝色荧光，图 4-7 中对照组的细胞核均匀地发出亮蓝色荧光。此外，它们比 H_2O_2 处理组的细胞核更小，后者更大，边缘模糊。与 H_2O_2 诱导的细胞相比，MBAP 处理的氧化诱导处理组的细胞核尺寸显著更小，边缘显著改善。根据以上结果，MBAP 显著增加了氧化应激 WRL-68 细胞的活力。

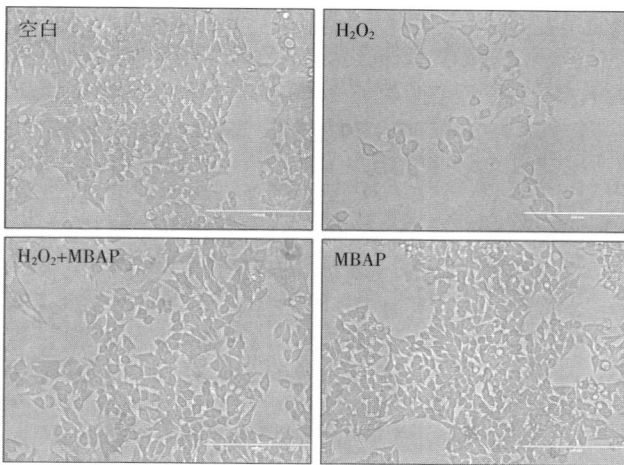

图 4-6　显微镜下 MBAP 对氧化应激细胞的活力影响

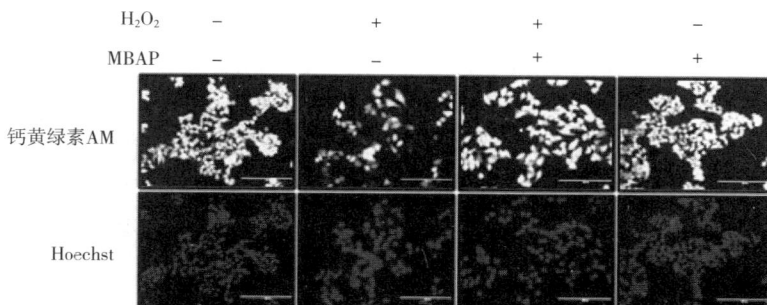

图 4-7　钙黄绿素染色下 MBAP 对氧化应激活细胞数影响

（二）绿豆抗氧化肽对氧化诱导细胞内 ROS、线粒体损伤和膜电位的影响

图 4-8 为 MBAP 对氧化应激细胞内 ROS、线粒体损伤和膜电位的影响。在

H_2O_2 处理后，WLR-68 细胞的 ROS 产生增加，荧光强度高，MBAP 干预后，其相对荧光强度下降到接近正常细胞的水平，说明 MBAP 可以维持 H_2O_2 诱导的细胞内氧化还原稳态，MBAP 处理组细胞的 ROS 水平与对照组的差异不显著。线粒体功能失调是氧化应激诱导细胞死亡的主要原因，线粒体 ROS（MitoSOX 染色法）和线粒体膜电位（Jc-1 染色法）如图 4-8（c）、（d）所示。与对照组相比，H_2O_2 诱导细胞处理组的 Mitosox 染料会渗透到活细胞中，有选择地靶向于被超氧化物氧化的线粒体，并产生红色荧光，因此 H_2O_2 组表现出强烈的红色荧光；MABP 处理组消减了 H_2O_2 诱导的红色荧光，差异明显；ROS 的产生可能导致线粒体膜电位的丧失（$\Delta\Psi$），当 $\Delta\Psi_m$ 值较低时，JC-1 作为单体存在于线粒体基

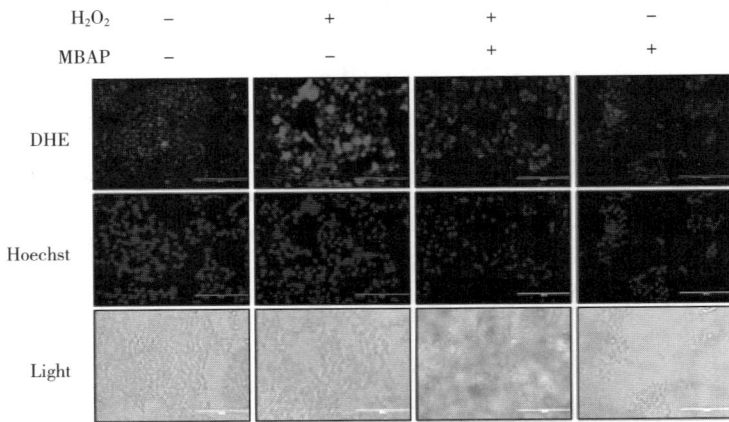

（a）DHE染色检测细胞内ROS

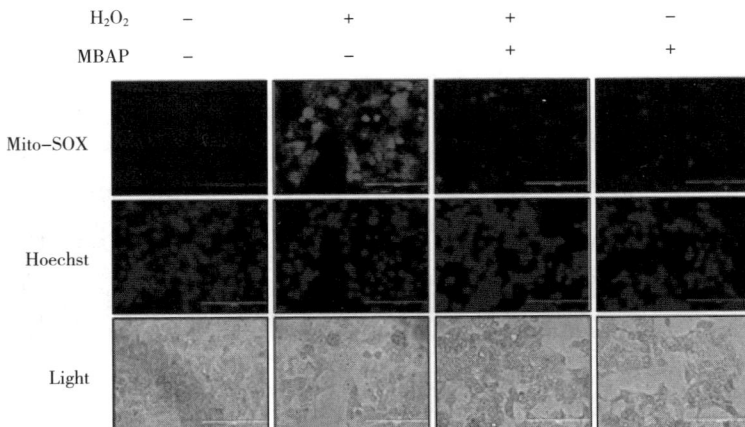

（b）Mito-SOX染色检测线粒体

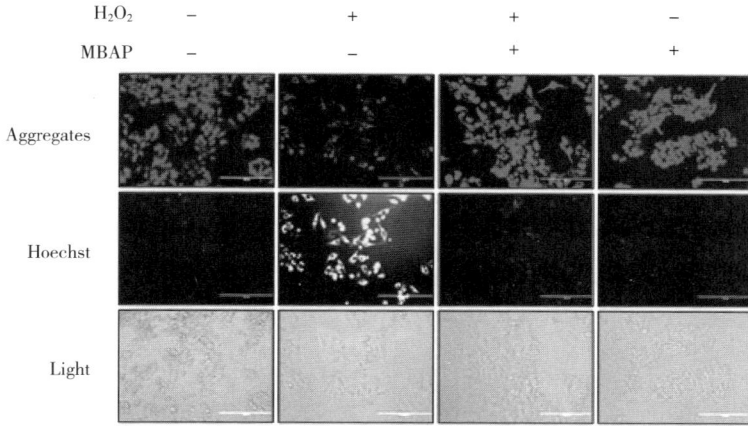

（c）JC-1染色检测线粒体膜电位水平

图 4-8 MBAP 对氧化应激肝细胞内活 ROS、线粒体损伤和膜电位的影响

质中，并产生绿色荧光，线粒体膜电位分析结果与细胞内 ROS 和线粒体 ROS 的结果一致，H_2O_2 诱导组的绿色荧光增强，膜电位下降，MBAP 培养细胞的红色荧光增加，膜电位上升，说明 MBAP 抑制了 H_2O_2 诱导的线粒体损伤。以上结果表明绿豆肽具有较强的抗氧化能力，能改善细胞内 ROS 水平，以确保细胞的正常代谢。

（三）绿豆抗氧化肽对氧化应激肝细胞内抗氧化酶活性的影响

氧化应激会影响体内自由基和抗氧化防御系统之间的动态平衡。MDA 破坏细胞膜是氧化应激的标志之一，氧化损伤可以在抗氧化酶的作用下改善。CAT、SOD 和 GPx 是重要的抗氧化酶，广泛存在于机体中，可消除过量 ROS，维持机体氧化还原的动态平衡。由图 4-9 可知，H_2O_2 处理的 WLR-68 细胞中，SOD 活性显著降低，而 MBAP 处理的氧化诱导细胞 SOD 活性明显升高，而且 MBAP 处理组可显著促进细胞 SOD 活性的增强（$p<0.05$）。GPx 是哺乳动物细胞中一种重要的低分子"清道夫"，在细胞代谢中起着重要作用，保护细胞免受 ROS 的有害影响。因此，GPx 的活性水平是评价细胞内抗氧化能力的重要因素。与 H_2O_2 诱导组相比，MBAP 对 H_2O_2 诱导 WLR-68 细胞的氧化损伤具有保护作用，其中，GPx 的修复效果提高了约 1.6 倍（$p<0.05$）。CAT 是过氧化物酶体的标志酶，可清除体内的 H_2O_2，使细胞免于遭受 H_2O_2 的毒害，是生物防御体系的关键酶之一。与对照组相比，MBAP 处理氧化诱导组的 CAT 结果与 SOD 和 GPx 结果一致，均显著提高（$p<0.05$）。此外，H_2O_2 显著增加了 WLR-68 细胞 MDA 的生成（$p<0.05$），MBAP 处理氧化诱导组显著降低了 MDA 的含量约 1.5 倍；MBAP 处理细

胞的 MDA 含量较正常组还降低了约 2 倍。上述结果说明 MBAP 通过提高 SOD 活性和降低 MDA 水平来保护细胞免受 H_2O_2 诱导的氧化损伤，即 MBAP 通过降低 MDA 含量并恢复 WLR-68 氧化诱导细胞的 SOD、CAT 和 GPx 活性，逆转了氧化诱导的总抗氧化状态的消耗作用，且对细胞无不良作用。

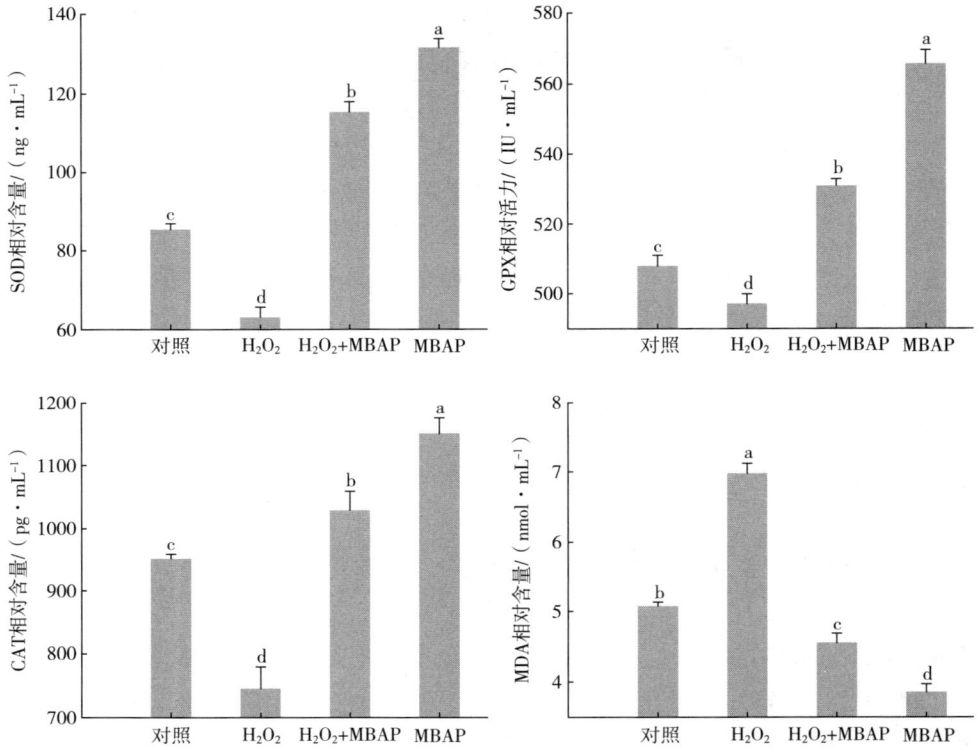

图 4-9　MBAP 对氧化应激肝细胞内抗氧化酶活性的影响

（四）绿豆抗氧化肽对氧化应激肝细胞内游离脂肪酸、总胆固醇和甘油三酯含量的影响

TC 主要在肝脏中合成，新产生的 TC 与在内质网中合成产生的 TG 以极低密度脂蛋白（very low density lipoprotein，VLDL）的形式分散于血液中，或储存在细胞内，VLDL 在被氧化为低密度脂蛋白（low density lipoprotein，LDL）后可被LDL 受体（LDL receptor，LDLR）结合并内吞，经溶酶体水解，释放为游离胆固醇后，被运输至其他细胞器或质膜发挥作用。过量的 ROS 会造成肝脏内氧化应激，并攻击生物膜中的脂质，TC、TG 含量陡升，当胞内对 VLDL 的摄取大于利

用时，会造成堆积现象，使脂质过氧化程度加重，堆积物被氧化后产生了更多的 ROS，形成了氧化应激、脂质过氧化与代谢失调的恶性循环，最终使细胞内代谢功能及信号传导紊乱，生物活性下降。如图 4-10 所示，H_2O_2 诱导的氧化应激在肝细胞内，FFA 的累积量相比于对照组，显著升高了约 300 μmol/mL（$p<0.05$），在 MBAP 进行干预后，FFA 的累积量显著下降了约 600 μmol/mL（$p<0.05$）。TG 和 TC 是临床检测血脂的重要常规指标，可对脂代谢紊乱及相关代谢性疾病的诊断提供基础判断。图 4-11 中可以看到，氧化应激下的 WRL-68 内，TC、TG 含量显著升高（$p<0.05$），添加 MBAP 后，两组数据含量均有显著下降（$p<0.05$），其中 TC 含量下降了近 4 mmol/mL。以上结果说明 MBAP 能够抑制 TC、TG 在肝细胞内的堆积及 FFA 的外排，在一定程度上阻断 ROS 与脂代谢异常之间的恶性循环，从而发挥调节脂代谢的作用。

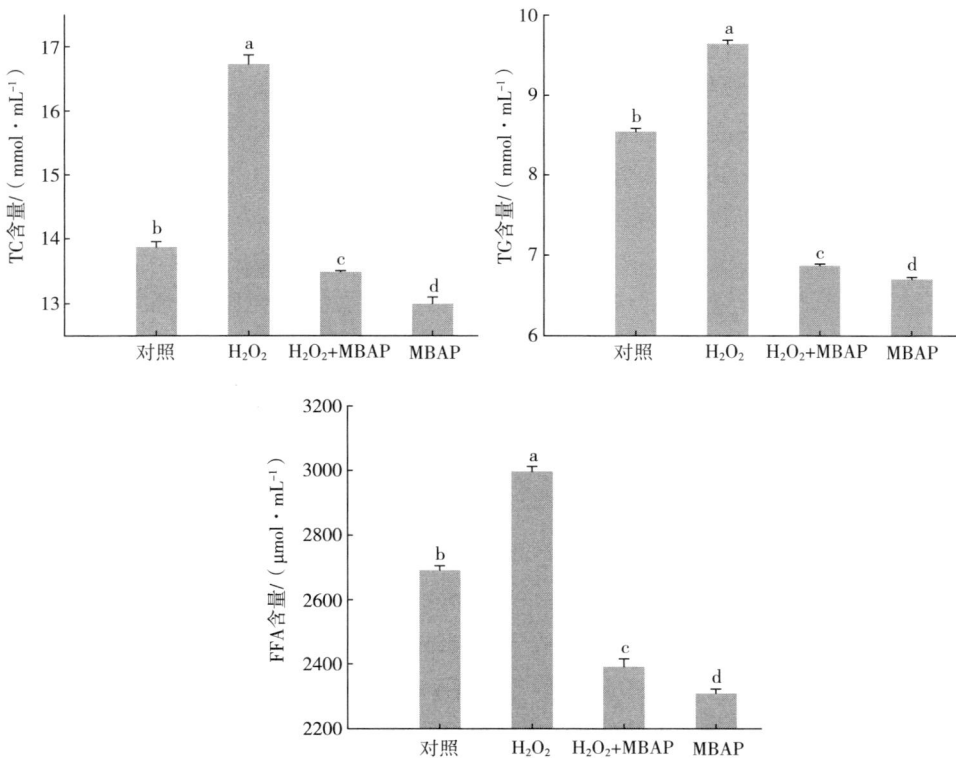

图 4-10　MBAP 对氧化应激肝细胞内 TC、TG 和 FFA 的影响

三、绿豆抗氧化肽对氧化应激肝细胞抗氧化和脂代谢调节作用机制

（一）不同浓度绿豆抗氧化肽对 WRL-68 肝细胞的影响

图4-11为不同浓度的MBAP（40 μmol/L、60 μmol/L、80 μmol/L、100 μmol/L）对正常培养的 WRL-68 肝细胞的影响，由图 4-11 中可见，MBAP 对 Keap1、Nrf2、PPAR-α、LDLR、ABCG1 的表达量呈浓度依赖性升高，这些靶蛋白的表达量在 MBAP 的浓度达到 60 μmol/L 时达到峰值，当浓度继续升高时，表达量呈下降趋势。图4-11 中，不同浓度的 MBAP 对 p-AKT 的影响变化较为例外，虽然在 MBAP 浓度为 40 μmol/L 时，与其余几个靶蛋白一样，此条带中的表达量最浅，但与其他靶蛋白表达量不同的是，最高浓度为 100 μmol/L 的 MBAP 对 p-AKT 的表达刺激作用最大，条带的灰度值达到 1.87±0.11。以上结果说明，MBAP 本身就具有增强细胞脂代谢、提高细胞内抗氧化活力的作用。需要注意的是，前文中，对 MBAP 干预氧化应激细胞的最适浓度检测中，测定的最适浓度为 80 μmol/L，与本节显示的对肝细胞调节抗氧化与脂代谢的最佳浓度 60 μmol/L 以及对 p-AKT 的最大刺激浓度 100 μmol/L 出现互异的原因是后者没有 H_2O_2 诱导氧化应激的前提。

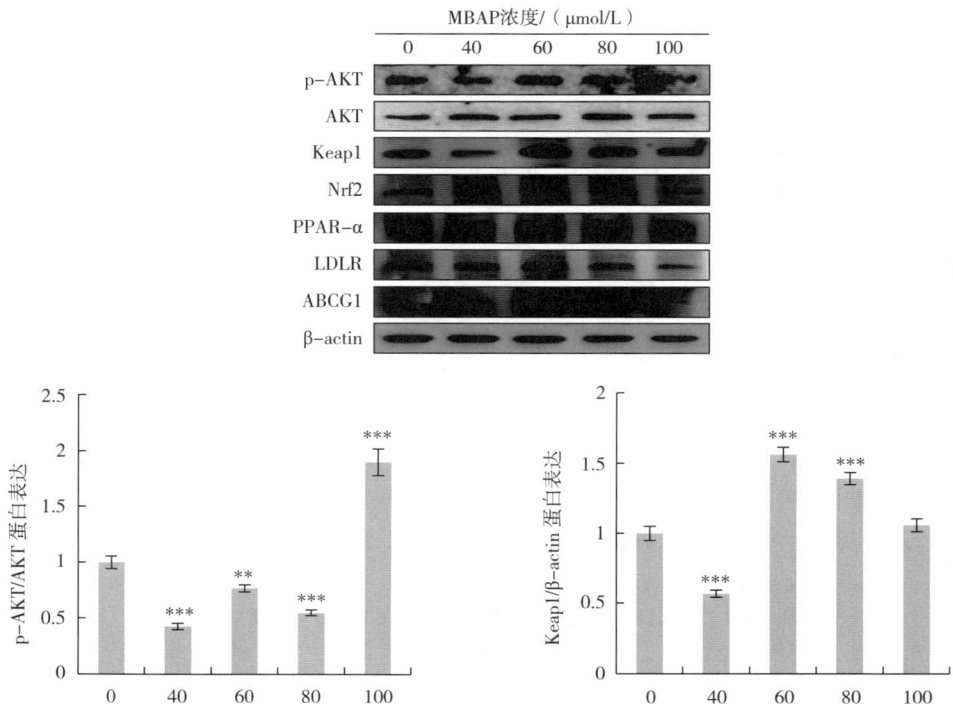

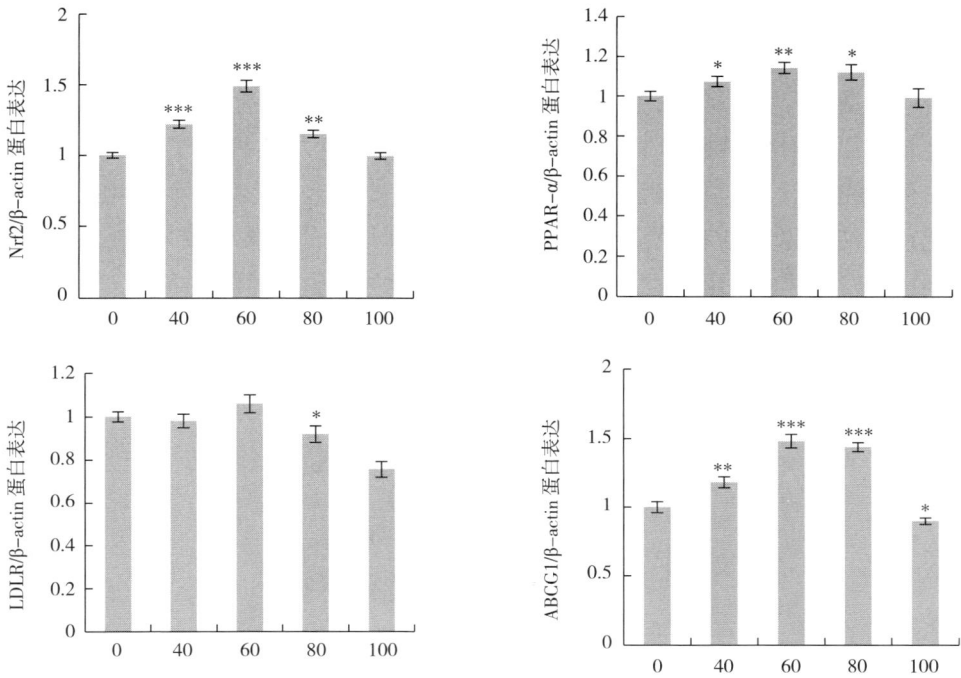

图 4-11　不同浓度 MBAP 对 WRL-68 的影响

（二）绿豆抗氧化肽对氧化应激肝细胞 AKT、Nrf2 和 Keap1 通路的影响

Keap1-Nrf2 信号通路控制抗氧化酶，如 GPx 和 SOD，并通过将过氧化物转化为危害较小或无害的分子，在抗氧化中发挥关键作用。激活正常细胞中的 Keap1-Nrf2 信号通路，及其下游基因产生的抗氧化作用是抵抗外来化学物质和抑制癌症的重要防御机制。Nrf2 是机体抗氧化应激反应的转录调节因子，Keap1 组成调节 Nrf2 活性的 E3 泛素连接酶的一部分，因此，Keap1 在正常条件下抑制 Nrf2 活性。几项研究表明，Nrf2 在氧化诱导的细胞中与 Keap1 分离，使其进入细胞核并激活与雄激素反应元件相关的靶基因。这种激活状态包括启动抗氧化反应元件，调节 II 期解毒和抗氧化酶基因的表达，以及增加细胞对氧化应激反应的抵抗力。通过启动下游抗氧化蛋白和酶（如 SOD 和 GPx）的转录，Nrf2 增强了细胞抗氧化状态。如图 4-12 所示，与对照组相比，H_2O_2 诱导的组表现出显著上调的 Nrf2，并显著抑制了 Keap1 的表达（$p < 0.05$）；与 H_2O_2 处理组相比，MBAP 处理的氧化诱导组的 Nrf2 表达显著下调（$p < 0.05$），Keap1 表达上调。这些结果与赵慧慧的研究中，胶原蛋白肽通过促进 Nrf2 的表达对氧化诱导肝细胞发生保护作用的结果不同，这可能与氧化应激反应的激活程度以及氧化酶产生氧自由基

的减少有关，这与 Yang 的发现一致。近年来有研究表明，Nrf2 的转录活性同样
受 PI3K／AKT 影响，AKT 通过自身磷酸化促进 Nrf2 的核浆穿梭，增强细胞内源
性抗氧化活性，如图 4-12 所示，H_2O_2 诱导细胞氧化应激后，细胞内的 p-AKT
表达量相比于对照组显著下降（$p<0.05$），说明氧化应激抑制了 PI3K／AKT 通
路，使 PI3K 无法被正常激活，导致 AKT 无法被磷酸化。联系前文中 MBAP 处理
氧化诱导细胞的 SOD 和 GPx 明显高于 H_2O_2 处理细胞的结果（图 4-9），这表明
MBAP 可以通过 Keap1／Nrf2 信号通路保护氧化诱导细胞免受氧化损伤。

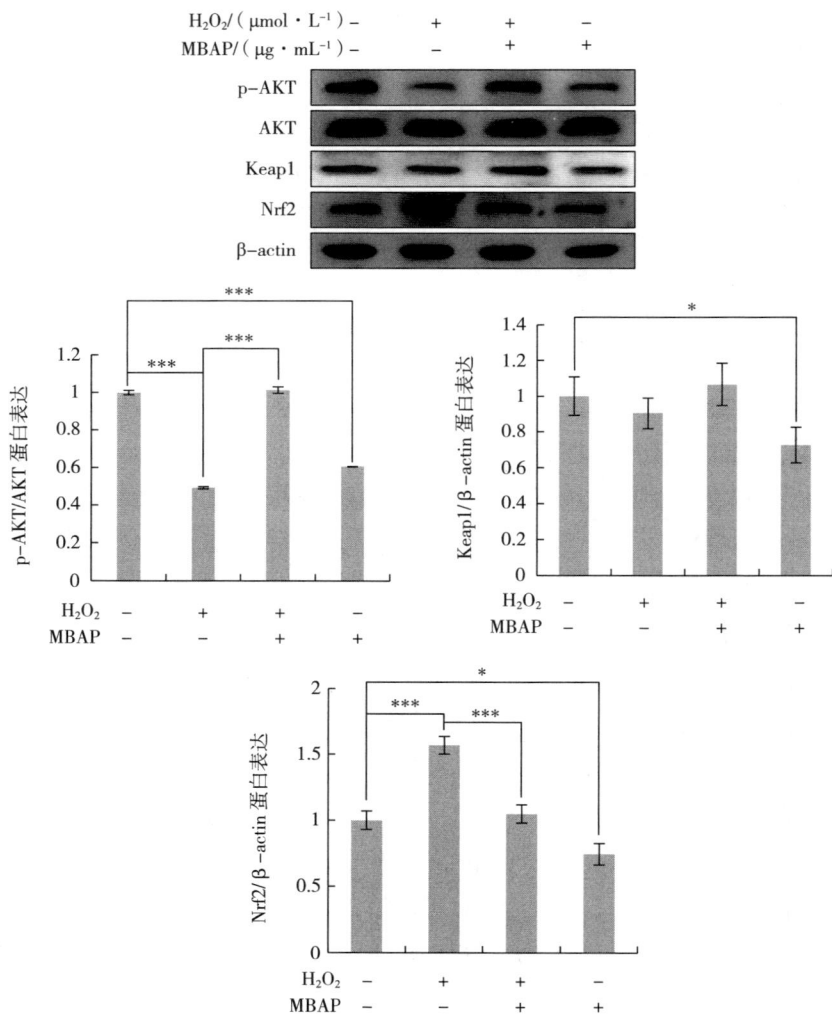

图 4-12　MBAP 对氧化应激下 WRL-68 细胞中
p-AKT、Keap1 和 Nrf2 蛋白表达水平的影响

（三）绿豆抗氧化肽对氧化应激肝细胞 PPAR-α、LDLR 和 ABCG1 通路的影响

过氧化物酶体增殖物激活受体（peroxisome proliferator activated receptor, PPARs）是核受体 3 种亚型的其中一种，参与调控许多与脂质代谢相关基因的时空有序表达，对脂类稳态的维持起了非常重要的作用。实验证明人工合成的 PPAR-α 配体可以促进脂肪酸的降解和代谢，通过限制 TG 与 VDL 的产生，增强 TG 代谢达到降血脂的功效，反之，失活的 PPAR-α 会导致肝脏内脂质的大量累积，FFA 水平上升。图 4-13 中可见，氧化诱导组细胞内 PPAR-α 的表达量比对照组显著降低（$p < 0.05$），联系图 4-10，模型细胞内 FFA 与 TG 含量同样比对照组显著增加（$p < 0.05$），表明氧化诱导使 PPAR-α 失活，无法发挥正常的脂质代谢调控作用；在 MBAP 干预后，与对照组相比氧化诱导细胞内 PPAR-α 表达显著下调，而 MBAP 加入后，PPAR-α 的表达量显著回升，这意味着 MBAP 能够恢复 PPAR-α 的活性，并促进其表达。

促 LDLR 表达对调节异常脂代谢具有重要意义。LDLR 是一种跨膜蛋白，在分泌转运途径中被糖基化后变为成熟蛋白，并定位在质膜上，在 LDL 的分解代谢途径中，依赖 LDLR 的通路可以清除体内 80% 的 LDL。LDLR 与 LDL 形成网格蛋白复合物，进入细胞后，网格蛋白包裹与内吞小泡相互融合形成内吞体，pH 降低后，LDLR-LDL 复合物解离，从而使 LDL 在溶酶体的作用下被降解，LDLR 则重回细胞膜，准备进入下一个循环过程。如图 4-13 所示，氧化应激下，肝细胞内的 LDLR 表达量比对照组显著降低，说明氧化诱导使大量 LDLR 失活，从而无法正常分解胞内脂质。这种异常的代谢水平在 MBAP 干预后得到改善，与 H_2O_2 诱导组相比，MBAP 干预组 LDLR 的表达量显著上升（$p < 0.05$），结合前文 MBAP 可以清除细胞内多余脂质积累的结果，表明 MBAP 可以通过刺激 LDLR 的表达降低细胞环境中的脂质积累水平，达到降脂效果。哺乳动物细胞都能产生 TC，但大多数细胞并不能分解 TC，多余部分须被外排或被转化并储存在脂滴中，基因 ABCG1 在肝细胞中表达并负责 TC 的外排。由图 4-13 可知，ABCG1 在受到 H_2O_2 的攻击之后与对照组相比，表达量减弱，说明在氧化应激的条件下 ABCG1 无法正常表达，这种氧化损伤可能与 ABCG1 的上游信号通路 PPAR-α 和 LDLR 相关；与 H_2O_2 诱导组相比，MBAP 治疗后，氧化诱导细胞内 ABCG1 的表达增强。以上结果表明，氧化诱导会造成胞内脂质积累，脂代谢异常的情况下，脂质代谢相关靶蛋白与靶基因的表达发生了不同程度的紊乱，而 MBAP 能够在异常环境下刺激靶蛋白 PPAR-α 和 LDLR，并且促进 ABCG1 的表达，使其发挥清除过

量 TC、TG、FFA 的作用，以此达到恢复脂代谢的目的。

除 LDLR 外，AKT 也会因为被胞内环境影响而无法正常表达。AKT 是一种蛋白激酶，被磷酸化时处于活跃状态，有研究发现 PI3K/AKT 通路紊乱，包括在 AKT 的磷酸化被削弱的情况下，同样会造成脂质积累，换言之，氧化应激状态下的 AKT 无法正常调节脂代谢。MBAP 加入后，AKT 磷酸化进程明显加快，在 MBAP 的刺激下，PPAR-α 等通路及下游基因的表达被促进，MBAP 以此调节了脂代谢异常。由图 4-12 可知，相对氧化应激肝细胞，MBAP 的加入使 p-AKT 的

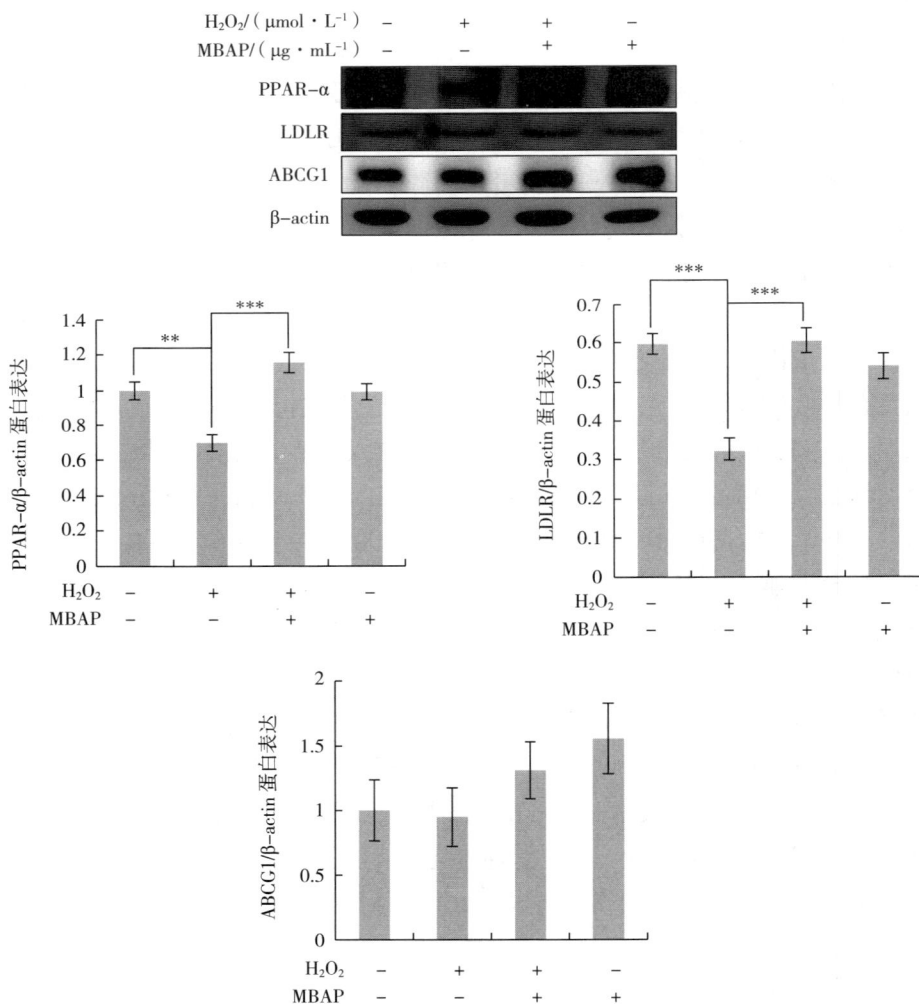

图 4-13　MBAP 对氧化应激下 WRL-68 细胞中 PPAR-α、
LDLR 和 ABCG1 蛋白表达水平的影响

表达显著上调（$p<0.05$），说明 MBAP 激活了 AKT 通路的表达。有研究表明，低密度脂蛋白受体相关蛋白 1（low density lipoprotein receptor-related protein 1，LRP1）被激活后可由 AKT 通路作用于 LXR，从而进一步活化 ABCG1，达到促进 TC 转运效果，因此推测，MBAP 还可能由 AKT 激活的 LXR 上调 E3 泛素连接酶的表达，促进下游脂代谢靶基因的表达，抑制 TC 摄入，达到协同控制脂代谢的目的。

（四）绿豆抗氧化肽通过激活 PI3K/AKT 通路调节氧化应激肝细胞的抗氧化酶活性

磷脂酰肌醇 3-激酶（phosphatidylinositol 3-kinase，PI3K）/蛋白激酶 B（protein kinase B，AKT）通路是细胞内信号转导的重要途径之一，与响应细胞外信号，促进代谢、细胞存活等生信活动相关。在 PI3K-AKT 通路中，PI3K 通过关键代谢物 PIP3 的 3 位磷酸基团招募 PDK1 和 AKT 蛋白到质膜上，PDK1 磷酸化 AKT 蛋白上的靶点氨基酸，活化 AKT，使被活化的 AKT 进一步激活下游的调控通路。许多研究发现，PI3K/AKT 通路与抗氧化关键通路 Nrf2 相关，机体可以通过激活 Nfr2 及其上游通路 PI3K/AKT 来调节机体的代谢情况。因此，本研究为了验证 MBAP 是否通过激活 PI3K/AKT 通路调节氧化应激肝细胞的抗氧化酶活，检测了 PI3K 抑制剂 LY294002 对氧化应激肝细胞的影响。如图 4-14 所示，作为受 PI3K 下游通路调控的抗氧化酶，与对照组相比，氧化应激细胞内 SOD、GPx 酶活在 PI3K 抑制剂的干预下，显著降低（$p<0.05$）。正常细胞中，PIP3 会被脂质磷酸酶 PTEN 快速代谢去磷酸化，终止 PI3K，而在细胞应激时，PTEN 与 PIP3 都无法正常发挥作用，致使 AKT 无法正常被磷酸化，从而影响下游通路的正常表达。GPx 可以催化谷胱甘肽（glutathione，GSH）产生氧化型谷胱甘肽（glutathione oxydized，GSSG），GPx 酶活性在 PI3K 通路被抑制后，与对照组相比显著降低（$p<0.05$），这与 SOD 酶的情况相似，人肝细胞中的 SOD 一般存在于线粒体基质中，主要通过金属离子交替电子的得失实现催化作用，因此在氧化应激环境下 SOD 损耗大。通常来说，PI3K 的异常在癌症中并不罕见，极端的机体环境甚至可使 PI3K 突变，图 4-14 中，与对照组相比，PI3K 抑制剂干预的氧化应激细胞内的 MDA 含量显著升高（$p<0.05$），这意味着 PI3K 通路无法正常调节时，细胞内发生了严重的过氧化，并且 MBAP 对 H_2O_2 诱导的氧化应激细胞的抗氧化调控作用与 PI3K/AKT 通路显著相关。

（五）绿豆抗氧化肽通过激活 PI3K/AKT 通路调节氧化应激肝细胞的脂代谢异常

研究表明，通过激活 PI3K、磷酸化 AKT 能够促进 PPAR-α 与 LDLR 的表达，

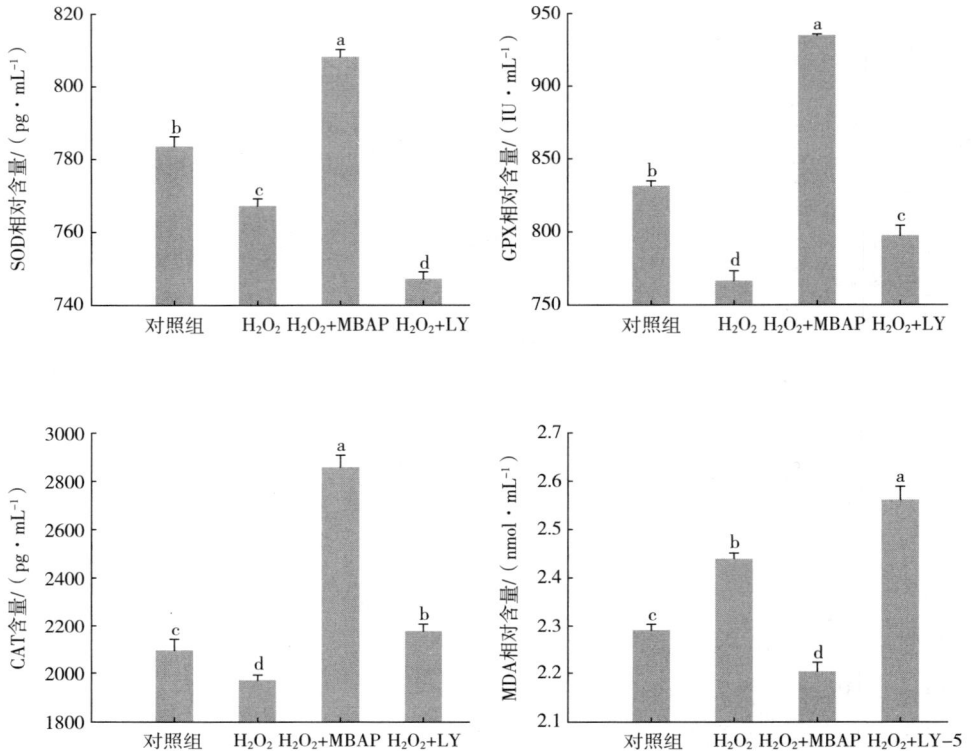

图 4-14 PI3K 抑制剂对氧化应激肝细胞内抗氧化酶活性的影响

从而改善肝脏的糖、脂代谢。由图 4-15 可知，PI3K 抑制剂加入后，相比于对照组，氧化应激细胞内的 TC、TG 含量显著增加（$p < 0.05$）。这是因为在 PI3K/AKT 被抑制后，氧化应激环境极难逆转，由于失去上游通路的信号，调控脂代谢的下游靶基因表达紊乱，从而造成了 TC、TG、FFA 的含量上升，细胞内脂质堆积。PPAR-α 是肝脏中调节脂肪酸氧化的重要因子之一，激活的 PPAR-α 能够刺激下游脂代谢靶基因的表达，平衡脂质代谢与生成，从而降低 FFA、TC、TG 的水平，因此在图 4-15 中，PI3K 被抑制后，细胞内 FFA 的含量相比于对照组，显著提升（$p < 0.05$）。PI3K/AKT 同样控制着 LDLR 的表达，研究表明，PI3K/AKT 通路可以通过调控 SREBP2 的水解促进 LDLR 的表达，因此当 PI3K 被抑制后，与对照组相比，TC 与 TG 的含量显著升高（$p < 0.05$）。结合前文中 MBAP 对 p-AKT、PPAR-α、LDLR 与 ABCG1 表达具有促进作用的结果，证明 MBAP 对 H_2O_2 诱导氧化应激细胞的脂代谢调控作用与 PI3K/AKT 通路显著相关。

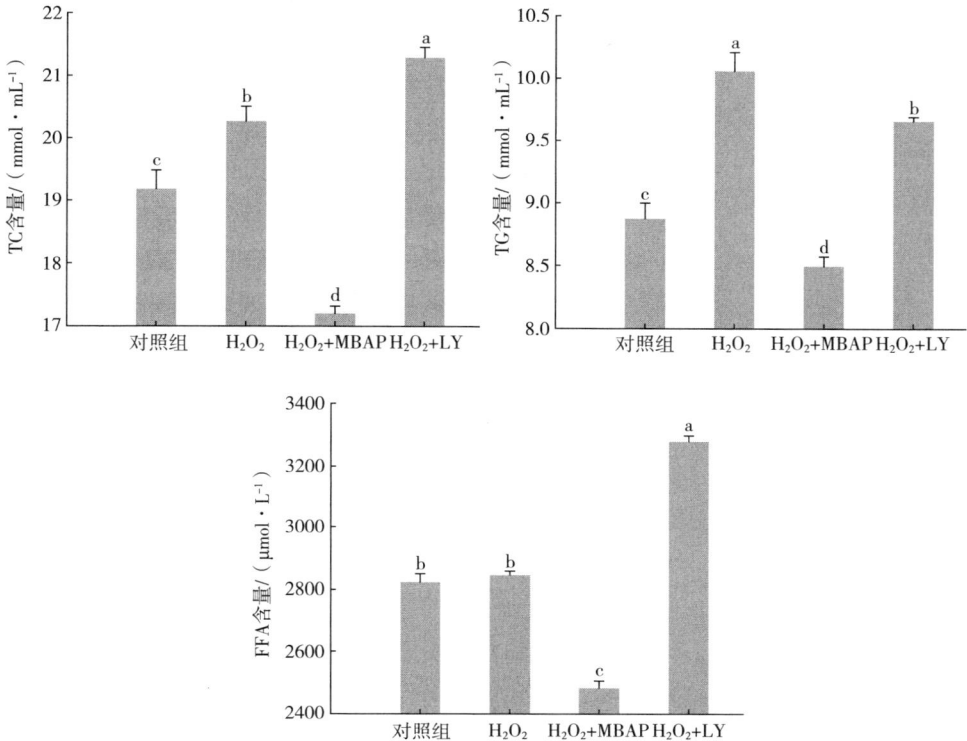

图 4-15　PI3K 抑制剂对氧化应激肝细胞内 TC、TG 和 FFA 的影响

（六）绿豆抗氧化肽调节氧化诱导肝细胞脂代谢的调节作用机制

MBAP 调节氧化诱导 WRL-68 肝细胞的实验结果表明，MBAP 具有很强的抗氧化能力，其抗氧化机制如图 4-16 所示。MBAP 的抗氧化活性与降脂活性主要与其氨基酸序列相关。细胞摄入的 O_2 主要在线粒体中被消耗，并在线粒体电子传递链中产生含电子的产物如 O_2^-、H_2O_2、OH^- 等。这些含电子的产物一方面参与能量代谢，另一方面会通过一系列反应产生氧化产物，如 ROS、活性氮以及脂质过氧化物。线粒体膜电位控制着线粒体 ROS 的生产速度，当线粒体受到外界如 H_2O_2 刺激时，体内活性氧的产生会急剧上升。

本研究中，通过检测 DPPH 清除率及 TBARS，发现 MBAP 能够在体外清除大量的自由基，细胞实验中再次证明了 MBAP 能够直接结合自由基，并且以此清除过量的 ROS。这一结论体现在荧光探针下，MBAP 能够在氧化诱导细胞的线粒体内膜上清除了大量 ROS，显著提高了氧化诱导细胞膜电位，并且保护线粒体免受氧化损伤。MBAP 这种直接清除 ROS 的作用要归功于氨基酸序列中的阳离子基团，可以通过结合自由基如 O_2^- 和 OH^-，达到清除自由基、降低 ROS 产生的效果。

H_2O_2 诱导会促使细胞产生过多的 ROS，从而打破细胞的内稳态，根据氧化诱导细胞内的抗氧化酶活性水平，判定细胞内出现了氧化应激反应，从氧化诱导细胞内大幅增加的脂质含量可知，氧化应激导致细胞内异常的脂质代谢。PI3K/AKT 通路参与调控多种代谢途径，包括抗氧化与脂质代谢。Keap1/Nrf2 信号通路是应对氧化应激的重要途径之一。在正常生理环境下，E3 泛素连接酶复合物的底物蛋白 Keap1 控制着 Nrf2 的泛素化，氧化应激会刺激机体激活 Keap1/Nrf2 信号通路，恢复机体的内平衡。为了响应氧化应激反应，Keap1 参与的泛素酶构象发生变化，使 Nrf2 上的氨基酸残基无法捕捉到正常信息，导致 Nrf2 无法被泛素化，因此，H_2O_2 诱导细胞内 Nrf2 蛋白的水平升高。未被泛素化的 Nrf2 移动至细胞核与 ARE 结合并激活转录下游的抗氧化酶及一些 II 期解毒酶，磷酸化的 AKT 同样会促进这一过程。

PPAR-α 在肝脏中高度表达，被激活的 PPAR-α 可以促进脂蛋白脂肪酶合成，并催化脂蛋白中的 TG 分解为 FFA，不仅如此，PPAR-α 的表达还能够促进包括 CAT、SOD、GPx 在内多种抗氧化酶的表达。PI3K/AKT 的活化程度与 PPAR-α 的活性具有复杂的相关性，抑制 PI3K/AKT 会降低 PPAR-α 的表达，而 PPAR-α 的激动表达又可以反过来刺激 AKT 的磷酸化。LDLR 的主要作用是降解 LDL，这种受体介导的内吞作用被称为 LDLR 途径。PPAR 可以上调 LDLR，其中 PPAR-α 能够通过 AKT 介导的 SREBP2 磷酸化增强 LDLR 的表达。氧化应激能够破坏肝细胞内由 SREBP2 介导的 LDLR 反馈调节。氧化应激不仅会使 PPAR-α 失活、LDLR 途径被抑制，还会使控制胆固醇外排的重要基因 ABCG1 的表达被抑制。

H_2O_2 诱导造成的氧化应激反应，引起脂质代谢异常的情况，在 MBAP 加入后得到了显著改善，为了探究 MBAP 对这种异常脂代谢的作用机制，我们检测了经由此过程的关键蛋白及基因的表达量，并利用 PI3K 抑制剂验证 MBAP 的调节信号通路。结果表明，MBAP 调节脂代谢的机制与 PI3K/AKT 通路显著相关。与对照组相比，H_2O_2 刺激后，氧化应激细胞内的 p-AKT 表达量显著下调，脂代谢相关通路 PPAR-α/LDLR 被抑制，抗氧化通路 Keap1/Nrf2 则显示被激活，这意味着 H_2O_2 诱导使细胞内 ROS 水平上升，触发了细胞的内源性抗氧化机制，而脂代谢相关靶蛋白则被过量 ROS 氧化，表达紊乱，并出现了脂质堆积的现象（具体表现在 TG、TC、FFA 的含量陡增），这种酶活性被抑制，且脂质大量积累的情况同样出现在 PI3K 被抑制后的氧化诱导肝细胞中。MBAP 干预后，与氧化诱导组相比，p-AKT 的表达量显著上升，证明 MBAP 能够帮助 AKT 磷酸化，从而将信号传导下游通路；抗氧化信号通路 Keap1/Nrf2 相比于模型细胞组，表达量有所下降，但仍高于对照组，表明 MBAP 除了通过直接结合自由基清除 ROS，还促进了 Keap1/Nrf2 的表达，从而激活下游的抗氧化酶基因，提高细胞内的酶活性，降低 MDA 含量；MBAP 干预细胞内的脂代谢相关通路 PPAR-α/LDLR 与靶基因 ABCG1 的表达量均比氧化应激细胞内的表达量显著提升，这说明 PPAR-α/LDLR 对严重的氧化应激反应响应较弱，但 MBAP 的加入清除了一部分过量的 ROS，并通过促进 Keap1/Nrf2 信号通路继续响应氧化应激反应，从而降低了细胞的过氧化状态，此时，MBAP 发挥了促进 AKT 磷酸化以及激动 PPAR-α/LDLR 的作用，并刺激靶基因 ABCG1 的表达，最终达到调节异常脂代谢的目的。

综上所述，MBAP 对氧化诱导 WRL-68 肝细胞的脂质代谢调节机制（图 4-16）为：在自身直接清除 ROS 的同时，促进 Keap1/Nrf2 信号通路，帮助恢复 AKT 的磷酸化，促进下游抗氧化酶的转录，并通过 PI3K/AKT 信号通路增强 PPAR-α/LDLR 及 ABCG1 的表达，降低脂质过氧化水平，调节异常脂质代谢。

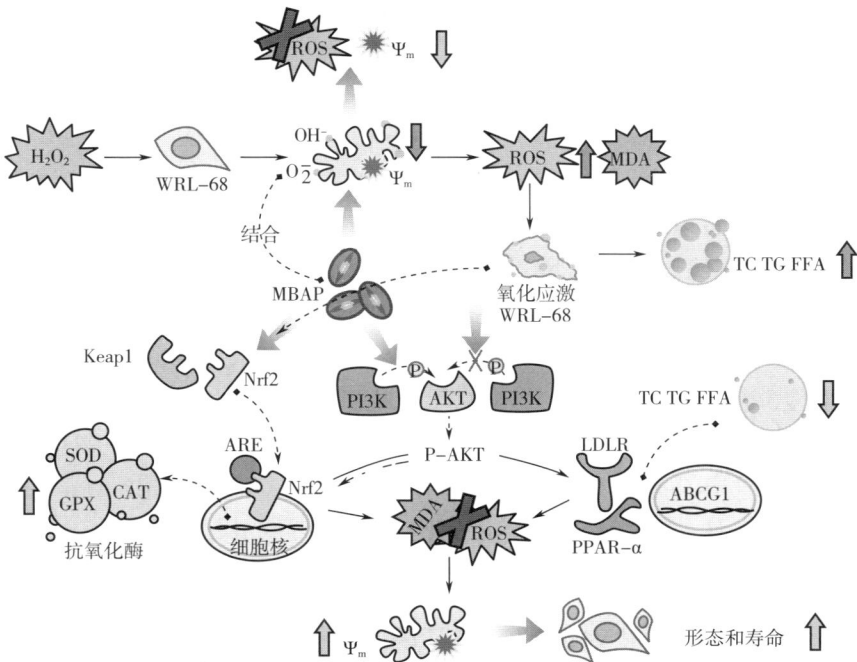

图 4-16　MBAP 对氧化应激下 WRL-68 细胞的抗氧化调节机制

第四节　讨论

一、绿豆抗氧化肽对氧化应激肝细胞的抗氧化调节机理

肝脏作为机体重要的代谢器官，其代谢活性高低与机体的健康状态息息相关。曾经轰动学界的"二次打击学说"也经多年学者的探索，逐渐演变为"多重打击学说"，不论前者后者，其中的核心环节都是氧化应激。氧化应激是一种关联着全身各器官代谢的一种机体应激反应，氧化应激的出现是一种代谢性疾病发生的前兆信号，2 型糖尿病、非酒精性肝炎、动脉粥样硬化、阿尔兹海默症、抑郁症等病例个体中都能检测到氧化应激的存在。氧化应激的本质是机体内环境的不平衡，主因是氧化还原被打破，即体内的抗氧化机制不足够抵御体内的活性氧，造成 ROS 的堆积。在正常情况下，体内存在少量的 ROS，参与机体的代谢活动，但当 ROS 产量过剩，造成堆积时，会破坏细胞膜，并对机体的一系列代谢通路起负面影响。

MBAP 之所以能够对氧化应激细胞产生保护作用，不仅是因为 MBAP 作为抗氧化肽，在进入氧化应激环境后，其良好的抗氧化活性可以直接清除一部分 ROS，还因为肝脏是重要的代谢器官，在氧化应激时，与 MBAP 的促进下会被动触发一系列应对措施。本研究显示，相比于氧化应激模型组，在 MBAP 干预氧化应激细胞后，胞内的抗氧化酶活性有显著提升，且 Keap1 表达增加，Nrf2 表达减弱，这说明 MBAP 起到了促进 Nrf2 与 Keap1 解离的作用，从而使 Nrf2 更快结合应答元件受体并转录激活更多的抗氧化酶。抗氧化酶活在 MBAP 干预后有显著提升，主要原因就是它们所处的环境更加安全。过量 ROS 会破坏蛋白结构，使抗氧化酶部分游离的氨基酸被氧化，使其失活并失去抗氧化的作用，因此，当胞内 ROS 含量下降后，抗氧化酶活显著上升，堆积的 ROS 被继续清除，从而改变线粒体膜电位，在一定程度上逆转线粒体氧化应激，形成良性循环，并提高细胞活力，最终达到细胞存活数上升的局面。总的来说，MBAP 可能的抗氧化机制是：通过诱导 Nrf2 与 Keap1 的解离来干预氧化应激水平，从而使 Nrf2 特异性结合雄激素应答元件受体并转录激活各种抗氧化酶。随着抗氧化酶水平的增加，大量的细胞内 ROS 被清除，从而减轻 ROS 对细胞的损伤。

二、绿豆抗氧化肽对氧化应激肝细胞脂代谢异常的调节机理

前文提到的"二次打击学说"，最早在 1988 年由 Day 提出，学说认为氧化应

激是打击的中心环节，肝细胞因此被介导并发生坏死、炎症及纤维化。肝脏在氧化应激下会引发如酒精及非酒精性脂肪肝等疾病。MBAP 在氧化应激肝细胞内的调节脂代谢机制不同于抗氧化机制，MBAP 通过促进多个关键通路来共同调节异常的脂代谢。本研究发现 MBAP 同时促进了氧化应激下的 AKT 与 PPAR-α 表达，AKT 与 PPAR-α 的表达都可以影响 LXR、SREBP2 等的表达，通过刺激 LDLR 的表达，上调外排基因 ABCG1，促进堆积脂质的分解，减少 FFA 水平达到调节异常脂代谢的作用。

AKT 还与糖代谢关系密切。目前已有大量研究证实 PI3K/AKT 通路在调节糖脂代谢中起重要作用，有趣的是，此通路在抑制肝脏糖异生时，也是通过限制游离脂肪酸入肝来实现的，AKT 是一种蛋白激酶，被磷酸化时处于活跃状态，有研究发现 PI3K/AKT 通路紊乱，包括在 AKT 磷酸化被削弱的情况下，同样会造成脂质积累，换言之，氧化应激状态下的 AKT 无法正常调节脂代谢。

脂质的堆积与氧化应激下过量的 ROS 容易形成恶性循环。氧化应激后，肝细胞内代谢失去平衡，一些调节脂代谢的通路随之紊乱，造成脂质的过量堆积，这部分脂质被过量的 ROS 氧化后，脂代谢负担加重，内稳态被进一步破坏。MBAP 的加入保护了肝细胞，使其在一定程度上脱离了氧化应激的状态，并以此恢复 AKT 及 PPAR-α 等通路的表达，即通过抗氧化作用调节了脂代谢异常。

MBAP 对脂代谢的调节作用最直观地体现在，对氧化应激肝细胞内脂质堆积的清除作用，根据 western blot 的表达结果来看，推测 MBAP 对氧化应激肝细胞脂代谢异常的调节机理为：MBAP 通过 Keap1/Nrf2 通路发挥抗氧化作用，恢复刺激 AKT 的磷酸化，并促进 PPAR-α、LDLR 的表达，上调下游脂代谢靶基因 AB-CG1，促进外排 TG、TC，以此方式来减少细胞内的脂质积累，削弱堆积脂质的过氧化，达到平衡脂代谢的作用。

三、绿豆抗氧化肽对氧化应激细胞的保护作用

绿豆抗氧化肽除了具有良好的抗氧化活性，还具有降脂、抗炎等多种生物活性。刁静静对绿豆的 ACE 抑制肽进行了分离纯化，研究表明绿豆肽具有良好的免疫及抗炎活性，对脂多糖诱导的急性肺损伤具有保护作用，且对 RAW264.7 巨噬细胞具有免疫调节作用；胡锦瑞的研究表明，绿豆肽对环磷酰胺诱导的小鼠具有免疫调节活性；曹龙奎的研究发现绿豆肽具有降血压的生物活性；丁香君等发现小分子的绿豆肽能够螯合亚铁，从而具有改善贫血的作用。以上研究结果说明了绿豆抗氧化肽具有良好的生物活性，虽然对于这些生物活性对细胞或机体的代

谢异常的调节机制，以及这些不同生物活性之间的协同作用机制的研究较少，但此部分内容具有巨大的研究潜质。

在氧化应激的相关通路中，PI3K/AKT 通路在其中起到了关键作用，PI3K 作为上游通路，对 Nrf2 起重要作用：通常在受活性氧损伤的细胞中参与 Nrf2 依赖性转录，诱导下游的抗氧化酶表达，与其他信号通路相互作用发挥效应。PI3K/AKT 通路不仅涉及抗氧化，还与炎症、糖脂代谢相关的基因与靶蛋白相关，PI3K/AKT 通路可以抑制 TNF-α 的表达，抑制 Caspase 3 的表达，增加 NO 的产生，上调 PPAR-γ 的活性等。在 Kegg 数据库中，与 PI3K-AKT 通路存在直接关系的通路类型达 71 个，而与人类疾病相关的通路就有 18 个，且全部与信号传导相关。以对 PI3K/AKT 通路涉及较多的 2 型糖尿病为例，目前的研究表明，与 PI3K/AKT 通路相关且对 2 型糖尿病有调节作用的通路就涉及了糖代谢通路、脂代谢通路、抗氧化通路与抗炎通路，这种不同生物活性的共同作用对本研究产生了启发与思考：MBAP 具有良好的抗氧化活性与降脂活性，那么 MBAP 是如何通过二者的共同作用来调节氧化应激肝细胞的脂代谢异常，发挥保护作用呢？研究的结果对这一疑问作出了回答与解释：首先要明确的是，细胞的氧化应激会造成脂代谢异常，且 MBAP 本身不仅具有良好的抗氧化活性，还能直接促进抗氧化与脂代谢相关基因的激动表达，在引入氧化应激的前提后，MBAP 的表现比预期更加出色，实验结果表明 MBAP 在氧化应激的环境中能够充分发挥自身的生物活性，进行抗氧化工作，并对细胞内的信号传导起到积极作用，使紊乱的抗氧化与脂代谢系统恢复秩序，并以此达到调节异常代谢的目的。WRL-68 的氧化应激模型由 H_2O_2 诱导建造，引起了细胞内的脂质氧化物含量上升，依据氧化应激与脂代谢异常的先后顺序，并根据绿豆抗氧化肽的体外抗氧化活性测定与氨基酸序列结构分析，得出结论，MBAP 的调节脂代谢机制更倾向于通过调节氧化应激降低细胞的脂质堆积。

PI3K/AKT 通路涉及的代谢通路广，结合学者们对于绿豆肽抗炎、免疫活性的研究结果不难推测，MBAP 对氧化应激细胞脂代谢异常的调节作用，除了与抗氧化与脂代谢通路相关，可能还与 MBAP 的免疫调节活性相关。

第五节　结论

本章以绿豆蛋白为原料，采用限制性酶解反应，通过层析柱制取绿豆抗氧化肽，测定其 DPPH 自由基清除能力和 TBARS 值，结合 LC-MS/MS 分析氨基酸序列，进行结构鉴定；在此基础上，建立 H_2O_2 诱导的氧化应激 WRL-68 细胞模型、检测细胞脂质代谢、氧化还原状态及蛋白表达的指标，分析 MBAP 对氧化应激诱导 WRL-68 细胞脂代谢的影响，本研究得到的主要结果如下：

（1）采用 Sephadex G-15 层析分离纯化技术得到具有良好 DPPH 清除率 $(84.82\pm1.60)\%$ 与较低 TBARS 值 [(4.51 ± 0.09) mg/100 mL]的 MBAP，通过 LC-MS/MS 鉴定得到 4 条 MBAP 主要的氨基酸序列，分别为：Ser-Asp-Arg-Thr-Gln-Ala-Pro-His（~953 Da），Ser-His-Pro-Gly-Asp-Phe-Thr-Pro-Val（~956 Da），Ser-Asp-Arg-Trp-Phe（~710 Da），and Leu-Asp-Arg-Gln-Leu（~644 Da）。

（2）通过检测氧化诱导 WRL-68 细胞内的氧化与脂质代谢水平，分析 MBAP 对脂代谢异常的调节作用。MBAP 干预下，与 H_2O_2 诱导氧化应激 WRL-68 细胞相比，抗氧化酶 SOD、CAT、GPx 活性显著提高（$p<0.05$），活细胞数与线粒体膜电位增加，MDA 含量（$p<0.05$），TC、TG、FFA 含量与线粒体 ROS 含量显著减少（$p<0.05$），结果表明 MBAP 具有较强的调节脂代谢异常的作用。

（3）对 western-blot 表达与 PI3K 抑制剂对氧化应激细胞的作用结果分析 MBAP 的脂质代谢调节机制，发现 MBAP 的加入对氧化应激细胞内 PI3K/AKT、Nrf2/Keap1 和 PPAR-α/LDLR 的表达均有不同程度的促进作用，MBAP 促进了氧化应激细胞内 p-AKT/Nrf2/Keap1 的表达水平，并且显著增强了 PPAR-α/LDLR/ABCG1 的表达量（$p<0.05$）。对比 PI3K 抑制剂会导致 H_2O_2 诱导细胞内抗氧化酶失活及脂代谢紊乱，MBAP 的干预可以提高氧化应激细胞的抗氧化酶活性，并且对异常脂代谢具有调节作用，得出 MBAP 通过激活 PI3K/AKT 信号通路促进 Nrf2/Keap1 与 PPAR-α/LDLR 的表达，对氧化应激细胞发挥保护作用的结论，MBAP 对 PI3K/AKT 的刺激主要依赖于 MABP 可以恢复刺激 AKT 的磷酸化。

综上，得出结论：MBAP 通过激活 PI3K/AKT 通路，刺激 Keap1/Nrf2 通路抵抗 WRL-68 肝细胞内氧化应激并发挥保护作用，促进 AKT 磷酸化，继续促进 Keap1/Nrf2 并激动 PPAR-α 与 LDLR 的表达，活化 ABCG1，以此清除堆积脂质，达到调节脂代谢异常的作用。

参考文献

[1] 李意思，谢岚，祝红，等. 破碎方式对绿豆理化性质的影响 [J]. 粮油食品科技，2021，29（5）：78-83.

[2] MOHAN N G，ABHIRAMI P，VENKATACHALAPATHY N. Pulses：Processing and Product Development [M]. Switzerland：Springer，Cham，2020.

［3］ YU W, ZHANG G F, WANG W H, et al. Identification and comparison of proteomic and peptide profiles of mung bean seeds and sprouts ［J］. BMC chemistry, 2020, 14 (1)：14-14.

［4］ 刘颖, 袁翔, 黄惠庭, 等. 绿豆淀粉纯化工艺及性质的研究 ［J］. 农产品加工, 2021 (18)：38-42.

［5］ BAZAZ R, BABA W N, MASOODI F A, et al. Formulation and characterization of hypo allergic weaning foods containing potato and sprouted green gram ［J］. Food Meas. Charact, 2016, 10 (3)：453-465.

［6］ ALI S, SINGH B, SHARMA S. Response surface analysis and extrusion process optimisation of maize-mungbean-based instant weaning food. Int ［J］. Food Sci. Technol, 2016, 51 (10)：2301-2312.

［7］ 刁静静. 绿豆肽对小鼠巨噬细胞免疫活性的影响及其作用机制 ［D］. 大庆：黑龙江八一农垦大学, 2019.

［8］ XIE J H, YE H D, DU M, et al. Mung Bean Protein Hydrolysates Protect Mouse Liver Cell Line Nctc-1469Cell from Hydrogen Peroxide-Induced Cell Injury ［J］. Foods, 2019, 9 (1)：14-14.

［9］ KUSUMAH J, REAL H L M, GONZALEZ DE M E. Antioxidant Potential of Mung Bean (<italic>Vigna radiata</italic>) Albu min Peptides Produced by Enzymatic Hydrolysis Analyzed by Biochemical and In Silico Methods ［J］. Foods, 2020, 9 (9)：1241-1241.

［10］ CHUNKAO S, YOURAVONG W, YUPANQUI C T, et al. Structure and Function of Mung Bean Protein-Derived Iron-Binding Antioxidant Peptides ［J］. Foods (Basel, Switzerland), 2020, 9 (10)：1406-1406.

［11］ SONKLIN C, LAOHAKUNJIT N, KERDCHOECHUEN O. Assessment of antioxidantproperties of membrane ultrafiltration peptides from mungbean meal proteinhydrolysates ［J］. PeerJ, 2018, 6 (7)：5331-5337.

［12］ 夏吉安, 黄凯, 李森, 等. 绿豆抗氧化肽的酶法制备及其抗氧化活性 ［J］. 食品与生物技术学报, 2020, 39 (10)：40-47.

［13］ 杨健, 郭增旺, 刁静静, 等. 绿豆肽对 RAW264.7 巨噬细胞增殖及免疫活性物质的影响 ［J］. 中国食品学报, 2019, 19 (8)：22-30.

［14］ 刁静静, 迟治平, 刘妍兵, 等. 不同级分绿豆肽免疫活性的分析 ［J］. 食品科学, 2020, 41 (1)：133-138.

［15］ 于笛, 周伟, 郭增旺, 等. 绿豆寡肽对脂多糖诱导巨噬细胞 RAW264.7 的抗炎作用 ［J］. 中国食品学报, 2020, 20 (8)：41-48.

［16］ DIAO J J, CHI Z P, GUO Z W, et al. Mung Bean Protein Hydrolysate Modulates the Immune Response Through NF-κB Pathway in Lipopolysaccharide-Stimulated RAW 264.7Macrophages ［J］. Journal of food science, 2019, 84 (9)：2652-2657.

［17］ ALI N M, YEAP S K, YUSOF H M, et al. Comparison of free a mino acids, antioxidants, soluble phenolic acids, cytotoxicity and immunomodulation of fermented mung bean and soybean ［J］. Journal of the Science of Food & Agriculture, 2016, 96 (5)：1648-1658.

［18］ WONGEKALAK L O, SAKULSOM P, JIRASRIPONGPUN K, et al. Potential use of antioxidative mungbean protein hydrolysate as an anticancer asiatic acid carrier ［J］. Food Research International, 2011, 44 (3)：812-817.

［19］ NEHA G, NIDHI S, SAMEER S B. Vicilin-A major storage protein of mungbean exhibits antioxidative potential, antiproliferative effects and ACE inhibitory activity ［J］. PLoS ONE, 2018, 13 (2): e0191265.

［20］ MACARULLA M T, CÉSAR M M, ARÁNZAZU D D M, et al. Effects of the whole seed and a protein isolate of faba bean (Vicia faba) on the cholesterol metabolism of hypercholesterolaemic rats ［J］. British Journal of Nutrition, 2001, 85 (5): 607-614.

［21］ 李雪馨, 郑睿, 袁兴宇, 等. 降胆固醇亚麻籽蛋白酶解肽的分离纯化及结构鉴定 ［J/OL］. 中国油脂: 1-9 ［2021-12-07］.

［22］ 张慧娟, 付冰冰, 王静. 基于Caco-2细胞模型的3种大豆肽降胆固醇能力研究 ［J］. 中国食品学报, 2021, 21 (1): 44-50.

［23］ BETTERIDGE D J. What is oxidative stress? ［J］. Metabolism, 2000, 49 (2): 3-8.

［24］ GABRIEL G, Perrone, Shi-Xiong Tan, Ian W, Dawes. Reactive oxygen species and yeast apoptosis ［J］. BBA -Molecular Cell Research, 2008, 1783 (7): 1354-1368.

［25］ THEOPOLD U. Developmental biology: A bad boy comes good ［J］. Nature, 2009, 461 (7263): 486-487.

［26］ BIGARELLA C L, LIANG R, GHAFFARI S. Stem cells and the impact of ROS signaling ［J］. Development (Cambridge, England), 2014, 141 (22): 4206-4218.

［27］ JAZWINSKI S M. The retrograde response: When mitochondrial quality control is not enough ［J］. BBA -Molecular Cell Research, 2013, 1833 (2): 400-409.

［28］ NG S, DE CLERCQ I, VAN AKEN O, et al. Anterograde and Retrograde Regulation of Nuclear Genes Encoding Mitochondrial Proteins during Growth, Development, and Stress ［J］. Molecular Plant, 2014, 7 (7): 1075-1093.

［29］ Pathways, and Outcomes ［M］. Oxid. Med. Cell. Longev, 2015.

［30］ JIANG J C, STUMPFERL S W, TIWARI A, et al. Identification of the Target of the Retrograde Response that Mediates Replicative Lifespan Extension in Saccharomyces cerevisiae ［J］. Genetics, 2016, 204 (2): 659-673.

［31］ KUPSCO A, SCHLENK D A, TOLVANEN M E, et al. Oxidative stress, unfolded protein response, and apoptosis in developmental toxicity ［J］. Int Rev Cell Mol Biol, 2015, 317: 1-66.

［32］ LINDHOLM D, KORHONEN L, ERIKSSON O, et al. Recent Insights into the Role of Unfolded Protein Response in ER Stress in Health and Disease ［J］. Frontiers in cell and developmental biology, 2017, 5: 48-48.

［33］ GUERRA-MORENO A, ANG J, WELSCH H, et al. Regulation of the unfolded protein response in yeast by oxidative stress ［J］. FEBS letters, 2019, 593 (10): 1080-1088.

［34］ WAI C C, MADHUR D S, RAJARAMAN E. Endoplasmic Reticulum Stress and Oxidative Stress: A Vicious Nexus Implicated in Bowel Disease Pathophysiology ［J］. International Journal of Molecular Sciences, 2017, 18 (4): 771-771.

［35］ AMEN O M, SARKER S D, GHILDYAL R, et al. Endoplasmic Reticulum Stress Activates Unfolded Protein Response Signaling and Mediates Inflammation, Obesity, and Cardiac Dysfunction: Therapeutic and Molecular Approach ［J］. Frontiers in Pharmacology, 2019, 10: 977-977.

［36］ JAZWINSKI S M. Mitochondria to nucleus signaling and the role of ceramide in its integration into the suite of cell quality control processes during aging [J]. Ageing Research Reviews, 2015, 23 (Pt A): 67-74.

[37] GUARAGNELLA N, COYNE L P, CHEN X J, et al. Mitochondria-cytosol-nucleus crosstalk: learning from Saccharomyces cerevisiae [J]. FEMS yeast research, 2018, 18 (8): 88-88.

[38] DOMINGO M S, JOSÉ R H. Functional analysis of the MAPK pathways in fungi [J]. Revista Iberoamericana de Micologia, 2017, 34 (4): 192-202.

[39] HAGIWARA D, SAKAMOTO K, ABE K, et al. Signaling pathways for stress responses and adaptation in Aspergillus species: stress biology in the post-genomic era [J]. Bioscience, biotechnology, and biochemistry, 2016, 80 (9): 1667-1680.

[40] GEMA G R, TERESA F A, HUMBERTO M, et al. Mitogen-Activated Protein Kinase Phosphatases (MKPs) in Fungal Signaling: Conservation, Function, and Regulation [J]. International Journal of Molecular Sciences, 2019, 20 (7): 1709-1709.

[41] ZADRAG-TECZA R, MAŚLANKA R, BEDNARSKA S, et al. Response Mechanisms to Oxidative Stress in Yeast and Filamentous Fungi: Theoretical and Practical Aspects [J]. 2018.

[42] 王虎生, 阮祥燕, 程姣姣. 肥胖型多囊卵巢综合征的氧化应激与脂代谢关系的研究 [J]. 首都医科大学学报, 2021, 42 (4): 540-546.

[43] VERDILE G, KEANE K N, CRUZAT V F, et al. Inflammation and oxidative stress: the molecular connectivity between iinsulin resistance, obesity, and alzheimer's disease [J]. Mediators of Inflammation, 2015 (2015): 1-17.

[44] 郭怡琼, 吴琼, 吴雅婷, 等. 枸杞多糖和有氧运动对大鼠非酒精性脂肪肝的干预效果及其机制研究 [J]. 上海交通大学学报 (医学版), 2020, 40 (1): 30-36.

[45] 李艳, 孙凤娇, 张天然, 等. 高糖、高脂饮食与不同浓度硒对大鼠脂代谢及氧化应激的影响 [J]. 山东大学学报 (医学版), 2020, 58 (5): 98-106.

[46] 梁婵华, 王可盈, 曹文瀚, 等. 芥子酸改善高脂饮食模式下叙利亚仓鼠脂代谢与氧化应激水平 [J]. 现代食品科技, 2021, 37 (9): 8-16.

[47] BLANCHARD P G, TURCOTTE V, CÔTÉ M, et al. Peroxisome proliferator-activated receptory activation favours selective subcutaneous lipid deposition by coordinately regulating lipoprotein lipase modulators, fatty acid transporters and lipogenic enzymes [J]. Acta Physiologica, 2016, 217 (3): 227-239.

[48] 石巧娟, 刘月环, 楼琦, 等. 非酒精性脂肪肝大鼠 PPARα 基因表达及脂代谢和胰岛素水平的变化 [J]. 中国比较医学杂志, 2009, 19 (8): 26-30, 88.

[49] 胡博然, 丁建才, 曹杨, 等. (+) -儿茶素与表没食子儿茶素没食子酸酯对乙醇诱导 HepG2 细胞脂代谢紊乱及氧化应激的影响 [J]. 食品科学, 2021, 42 (13): 114-120.

[50] 赵世光, 储欣颖, 黎玮, 等. 混菌发酵茶籽抗氧化肽的分离纯化及其功能活性研究 [J]. 中国油脂, 2024, 49 (3): 87-93, 110.

[51] 于梦怡, 刘世林, 董文明, 等. 青刺果抗氧化肽的分离鉴定、结构表征及其潜在分子机制 [C] //. 中国食品科学技术学会第十九届年会论文摘要集, 2022: 214-215.

[52] 孙跃如, 林桐, 赵吉春, 等. 谷物源抗氧化肽: 制备、构效及应用 [J]. 食品与发酵工业, 2022, 48 (10): 299-305.

[53] AJIBOLA C F, FASHAKIN J B, FAGBEMI T N, et al. Effect of peptide size on antioxidant properties of African yam bean seed (Sphenostylis stenocarpa) protein hydrolysate fractions

[J]. International journal of molecular sciences, 2011, 12 (10): 6685−6702.

[54] 刘妍兵. 绿豆蛋白酶解结构分析及调节高脂小鼠脂代谢水平的研究 [D]. 大庆：黑龙江八一农垦大学, 2022.

[55] STAGOS D, AMOUTZIAS G D, MATAKOS A, et al. Chemoprevention of liver cancer by plant polyphenols [J]. Food and chemical toxicology: an international journal published for the British Industrial Biological Research Association, 2012, 50 (6): 2155−2170.

[56] SARMADI B H, ISMAIL A. Antioxidative peptides from food proteins: A review [J]. Peptides, 2010, 31 (10): 1949−1956.

[57] WATANABE H, INABA Y, KIMURA K, et al. Dietary Mung Bean Protein Reduces Hepatic Steatosis, Fibrosis, and Inflammation in Male Mice with Diet−Induced, Nonalcoholic Fatty Liver Disease [J]. Journal of Nutrition, 2017, 147 (1): 52.

[58] ALI N M, YUSOF H M, LONG K, et al. Antioxidant and Hepatoprotective Effect of Aqueous Extract of Ger minated and Fermented Mung Bean on Ethanol−Mediated Liver Damage [J]. BioMed Research International, 2012, 2013 (2): 693613.

[59] LIU T, YU X H, GAO E Z, et al. Hepatoprotective Effect of Active Constituents Isolated from Mung Beans (*Phaseolus radiatus* L.) in an Alcohol−Induced Liver Injury Mouse Model [J]. Journal of Food Biochemistry, 2014, 38 (5): 453−459.

[60] ALSHAMMARI G M, BALAKRISHNAN A, CHINNASAMY T. Protective role of ger minated mung bean against progression of non−alcoholic steatohepatitis in rats: A dietary therapy to improve fatty liver health [J]. Journal of Food Biochemistry, 2018: e12542.

[61] PÉREZ G, LOPEZMOYA F, CHUINA E, IbañezVea María, Garde Edurne, LópezLlorca Luis V, Pisabarro Antonio G, Ramírez Lucía. Strain Degeneration in Pleurotus ostreatus: A Genotype Dependent Oxidative Stress Process Which Triggers Oxidative Stress, Cellular Detoxifying and Cell Wall Reshaping Genes [J]. Journal of Fungi, 2021, 7 (10): 862−862.

[62] 王越. 苦荞活性肽对调节肝细胞氧化应激和脂代谢的影响 [D]. 上海：上海应用技术大学, 2017.

[63] 相欢. 沙棘籽粕蛋白肽的制备及抗肥胖活性研究 [D]. 广州：华南理工大学, 2021.

[64] REN X, MIAO B, CAO H, et al. Monkfish (Lophius litulon) Peptides Ameliorate High−Fat−Diet−Induced Nephrotoxicity by Reducing Oxidative Stress and Inflammation via Regulation of Intestinal Flora [J]. Molecules, 2023, 28: 245.

[65] 魏云. 超声波预处理改善荞麦球蛋白酶解产物降脂活性的研究 [D]. 上海：上海应用技术大学, 2021.

[66] 李梅青, 王康, 周鑫. 绿豆活性肽对 HepG2 肝癌细胞增殖的抑制作用 [J]. 中国食品学报, 2018, 18 (10): 52−57.

[67] 严晓莉. 饲料中添加抗菌肽对肉牛免疫机能的影响 [J]. 中国动物保健, 2022, 24 (12): 64−65.

[68] 蔡兴, 王巧红, 陆媛玥, 等. 饲料中添加抗菌肽对肉鸡生长性能和抗氧化能力的影响 [J]. 饲料博览, 2022 (5): 42−46.

[69] 乔颖, 袁奎敬, 韩凤丽, 等. 超高效液相色谱−串联质谱法同时测定饲料中 6 种多肽类抗生素 [J]. 中国饲料, 2022 (9): 81−86.

[70] 邓奕妮, 邓莉萍, 徐振松, 等. 功能肽、发酵虫草菌粉和多酚枣粉对断奶仔猪饲料中常

规替抗组分的替代效果研究 [J]. 饲料研究, 2022, 45 (8): 32-35.

[71] 李莉娜, 谭露霖, 代国滔, 等. 抗菌肽在肉鸡养殖中的研究应用进展 [J]. 贵州畜牧兽医, 2022, 46 (2): 26-28.

[72] ZHU Y S, SUN S, RICHARD F G. Mung bean proteins and peptides: nutritional, functional and bioactive properties. [J]. Food & nutrition research, 2018, 62.

[73] 段悦庆, 柯舒文, 杨华, 等. 基于 LPS 受体小肽的抗多黏菌素大肠杆菌的 ELISA 法的建立 [J]. 实验动物科学, 2022, 39 (5): 26-30.

[74] 郭春晖, 刘文, 李红宇, 等. 小肽的营养理论与研究进展 [J]. 现代畜牧兽医, 2022 (8): 93-96.

[75] 邹基豪. 绿豆 ACE 抑制肽的纯化及功能特性研究 [D]. 长春: 吉林农业大学, 2018.

[76] 蒋展, 臧庆佳, 张炳文. 抗性淀粉指标在龙口粉丝标准评价体系中的应用探讨 [J]. 中国食物与营养, 2014, 20 (1): 18-21.

[77] WANG F H, HUANG L, YUAN X X, et al. Nutritional, phytochemical and antioxidant properties of 24mung bean (Vigna radiate L.) genotypes [J]. Food Production, Processing and Nutrition, 2021, 3 (1): 46.

[78] 刁静静, 张丽萍. 高活性豌豆抗氧化肽的分离纯化方法 [J]. 中国食品学报, 2014, 14 (6): 133-141.

[79] 赵谋明, 李巧琳, 林恋竹, 等. 辣木叶提取物的制备及抗氧化活性 [J]. 食品科学, 2018, 39 (21): 25-30.

[80] VHANGANI L N, WYK J V. Antioxidant activity of Maillard reaction products (MRPs) in a lipid-rich model system [J]. Food Chemistry, 2016, 208 (Oct. 1): 301-308.

[81] 李志永. 蚕蛹蛋白免疫肽的分离纯化、结构鉴定及功能分析 [D]. 镇江: 江苏科技大学, 2019.

[82] YI X G, YUE L, YING H J, et al. Picrasma quassioides Extract Elevates the Cervical Cancer Cell Apoptosis Through ROS-Mitochondrial Axis Activated p38MAPK Signaling Pathway [J]. In Vivo, 2020, 34: 1823-1833.

[83] GUAN T, LI J, CHEN C, et al. Self a ssembling peptide based hydrogels for wound tissue repair [J]. Advanced Science, 2022, 9 (10), 2104165.

[84] CHENG Y, CHEN J, XIONG Y L. Chromatographic separation and tandem MS identification of active peptides in potato protein hydrolysate that inhibit autoxidation of soybean oil-in-water e-mulsions [J]. Journal of Agricultural and Food Chemistry, 2010, 58: 8825-8832.

[85] MEMARPOOR-YAZDI M, MAHAKI H, ZARE-ZARDINI H. Antioxidant activity of protein hydrolysates and purified peptides from Zizyphus jujuba fruits [J]. Journal of Functional Foods, 2013, 5 (1): 62-70.

[86] LU R R, QIAN P, SUN Z, et al. Hempseed protein derived antioxidative peptides: purification, identification and protection from hydrogen peroxide-induced apoptosis in PC12 cells [J]. Food Chemistry, 2010, 123 (4): 1210-1218.

[87] 张晖, 唐文婷, 王立, 等. 抗氧化肽的构效关系研究进展 [J]. 食品与生物技术学报, 2013, 32 (7): 673-679.

[88] KOHEN R, YAMAMOTO Y, CUNDY K C, et al. Antioxidant activity of carnosine, homocarnosine, and anserine present in muscle and brain [J]. Proceedings of the National Academy

of Sciences of the United States of America，1988，85（9）：3175-3179.

［89］ HERNÁNDEZ-LEDESMA B，MIRALLES B，AMIGO L. Identification of antioxidant and ACE - inhibitory peptides in fermented milk ［J］. Journal of the Science of Food and Agriculture，2005，85（6）：1041-1048.

［90］ SAIGA A，TANABE S，NISHIMURA T.（2003）Antioxidant activity of peptides obtained from porcine myofibrillar proteins by protease treatment ［J］. Journal of Agricultural and Food Chemistry，51（12）：3661-3667.

［91］ AJIBOLA C F，FASHAKIN J B，FAGBEMI T N，et al. Effect of peptide size on antioxidant properties of African yam bean seed（Sphenostylis stenocarpa）protein hydrolysate fractions ［J］. International journal of molecular sciences，2011，12（10），6685-6702.

［92］ RAMIREZ P，DEL RAZO L M，GUTIERREZ-RUIZ M C，et al. Arsenite induces DNA-protein crosslinks and cytokeratin expression in the WRL-68 human hepatic cell line ［J］. Carcinogenesis，2000，21：701-706.

［93］ SONIA S F，ENRIQUE P，SANDRA C I，et al. Oxidative Stress，Apoptosis，and Mitochondrial Function in Diabetic Nephropathy ［J］. International Journal of Endocrinology，2018：1-13.

［94］ LIU Y，HU J L，LI M G，et al. Correlation of mitochondria membrane protential of vascular endothelial cells to hypoxia and angiotensin ［J］. Clinical Journal of Medical Officer，2008，（4）：485-487.

［95］ JIANG J C，STUMPFERL S W，TIWARI A，et al. Identification of the Target of the Retrograde Response that Mediates Replicative Lifespan Extension in Saccharomyces cerevisiae ［J］. Genetics，2016，204（2）：659-673.

［96］ GOU Y Q，WU Q，WU Y T，et al. Effect of Lycium barbarum polysaccharide and aerobic exercise on rats with non-alcoholic fatty liver disease and its mechanism ［J］. Journal of Shanghai Jiao Tong University（Medical Science），2020（1）：30-36.

［97］ LIANG C H，WANG K Y，CAO W J，et al. Sinapic Acid Ameliorated Lipid Metabolism and Oxidative Stress in High Fat Diet Fed Syrian Hamsters ［J］. Modern Food Science and Technology，2021（9）：8-16.

［98］ LI H，ISAAC N，HE S，et al. Dietary supplementation with protein hydrolysates from the shell of red swamp crayfish（Procambarus clarkii）affects growth，muscle antioxidant capacity and circadian clock genes expression of zebrafish（Danio rerio）［J］. Aquaculture Reports，2022，27：101390.

［99］ BARTEKOVÁ M，ADAMEOVÁ A，GÖRBE A，et al. Natural and synthetic antioxidants targeting cardiac oxidative stress and redox signaling in cardiometabolic diseases ［J］. Free Radical Biology and Medicine，2021，169：446-477.

［100］ CHU B B，LIAO Y C，QI W，et al. Cholesterol Transport through Lysosome-Peroxisome Membrane Contacts ［J］. Cell，2015，161：291-306.

［101］ LUO J，JIANG L Y，YANG H Y，et al. Intracellular Cholesterol Transport by Sterol Transfer Proteins at Membrane Contact Sites ［J］. Trends Biochem Sci，2019，44：273-292.

［102］ 邱龙新. 醛糖还原酶通过调控肝代谢性核受体 PPARα 的磷酸化及活性影响脂质稳态 ［D］. 厦门：厦门大学，2009.

［103］ 车雅萍.CELSR2 缺失通过损伤内质网功能抑制肝细胞脂质积累的研究［D］.广州：暨南大学，2021.

［104］ 白双勇，王剑松，赵庆华.肥胖男性不育患者精子线粒体膜电位、游离脂肪酸、活性氧的关系［J］.中国医科大学学报，2015，44（7）：653-656.

［105］ LOOMBA R，FRIEDMAN S L，SHULMAN G I.Mechanisms and disease consequences of nonalcoholic fatty liver disease［J］.Cell，2021，184（10）：2537-2564.

［106］ 顾小江.总胆固醇、甘油三酯、血糖指标与肥胖症的相关性研究［D］.苏州：苏州大学，2020.

［107］ KUMAR H，BHARDWAJ K，VALKO M，et al.Antioxidative potential of *Lactobacillus* sp. in ameliorating D-galactose-induced aging［J］.Applied Microbiology and Biotechnology，2022，1-13.

［108］ BAIRD L，YAMAMOTO M.The molecular mechanisms regulating the KEAP1-NRF2 pathway［J］.Molecular and cellular biology，2020，40（13）：e00099-20.

［109］ QU Q，LIU J，ZHOU H H，et al.Nrf2 protects against furosemide-induced hepatotoxicity［J］.Toxicology，2014，324：35-42.

［110］ RUWALI M，SHUKLA R.Oxidative Stress and Cancer：Role of the Nrf2-Antioxidant Response Element Signaling Pathway［M］.Singapore，2020.

［111］ YAMAMOTO M，KENSLER T W，MOTOHASHI，et al.The KEAP1-NRF2 system：a thiol-based sensor-effector apparatus for maintaining redox homeostasis［J］.Physiological reviews，2018，98（3）：1169-1203.

［112］ LIN X，BAI D，WEI Z，et al.Curcu min attenuates oxidative stress in RAW264.7cells by increasing the activity of antioxidant enzymes and activating the Nrf2-Keap1pathway［J］.PLoS One，2019，14（5）：1-13.

［113］ YANG M，KUANG M，WANG G，et al.Choline attenuates heat stress-induced oxidative injury and apoptosis in bovine mammary epithelial cells by modulating PERK/Nrf-2signaling pathway［J］.Molecular Immunology，2021，135：388-397.

［114］ SMIRNOV A N.Nuclear receptors：nomenclature，ligands，mechanisms of their effects on gene expression［J］.Biochemistry（Mosc），2002，67（9）：957-977.

［115］ ORY D S.Nuclear receptor signaling in the control of cholesterol homeostasis：have the orphans found a home?［J］.Circ Res，2004，95（7）：660-670.

［116］ FRUCHART J C，DURIEZ P，STAELS B.Molecular mechanism of action of the fibrates［J］.J Soc Biol，1999，193（1）：67-75.

［117］ STAELS B，DALLONGEVILLE J，AUWERX J，et al.Mechanism of action of fibrates on lipid and lipoprotein metabolism［J］.Circulation，1998，98（19）：2088-2093.

［118］ REDDY J K，RAO M S.Lipid metabolism and liver inflammation. II. Fatty liver disease and fatty acid oxidation［J］.Am J Physiol Gastrointest Liver Physiol，2006，290（5）：852-858.

［119］ LUO J，YANG H，SONG B L.Mechanisms and regulation ofcholesterol homeostasis［J］.Nature Reviews Molecular Cell Biology，2020，21（4）：225-245.

［120］ 闫晗，杨吉春，迟毓婧.PI3K-Akt 信号转导通路对脂代谢的调控作用［J］.生理科学进展，2021，52（6）：425-430.

［121］ LEE M，LI H，ZHAO H，et al.Effects of hydroxylsafflor yellow A on the PI3K/AKT pathway and apoptosis of pancreatic beta-cells in type 2diabetes mellitus rats [J]. Diabetes Metab Syndr Obes, 2020, 13: 1097-1107.

[122] KUBOTA T, KUBOTA N, KADOWAKI T, Imbalanced insulin actions in obesity and type 2diabetes: key mouse models of signaling pathway [J]. Cell Metab, 2017, 25: 797-810.

[123] JIN X, JIA T, LIU R, et al. The antagonistic effect of selenium on cadmium-induced apoptosis via PPAR-γ/PI3K/AKT pathways in chicken pancreas [J]. J Hazard Mater, 2018, 357: 355-362.

[124] CYR N E, STEGER J S, TOORIE A M, et al. Central Sirtl regulates body weight and energy expenditure along with the POMC-derived α-MSH and the processing enzyme CPE production in diet-induced obese male rats [J]. Endocrinology, 2015, 156: 961-974.

[125] WYMANN M P, Schneiter R. Lipid signaling in disease [J]. Nature reviews Molecular cell biology, 2008, 9: 162-176.

[126] HAMZEH A, BENJAKUL S, SENPHAN T. Comparative study on antioxidant activity of hydrolysates from splendid squid (Loligo formosana) gelatin and protein isolate prepared using protease from hepatopancreas of Pacific white shrimp (Litopenaeus vannamei) [J]. Journal of Food Science and Technology, 2016, 53 (9): 3615-3623.

[127] 陈冲. 非均相体系下大豆蛋白酶解物及酪氨酸二肽的抗氧化作用研究 [D]. 广州: 华南理工大学, 2021.

[128] 宋淑敏, 魏连会, 董艳, 等. 汉麻降脂肽氨基酸序列分析 [J]. 中国粮油学报, 2021, 36 (3): 51-58.

[129] LWAMI K, SAKAKIBARA K, IBUKI F. Involvement of post-digestion hydrophobic peptides in plasma cholesterol-lowering effect of dietary plant proteins [J]. Journal of the Agricultural Chemical Society of Japan, 1986, 50 (5): 1217-1222.

[130] KAGAWA K, MATSUTAKA H, FUKUHAMA C, et al. Globin digest, acidic protease hydrolysate, inhibits dietary hypertriglyceridemia and Val-Val-Tyr-Pro, one of its constituents, possesses most superior effect [J]. Life Sciences, 1996, 58 (20): 1745-55.

[131] 赵坤霄. PI3K/AKT 和 Nrf2 通路对糖尿病足细胞氧化损伤与凋亡的影响及肌肽的干预研究 [D]. 石家庄: 河北医科大学, 2020.

[132] LI X, WANG C, WANG S, et al. YWHAE as an HE4interacting protein can influence the malignant behaviour of ovarian cancer by regulating the PI3K/AKT and MAPK pathways [J]. Cancer Cell Int, 2021, 21 (1): 302.

[133] FRUMAN D A, CHIU H, HOPKINS B D, et al. The PI3K Pathway in Human Disease [J]. Cell. 2017, 170 (4): 605-635.

[134] OSAKI M, OSHIMURA M, ITO H. PI3K-Akt pathway: its functions and alterations in human cancer [J]. Apoptosis, 2004, 9 (6): 667-676.

[135] SONG M S, SALMENA L, PANDOLFI P P. The functions and regulation of the PTEN tumour suppressor [J]. Nature reviews Molecular cell biology, 2012, 13 (5): 283-296.

[136] 程峰, 张庸, 王祥, 等. 谷胱甘肽过氧化物酶 GPX4 在铁死亡中的作用与机制研究进展 [J]. 现代肿瘤医学, 2021, 29 (7): 1254-1258.

[137] 蒋武. 超氧化物歧化酶及过氧化氢酶模拟物的研究 [D]. 武汉: 武汉工程大学, 2015.

[138] KOMATSU M, KIMURA T, YAZAKI M, et al. Steatogenesis in adult-onset type Ⅱ citrul-

linemia is associated with down-regulation of PPAR α ［J］. Biochimica Et Biophysica Acta, 2015, 1852 （3）: 473-481.

［139］ ROGLANS N, VILÀ L, FARRÉ M, et al. Impairment of hepatic Stat-3activation and reduction of PPARalpha activity in fructose-fed rats ［J］. Hepatology, 2007, 45 （3）: 778.

［140］ 代泓钰, 王敬康, 王晨, 等. 桑叶调节 PI3K/Akt/PPARα/CPT-1 通路改善 2 型糖尿病大鼠肝脏糖脂代谢紊乱机制 ［J］. 中国实验方剂学杂志, 2022, 28 （7）: 105-112.

［141］ 刁静静, 王凯凯, 张丽萍, 等. 模拟移动床色谱分离纯化绿豆 ACE 抑制肽 ［J］. 中国食品学报, 2017, 17 （9）: 142-150.

［142］ 刁静静, 刘妍兵, 李朝阳, 等. 绿豆肽对脂多糖诱导急性肺损伤小鼠肺组织的保护作用 ［J］. 食品科学, 2020, 41 （17）: 176-181.

［143］ 刁静静, 迟治平, 孙迪, 等. 绿豆肽对 RAW264.7 巨噬细胞的免疫调节作用 ［J］. 中国生物制品学杂志, 2019, 32 （9）: 950-957.

［144］ 胡锦瑞, 刘欣, 刁静静, 等. 绿豆蛋白水解物对环磷酰胺诱导小鼠免疫活性的影响 ［J］. 山西农业科学, 2022, 50 （11）: 1560-1567.

［145］ 曹龙奎, 刁静静. 绿豆降血压肽制备技术的研究 ［C］//中国食品科学技术学会. 中国食品科学技术学会第九届年会论文摘要集. 中国食品科学技术学会第九届年会论文摘要集, 2012.

［146］ 丁香君, 李海丽, 余宇晖, 等. 小分子绿豆肽螯合亚铁对小鼠缺铁性贫血改善作用 ［C］//中国营养学会, 中国疾病预防控制中心营养与健康所, 农业农村部食物与营养发展研究所, 中国科学院上海营养与健康研究所, 华中科技大学公共卫生学院. 中国营养学会第十五届全国营养科学大会论文汇编. 中国营养学会第十五届全国营养科学大会论文汇编, 2022.

［147］ 王朝阳, 荆黎. 核转录因子 E2 相关因子 2 和 Keap1 的分子结构和功能及其信号通路调控分子机制研究进展 ［J］. 中国药理学与毒理学杂志, 2016, 30 （5）: 598-604.

［148］ YOON H S, PARK C M. Alleviated Oxidative Damage by Taraxacum officinale through the Induction of Nrf2-MAPK/PI3K Mediated HO-1Activation in Murine Macrophages RAW 264.7 Cell Line ［J］. Biomolecules, 2019, 9 （7）: 288.

［149］ ZHUANG Y, WU H, WANG X, et al. Resveratrol Attenuates Oxidative Stress-Induced Intestinal Barrier Injury through PI3K/Akt-Mediated Nrf2Signaling Pathway ［J］. Oxid Med Cell Longev, 2019: 7591840.

［150］ FRANKE T F. PI3K/Akt: getting it right matters ［J］. oncogene, 2008, 27 （50）: 6473-6488.

［151］ HU Y, CHEN X, PAN T T, et al. Cardioprotection induced by hydrogen sulfidepreconditioning involves activation of ERK and PI3K/Akt pathways ［J］. Pflugers Arch, 2008, 455 （4）: 607-616.

［152］ 刘阳, 李雪苓, 李延恩. 银杏叶提取物通过激活 PI3K/AKT 通路抑制 IL-1β 诱导血管内皮细胞的凋亡 ［J］. 临床和实验医学杂志, 2019, 18 （4）: 365-369.

［153］ LIU Y, TIE L. Apolipoprotein M and sphingosine-1-phosphate complex alleviates TNF-α-induced endothelial cell injury and inflammation through PI3K/AKT signalingpathway ［J］. BMC Cardiovasc Disord, 2019, 19 （1）: 279.

［154］ XING Y, LAI J, LIU X, et al. Netrin-1restores cell injury and impaired angiogenesis invascular endothelial cells upon high glucose by PI3K/AKT-eNOS ［J］. J Mol Endocrinol, 2017,

58（4）：167-177.

[155] LIU X, WANG Y, WU D, et al. Magnolol Prevents Acute Alcoholic Liver Damage byActivat-ing PI3K/Nrf2/PPARγ and Inhibiting NLRP3 Signaling Pathway［J］. Front Pharmacol, 2019, 10：1459.

[156] 杨钊. 基于 MAPK 和 AKT 介导 Nrf2/Keap1/p62 信号通路扰动自噬促进海马细胞凋亡的雄黄神经毒性研究［D］. 沈阳：中国医科大学，2021.

[157] 黄雅娜. 基于 AKT 和 MAPK 信号通路探讨丹酚酸 B 对血管紧张素 II 诱导的血管内皮细胞氧化应激的调控作用［D］. 福州：福建中医药大学，2020.

[158] 宋燕娟，马春莲，肖笑，等. 中等强度有氧运动调节 PPARγ/PI3K/AKT 通路改善 2 型糖尿病大鼠肝脏糖、脂代谢紊乱及炎症［J］. 中国运动医学杂志，2023，42（1）：48-56.

[159] 韩思荣，杨景锋，等. 中医药基于 PI3K/AKT 通路改善 2 型糖尿病肝脏胰岛素抵抗的研究进展［J］. 陕西中医药大学学报，2023，46（1）：32-35.

[160] 王伟杰，高琦，孙正宇，等. 2 型糖尿病病人血清 MMP9 和 PI3K 水平与心房颤动的相关性研究［J］. 蚌埠医学院学报，2023，48（1）：99-103.

[161] 刘倩颖，张美. 糖尿病肾病患者外周血 Th1/Th2 变化及其与 PI3K/AKT 通路相关性［J］. 医学理论与实践，2022，35（24）：4253-4255.

[162] 陈婷，刘金彦. PI3K/Akt/mTOR 通路与足细胞自噬在糖尿病肾病肾功能修复中的研究［J］. 医学信息，2022，35（22）：170-175.

[163] 李瑷，罗婧，王璇，等. 川芎嗪通过激活 PI3K/Akt 信号通路抑制氧化应激来改善 T2D 大鼠糖尿病肾病［J］. 解剖科学进展，2022，28（5）：547-550.

[164] 王丹丹. 维生素 C 通过 PCSK9/LDLR 及 AMPK/LXR 信号通路调节脂代谢［D］. 合肥：合肥工业大学，2021.

[165] KESANIEMI Y A, WITZTUM J L, STEINBRECHER U P. Receptor-mediated catabolism of low density lipoprotein in man. Quantitation using glucosylated low density lipoprotein［J］. J Clin Invest, 1983, 71（4）：950-959.

[166] JEON H, BLACKLOW S C. Structure and physiologic function of the low-density lipoprotein receptor［J］. Annu Rev Biochem, 2005, 74：535-562.

[167] 中华医学会. 血脂异常基层诊疗指南（实践版·2019）［J］. 中华全科医师杂志，2019（5）：417-421.

[168] 中华医学会心血管病学分会循证医学评论专家组，中国老年学学会心脑血管病专业委员会. 甘油三酯增高的血脂异常防治中国专家共识［J］. 中国医学前沿杂志（电子版），2011，39（9）：115-120.

[169] 诸骏仁，高润霖，赵水平，等. 中国成人血脂异常防治指南（2016 年修订版）［J］. 中国循环杂志，2016，31（10）：937-953.

[170] KOHNO M, SUGANO H, SHIGIHARA Y, et al. Improvement of glucose and lipid metabo-lism via mung bean protein consumption：clinical trials of GLUCODIA isolated mung bean pro-tein in the USA and Canada［J］. Journal of Nutritional Science, 2018, 7：e2.

[171] ELIAS R J, KELLERBY S S, DECKER E A. Antioxidant activity of proteins and peptides［J］. Crit Rev Food Sci Nutr, 2008, 48（5）：430-441.

[172] BJUNE K, WIERØD L, NADERI S. Inhibitors of AKT kinase increase LDL receptor mRNA

expression by two different mechanisms [J]. PLoS ONE, 2019, 14 (6): e0218537.

[173] 韩杰, 赵路苹, 王丹, 等. 高温花生粕功能肽的酶法制备 [J]. 食品研究与开发, 2023, 44 (1): 110-116.

[174] 刘玉军, 李金华, 孙志强, 等. 基于仿生酶解技术制备牡丹籽粕小肽及其抗氧化活性研究 [J]. 轻工科技, 2022, 38 (2): 42-44.

[175] 章绍兵, 王璋, 许时婴. 利用电喷雾串联质谱测定菜籽抗氧化肽的结构 [J]. 河南工业大学学报 (自然科学版), 2009, 30 (2): 1-4.

[176] 齐宝坤, 赵城彬, 江连洲, 等. 糖基化反应对绿豆分离蛋白二级结构及抗氧化性的影响 [J]. 中国食品学报, 2018, 18 (9): 53-60.

[177] 孙健. 基于食品非热加工 PEF 技术处理松子源抗氧化六肽的工艺优化研究 [D]. 长春: 吉林大学, 2017.

[178] GAO F F, QUAN J H, LEE M A, et al. Trichomonas vaginalis induces apoptosis via ROS and ER stress response through ER-mitochondria crosstalk in SiHa cells [J]. Parasites Vectors, 2021, 14, 603.

[179] DUNN J D, ALVAREZ L A, ZHANG X, et al. Reactive oxygen species and mitochondria: a nexus of cellular homeostasis [J]. Redox Biol, 2015, 6, 472-485.

[180] BRAVO-SAGUA R, RODRIGUEZ A E, KUZMICIC J, et al. Cell death and survival through the endoplasmic reticulum-mitochondrial axis [J]. Curr Mol Med, 2013, 13, 317-329.

[181] ZHANG H Y, LI H Z, ZHANG T W, et al. Research progress on the mechanism of antioxidant peptides [J]. Journal of Food Safety and Quality, 2022, 12, 3981-3988.

[182] KOBAYASHI A, KANG M I, OKAWA H, et al. Oxidative stress sensor Keap1functions as an adaptor for Cul3-Based E3ligase to regulate proteasomal degradation of Nrf2 [J]. Mol Cell Biol, 2004, 24, 7130-7139.

[183] BAIRD L, LLERES D, SWIFT S, et al. Regulatory flexibility in the Nrf2-mediated stress response is conferred by conformational cycling of the Keap1-Nrf2protein complex [J]. Proc Natl Acad Sci, 2013, 110, 15259-15264.

[184] HIROTSU Y, KATSUOKA F, FUNAYAMA R, et al. Nrf2-MafG heterodimers contribute globally to antioxidant and metabolic networks [J]. Nucleic Acids Res, 2012, 40, 10228-10239.

[185] GIRNUN G D, DOMANN F E, MOORE S A, et al. Identification of a functional peroxisome proliferator-activated receptor response element in the rat catalase promoter [J]. Mol Endocrinol, 2002, 16 (12): 2793-2801.

[186] RAVINGEROVÁ T, CARNICKÁ S, NEMEKOVÁ M, et al. PPAR-alpha activation as a preconditioning-like intervention in rats in vivo confers myocardialprotection against acute ischaemia-reperfusion injury: involvement of PI3K-Akt. Can J Physiol Pharmacol, 2012, 90 (8): 1135-1144.

[187] HUANG Z P, HE W, ZHOU X Y, et al. Activation of PPAR alpha and PPAR gamma induce expression of the hepatic LDL receptor [J]. FASEB J, 2007, 21 (6): A1137.

[188] YE Q, LEI H, FAN Z, et al. Difference in LDL receptor feedback regulation in macrophages and vascular smooth muscle cells: foam cell transformation under inflammatory stress [J]. Inflammation, 2014, 37 (2): 555-565.

[189] 付洁琦. ABCG1 对糖脂代谢异常的动脉粥样硬化大鼠血脂的影响及胃饥饿素 (Ghrelin)

调控机制的研究［D］. 沈阳：沈阳医学院，2019.

［190］赵慧慧，王道艳，王春波. 胶原蛋白肽经由 Nrf2 信号通路对 H2O2 诱导的肝细胞氧化损伤的保护作用（英文）［J］. 现代生物医学进展，2014，14（23）：4434-4439.

［191］DIAO J，MIAO X，CHEN H. Anti-inflammatory effects of mung bean protein hydrolysate on the lipopolysaccharide - induced RAW264. 7 macrophages. Food Science and Biotechnology ［J］. 2022，31（7）：849-856.

第五章　绿豆抗氧化肽的制备及其对高脂诱导小鼠肠道代谢产物的影响

第一节　引言

一、绿豆蛋白和绿豆肽概述

（一）绿豆蛋白概述

绿豆的蛋白质含量较高，占籽粒的 19.5% ~ 33.1%，为小麦、玉米蛋白的 2 ~ 3 倍，其蛋白可分为球蛋白、谷蛋白、清蛋白及醇溶蛋白，其中，球蛋白和清蛋白含量最多，占总蛋白含量的 70% ~ 80%。Tang 等研究结果表明，11S 与 7S 球蛋白的比例越高，绿豆球蛋白越具有更好的功能特性，如溶解度和乳化性。清蛋白具有水溶性，占总蛋白含量的 15% ~ 20%。研究表明，绿豆中清蛋白的泡沫含量为 257% ~ 281%，为绿豆作为蛋白发泡剂在食品工业中的应用提供了依据。

与大豆和豌豆蛋白相比，绿豆蛋白易消化和不易诱发过敏反应，因此，欧盟食品安全局将其列入新型食品，并将其推荐作为适宜婴幼儿和中老年食品的补充剂。同时，绿豆蛋白含有丰富的必需氨基酸，如亮氨酸、异亮氨酸、苯丙氨酸、缬氨酸和赖氨酸等，其营养价值含量高于世卫组织和粮农组织所推荐的摄入量（30 mg/d），被认为是世界范围内膳食蛋白质的重要来源之一，具有较好的溶解性、乳化性、发泡性等功能特性和抗氧化、降脂、免疫调节等多种生理活性。由于绿豆蛋白具有较好的功能特性，利用绿豆蛋白加工的食品，如蛋白饮料和糕点等制品，不仅营养价值高，而且口感醇厚、品质尚佳，深受广大消费者的喜爱。Kohno 等通过双盲、安慰剂对照试验，结果发现受试者随着食用绿豆分离蛋白时间的增加，平均胰岛素水平显著降低，证实绿豆蛋白可用于预防内脏脂肪堆积，保护肝功能，证明绿豆蛋白具有较好的降脂活性。Hou 等研究发现在进食量相同的条件下，食用绿豆蛋白小鼠的相对体重、肝脂含量、血清总胆固醇以及总三酰甘油含量均显著低于高脂诱导组，说明绿豆蛋白可用于抑制体重增加和脂肪积累，改善血脂水平。综上所述，绿豆蛋白作为一种功能性的、清洁的、可持续的和健康的食品配方成分，成为未来食品工业中很有前途的植物蛋白资源，正越来越受到关注。

绿豆的工业化利用多以生产淀粉制品为主，绿豆蛋白由于其提取效率低、消化率较差等弊端，多作为副产物而被低值化处理，这造成了优质资源的严重浪费。因此开拓绿豆蛋白的加工方法，对实现绿豆蛋白的高值化利用具有重要意义。

（二）绿豆肽概述

蛋白质具有独特的分子结构和不同的官能团，对蛋白质进行改性，可以选择性地修饰以获得具有更好功能和营养特性的物质。目前，包括绿豆蛋白在内的植物蛋白改性仍然是国内外的重要研究热点之一。绿豆蛋白改性涉及使用物理、化学或生物方法来改变蛋白质的空间结构和物理化学性质，与其他方式对比，酶法水解改性具有成本低、操作简单、提取得率较高、反应条件温良、不破坏蛋白的功能特性等优点。绿豆蛋白经生物酶定向切割后获得具有丰富支链的 2～20 个氨基酸之间的肽序列，即为绿豆肽。绿豆肽中氨基酸含量丰富，尤其是天冬氨酸、谷氨酸、赖氨酸和精氨酸，同时富含各种维生素，如维生素 E、烟酸和硫胺素，以及各种微量元素，如钙、镁、钾、铁、钠、硒和锰等。这些物质在酶解过程中被释放，增强了绿豆蛋白的功能特性，并发挥生理健康益处，提高绿豆蛋白的营养价值。

已有大量研究证实，绿豆蛋白经过酶解后的产物具有更好的功能活性。Liu 等利用碱性蛋白酶、中性蛋白酶、复合蛋白酶、风味蛋白酶和木瓜蛋白酶对绿豆蛋白进行酶解，结果发现，与绿豆蛋白相比，经不同种酶水解得到的绿豆肽的水解度和溶解度显著升高，发泡能力和乳化能力也随着酶解时间增加而显著增大，这些结果为绿豆肽作为发泡剂、乳化剂在食品工业中的应用提供了支持。同样是以绿豆蛋白为研究对象，Xie 等利用碱溶酸沉的方法提取得到绿豆活性肽，并用其作为营养物质培养细胞，结果显示，绿豆活性肽组比蛋白组具有更加均衡的氨基酸组成，而且疏水性和芳香族氨基酸含量较高，随着培养时间的增加，绿豆活性肽组细胞存活率比蛋白组更高，这些研究有助于绿豆肽在药物开发和医学中得到应用。为获得更好的水解效果，许多研究都集中在优化酶解的工艺参数上，这包括酶种类、酶浓度和底物浓度的筛选，以及选择合适的水解时间和温度。但是，蛋白酶的利用率较低、蛋白质的转化率较低、酶解的反应时间较长是传统酶解手段制备肽所面临的关键难题，同时提高酶解效率并将不溶性绿豆蛋白转化为可溶性绿豆蛋白水解物的报道很少。针对传统酶解工艺中产物得率较低、水解时间较长和蛋白酶利用率较低等问题，许多研究人员将注意力转向物理技术辅助酶解，以提高酶解过程的效率。Tapas 等将大米进行微波处理后再进行酶解，结果发现，微波预处理使大米蛋白水解度显著提高，大米中的不溶性蛋白质含量从 46.0% 提高到 70.1%，生产效率和蛋白质转化率都明显提高。这一研究可以改善提取到的蛋白质的功能特性，满足大米蛋白在不同食品配方中的应用需求。常慧敏发现，使用超声波对米糠蛋白预处理后进行酶解，水解时间减少 1 h，酶用量减少 1.4 倍，米糠蛋白的水溶性提高了近 2 倍。其中，超声波作为一种安全环保的新兴绿色处理方式，在蛋白酶解反应原料中得到了广泛的应用，如大豆蛋白、鹰嘴豆蛋白、马铃薯蛋白和黑豆蛋白等，并且效果相当显著。尽管超声波辅助酶解技术在食品工业中已经得到了一定应用，但其在绿豆蛋白加工领域的探索和研究都尚未广泛展开。目前，关于这一特定技术如何优化绿豆蛋白的酶解过程、提升蛋白质利用率及其在食品中的应用潜力等方面的研究仍相对稀缺。因此，这一领域的研究不仅对于绿豆蛋白的深加工具有重要意义，也对于推动相关技术的发展具有重要价值。

另外，尽管研究人员对绿豆肽制备和开发进行了深入研究，但是对绿豆肽的生物活性如抗氧化性质在体外实验中的表现鲜有报道。Budseekoad 等使用酶水解和超滤的组合，从绿豆蛋白提取物中生产得到绿豆肽，结果显示，与绿豆蛋白相比，绿豆肽具有与钙和铁更好的结合能力，为绿豆肽作为具有增强矿物结合特性功能食品的潜在成分提供了支持。富天昕以绿豆蛋白为原料，制备出具有锌结合能力的绿豆多肽，通过体外模拟胃肠道消化实验发现肽锌螯合物在肠道中的吸收利用较好、生物利用率较高。此外，研究表明，酶解物的结构和氨基酸组成的改变对机体脂代谢水平也会产生影响。侯珮琳等将绿豆蛋白水解物经超滤处理后得到不同级分的绿豆肽，并发现分子量大于 5 kDa 以上的绿豆肽吸附胆酸盐能力更强，达到了更好的降血脂效果。刘妍兵将富含各种氨基酸的绿豆肽作为饲料喂养高脂小鼠可以起到抑制肝脏脂肪过度积累的作用。但是绿豆肽在机体内对提高自由基清除能力、抗氧化酶活性和抗脂质过氧化能力等的报道较少。

二、绿豆蛋白、绿豆肽抗氧化活性的研究进展

抗氧化剂在维持身体健康和预防疾病方面起着重要作用，近年来，人们对天然抗氧化剂的研究兴趣日益增加，植物蛋白及其酶解物作为一种潜在的天然抗氧化剂引起了科研人员的关注。植物蛋白因其含有特殊的氨基酸组成，一些氨基酸如谷氨酸、半胱氨酸等具有一定的抗氧化性质。此外植物蛋白经水解后能够释放

出具有抗氧化活性的肽段，这些肽段不仅可以直接发挥抗氧化能力，而且进入机体后还可以通过调节肠道菌群改善氧化应激水平。因此，未来继续探索植物蛋白及其酶解物发挥抗氧化作用的具体机制，对于深入理解其健康益处非常重要。

（一）绿豆蛋白抗氧化活性的研究进展

研究发现植物蛋白中可能含有特殊的氨基酸序列或结构，这些结构可以与自由基发生反应，帮助抵消自由基介导的细胞损伤，对抑制机体细胞脂质过氧化和增强机体抗氧化能力具有重要意义。如大豆蛋白、豌豆蛋白和黑豆蛋白等，都被发现具有一定的抗氧化能力，它们可以帮助保护细胞免受自由基的损伤，减缓氧化应激的过程。不过，需要注意的是，蛋白质的抗氧化活性并不是所有蛋白质都具备的，而且其强度也可能因蛋白质的来源、结构和环境等因素而有所不同。而绿豆蛋白作为一种天然的植物蛋白，具有较强的抗氧化活性，成为近些年的研究热点。一些研究表明，绿豆蛋白对抗氧化系统的潜在影响在于其生物活性抗氧化剂，如绿豆蛋白水解物和一些氨基酸，这些物质是天然的抗氧化成分，能够抑制脂质过氧化，对减缓细胞的氧化过程和保持细胞膜的完整性有巨大帮助，因此绿豆蛋白具有很强的抗氧化活性。Zhang 等用绿豆蛋白质饲喂经 D-半乳糖诱导的衰老小鼠后，超氧化物歧化酶和过氧化氢酶等抗氧化酶的活性显著提高，有利于减少小鼠细胞的氧化损伤，延缓小鼠机体的衰老。此外，绿豆蛋白中的某些氨基酸残基、高级结构、溶解性、分子量和电荷分布等也可能会影响它与自由基的结合能力，进而影响其抗氧化效果。Yan 等将绿豆蛋白作为主要物质添加到绿豆豆其中制作绿豆豆豉口服营养补充剂，研究发现绿豆蛋白添加 5% 时，谷氨酸和丙氨酸含量最高，同时口服营养补充剂的抗氧化效果最好，这可能是由于较多的谷氨酸可以转变为谷氨酰胺进而合成谷胱甘肽，这是机体中一类重要的抗氧化物质。柳芬芳发现绿豆蛋白经酶解后，蛋白中的 β-转角和无规则卷曲结构因水解作用而被打开，分子量显著降低，DPPH 和 ABTS 自由基清除率显著提高。但绿豆蛋白酶解后的产物如何在体内外发挥抗氧化活性的研究较少。

（二）绿豆肽抗氧化活性的研究进展

绿豆蛋白经过酶在特定的部位进行切割，得到的小分子物质称为绿豆肽，研究表明，绿豆肽可以通过多种方式发挥抗氧化作用。首先，它能够直接与自由基结合，使其失去活性，从而防止自由基引发的链式反应。Sonklin 等以绿豆蛋白为原料，利用中性蛋白酶水解 12 h，结果发现水解产生的绿豆肽能够向自由基提供质子，从而使 DPPH 自由基清除率、羟自由基清除率、超氧化物活性和金属螯合能力得到显著提高，同时研究还发现绿豆肽链中含有丰富的谷氨酸和天冬氨酸，它们具有抑制过渡金属的能力。Jennifer 等对绿豆白蛋白酶解物的自由基清除能力、亚铁离子螯合能力和氧自由基吸收能力进行了研究，结果发现酶解后产物的亚铁离子螯合活性显著增加，该研究认为绿豆水解物产生的肽是一种有效的铁离子螯合剂，具有很高的抗氧化潜力。其次，绿豆肽还可以增强体内抗氧化物酶的活性，这些酶能够帮助身体更有效地清除自由基，缓解氧化应激为机体带来的损伤。刁静静以绿豆肽为原料培养巨噬细胞，结果发现在一定范围内随着绿豆肽剂量的增加，巨噬细胞的细胞增殖率和超氧化物歧化酶活力也出现明显增强。以过氧化氢诱导损伤 $HepG_2$ 细胞为模型，通过测定细胞存活率、谷胱甘肽过氧化物酶和超氧化物歧化酶的活性，研究发现绿豆肽组的细胞存活率最高、抗氧化酶效果最好，这些结果证明绿豆肽可以缓解过氧化氢对细胞造成的损伤，提高细胞的抗氧化水平。此外，绿豆肽还能抑制脂质过氧化，保护细胞膜的完整性，防止细胞受到氧化损伤。刘妍兵同样以绿豆肽作为研究对象，通过喂养高脂饮食诱导的小鼠后发现其肝脏水平上的超氧化物歧化酶和过氧化氢酶的活性显著提高，证明绿豆肽可以抑制高脂饮食小鼠肝脏氧化损伤。

（三）绿豆肽抗氧化活性与结构关系的研究进展

食源性的植物抗氧化肽的活性与其结构密切相关，特定官能团、肽序列中的氨基酸种类、分子量、空间构型等因素都是表现其抗氧化活性的主要因素之一。研究人员发现，食源性的植物抗氧化肽中含有丰富的谷氨酸、精氨酸和赖氨酸等氨基酸，这些氨基酸在机体中能够发挥较强的抗氧化活性。同时，食源性的植物抗氧化肽中还含有一些特殊的氨基酸，如异亮氨酸和苯丙氨酸等，这些氨基酸也可能对抗氧化活性产生影响。Phongthai 等以米糠蛋白为原料，进行体外胃肠消化实验，研究表明经胃蛋白酶和胰蛋白酶水解得到的产物中酪氨酸、苯丙氨酸、总芳香族氨基酸与 DPPH 自由基清除活性、ABTS 自由基清除活性、还原能力呈统计学意义的正相关，并用 MALDI-TOF 质谱法鉴定了水解产物的肽序列，发现肽段中含有 40% 苯丙氨酸，这些结果证明米糠蛋白水解肽中的芳香族氨基酸大大提高了其抗氧化性能。刘文颖在谷朊粉中加入碱性蛋白酶水解后得到小麦低聚肽，研究发现小麦低聚肽中含有丰富的抗氧化性氨基酸：脯氨酸、亮氨酸、缬氨酸，它们在羟基自由基、DPPH 自由基和 ABTS 自由基的清除上发挥着重要作用。Gu 等发现藜麦蛋白经碱性蛋白酶、复合蛋白酶、中性蛋白酶、风味蛋白酶和木瓜蛋白酶分别水解后，疏水性氨基酸都显著提高，它们在自由基清除试验中发挥了重要的抗氧化活性。此外，有研究表明，因食源性肽的分子量大小不同，而在不同程度上影响了其与自由基相互作用的方式，进而影响其抗氧化能力的强弱。

韩杰等人发现高温花生粕抗氧化肽在酶解制备时，水解度越高，分子量越小，这一趋势在木瓜蛋白酶处理高温花生粕蛋白时间为 120 min 时达到峰值，这时的抗氧化肽 DPPH 清除率也最高，其分子量在 1 kDa 以下。刘玉军等对牡丹籽粕蛋白酶解物进行分级，结果发现小于 1 kDa 的肽段 DPPH 自由基清除能力最强，抗氧化活性最高。王怡菊利用南极磷虾粉制备得到南极磷虾活性肽，通过超滤膜分离后得到了不同分子量的组分，结果发现分子量小于 5 kDa 的组分的 DPPH 自由基清除率、羟自由基清除率和超氧阴离子自由基清除率要高于其他组分，并证明抗氧化强的组分主要富集在低分子量多肽中。除分子量外，抗氧化肽的活性一般还与其二级结构有关。齐宝坤等人对绿豆蛋白进行了糖基化反应，研究结果显示，这种反应能够显著改善其抗氧化活性，并且其 α-螺旋含量显著减少，而 β-折叠及转角以及无规卷曲的含量均显著增加。孙健的研究结果显示松子源抗氧化肽在水溶液中大多以无规卷曲的形式分布，用高压脉冲对其活性进行改善后发现，松子抗氧化肽的 Zeta 电位绝对值减小，抗氧化活性增加。于梦怡等人对青刺果抗氧化肽进行了分离纯化及结构鉴定，发现鉴定出的 3 条肽序列都以氢键和疏水作用与 Keap1 蛋白进行结合并进行抗氧化。也有研究发现食源性抗氧化肽的浓度也会影响其抗氧化活性。姜颖俊等通过研究肽浓度与其抗氧化活性关系时发现，随着绿豆肽浓度的增加，其羟自由基清除率、铁离子还原能力和 DPPH 自由基清除率逐渐升高，结果表明绿豆肽的浓度与抗氧化活性呈量效关系。

综上所述，蛋白质及其酶解物的构效关系研究说明了它们的结构与生物活性之间的联系，通过对构效关系的研究，可以更好地理解蛋白及其酶解物的抗氧化活性的来源和作用机制。但目前对绿豆蛋白和肽的具体结构特征和如何在体内外发挥抗氧化活性的分子机制并不清晰。

（四）绿豆肽抗氧化活性与降脂能力的研究进展

脂代谢异常主要与氧化应激水平有关，而现有研究发现一些具有抗氧化活性的植物蛋白肽可以降低氧化应激水平。这些植物蛋白肽可能通过多种途径发挥作用，如清除自由基、减少脂肪积累、调节肠道菌群等。因此进一步研究其具体作用机制，将为开发针对性的治疗策略提供依据。

植物肽中的某些成分可能为细胞提供必要的营养物质，如氨基酸、微量元素等，这些营养物质是抗氧化酶合成的基础。同时，植物抗氧化肽还有利于保护和激活细胞内的抗氧化酶系统。因此，植物肽的供给有助于机体合成更多的抗氧化酶。李琳利用芸豆酶解液通过超滤法分级得到抗氧化肽，并用其喂养斑马鱼，结果发现斑马鱼体内谷胱甘肽过氧化物酶、过氧化氢酶、总抗氧化能力、超氧化物歧化酶随着喂养时间的增加，浓度也在逐渐提高。Udenigwe 综述了食物蛋白质水解物可以促使细胞分泌更多的过氧化氢酶和谷胱甘肽酶等过氧化物酶，进而降低血脂水平，对脂代谢起到调控作用。抗氧化酶的增加可以在一定程度上降低体内甘油三酯等脂肪含量，减少因过量脂肪代谢而产生的自由基，进而对降脂产生积极作用。张才科等研究表明，槲皮素可通过增强抗氧化酶的活力来降低肝脏中的自由基水平和 MDA 含量，进而缓解体内氧化应激水平，对血脂改善起到积极作用。Chaudhari 等在高脂诱导大鼠产生氧化应激反应的基础上进行研究，结果发现，随着荸荠喂养时间的增加，大鼠体内肝硫代巴比妥酸反应物质和超氧化物歧化酶等抗氧化物质持续增加，结果证明，抗氧化物质对总胆固醇和低密度脂蛋白胆固醇等的含量有减弱功效，进而使大鼠的血脂水平得到改善。

目前已经发现一些具有抗氧化性质的植物肽可以选择性地促进有益菌的生长，抑制有害菌的增殖，从而维持肠道菌群的平衡。有益菌的增加可能有助于降低胆固醇的吸收和合成，进而对脂代谢起到调控作用。Liu 等将益生菌按照合适的比例添加在饲料中，通过 16s RNA 测序发现羔羊的肠道菌群中有益菌的丰度显著增加，通过粪便的代谢组学分析发现短链脂肪酸含量显著增加，这一代谢物可以通过多种机制降低血脂，如减少脂肪吸收、增加脂肪燃烧等。Deng 等研究发现小鼠肠道微生物群厚壁菌门和拟杆菌门增加，可以改善脂肪代谢，减少脂肪堆积，促进白色脂肪形成。也有一些研究表明植物抗氧化肽也可以通过抑制肠道中有害菌的生长和代谢活动，减少有害菌产生的氧化应激物质，进而达到对脂代谢的调节。植物肽可以影响肠道菌群的组成和活性，使其产生有利于降脂的代谢产物。一些研究发现肠道菌群会产生有益菌，通过粪便代谢组学检测到粪便中含有较多的短链脂肪酸和胆汁酸等物质，进一步证明植物抗氧化肽可以通过肠道菌群代谢物降低胆固醇水平和促进脂肪分解的作用来调节脂代谢。此外还有研究表明，植物抗氧化肽对肠道菌群的调节还可能影响炎症反应，机体炎症代谢的正常运作对于维持脂质代谢平衡至关重要，因此通过调节炎症代谢，有助于维持肠道屏障的完整性，防止有害物质和脂类进入血液循环，从而降低血脂水平，实现对脂代谢的调控作用。

尽管部分植物蛋白抗氧化肽已被证实能通过调节肠道菌群达到降脂效果，但绿豆抗氧化肽借助肠道菌群调节脂代谢的作用机制仍不明晰。因此，对绿豆抗氧化肽调节脂代谢的作用机制展开研究是非常有必要的。

三、超声波技术在蛋白加工过程中应用的研究进展

超声波技术是一种频率高于 20000 Hz 的高频声波，它方向性好，穿透能力

强，易于获得较集中的声能，在介质中传播的过程会与介质中的物体相互作用，产生各种效应，如弹性振动、塑性变形、气体加热或机械效应等。超声波技术具有非侵入性、非破坏性、穿透能力强、相对简单、成本较低、高精度和快速高效易于实现自动化和集成化等特点，这些优势使超声波技术在众多领域中得到了广泛的应用，并不断发展以满足各种应用的需求。食品加工工业也受益于超声波技术，例如，超声波清洗可以去除食品表面的污垢、杂质和细菌，提高食品的卫生质量。超声波可以改善食品乳液的稳定性和分散性，在制造奶油、酱料和饮料等产品时，超声波可以使油脂和水更好地混合，形成均匀的乳液。超声波可以加速溶剂对食品成分的萃取过程，提高萃取效率和提取物的质量，如在茶叶和香料的萃取中，超声波可以帮助释放更多的香味和有效成分。超声波处理可以改变食品的质地和口感，如在肉制品加工中，超声波可以使肌肉纤维松弛，改善肉质的嫩度。在一些食品加工过程中，如挤压膨化和超声干燥，超声波也可以改善加工效果，提高生产效率。未来超声波技术在食品领域中的应用还将不断发展，为提高食品质量、安全性、加工效率，改善食品品质和开发功能性食品提供新的途径。

（一）超声波技术在蛋白改性中应用的研究进展

1. 超声波技术在蛋白改性中对其结构影响的研究进展

超声波是蛋白质改性常用的物理改性手段之一，它可以作用于蛋白质的高级结构及其非共价键，如二级结构的氢键，三级结构的离子键、范德瓦耳斯力、疏水键、氢键和静电相互作用，四级结构中亚基间的非共价相互作用，而不破坏蛋白质的一级结构。这是因为蛋白质一级结构是由肽键维系的，具有高度稳定性。而高级结构是肽链在一级结构的基础上按照一定周期性折叠和盘绕形成的，由非共价作用的次级键维系、键能较弱、极不稳定。超声波通过破坏蛋白质的高级结构来改变其理化性质和功能特性，这种技术不仅安全可靠，绿色无污染，而且作用时间短、经济实惠，对蛋白质中氨基酸等营养物质的影响也较小，在食品加工领域具有很大的发展潜力。沈玲玲对大米蛋白、燕麦蛋白、玉米蛋白、大豆蛋白分别进行超声处理，通过分析圆二色谱、荧光光谱发现超声预处理使 4 种蛋白质的二级结构改变显著，三级结构有不同程度的展开。Li 等利用不同超声功率对黑豆分离蛋白进行处理，通过傅里叶红外光谱计算得到蛋白的峰面积，结果发现与天然黑豆分离蛋白相比，超声处理后样品的 β-折叠含量增加，α-螺旋和无规则卷曲结构的比例降低，这说明超声波可以改变黑豆蛋白的二级结构。

2. 超声波技术在蛋白改性中对其理化和功能性质影响的研究进展

超声波对蛋白质理化和功能性质产生的影响，主要是通过机械效应、热效应和空化效应来实现的。超声波处理能够产生空化气泡，当气泡达到一定大小后，它们会突然崩溃，破碎的气泡会在极短的时间内产生极高的温度和压力，可能导致蛋白质的化学键断裂、分子间相互作用的改变以及溶解度的变化。李笑笑研究表明：超声波对大豆分离蛋白的理化性质会产生影响，当采用不同功率的超声波对大豆蛋白处理后，发现处理组样品的疏水相互作用减弱、粒径减小、浊度降低、溶解度显著提高，乳液中乳滴的平均粒径整体降低，为超声波在大豆乳化性研究提供了一定的形态学基础。另外，当超声波在介质中传播时，它会产生机械振动和压力变化，即机械效应，这种机械作用可以对蛋白产生各种影响，如摩擦、冲击和搅拌等。Wang 等通过 300 W 高强度超声处理（5 min、10 min 和 20 min）鹰嘴豆分离蛋白，发现超声处理可明显改变蛋白的理化性质和功能特性，随着超声处理时间的延长，鹰嘴豆蛋白粒径减小、ζ 电位增强、溶解度增加，发泡性能增大，乳化指数增加，这些研究提供了改善鹰嘴豆蛋白功能性质的方法，促进超声波技术在食品工业中的应用。超声波的空化和机械作用也会加速蛋白质聚集物的碰撞和较大蛋白质的解聚，使不稳定的蛋白质聚集物被分散成更小的蛋白质颗粒，导致超声处理后花生奶中的蛋白溶液流动性增加、黏度下降。同时，超声波在振动过程中也会将部分能量转化为热能，导致局部温度升高，对蛋白质产生加热作用，即热效应。高功率、长时间的超声处理，会产生大量的热，能使溶液中大豆蛋白的热运动增强，小分子蛋白的碰撞和相互作用概率增加，蛋白的聚集过程加速，导致大豆蛋白粒径增大、浊度升高、溶解度降低、游离巯基簇的含量增加、二硫键的水平下降、荧光强度降低和 λ_{max} 发生蓝移。Li 等用高强度超声波对大麻籽蛋白处理，结果发现由于高功率超声会产生强烈的热效应，导致蛋白乳液粒径增加，乳化性、热稳定性和氧化稳定性显著降低。

（二）超声波技术在蛋白酶解反应中应用的研究进展

超声波技术在蛋白酶解反应中的应用是一种新型的蛋白质水解技术，它结合了超声和酶解的优势，可以提高酶解效率和产物质量。在利用超声波辅助酶解技术的研究中，可以将其应用分为 3 个主要阶段：首先是在酶解反应开始之前，使用超声波对反应底物进行预处理，以改变其物理性质和化学性质，从而可能提高后续酶解效率；其次是超声波对酶本身的作用，即对酶进行预处理，这可能影响酶的结构和活性，进而影响酶解过程的效果；最后，在酶解反应完成后，超声波还可用于对产物的后续处理，以进一步优化产物的特性或提高其品质。这 3 个阶段的研究和优化，对于深入理解超声波在酶解过程中的作用机制及其在实际应用中的潜力至关重要。

1. 超声波技术对底物的预处理

超声波对酶解底物进行预处理是目前提高酶解效率的主要手段之一，已被广泛应用于动物蛋白、植物蛋白和微生物蛋白等。例如，在溶解度较高的蛋白质的酶解过程中，超声可以加速反应速率，提高酶解效果。Jin 等对大豆蛋白进行超声处理，通过动力学、热力学和分子构象研究，结果说明超声波预处理可以通过影响蛋白质的分子构象和微观结构来加速大豆蛋白的酶解进程。为了进一步探究超声波对酶解效率的促进机制，Wang 等在单因素实验的基础上采用固定化酶技术研究超声辅助酶解菜籽蛋白的机理，研究结果发现酶解液中的多肽含量提高了 40.88%，α-螺旋减少了 10.7%，β-链增加了 2.4%，这些结果表明超声辅助酶解是通过提高蛋白质的溶解度和改变蛋白质的分子结构来实现的。另外，超声辅助酶解还可以应用于一些难以酶解的蛋白，如胶原蛋白、角蛋白等。超声过程中产生的高剪切力和湍流效应能够打破蛋白质的结构，增加其表面积和溶解度，从而使酶更容易接触和水解蛋白质。

2. 超声波技术对酶的预处理

超声波对酶的预处理可以通过高频振动产生的微小气泡和液体的涡流，对酶分子产生机械作用和空化效应，这可能会导致酶的结构发生变化，比如展开酶的活性位点，增加酶的溶解性，或者改变酶的空间构型。这样的预处理可以提高酶的活性和反应速率，使酶更容易与底物结合并进行催化反应。杨会丽探讨了超声预处理对酶活性的影响，结果发现 1200 W 下超声处理 10 min，碱性蛋白酶活力增加了 6.89%，最终使大豆分离蛋白酶解物的 ACE 抑制率也进一步增强。而王康利用超声波对胰蛋白酶、胃蛋白酶和过氧化氢酶进行处理，分别探讨了在不同酶浓度和超声时间下，超声波对酶活性的影响，结果发现超声破坏了酶的结构，使酶活力降低。这可能是因为超声波对酶的稳定性和耐受性产生影响，使其在恶劣的条件下容易受到损伤或者失活，因此，如何优化超声波的参数，如频率、强度和处理时间，以最大程度地提高酶的预处理效果依然是超声辅助酶解技术中的热点问题。

3. 超声波技术对酶解产物的处理

许多研究证明酶解产物具有生物活性，如抗菌、抗炎和免疫调节等，而超声波处理可以在保持或提高这些生物活性的同时，减少对酶解产物的破坏性影响，确保其功效的保留。这可能是由于超声波可以破坏细胞结构，促进酶解产物的释放和溶解。Zhong 等通过超声波处理火龙果果皮酶解液，采用 UPLC-QTOF-MS/MS 和扫描电镜方法分析产物的成分和结构，结果发现，与单一酶解相比，超声处理能促进酶解产物中酚类化合物的释放，进而提高其抗氧化活性。同时，超声处理也会导致酶解产物的分子结构发生变化，如改变肽的构象或暴露活性位点，这些结构变化可能增强了酶解产物与生物靶点的相互作用，从而提高其生物活性。Thongrattanatrai 等对蝉蛹蛋白酶解液进行超声处理，结果发现产物的分子量减小，溶解度、发泡性、乳液性、保水能力、保油能力、抗氧化活性都显著升高。此外，超声波处理可能会减少酶解产物的聚集或形成更有序的结构，有助于释放被包裹或隐藏在较大分子中的活性肽段，这些物质可以改善酶解产物在溶液中的溶解性和稳定性，使其更容易被生物体吸收和利用，进而提高生物活性。Qian 等对食品加工中超声处理酶解液进行了综述，报道显示超声可以破碎未酶解彻底的蛋白质，增加蛋白质的溶解性，提高其功能性质。

虽然超声波对蛋白质酶解产物的处理具有潜在的应用价值和科学意义，但目前对超声波如何影响绿豆蛋白酶解产物的抗氧化性能的了解有限，需要更多的研究来深入解释这些问题，这将有助于拓展绿豆蛋白酶解产物在抗氧化领域的应用，为高效制备绿豆抗氧化肽提供一种有效的方法，并进一步扩大超声波技术在蛋白质酶解方面的应用。

第二节　材料与方法

一、试验材料

（一）主要材料和试剂

试验所需要的主要材料和试剂见表 5-1。

表 5-1　试验试剂与材料

材料名称	生产厂家
绿豆蛋白粉	山东优承生物科技（烟台）有限公司
碱性蛋白酶	丹麦诺维信公司
中性蛋白酶	上海源叶生物科技有限公司
胃蛋白酶	上海浩洋生物有限公司
胰蛋白酶	上海浩洋生物有限公司
L-组氨酸	上海麦克林生化科技有限公司
大豆卵磷脂	上海麦克林生化科技有限公司

材料名称	生产厂家
菲洛嗪	美国 Sigma 公司
三氯乙酸	索莱宝生物科技有限公司
牛血清蛋白	北京博奥拓达科技有限公司
PBS 磷酸缓冲盐溶液	索莱宝生物科技有限公司
三氯化铁	哈尔滨华擎化学试剂有限公司
二苯基苦基苯肼（DPPH）	美国 Sigma 试剂公司
氯仿	安达市清顺化学试剂公司
硫代硫酸钠（五水，分析纯）	济南博航生物技术有限公司
菲洛嗪（分析纯）	索莱宝生物科技有限公司
总胆固醇检测试剂盒	上海楚肽生物科技有限公司
总甘油三酯检测试剂盒	上海楚肽生物科技有限公司
超氧化物歧化酶测定试剂盒	上海楚肽生物科技有限公司
过氧化氢酶测定试剂盒	上海楚肽生物科技有限公司
30% 双氧水	天津市科密欧化学试剂有限公司
酒石酸钾钠	上海麦克林生化科技有限公司
硫酸铜	上海麦克林生化科技有限公司
邻菲啰啉	上海麦克林生化科技有限公司
三氯乙酸	索莱宝生物科技有限公司
抗坏血酸钠	上海麦克林生化科技有限公司

（二）主要仪器设备

试验所用到的主要仪器设备见表 5-2。

表 5-2　试验仪器设备

仪器名称	生产厂家
FB124 电子天平	上海恒平科学仪器有限公司
S-2600CRT 紫外分光光度计	上海精密科学仪器有限公司
PHS-25 数显 pH 计	上海精密科学仪器有限公司
Spectrum Two 傅里叶红外变换光谱分析仪	美国 PE 公司
FD-1A-50 冷冻干燥机	杭州川一实验仪器有限公司
SY-601 恒温水浴锅	天津市欧诺仪器仪表有限公司

续表

仪器名称	生产厂家
DW-HL1010-80 ℃超低温冷冻冰箱	中国美菱有限责任公司
GL-25M 高速冷冻离心机	湖南湘仪离心机仪器有限公司
YLGF-1B 电热恒温鼓风干燥箱	上海精宏实验设备有限公司
QP-1910 实验室超纯水仪	滕州卓普分析仪器有限公司
WPL-30BE 电热恒温培养箱	天津泰斯特仪器有限公司
DW-HL1010-80 ℃超低温冷冻冰箱	中国美菱有限责任公司
SW-CJ-IF 型超净工作台	北京东联哈尔仪器制造有限公司
LS-3781L-PC 型高压灭菌锅	日本松下健康医疗器械株式会社
LA8080 氨基酸分析仪	日本日立公司
RF6000 荧光分光光度计	Shimadzu 岛津公司
SU3400 扫描电子显微镜	日立科学仪器（北京）有限公司
JY99-ⅡDN 超声波细胞粉碎机	宁波新芝生物科技股份有限公司
JJ-1/NP 悬臂式电动搅拌器	宁波新芝生物科技股份有限公司
手持均质仪	宁波新芝生物科技股份有限公司
JL-S 旋涡混合器	宁波新芝生物科技股份有限公司
KQ-250E 型超声波水浴清洗器	昆山仪器设备有限公司
NKY6180 全自动凯氏定氮仪	上海望海环境科技有限公司
20-400KG 全自动实验室雪花制冰机	宁波新芝生物科技股份有限公司

二、实验方法

（一）超声预处理绿豆蛋白

将 10 g MBP 粉末溶于 100 mL 去离子水中，用 1 mol/L 的 NaOH 溶液调 pH 至 7.0。采用超声波细胞粉碎机，设置相应的超声功率（200 W、300 W、400 W、500 W、600 W）和超声时间（5 min、10 min、15 min、20 min、25 min）对绿豆蛋白溶液进行超声处理，并设定温度 25 ℃，间歇时间 5 s/5 s。

（二）绿豆蛋白酶解物的制备

在超声得到的绿豆蛋白中加入适量去离子水，配成7%的蛋白溶液。放于 95 ℃ 水浴锅中预热 10 min，静置到室温，采用 1 mol/L 的 NaOH 溶液将蛋白质溶液的 pH 调至各种酶（胃蛋白酶、复合蛋白酶、中性蛋白酶、胰蛋白酶、碱性蛋白酶）的最适 pH。添加2%的蛋白酶，在最适酶反应温度下进行酶解试验。酶解过程中用

1 mol/L 的 NaOH 溶液或者 1 mol/L 的盐酸溶液保持体系的 pH 恒定。酶解反应结束后，升温至 95 ℃保持 10 min 灭酶。将上述绿豆蛋白酶解液以 11000 r/min，4 ℃的条件离心 10 min，取离心得到的上清液备用。

（三）绿豆蛋白酶解物的理化指标测定

1. 肽得率的测定

利用双缩脲试剂法测量酶解液中的可溶性蛋白含量。取 1 mL 酶解液于试管中，加入 4 mL 双缩脲试剂，在涡旋振荡器上混匀，室温放置 30 min，540 nm 测定吸光度。利用凯氏定氮仪测定绿豆总蛋白含量。利用式（5-1）计算肽得率。

$$肽得率(\%) = \frac{C \times V \times 10}{m} \times 100 \qquad (5-1)$$

式中：C 为蛋白酶解物的浓度（mg/g）；V 为蛋白酶解物的体积（mL）；m 为绿豆总蛋白含量（g）。

2. 氮溶指数（NSI）的测定

采用廖小微等的方法，将样品配成 1%的溶液，在 30 ℃下振荡 2 h 后，4000 r/min 离心 20 min。测定试管中上清液的绿豆蛋白含量。用凯氏定氮法测定绿豆总蛋白的含量。利用式（5-2）计算 NSI。

$$NSI = \frac{N_1}{N_2} \times 100\% \qquad (5-2)$$

式中：N_1 为上清液中的蛋白质含量（g）；N_2 为绿豆总蛋白含量（g）。

3. 水解度（hydrolysis degree，DH）的测定

参考刘恩岐等的方法，使用 pH-stat 法测定样品的 DH。依据酶解过程碱添加量计算，按照式（5-3）计算。

$$DH(\%) = \frac{B \times N}{\alpha \times h_{tot} \times m} \times 100 \qquad (5-3)$$

式中：B 为加入 NaOH 溶液的体积（mL）；N 为加入 NaOH 溶液的摩尔浓度（mol/L）；α 为蛋白氨基的平均解离度；h_{tot} 为每克绿豆蛋白具有的肽键毫摩尔数，对于绿豆蛋白为 7.9 mmol/g；m 为样品蛋白含量（g）。

4. DPPH 自由基清除能力的测定

参考刘妍兵等的研究方法。0.0125 g 的 DPPH 粉末与 400 mL 无水乙醇充分混合均匀后，定容至裹有锡纸的容量瓶（500 mL）中，既配制得到 DPPH 溶液。将 2 mL 样品溶液与 8 mL DPPH 溶液充分混合，在黑暗中放置 30 min。取适量上述混合液于比色皿中，用紫外可见分光光度计测定吸光值（517 nm），记为 A_s。

2 mL 无水乙醇代替样品溶液测得吸光值记为 A_0。使用式（5-4）计算样品的DP-PH 自由基清除能力。

$$\text{DPPH 自由基清除率} /\% = \left(1 - \frac{A_S}{A_0}\right) \times 100 \qquad (5-4)$$

（四）绿豆蛋白及其酶解物的溶解度的测定

1. 标准曲线的制备

用去离子水将牛血清蛋白（1.00 g）定容至 100 mL 容量瓶中，配制得到 10 mg/mL 标准牛血清蛋白。取 6 支试管依次加入标准牛血清蛋白溶液（0.0 mL、0.2 mL、0.4 mL、0.6 mL、0.8 mL、1.0 mL），并对应加入 NaCl 溶液（1.0 mL、0.8 mL、0.6 mL、0.4 mL、0.2 mL、0.0 mL）。然后在 6 支试管内分别加入 4.0 mL 双缩脲试剂，充分摇匀后，室温下避光放置 30 min，用分光光度计在 540 nm 处比色测定吸光值。以 A_{540} 值为纵坐标，蛋白质浓度为横坐标，绘制标准曲线。

2. 溶解度的测定

取 10 mL 样液在 10000 r/min 的转速下离心 20 min。取 2 mL 的上清液添加到 10 mL 试管中，加入 8 mL 双缩脲试剂，充分摇匀后，室温下避光放置 30 min，测定 540 nm 处吸光率。并代入标准曲线方程，算出待测样品的浓度，再按照对应体积将其折合成样品的质量。最后按照式（5-5）计算样品的溶解度。

$$\text{溶解度} = \frac{\text{MBPH 含量/g}}{\text{总蛋白含量/g}} \times 100\% \qquad (5-5)$$

（五）绿豆蛋白及其酶解物的抗氧化活性的测定

1. DPPH 自由基清除能力的测定

同第五章第二节（三）-4。

2. 羟自由基清除能力的测定

选用邻二氮菲法测定绿豆蛋白及其羟自由基清除能力。取配制好的邻二氮菲溶液（0.75 mmol/L）1 mL，与磷酸缓冲液（0.1 mol/L，2 mL）、绿豆蛋白或绿豆酶解物样品溶液（1 mL）充分混合，之后再加入现配置的硫酸亚铁溶液（1 mL），混匀后，加入过氧化氢水溶液（$w/v = 0.12\%$，1 mL），将匀浆置于恒温水浴锅中（37 ℃）加热 60 min。取适量上述混合液于比色皿中，用紫外可见分光光度计测定吸光值（536nm），记为 A_S；1 mL 蒸馏水代替绿豆蛋白或绿豆酶解物样品溶液，记为 A_0；1 mL 蒸馏水代替过氧化氢水溶液，记为 A_H。利用式（5-6）计算蛋白及其酶解物的羟自由基清除率。

$$羟自由基清除率 /\% = \frac{A_S - A_0}{A_H - A_0} \tag{5-6}$$

3. 硫代巴比妥酸（Thiobarbituric acid reactive substances，TBARS）值的测定

参考 Vhangani 等的试验方法并稍微修改。准确称量 4.4736 g 的氯化钾和 0.3880 g 的 L-组氨酸，定容至 500 mL 容量瓶中，配制成组氨酸-KCl 溶液（pH 6.8）。取上述溶液于烧杯中并加入 5 g 大豆卵磷脂，4 ℃下利用超声波处理 45 min，既得卵磷脂溶液。取 5 mL 卵磷脂溶液、0.1 mL 的 50 mmol/L 的氯化铁溶液与 0.1 mL 的 10 mmol/L 的抗坏血酸钠溶液充分混合后加入绿豆蛋白或绿豆酶解物样品溶液（1 mL），混合均匀后，置于水浴（37 ℃）加热 60 min。

反应结束冷却至室温后，取 0.5 mL 上述混合液，加入 TCA-HCl 溶液（8.5 mL）和 TBARS 溶液（1.5 mL）混匀，置于沸水浴中加热 30 min。冷却至室温后，加入 CHCl₃ 溶液（10.5 mL），充分摇匀后离心 10 min（3500 r/min），取适量上述混合液于比色皿中，用紫外可见分光光度计测定吸光值（532 nm），记为 A_S。利用式（5-7）计算蛋白酶解物的 TBARS 值。

$$TBARS(mg/L) = \frac{A_S}{V} \times 9.48 \tag{5-7}$$

式中：V 为样品体积（mL）；9.48 为常数。

4. 还原能力的测定

参考张江涛等的方法。取 5 mL 的 0.2 mol/L 的磷酸液缓冲溶液与 5 mL 质量分数为 1% 的铁氰化钾溶液充分混合后加入绿豆蛋白或绿豆酶解物样品溶液（5 mL），混合均匀后，将匀浆置于恒温水浴锅中（50 ℃）加热 20 min，冷却至室温后加入三氯乙酸溶液（$w/v = 10\%$，2.5 mL）和 FeCl₃ 溶液（0.5 mL），混合均匀后静置 10 min，取适量上述混合液于比色皿中，用紫外可见分光光度计测定吸光值（700 nm），以吸光值表示绿豆蛋白及其酶解物的还原能力。

5. Fe²⁺螯合能力的测定

参考 Akindoyeni 等的方法，并稍作修改。取 4 mL 浓度为 2 mmol/L 的 FeCl₂ 溶液和 4 mL 浓度为 0.5 mmol/L 的菲洛嗪溶液于 10 mL 离心管中，加入 1 mL 的绿豆蛋白或其酶解样品溶液，混匀后静置 10 min，取适量上述混合液于比色皿中，用紫外可见分光光度计测定吸光值（562 nm）记为 A_S；1 mL 蒸馏水代替样品溶液，记为 A_0。利用式（5-8）计算绿豆蛋白及其酶解物的 Fe²⁺螯合率。

$$Fe^{2+}/\% = 1 - \frac{A_s}{A_0} \qquad (5-8)$$

（六）绿豆蛋白及其酶解物体外消化率的测定

1. 胃蛋白酶、胰蛋白酶溶液的配制

将稀盐酸溶液（pH 4.42）倒入 250 mL 烧杯棕色瓶中，在恒温水浴锅中加热升温到 42~45 ℃，取下。然后加入 0.667 g 活力为 30000 IU/g 的胃蛋白酶。缓慢搅动使其充分溶解，得到胃蛋白酶溶液（ρ=6.67 mg/mL），酶活力为 200 IU/mL，既得胃蛋白酶溶液。

将磷酸二氢钠溶液（5.3 mL，0.2 mol/L）和磷酸氢二钠溶液（94.7 mL，0.2 mol/L）混合均匀配制成 100 mL，0.2 mol/L 磷酸缓冲溶液（pH 8.0）于 250 mL 棕色瓶中，将上述溶液放入恒温水浴箱加热升温到 42~45 ℃。加入 5 g 活力为 3000 IU/g 的胰蛋白酶。轻轻摇动使其溶解，得到胰蛋白酶质量浓度为 50 mg/mL 的溶液，酶活力为 150 IU/mL，即得胰蛋白酶溶液。

2. 体外消化率的测定

量取 100 mL 样品溶液放入 250 mL 烧杯中，加入上述胃蛋白酶溶液 10 mL。然后将烧杯置于 37 ℃ 恒温水浴箱中，不间断摇晃 2 h。取出，添加 2.0 mL 的 NaOH（0.5 mol/L）溶液和胰蛋白酶溶液 30 mL，混合液于 37 ℃ 恒温水浴箱继续酶解 2 h。之后取出烧杯，马上加入质量分数为 10% 的 TCA 溶液 10 mL，充分混合均匀后静置 1 h。利用式（5-9）计算样品的体外消化率。

$$体外消化率(\%) = \frac{总蛋白含量 - 沉淀蛋白含量}{总蛋白含量} \times 100 \qquad (5-9)$$

（七）绿豆蛋白及其酶解物的结构性质的测定

1. 氨基酸组成的测定

氨基酸的组成采用 Liu 等的方法测定，略有修改。将冻干的绿豆蛋白及其酶解产物（100 mg）溶解在 2 mL 的去离子水中。用 12 mL HCl 溶液（6 mol/L），加入 3~4 滴苯酚后冷冻 5 min，在 110 ℃、氮气气氛下酶解 22 h。酶解产物冷却至室温后用双层滤纸过滤，得到的酶解物用超纯水稀释并定容至 50 mL。将上述稀释得到的溶液过滤（过滤器膜为 0.22 μm）处理，然后使用氨基酸自动分析仪器进行分析测定。

2. 傅里叶红外光谱的测定

将干燥的样品充分研磨后过 200 目筛，取 10 mg 粉末与 100 mg 溴化钾混合，压成 1 mm 的薄片。采集背景后，扫描每个样本（500~4000 cm^{-1}）。测量分辨率为 4 cm^{-1}，扫描 32 次。

3. 内源荧光光谱的测定

将样品溶液用磷酸盐缓冲液（0.01 mol/L，pH 7.0）稀释至 200 µg/mL。吸取 20 µL 的原液样品（浓度 100 mg/mL），用 0.1 moL 的磷酸盐缓冲液稀释至 10 mL。将激发波长（290 nm）和发射波长（335~460 nm）设置为固定参数，狭缝宽度为 5 nm，扫描速度设定为 1200 nm/min，进行测定。

4. 粒径和 ζ 电位的测定

利用样品和磷酸溶液（0.01 mol/L，pH 7.0）制备浓度为 1 mg/mL 的样品溶液，吸取 1 mL 的溶液转移至粒径或电位的专用测试皿中。随后，利用激光粒度仪对该样品溶液进行测定，获得样品的粒径和 ζ 电位。

5. 相对分子质量分布的测定

采用高效液相色谱法测定绿豆蛋白组分和绿豆蛋白酶解物组分的相对分子质量，为避免堵塞排阻色谱柱，将样品溶液经 0.45 µm 膜过滤后再进行上样检测。为了防止排阻色谱柱在操作过程中出现堵塞，将 10 µL 的样品溶液通过具有 0.45 µm 孔径的过滤膜进行过滤处理。完成过滤后，再将处理过的样品溶液装载到色谱系统中，以 Na$_2$SO$_4$（0.1 moL，pH 7.0）和磷酸盐缓冲液（0.1 mmoL，pH 7.0）作为流动相，流速 1.0 mL/min，检测 220 nm 波长下的洗脱物。

6. 微观结构的测定的测定

取适量冻干粉样品，细致且均匀地涂抹在导电胶上，形成一层薄薄的样本层。随后，利用洗耳球轻柔地吹去黏附不牢的多余样品，确保只有牢固附着在胶上的样本留在观察区域。为增强样品的导电性，以便在扫描电镜下获得清晰的图像，在样品表面均匀喷涂一层薄薄的金膜，然后将样品放入扫描电镜中，在设定的 15 kV 加速电压和 2000 倍放大倍率下，对样品的微观结构进行详细观察。

（八）动物实验

1. 实验分组和小鼠饲养

40 只雄性 C57BL/6 小鼠，体重（22±2）g，适应性喂养 7 d，随机分成 4 组，每组 10 只，分组情况如下：对照组［CON（Contrast）组，正常饲料］、高脂组（HFD 组，高脂饲料）、绿豆蛋白酶解物组［（mung bean protease hydrolysate，MBPH）组，正常饲料中加入 500 mg/（kg mb·d）MBPH，该绿豆蛋白酶解物饲料由前一部分试验筛选得到的最佳处理条件组，既超声处理—超声辅助酶解组的制作工艺来制得的绿豆蛋白酶解物］、高脂绿豆蛋白酶解物组［HM 组，高脂饲料内加入 500 mg／（kg mb·d）MBPH]。在本次实验中，每组小鼠 5 只，并安置在单独的笼子里，然后放置在一个特定的无病原体级别的动物房内。小鼠被允许自由地获取食物和水，以维持其正常的生理需求。此外，动物房内的光照条件被设定为 12 h 的光照和 12 h 的黑夜循环，以模拟自然环境中的昼夜节律。为了保障小鼠的生活质量，定期对饲养环境进行清洁和消毒，确保其生活环境的卫生状况符合实验要求。

2. 样本采集和处理

饲养 30 d 后，小鼠禁食 12 h。将需要取样的小鼠单独放置在预先准备好的、干净的笼子里，笼底铺设了一层无菌滤纸。当小鼠在滤纸上排便后，立即进行粪便样本的收集。为了确保样本的代表性，每只小鼠收集 3～5 粒粪便，并将其转移到灭菌的离心管中。这些离心管随后被迅速放入液氮中进行保存。

眼球取血后颈椎脱臼处死小鼠。将小鼠血液至于灭菌离心管内，设定离心参数为 0 ℃，5000 r/min，离心 5 min，随后取离心管中的上清液血清，并使用 ELISA 试剂盒测定超氧化物歧化酶（SOD 酶）、过氧化氢酶（CAT 酶）、总胆固醇（TC）和甘油三酯（TG）的含量。

小鼠解剖后在冰浴上迅速摘取盲肠，并取出肠道内容物放于液氮中保存备用。

（九）小鼠肠道菌群 16s RNA 检测分析

1. DNA 抽提

采用肠道内容物 DNA 抽提试剂盒分离出高质量的样品基因组 DNA。为了评估提取出 DNA 的纯度和完整性，使用 1% 的琼脂糖凝胶进行电泳分析。通过在凝胶电泳图像中观察 DNA 条带的清晰度和亮度，可以初步判断 DNA 样本的质量，以确保后续实验的顺利进行。

2. PCR 扩增

按指定测序区域，合成带有 barcode（独特的条形码序列）的特异引物。进行聚合酶链反应（polymerase chain reaction，PCR）扩增，每个样本设置 3 个平行重复，以确保实验结果的可靠性和重复性。之后将来自同一样本的 3 个 PCR 产物混合在一起，使用 2% 的琼脂糖凝胶进行电泳分析，以评估 PCR 产物的质量和产量。在电泳检测后，采用 AxyPrep DNA 凝胶回收试剂盒对 PCR 产物进行纯化，通过切胶的方式选择目标 DNA 条带，并进行回收。纯化过程中，使用 Tris-HCl 缓冲液进行洗脱，以去除残留的杂质。最后，为了验证回收的 PCR 产物的纯度和浓度，再次使用 2% 琼脂糖凝胶进行电泳检测。

3. 荧光定量

依据琼脂糖凝胶电泳的初步定量结果作为参考，并利用 QuantiFluor™-ST 蓝色荧光定量系统对 PCR 产物进行精确的浓度测定。在获得每个样本的准确浓度后，根据测序实验的具体要求，按照既定的比例将不同样本的 PCR 产物进行混合，以确保每个样本的 DNA 量都能满足实验需求。

4. Illu mina 文库构建

为了适配 Illu mina 测序平台的要求，采用 PCR 技术在目标 DNA 区域的两端引入接头序列，并进行扩增。之后使用凝胶回收试剂盒，通过切胶的方式从琼脂糖凝胶中回收特定的 PCR 产物。在回收过程中，利用 Tris-HCl 缓冲液洗脱凝胶中的 DNA，以获得纯净的 PCR 产物。为了验证回收产物的质量和纯度，再次使用 2% 琼脂糖凝胶电泳进行分析。最后，采用了 NaOH 处理 DNA，诱导其发生变性，从而生成单链的 DNA 片段，并进行测序反应。

5. Illu mina 测序

将 DNA 片段的一个末端与固定在芯片上的引物碱基进行互补配对，然后，以该 DNA 片段为模板，利用芯片上固定的碱基序列作为引物，进行 PCR 合成，从而在芯片上得到待测的目标 DNA 片段。在 PCR 反应中，首先使 DNA 变性，然后进行退火处理。此时，DNA 片段的另一末端会随机与邻近的另一个引物互补配对并固定，形成一个"桥"结构，随后，进行 PCR 扩增，产生 DNA 簇，这些 DNA 扩增子在后续步骤中会被线性化成为单链结构。之后，加入经过改造的 DNA 聚合酶以及带有 4 种不同荧光标记的脱氧核苷三磷酸。在每一轮反应中，仅有一个碱基会被添加到生长中的 DNA 链上。通过激光扫描反应板表面，进而读取每条模板序列在第一轮反应中所聚合的核苷酸种类。

将"荧光基团"和"终止基团"进行化学切割，以恢复 3′ 端的黏性和继续进行下一轮的聚合反应。然后，第二个核苷酸会被聚合到 DNA 链上。通过统计每轮收集到的荧光信号结果，可以获知模板 DNA 片段的序列信息。

6. 肠道菌群的生物信息分析

利用 Illu mina 测序平台获得的配对末端（PE）读段之间的重叠区域进行序列拼接，以确保读段的连续性。同时，对拼接后的序列进行严格质量控制，过滤掉质量不高的序列，确保后续分析的准确性。经过质控和过滤后，将序列按照样本来源进行区分，并开展操作分类单元（OTU）聚类分析以及物种分类学分析。通过 OTU 聚类分析，可以对样本中的微生物多样性进行量化，并计算出多种多样性指数，此外，还可以基于 OTU 聚类结果对测序深度进行评估，以确保数据的充分性和可靠性。在物种分类学分析的基础上，在不同的分类水平上进行群落结构的统计分析。基于上述分析结果，采用多元统计方法对多样本的群落组成和系统发育信息进行深入分析，包括主成分分析（PCA）、非度量多维标度分析（NMDS）和差异显著性检验等，从而揭示不同样本之间群落组成的差异和相似性。

（十）小鼠粪便非靶向代谢组学分析

1. 代谢物的提取

采用有机试剂沉淀蛋白质的技术手段提取粪便样本中的代谢物。在提取过程中，准备等量的样本，并将它们混合在一起，以创建一个质控样本。将准备好的样本加载到仪器上进行检测。为确保监控仪器的性能、实验操作的稳定性以及保证数据的质量，在检测过程的不同阶段，即检测开始前、进行中以及结束后，分别加入质控样品进行质谱扫描。扫描过程中，分别在正离子和负离子混合模式下对样本进行分析。

2. 代谢物信息分析

按照如下流程进行代谢物信息分析（图5-1）。

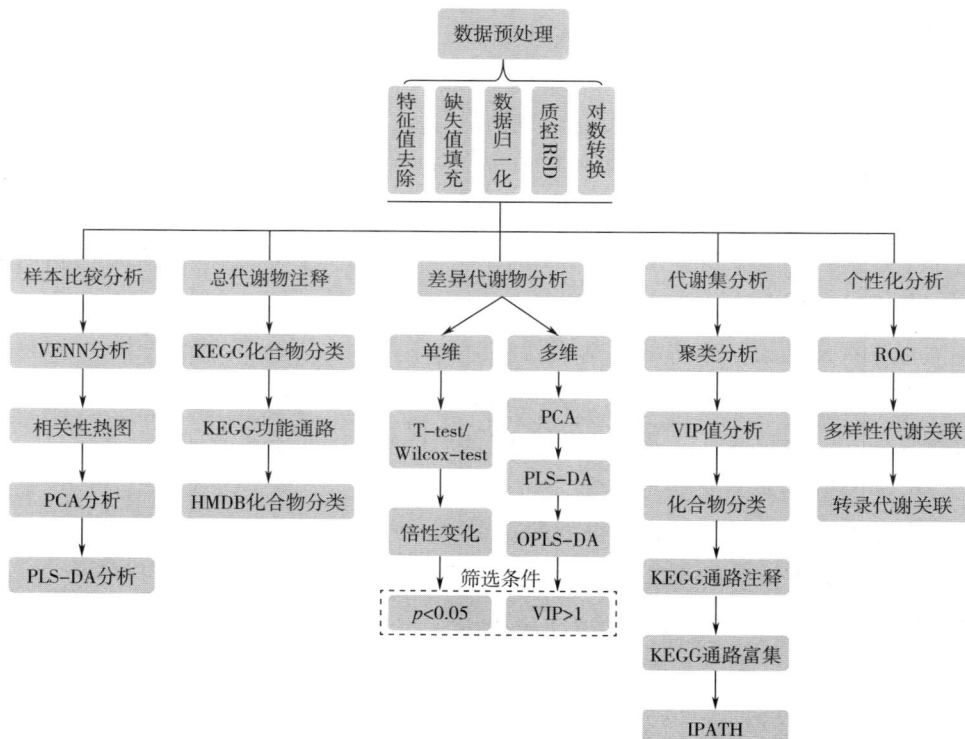

图5-1 代谢物信息

三、数据统计

使用 SPSS（统计软件™19.0 版，IBM SPSS Statistics，IL，USA）和 Tukey 显著性差异检验进行多重比较，检查平均值之间的显著性差异，用字母 a、b、c、d、e、f 和 A、B、C、D、E、F 表示显著性差异（$p < 0.05$）。使用 Origin 2021 Pro 软件（Systat software Inc.，CA，USA）绘制图形。

第三节　结果与分析

一、超声辅助酶解制备绿豆蛋白酶解产物工艺的优化

（一）不同超声功率对绿豆蛋白酶解产物水解效果和抗氧化活性的影响

图 5-2 反映的是不同超声功率对绿豆蛋白酶解产物水解效果和抗氧化活性的影响。设定超声时间 15 min、酶解时间 3 h，采用碱性蛋白酶对绿豆蛋白进行水解，分别选择 200 W、300 W、400 W、500 W、600 W 等 5 个不同超声功率，对绿豆蛋白进行处理，然后再进行酶解反应，最后测定的肽得率、NSI、DH 和 DP-PH 自由基清除率如图 5-2（A）和图 5-2（B）所示。结果可以看出，不同超声功率处理后，绿豆蛋白酶解产物的肽得率、NSI、DH 和 DPPH 自由基清除能力均发生了显著的变化，在超声功率 400 W 以下，绿豆蛋白酶解物的水解效果和抗氧化能力均随着超声功率的增加而增加，在 400 W 时，其肽得率和 NSI 较未超声蛋白酶解物增加 14.586% 和 8.951%，水解度和 DPPH 自由基清除率也分别增加 3.983% 和 8.695%；在超声功率高于 400 W 时，其水解效果和抗氧化能力又发生显著的降低，但仍高于未超声处理绿豆蛋白酶解物，这是由于较高功率产生的热效应导致部分蛋白发生聚集，这与 Wang 等的研究结果相似。因此，选择最佳超声功率为 400 W。

（二）不同超声时间对绿豆蛋白酶解产物水解效果和抗氧化活性的影响

图 5-3 反映的是不同超声时间对绿豆蛋白酶解产物水解效果和抗氧化活性的影响。设定超声功率为 400 W、酶解时间 3 h，采用碱性蛋白酶对绿豆蛋白进行水解，分别观察 5 min、10 min、15 min、20 min 和 25 min 等 5 个不同超声时间处理的绿豆蛋白酶解产物水解效果和抗氧化能力的变化。结果发现，随着超声时间的延长，其水解效果和抗氧化能力逐渐增大，超声时间为 15 min 时，其肽得率、NSI 较未超声处理蛋白酶解物提高 14.586% 和 8.951%，抗氧化活性增加

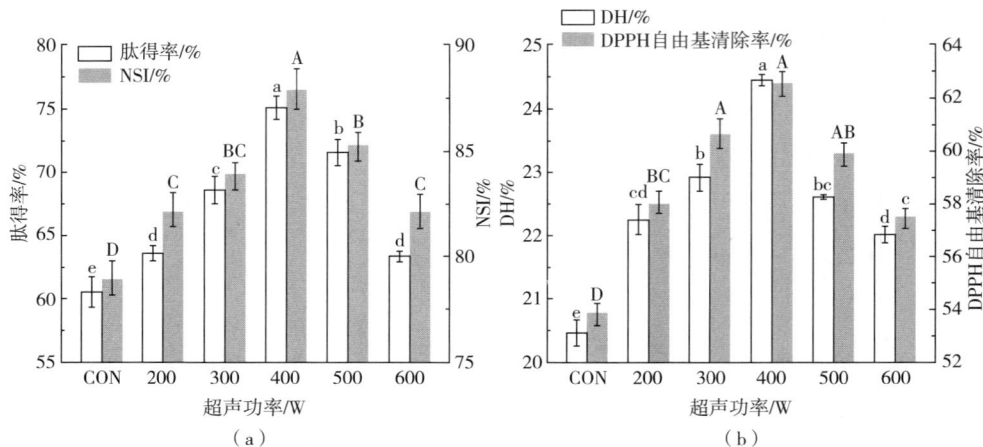

图 5-2　不同超声功率对绿豆蛋白酶解产物水解效果和抗氧化活性的影响

注：a-f 和 A-D 代表各组差异显著，$p<0.05$。

8.695%，这表明超声预处理可以破坏蛋白结构，提高其水解程度，促进生物活性大分子的暴露；当超声时间超过 15 min，其水解效果和抗氧化能力均发生了不同程度的降低，25 min 时，其抗氧化能力降低了 3.381%，这表明，超声时间的延长使蛋白发生了聚集，导致具有抗氧化活性的功能基团再次被包埋。因此，选择最佳超声时间为 15 min。

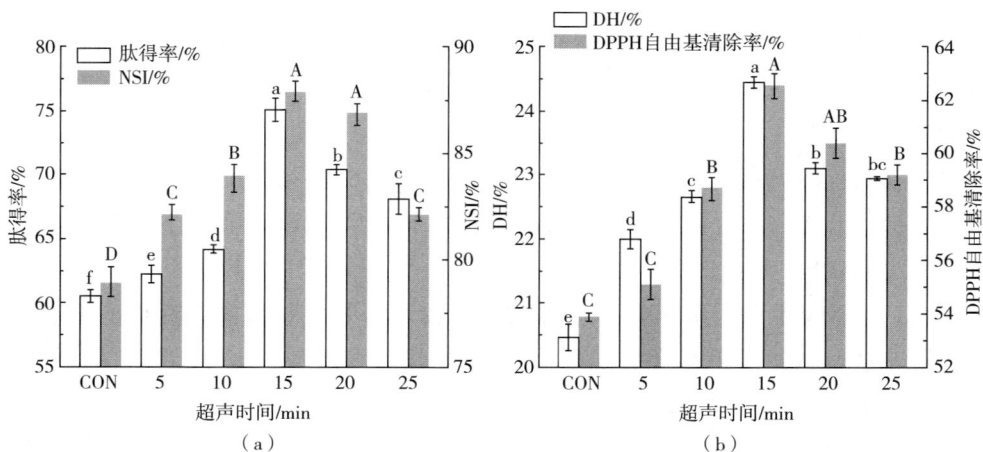

图 5-3　不同超声时间对绿豆蛋白酶解产物水解效果和抗氧化活性的影响

注：a-f 和 A-D 代表各组差异显著，$p<0.05$。

（三）不同蛋白酶对超声处理绿豆蛋白酶解产物水解效果和抗氧化活性的影响

图 5-4 反映的是不同种酶对绿豆蛋白酶解产物水解效果和抗氧化能力的影响。设定超声功率为 400 W、超声时间 15 min、酶解时间 3 h，观察胃蛋白酶、复合蛋白酶、中性蛋白酶、胰蛋白酶、碱性蛋白酶 5 种不同酶处理的绿豆蛋白酶解产物水解效果和抗氧化能力的变化。结果发现，碱性蛋白酶酶解物的水解效果和抗氧化能力最强（$p<0.05$），这是由于不同酶解物的作用位点不同，其释放的产物不同。Dada 等的研究也发现不同种酶水解白桂木果肉蛋白得到的产物活性不同。根据试验结果可以看出超声辅助酶解绿豆蛋白酶解物的肽得率、NSI、DH 和 DPPH 自由基清除率分别达到了 75.079%、87.875%、24.442%、62.56%，较未超声处理蛋白酶解物增加 14.586%、8.951%、3.961%、8.695%。这可能是由于超声处理促进了蛋白质结构展开，增加酶解效果。因此，选择最佳蛋白酶为碱性蛋白酶。

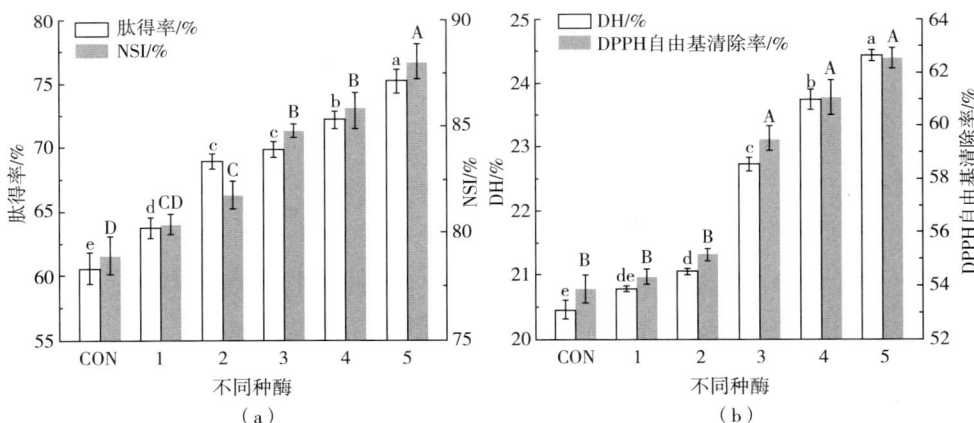

图 5-4　不同蛋白酶对绿豆蛋白酶解产物水解效果和抗氧化活性的影响

注：1 代表胃蛋白酶，2 代表复合蛋白酶，3 代表中性蛋白酶，4 代表胰蛋白酶，5 代表碱性蛋白酶；a-e 和 A-D 代表各组差异显著，$p<0.05$。

（四）不同酶解时间对超声处理绿豆蛋白酶解产物水解效果和抗氧化活性的影响

图 5-5 反映的是不同酶解时间对绿豆蛋白酶解产物水解效果和抗氧化能力的影响。设定超声功率为 400 W、超声时间为 15 min 和利用碱性蛋白酶水解绿豆蛋白，选取酶解时间 1 h、2 h、3 h、4 h、5 h，对绿豆蛋白进行酶解时间条件优化，

结果如图 5-4。随着酶解时间的延长，样品的水解效果和抗氧化活性也随之增强，在 1~4 h 时，随着酶解时间的延长，肽得率、NSI、DH 和 DPPH 自由基清除率升高明显，并在酶解时间为 4 h 时达到最高。其中，肽得率、NSI、DH 和 DP-PH 自由基清除率较未超声处理蛋白酶解物分别增加 11.536%、6.826%、5.798%、14.412%。这表明，使用超声促进了水解效果的增加，水解后具有抗氧化活性的肽段被大量释放，使酶解物的抗氧化活性提高。当酶解时间大于 4 h 时，绿豆蛋白的水解效果和抗氧化活性趋于平缓并略有下降，这可能是由于水解时间过长，使肽段被过度降解，促进了小分子肽段发生交联，引起水解物活性下降。因此，选择最佳酶解时间为 4 h。

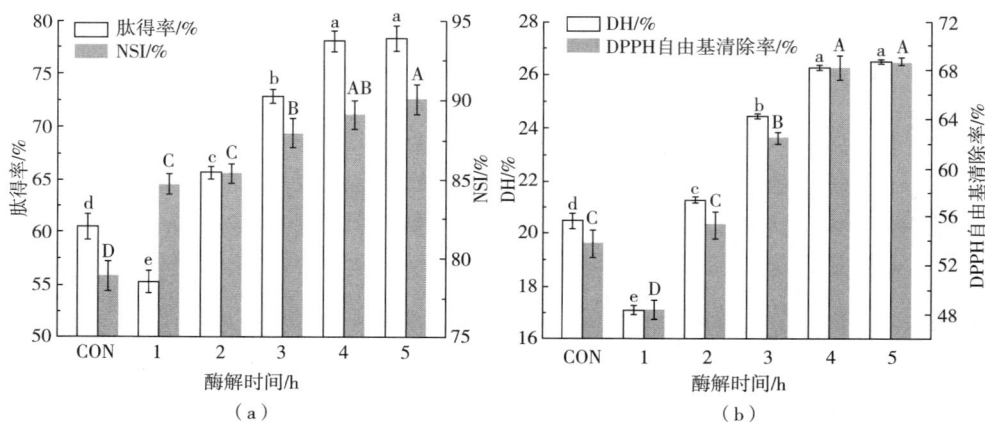

图 5-5　不同酶解时间对绿豆蛋白酶解产物水解效果和抗氧化活性的影响

注：a-e 和 A-D 代表各组差异显著，$p<0.05$。

二、绿豆蛋白及其酶解物的理化性质和功能性质

（一）绿豆蛋白及其酶解物的溶解度

1. 牛血清蛋白标准曲线

牛血清蛋白标准曲线如图 5-6 所示。

2. 绿豆蛋白及其酶解物的溶解度

溶解度是蛋白质最重要的物理化学性质之一，它可以影响蛋白质的功能性质，从而影响其实际应用和商业价值。不同处理方式对绿豆蛋白溶解度具有显著影响（图 5-7），对照组、超声预处理蛋白组、酶解处理组、超声辅助酶解处理组、超声处理酶解液组和超声处理—超声辅助酶解组的样品溶解度分别为

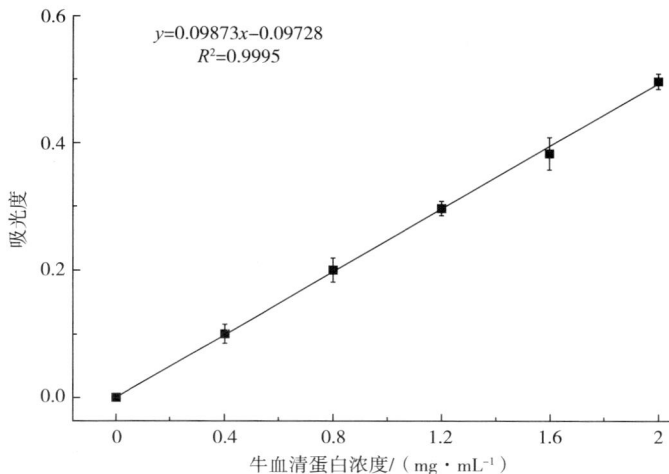

图 5-6　牛血清蛋白标准曲线

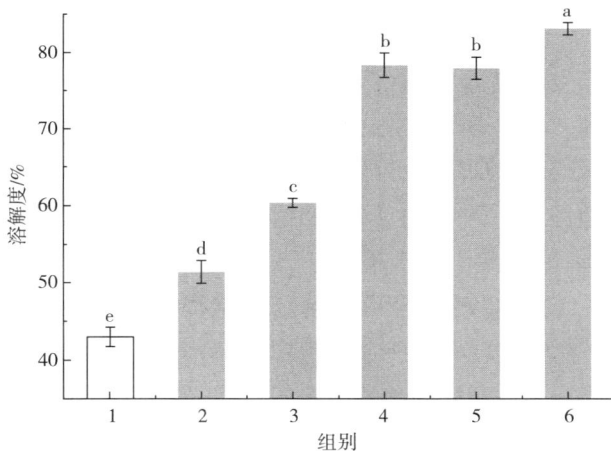

图 5-7　绿豆蛋白及其酶解物的溶解度

注：组别 1 是对照组（未处理的绿豆蛋白，下同）；2 是超声预处理蛋白组；
3 是酶解处理组；4 是超声辅助酶解处理组（超声处理蛋白的酶解产物，下同）；
5 是超声处理酶解液组；6 是超声处理—超声辅助酶解组（超声处理蛋白后进行酶解，
得到的酶解液再进行超声处理，下同）；a-e 代表各组差异显著，$p < 0.05$。

42. 99%、51. 44%、60. 42%、77. 85%、78. 34% 和 83. 22%。超声预处理蛋白后，
溶解度增加 8. 45%，这可能是由于超声使蛋白质结构展开和折叠，使更多的极性
基团暴露，从而提高了溶解度。与单一酶解相比，经过超声预处理的绿豆蛋白再
进行酶解，溶解度显著提高，是酶解处理组的 1. 29 倍。这表明超声波使蛋白质

展开后，更有利于酶解的发生，从而增加了样品的溶解度。而超声处理酶解液后，溶解度比超声辅助酶解处理组略有降低，这可能是由于相对较大分子的肽在超声条件下肽结构的解折叠，使更多的非极性基团暴露出来，从而降低了样品的溶解度。继续对超声辅助酶解所得样品进行超声处理，结果发现溶解度提高5.37%。这可能是由于超声的空化效应可以破坏肽之间的相互作用力，包括氢键、范德瓦耳斯力和偶极引力，导致更多的亲水基团暴露和更多的小分子肽释放到溶液中，因此溶解度提高。

（二）绿豆蛋白及其酶解物的抗氧化活性

蛋白质水解物的抗氧化能力是评价蛋白质生物活性的重要指标，通常由蛋白质水解释放多肽的数量和类型来表示。图5-8反映的是超声处理绿豆蛋白酶解产物的抗氧化活性。由图可以看出，不同处理组样品的抗氧化活性显著不同，与未处理绿豆蛋白相比，超声处理绿豆蛋白的抗氧化能力均表现出增加趋势，其DPPH自由基清除率、羟基自由基清除率、Fe^{2+}螯合能力和还原能力分别提高了3.462%、4.386%、2.931%和0.023 Abs，TBARS值降低了0.066 mg/L，这可能是由于超声处理产生的剪切力，使蛋白暴露出更多的反应基团，从而增强了绿豆蛋白的抗氧化能力。与单一酶解产物相比，超声处理绿豆蛋白的酶解产物的抗氧化能力得到了显著提高，DPPH自由基清除率、羟基自由基清除率、Fe^{2+}螯合能力和还原能力分别提高了7.569%、9.845%、6.696%和0.028 Abs，TBARS值降低了0.101 mg/L。由DPPH自由基清除能力和羟自由基清除能力的结果得出，超声处理绿豆蛋白的酶解产物较单一酶解产物提高了7.569%和9.845%，由图5-8（c）可以看出，超声处理绿豆蛋白酶解产物的TBARS值显著低于单一酶解物，这可能是由于在同样的酶解条件下，超声处理绿豆蛋白所得酶解产物中的小分子肽增多，可以在卵磷脂周围形成致密的保护层，从而抑制样品的氧化程度。超声处理绿豆蛋白的酶解产物的还原能力和Fe^{2+}螯合能力显著高于单一酶解产物，这是由于超声处理蛋白得到的酶解产物结构发生改变，使具有抗氧化活性的基团更易与反应体系中Fe^{2+}结合形成螯合物，从而提高了Fe^{2+}螯合能力。Tanaskovic的研究结论同样发现，超声辅助酶解处理使乳清蛋白的抗氧化活性明显增强。这可能是由于超声诱导的空化和机械作用破坏了蛋白质的致密结构，暴露更多的靶区，使蛋白质与蛋白酶的结合位点增多，促进蛋白酶解，从而得到更多具有抗氧化活性的肽段。与超声辅助酶解处理组相比，超声处理酶解液组的抗氧化活性增加不显著，但超声处理—超声辅助酶解组的抗氧化活性得到了显著提升，其DPPH自由基清除率、羟基自由基清除率、Fe^{2+}螯合能力和还原能力分别

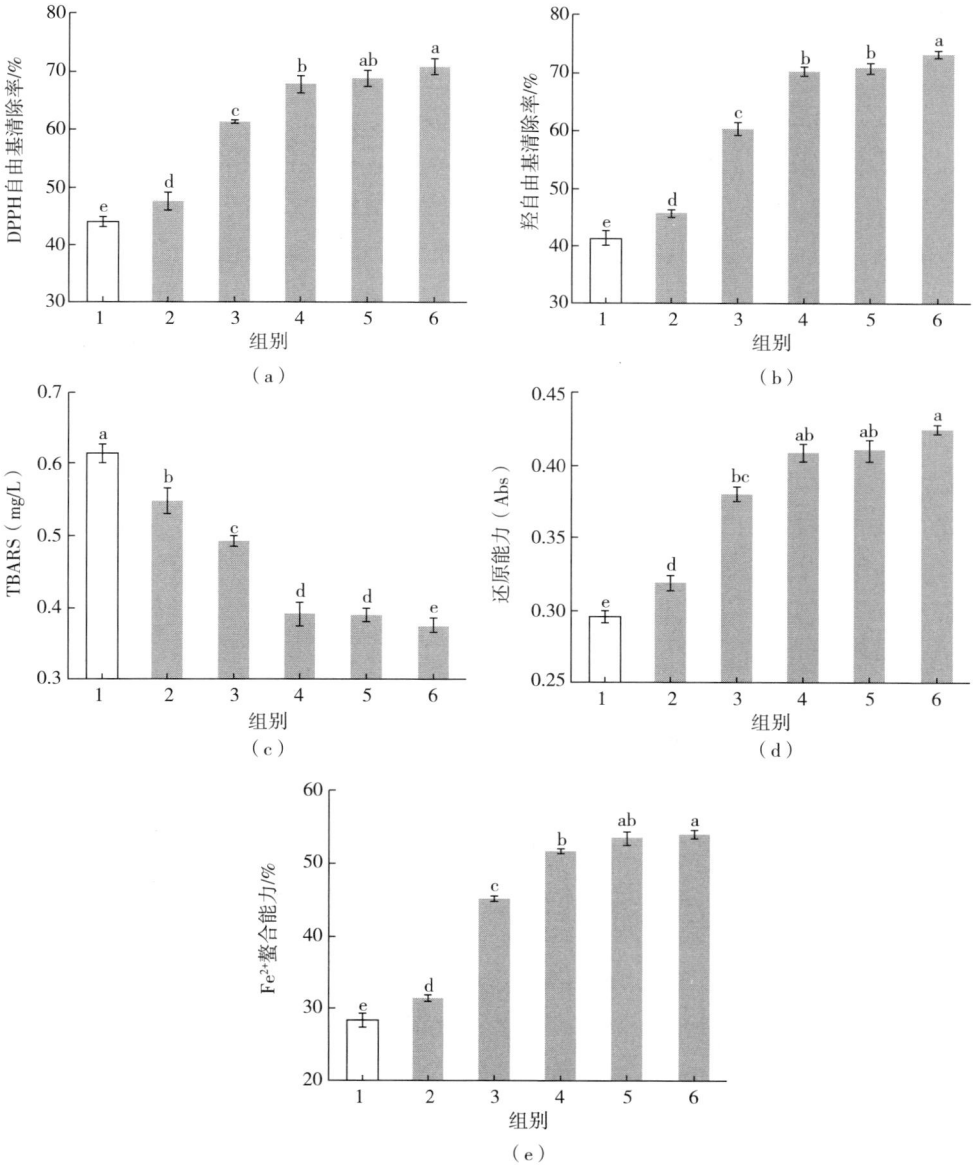

图 5-8 绿豆蛋白及其酶解物的抗氧化活性

注：组别 1 是对照组；2 是超声预处理蛋白组；3 是酶解处理组；

4 是超声辅助酶解处理组；5 是超声处理酶解液组；6 是超声处理-超声辅助酶解组；

a-e 代表各组差异显著，$p < 0.05$。

提高 3.140%、3.005%、2.389% 和 0.016 Abs，TBARS 值降低了 0.017 mg/L。这可能是由于超声处理超声辅助酶解液后，具有抗氧化的小分子肽或疏水氨基酸进一步暴露，促使抗氧化活性显著提高。综上研究得出，在同等酶解处理条件下，超声处理—超声辅助酶解组的产物具有更好的抗氧化活性。

（三）绿豆蛋白及其酶解物的体外消化率

蛋白消化率是评估食物营养价值的方式之一，它对于蛋白质在人体内的代谢过程、优化饮食结构以及指导食品生产都具有重要意义。由图5-9可知不同处理方式对绿豆蛋白消化率具有显著影响，对照组、超声预处理蛋白组、酶解处理组、超声辅助酶解处理组、超声处理酶解液组和超声处理—超声辅助酶解组的样品消化率分别为75.37%、80.51%、87.63%、91.34%、92.15%和95.22%。超声预处理蛋白后，消化率增加5.14%，这可能是由于超声波产生剪切力和摩擦力使细胞破碎，其中的蛋白质就更容易暴露出来，使消化酶能够更容易地接触和分解蛋白质。此外，酶解后消化率显著提高，这可能是酶解可以将蛋白质分解成较小的肽段和氨基酸，这些小分子更容易被消化酶作用，从而提高了消化率。与单一酶解相比，经过超声预处理的绿豆蛋白再进行酶解，消化率显著提高，是酶解处理组的1.04倍。这表明超声波可能使蛋白质的结构发生变化，变得更容易被消化酶攻击，从而增加了样品的消化率。超声处理酶解液后，溶解度比超声辅助酶解处理组略有升高，但差异不显著。而超声处理—超声辅助酶解组的消化率达到了最高，这可能是由于超声产生的机械效应和空化效应使酶解产物进一步破碎，使其更容易溶解在水中，形成均匀的混合物，这有利于消化酶与其充分接触，从而提高了消化率。

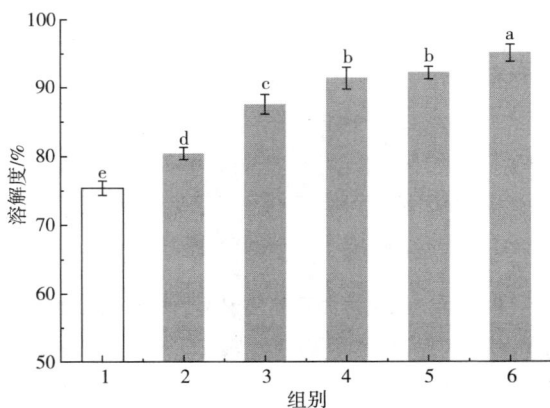

图5-9 绿豆蛋白及其酶解物的体外消化率

注：组别1是对照组；2是超声预处理蛋白组；3是酶解处理组；4是超声辅助酶解处理组；5是超声处理酶解液组；6是超声处理—超声辅助酶解组；a-e代表各组差异显著，$p<0.05$。

（四）绿豆蛋白及其酶解物的游离氨基酸组成

氨基酸数量和组成是影响食物蛋白质营养价值的主要因素。表5-3反映的是绿豆蛋白与绿豆蛋白酶解物经过不同处理方式后所得产物的游离氨基酸组成，谷氨酸是所有样品中的主要氨基酸，其次是天冬氨酸、精氨酸、赖氨酸和亮氨酸，这与之前的研究一致。由表5-3可知，超声辅助酶解后产物的疏水氨基酸（苯丙氨酸、亮氨酸、异亮氨酸、蛋氨酸、缬氨酸、脯氨酸、丙氨酸、甘氨酸）含量是27.92 g/100 g，与未超声的酶解产物相比显著提高。与超声辅助酶解处理组相比，超声处理—超声辅助酶解组分中疏水氨基酸的比例更高。现在的研究已证实，蛋白酶解物的抗氧化能力与其疏水性氨基酸在一定范围内呈正比，疏水性氨基酸含量高时，其清除自由基的能力强。其中，Fan的研究发现低分子量的核桃蛋白水解物中疏水性氨基酸的含量最高为22%，自由基清除能力更强。表5-3研究结果发现超声处理—超声辅助酶解组中的疏水性氨基酸较单一超声处理后所得的酶解产物（既超声辅助酶解处理组和超声处理酶解液组）高，结合图5-7可知其具有更好的清除自由基能力，这表明超声处理超声辅助酶解液产物中的疏水氨基酸增多，赋予了其较强的清除自由基能力。另外，酶解物的自由基清除能力与芳香族氨基酸含量也呈正相关，当酶解物中含有较高的酪氨酸和苯丙氨酸残基时也会有较高的抗氧化能力。与对照组相比，超声预处理蛋白组、酶解处理组、超声辅助酶解处理组、超声处理酶解液组、超声处理—超声辅助酶解组的芳香族氨基酸分别提高了1.22%、2.14%、2.29%、3.21%、4.12%。天冬氨酸和谷氨酸能提高样品的抗氧化能力，超声预处理蛋白组、酶解处理组、超声辅助酶解处理组、超声处理酶解液组、超声处理—超声辅助酶解组中的天冬氨酸的含量分别是8.52 g/100 g、8.98 g/100 g、9.11 g/100 g、9.04 g/100 g、9.31 g/100 g，谷氨酸的含量分别是13.08 g/100 g、15.01 g/100 g、15.53 g/100 g、15.37 g/100 g、15.73 g/100 g。以上研究结果也表明，具有较高的抗氧化能力的超声处理—超声辅助酶解组的产物与其游离氨基酸组成及含量有关。

表5-3　绿豆蛋白及其酶解物的游离氨基酸组成

氨基酸	含量/（g/100 g）					
	对照组	超声预处理蛋白组	酶解处理组	超声辅助酶解处理组	超声处理酶解液组	超声处理—超声辅助酶解组
天冬氨酸	8.25±0.23[c]	8.52±0.21[c]	8.98±0.24[b]	9.11±0.17[ab]	9.04±0.12[ab]	9.31±0.19[a]
谷氨酸	12.52±0.31[d]	13.08±0.29[c]	15.01±0.33[b]	15.53±0.25[ab]	15.37±0.33[ab]	15.73±0.29[a]

氨基酸	含量/（g/100 g）					
	对照组	超声预处理蛋白组	酶解处理组	超声辅助酶解处理组	超声处理酶解液组	超声处理—超声辅助酶解组
丝氨酸	3.02±0.06[a]	2.96±0.04[b]	1.88±0.02[c]	1.66±0.05[e]	1.63±0.02[e]	1.75±0.07[d]
甘氨酸	2.91±0.03[f]	3.11±0.10[e]	3.29±0.04[d]	3.61±0.07[c]	3.72±0.05[b]	3.81±0.11[a]
组氨酸	2.16±0.04[a]	2.19±0.05[a]	2.25±0.05[b]	2.27±0.01[b]	2.26±0.03[b]	2.32±0.03[a]
苏氨酸	2.87±0.02[a]	2.65±0.03[b]	2.18±0.02[c]	2.01±0.04[d]	1.93±0.04[e]	2.01±0.02[d]
丙氨酸	3.05±0.09[a]	2.90±0.03[b]	2.65±0.06[c]	2.46±0.01[e]	2.57±0.07[d]	2.65±0.05[c]
精氨酸	6.45±0.12[a]	6.40±0.14[ab]	6.36±0.13[ab]	6.30±0.19[b]	6.28±0.11[b]	6.43±0.20[a]
脯氨酸	3.56±0.10[d]	3.87±0.07[c]	4.48±0.11[b]	4.93±0.13[a]	4.97±0.05[a]	4.97±0.10[a]
酪氨酸	2.62±0.06[a]	2.51±0.09[b]	2.39±0.03[c]	2.28±0.05[d]	2.25±0.01[d]	2.29±0.04[d]
缬氨酸	4.09±0.15[b]	4.11±0.11[b]	4.21±0.12[b]	4.41±0.15[a]	4.45±0.12[a]	4.53±0.08[a]
蛋氨酸	0.71±0.01[c]	0.71±0.01[c]	0.73±0.02[c]	0.77±0.01[c]	0.79±0.01[b]	0.83±0.01[a]
半胱氨酸	1.09±0.01[a]	0.83±0.03[b]	0.55±0.01[c]	0.44±0.02[d]	0.41±0.01[e]	0.30±0.02[f]
异亮氨酸	3.12±0.11[a]	3.09±0.13[a]	3.06±0.10[ab]	2.88±0.07[b]	2.89±0.08[b]	2.94±0.13[ab]
亮氨酸	5.24±0.13[a]	4.95±0.17[b]	4.55±0.14[c]	4.39±0.12[d]	4.41±0.06[d]	4.46±0.14[cd]
苯丙氨酸	3.93±0.09[d]	4.12±0.19[c]	4.30±0.13[b]	4.42±0.15[a]	4.51±0.17[a]	4.53±0.11[a]
赖氨酸	5.51±0.14[a]	5.20±0.17[b]	5.08±0.17[c]	4.83±0.15[e]	4.78±0.14[e]	4.97±0.20[d]
疏水氨基酸	26.61	26.86	27.27	27.92	28.297	28.73
芳香族氨基酸	6.55	6.63	6.69	6.70	6.76	6.82
总氨基酸	71.10	71.21	71.95	72.35	72.25	73.83

注 a-f 代表各组差异显著，$p<0.05$。

（五）绿豆蛋白及其酶解物的傅里叶红外光谱

傅里叶红外光谱可以反映出蛋白分子结构中的化学键和官能团，是一种确定蛋白质二级结构的常用技术。由图 5-10 可知，所有测试样品的 FTIR 光谱都显示出不同的趋势，在酰胺 I 带（1700～1600 cm^{-1}）的峰值分别是 1657 cm^{-1}、1659 cm^{-1}、1661 cm^{-1}、1663 cm^{-1}、1662 cm^{-1}、1664 cm^{-1}。其中，与对照组相比，其他 5 个试验组的红外光谱都发生不同程度的红移，表明超声和酶解处理对蛋白质的二级结构有显著影响。Kingwascharapong 等也发现超声处理和酶解处理会改变孟买蝗虫蛋白二级结构。超声辅助酶解处理组的红外光谱相对于酶解处理组发生轻微红移，这可能是因为超声处理后，蛋白质—肽链发生重排，改变了绿豆蛋白的酰胺 I 带峰值，从而使绿豆蛋白的二级结构发生改变。与超声辅助酶解处理组相比，超声处理酶解液组在酰胺 I 带中的特征吸收峰从 1661 cm^{-1} 转移到 1662 cm^{-1}，这可能是由于超声波作用对水介质的严重搅拌，使酶解液中含有助色基团的氨基酸被包埋起来，含有生色基团的氨基酸（如疏水氨基酸）暴露，从而导致吸收峰蓝移，这也与溶解度的结果一致。而超声处理—超声辅助酶解组的特征吸收峰最高，这可能是由于超声辅助酶解液处理组已经得到小分子肽，再次经过超声处理，超声产生的机械作用使肽进一步被打碎为更小分子的肽，导致更多的助色基团被暴露出来，从而使其红外光谱再次发生红移。

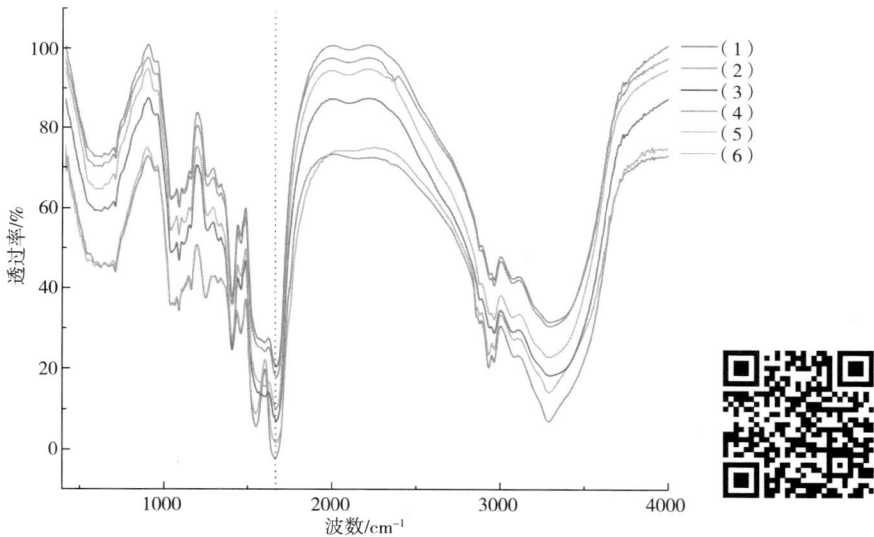

图 5-10　绿豆蛋白及其酶解物的傅里叶红外光谱

注：（1）是对照组；（2）是超声预处理蛋白组；（3）是酶解处理组；
（4）是超声辅助酶解处理组；（5）是超声处理酶解液组；（6）是超声处理—超声辅助酶解组。

利用去卷积分析后得到 6 个样品的二级结构近似分布如表 5-4 所示。与对照组相比，超声预处理引起了绿豆蛋白的 α-螺旋、β-折叠、β-转角和无规则卷曲含量的变化，这表明超声预处理过程可以改变绿豆蛋白二级结构。与酶解处理组相比，超声辅助酶解处理组的 α-螺旋和 β-折叠含量显著降低，β-转角和无规则卷曲含量显著增加，这可能是由于超声产生的机械作用使绿豆蛋白结构趋于松散，削弱了维系蛋白结构稳定的氢键作用力（α-螺旋和 β-折叠作用力），增加了底物与酶的结合位点，使有序的蛋白结构在水解后向无序形式转变。与超声辅助酶解处理组相比，超声处理—超声辅助酶解组的 α-螺旋和 β-折叠含量显著降低，β-转角和无规则卷曲含量显著增加。这可能是由于超声处理—超声辅助酶解组得到的产物为分子量更小的肽段，无法形成较稳定的 α-螺旋和 β-折叠。α-螺旋和 β-折叠含量的减少会导致疏水基团位点暴露，使绿豆蛋白酶解物抗氧化能力的提高。Zhao 等的研究也证实超声预处理鹅肝蛋白的抗氧化能力升高与其 α-螺旋结构的降低有关。该研究结果表明超声处理绿豆蛋白酶解产物二级结构的变化，是抗氧化能力提升的主要原因之一。

表 5-4　绿豆蛋白及其酶解物的二级结构

样品	α-螺旋	β-折叠	β-转角	无规则卷曲
对照组	15.35±0.17[a]	44.52±0.25[a]	23.39±0.98[d]	16.74±1.15[d]
超声预处理蛋白组	13.63±0.34[b]	41.18±0.56[b]	22.14±1.01[d]	23.05±0.49[b]
酶解处理组	12.94±0.13[c]	39.47±0.04[c]	26.77±0.64[c]	20.82±0.11[c]
超声辅助酶解处理组	9.91±0.21[d]	37.45±0.16[d]	29.38±0.78[b]	23.26±0.56[b]
超声处理酶解液组	9.41±0.16[e]	36.27±0.75[e]	29.79±0.49[b]	24.53±0.63[a]
超声处理—超声辅助酶解组	8.52±0.11[f]	35.17±0.73[f]	31.25±0.66[a]	25.06±0.54[a]

注　a-f 代表各组差异显著，$p<0.05$。

（六）绿豆蛋白及其酶解物的内源荧光光谱

蛋白质的固有荧光吸收特性主要与酪氨酸和色氨酸残基有关，这些特性通常被用于表征蛋白质三级结构的改变。荧光光谱如图 5-11 所示。对照组、超声预处理蛋白组、酶解处理组、超声辅助酶解处理组、超声处理酶解液组和超声处理—超声辅助酶解组产物的最大波长（λ_{max}）分别是 335.1 nm、335.7 nm、336.5 nm、337.8 nm、336.9 nm 和 339.2 nm。与对照组相比，超声预处理蛋白组的 λ_{max} 值红移，荧光强度升高，说明绿豆蛋白经过超声处理后，蛋白质三级结构展开，更多的芳香族氨基酸暴露。固有荧光强度与酪氨酸向色氨酸的能量转变呈正相关，而与相邻残基的荧光猝灭呈负相关。酶解后发现产物的荧光强度显著降低，说明碱性蛋白酶水解降低了酪氨酸向色氨酸的能量转移或增加了荧光猝灭基团的数量。与酶解组相比，超声辅助酶解处理组产物的 λ_{max} 值红移，荧光强度升高。而相对于超声辅助酶解处理组，超声处理酶解液组产物的 λ_{max} 值发生很小程度的蓝移，荧光强度略有降低，这可能是由于超声处理酶解液后，未水解彻底的蛋白质或者较大分子的肽被一定程度的破坏，引起了生色基团暴露在溶剂中，所以最大波长蓝移、荧光强度降低。与其他不同条件的酶解处理组相比，超声辅助酶解液组的产物 λ_{max} 值最大。对于这种变化，比较合理的解释是，超声产生的空化和机械效应促使产物的结构进一步展开，位于蛋白质内部的芳香氨基酸分子侧链基团逐渐暴露于水溶液中，其环境极性逐渐增大，导致最大波长出现红移，而超声处理超声辅助酶解液后的荧光强度降低，这可能是由于超声作用使产物结构进一步展开，从而使更多的发色团暴露在溶液中，它们的固有荧光被猝灭。

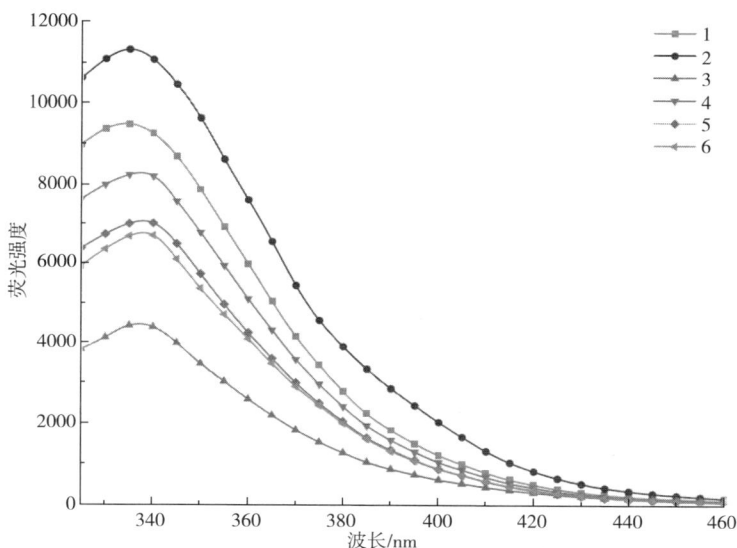

图5-11　绿豆蛋白及其酶解物的内源荧光光谱

注：1是对照组，2是超声预处理蛋白组，3是酶解处理组，4是超声辅助酶解处理组，
5是超声处理酶解液组，6是超声处理—超声辅助酶解组。

（七）绿豆蛋白及其酶解物的粒径和 ζ 电位

粒径和 ζ 电位是表征分散体系中粒子表面的物理和化学性质的重要指标。如图5-11所示，绿豆蛋白呈单峰分布，经超声和酶解处理后平均粒径降低，并呈多峰分布，ζ 电位显著增强。如图5-12（a）和图5-12（b）所示，对照组、超声预处理组、酶解处理组、超声辅助酶解处理组、超声处理酶解液组、超声处理—超声辅助酶解组的平均粒径和 ζ 电位分别是1110.57 nm、712.33 nm、257.21 nm、170.95 nm、166.57 nm、110.04 nm 和 −7.17 mV、−16.54 mV、−26.31 mV、−36.90 mV、−37.55 mV、−41.24 mV。有研究表明，超声波处理可以显著降低紫苏分离蛋白的粒径，与本研究结果相似，这可能是由于超声处理破坏了蛋白质的分子结构，从而使其分子颗粒尺寸减小。绿豆蛋白酶解后平均粒径显著降低，此时大分子的蛋白质被酶解为小分子的多肽，进一步使分散体系中粒子表面所带的电荷增加。超声辅助酶解处理组的粒径与酶解处理组相比显著降低，其粒径比对照组降低 33.5%，ζ 电位提高了 1.4 倍。这可能是由于超声处理引发的的空化效应使绿豆蛋白分子展开，暴露了更多的反应基团，从而增加酶与蛋白质的接触位点和接触几率，进一步促进酶解过程。Chen 等研究发现超声波预处理后的蛋白对蛋白酶更敏感，最终使酶解效率得以提高。Wang 等也发现超声波处理可以减小山核桃蛋白质的粒径，从而更有利于碱性蛋白酶酶解。与超声辅助酶解处理组相比，超声处理酶解液组的产物粒径进一步降低，ζ 电位进一步增大，这可能是由于超声产生的机械作用和热效应将未水解彻底的蛋白质分子打碎，形成了较小分子的蛋白质，降低了产物的平均粒径和提高了产物的 ζ 电位，而超声处理—超声辅助酶解组的粒径达到了最小状态，比超声辅助酶解处理组降低 35.6%；ζ 电位来到最高状态，比超声辅助酶解处理组的 ζ 电位提高了 1.1 倍。这些结果与分子量分布一致，表明超声处理超声辅助酶解液导致产生更小的肽颗粒，这种颗粒尺寸的减少可以归因于空化、超声产生的湍流力和微流，破坏更大的不溶性肽聚集体。这也可能与超声波振动引起肽分子的剧烈碰撞有关，产生更小的肽。此外，水解蛋白可能具有较高程度的膨胀，且结构相对松散，因此更容易被超声波分解，从而导致粒径的减小。

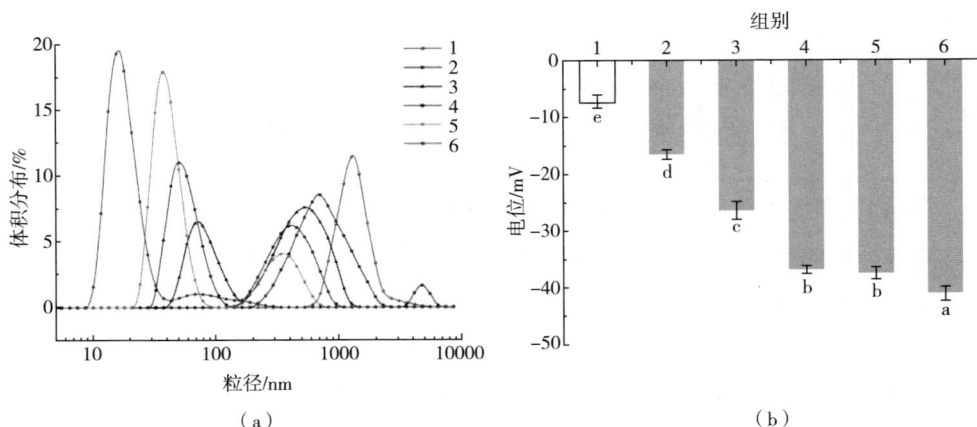

（a）   （b）

图 5-12　绿豆蛋白及其酶解物的粒径和 ζ 电位

注：组别 1 是对照组，2 是超声预处理蛋白组，3 是酶解处理组，

4 是超声辅助酶解处理组，5 是超声处理酶解液组，

6 是超声处理—超声辅助酶解组；a-e 代表各组差异显著，$p<0.05$。

（八）绿豆蛋白及其酶解物的相对分子质量分布

分子量分布从一定程度上可反映蛋白酶解的程度，以及酶解液中小分子量肽段的含量。由表 5-5 可以看出蛋白分子量主要分布在大于 2000 Da 的范围，而经酶解处理后分子量主要分布于小于 1000 Da 的范围，这就意味着绿豆蛋白酶解后得到较多小分子量的多肽。与对照组相比，超声预处理组大于 10000 Da 的分子量从 35.73% 降低到 20.17%，这表明超声处理可能会引起空化效应导致蛋白结构破坏，从而产生更多小分子的物质，这与粒径和 ζ 电位的研究结果相同。同时，Yu 等和 Gu 等也得出类似的结果。与酶解处理组相比，超声辅助酶解处理组中分子量>2000 Da、1000~2000 Da、500~1000 Da 组分含量呈减少趋势，分子量在 180~500 Da 和小于 180 Da 的组分含量明显增加。这也进一步证明超声预处理促进了绿豆蛋白的酶解。Lucia 等的研究也得出了相似的结论，其研究结果表明在酶解之前进行超声处理能够提高酶解液中小肽的生成量，这可能是由于超声处理后埋藏在绿豆蛋白内部的疏水性残基或基团暴露，导致碱性蛋白酶的作用位点增加，从而产生更多小分子肽。超声酶解液处理组与超声辅助酶解处理组产物的分子量差异不显著。与超声酶解液处理组相比超声处理—超声辅助酶解组产物中分子量在 500~2000 Da 的组分含量明显减少和小于 500 Da 的组分含量明显增加，这些变化可能是超声处理产生的空化气泡导致相对较大的肽分子周围区域突然发生巨大的局部压力变化，最终导致非共价键相互作用破坏，释放出更小分子的肽，也可能是由于超声处理降解了不溶性肽聚集体，通过打破非共价相互作用导致小的可溶性肽的释放。这也表明了超声处理后超声辅助酶解物溶解度的增加。因此通过超声处理超声辅助酶解液，可以得到较多的小分子量肽段，也有利于其能够在机体中发挥更好的生物功效。

表 5-5　绿豆蛋白及其酶解物的相对分子质量分布

分子量/Da	含量/%					
	对照组	超声预处理蛋白组	酶解处理组	超声辅助酶解处理组	超声酶解液处理组	超声处理—超声辅助酶解组
> 10000	35.73±3.25[a]	20.17±2.79[b]	0.2±0.01[c]	0.09±0.01[c]	0.07±0.01[c]	0.02±0.01[c]
10000~5000	18.79±2.25[b]	26.7±2.54[a]	0.75±0.02[c]	0.38±0.01[c]	0.34±0.01[c]	0.21±0.01[c]
5000~2000	16.03±1.37[b]	42.85±3.84[a]	3.22±0.35[c]	2.65±0.28[c]	2.55±0.19[c]	1.91±0.14[d]
2000~1000	14.12±1.03[a]	1.03±0.13[e]	12.22±1.21[b]	10.75±1.07[c]	10.11±0.74[c]	8.95±0.52[d]
1000~500	3.98±0.09[c]	0.78±0.09[d]	30.59±3.01[a]	30.17±2.96[a]	30.72±2.47[a]	25.48±2.07[b]

续表

分子量/Da	含量/%					
	对照组	超声预处理蛋白组	酶解处理组	超声辅助酶解处理组	超声酶解液处理组	超声处理—超声辅助酶解组
500~180	7.01±0.79[c]	3.27±0.37[c]	46.01±2.73[b]	48.69±3.75[ab]	49.12±3.67[ab]	51.09±3.94[a]
<180	4.43±0.65[c]	5.20±0.72[c]	7.01±0.54[b]	7.27±0.44[b]	7.09±0.50[b]	12.34±0.92[a]

注　a-c代表各组差异显著，$p < 0.05$。

（九）绿豆蛋白及其酶解物的微观结构

图5-13反映的是不同处理条件下绿豆蛋白及其酶解产物的微观结构变化。由图可以直观看出，绿豆蛋白在超声和酶解处理后表现出不同的表面形貌。由图5-13（a）和图5-13（b）可知绿豆蛋白是一种具有光滑表面的不规则球形结构，超声处理后，绿豆蛋白表面发生裂解呈碎片状、多孔状分布。Li等发现南极磷虾蛋白经超声处理后极大地破坏了磷虾蛋白质的天然分布和排列，蛋白质样品显示出更无序的结构和不规则的片段，这一结果与本研究类似。这可能是由于超声诱导的微射流和流体动力冲击将蛋白质聚集体解离出更多的孔状结构和更小的片段。酶解对不同处理绿豆蛋白结构的影响，如图5-13（c）所示，单一酶解处理得到的绿豆蛋白酶解产物表面出现凌乱、不均匀、光滑的颗粒状结构；超声辅助酶解处理得到的酶解产物则表现为不均匀、粗糙的颗粒状结构，如图5-13（d），且蛋白质颗粒小于单一酶解产物，这可能是由于绿豆蛋白经超声后产生的多孔结构暴露出明显的酶切作用位点，使隐藏在蛋白质深处的疏水性氨基酸逐渐暴露，大大提高了酶解反应效果，因此在同等酶解条件下超声处理绿豆蛋白酶解产物的分子颗粒更小，抗氧化能力更强。超声辅助酶解组相比，超声处理酶解液组得到的产物颗粒状更小，并出现多孔结构，如图5-13（e），这可能是超声处理会产生高剪切力和湍流效应，使大分子的肽分裂释放出更小的肽。超声处理—超声辅助酶解组的产物质地变得分散，碎片更不规则，排列无序，如图5-13（f）。这可能是由于超声波引起的气泡空化，从而增加了小分子肽颗粒的表面损伤。

三、绿豆抗氧化肽对高脂诱导小鼠肠道代谢产物的影响

（一）绿豆抗氧化肽对高脂小鼠血液中抗氧化酶和血脂含量的影响

1. 小鼠血液中抗氧化酶含量分析

小鼠血液中抗氧化酶的含量见图5-14。SOD酶和CAT酶都是重要的抗氧化

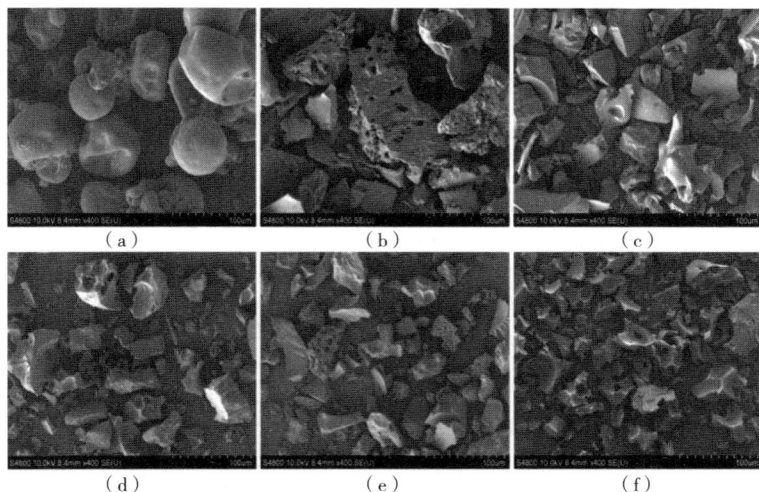

图 5-13　绿豆蛋白及其酶解物的微观结构

注：（a）是对照组，（b）是超声预处理蛋白组，（c）是酶解处理组，（d）是超声辅助酶解处理组，
（e）是超声处理酶解液组，（f）是超声处理—超声辅助酶解组。

酶，它们的主要作用是清除自由基、减轻氧化应激反应，对调节脂代谢具有积极作用。与 CON 组对比，HFD 组小鼠 SOD 酶活性、CAT 酶活性均显著性降低，这暗示着小鼠体内的抗氧化系统出现了失衡。可能是由于小鼠长期摄入高脂饲料，引起体内的脂代谢紊乱和氧化应激反应。Mohammadi 等发现机体在氧化应激的情况下，自由基产生增加，而抗氧化酶的活性会受到抑制或消耗，从而导致其水平降低。与 HFD 组相比，HM 组 SOD 酶和 CAT 酶分别升高 10.6% 和 11.3%。这可能是由于小鼠摄入绿豆抗氧化肽，对抗氧化酶的含量有所改善。研究发现，绿豆抗氧化肽本身具有直接清除自由基的能力，减少自由基对细胞的损伤，进而可以减轻小鼠的氧化应激反应，使细胞内的抗氧化酶系统得到保护和维持。与 CON 组相比，MBPH 组虽然 CAT 酶活性有所降低，但 SOD 酶的活性显著提高，这表明小鼠摄入绿豆抗氧化肽后，机体的抗氧化系统没有被破坏，而且出现增加的趋势。这与 Zhao 等的研究结果相似，鸡蛋壳膜酶解物的某些成分能够为细胞提供必要的营养物质，促进了 SOD 酶的合成和活性。综上所述，绿豆抗氧化肽在体内依然能展现出卓越的抗氧化能力，有效保护机体组织和细胞免受氧自由基的侵害。

2. 小鼠血液中血脂含量分析

小鼠血液中血脂的含量见图 5-15。TC 和 TG 在血液中的浓度，是评估机体

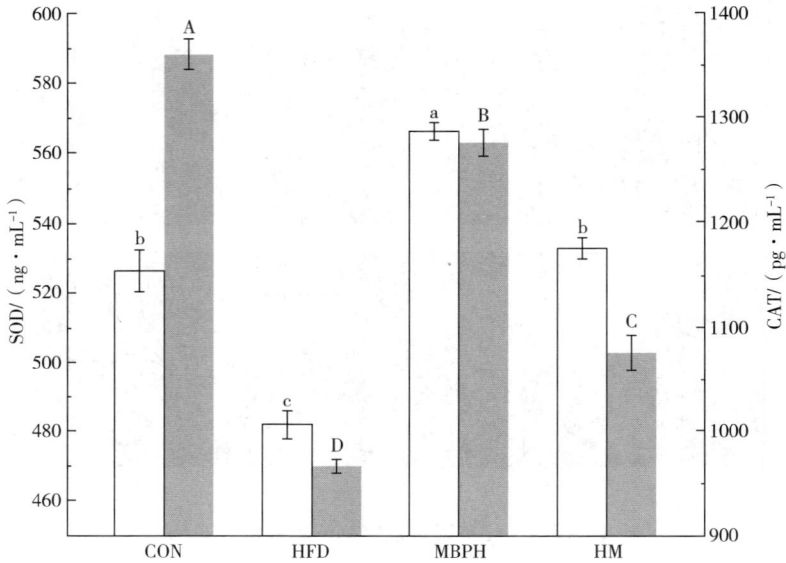

图 5-14　小鼠血液中抗氧化酶的含量

注：a-d 和 A-D 代表各组差异显著，$p<0.05$。

血脂状况的关键指标，对于监测脂代谢水平具有重要意义。与 CON 组对比，HFD 组小鼠血液中的 TG、TC 含量显著提升。这说明小鼠经高脂饮食后，饲料中的脂肪、胆固醇在消化吸收后会被转化为血脂，导致血脂含量显著增加，使机体中的脂肪合成和分解失衡，小鼠正常的脂质代谢也受到干扰。与 HFD 组相比，HM 组小鼠血液中的 TC 和 TG 分别降低 9.9% 和 18.86%。这说明绿豆抗氧化肽具有促进小鼠体内脂肪代谢的作用，从而减少脂肪在血液中的积累，这有助于降低血液中的 TC 和 TG 水平。也有研究发现植物肽含有丰富的抗氧化成分，这些成分具备显著的自由基清除能力，可以有效降低体内氧化应激水平，从而为血管内皮细胞提供保护，防止其遭受氧化损伤，这种保护作用对于维持血管的正常功能和促进整体血管健康至关重要。在正常饮食的基础上给小鼠喂食绿豆抗氧化肽后发现，CON 组与 MBPH 组小鼠的血液 TC、TG 含量十分接近，这说明摄入绿豆抗氧化肽并不会导致小鼠血脂过度积聚，同时也不会干扰小鼠体内正常的脂质代谢系统的运作。综上所述，绿豆抗氧化肽的摄入可有效缓解高脂饮食导致的小鼠血脂异常累积现象，对小鼠血管组织具有显著的保护作用，并能有效调节机体的脂质代谢功能。

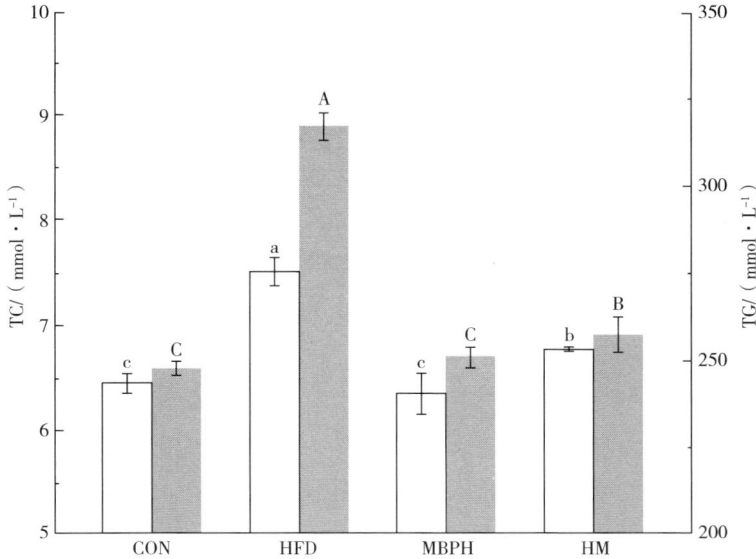

图 5-15　小鼠血液中血脂的含量

注：a-c 和 A-C 代表各组差异显著，$p < 0.05$。

（二）绿豆抗氧化肽对高脂小鼠肠道微生物的 16S rRNA 的影响

1. 小鼠肠道微生物菌群的稀释曲线分析

OTU 水平稀释曲线 Sobs 指数图 5-16 可以反映小鼠肠道内容物中菌群多样性指数，图中显示 4 个试验组（CON 组、HFD 组、MBPH 组和 HM 组）随着测序过程的逐步推进，所记录的数值呈现出急剧增长趋势，随后，这一增长趋势逐渐趋于缓和，最终达到一个平稳的状态。说明本实验的测序深度已经足以充分展现样本中的生物多样性，因此，没有必要进一步增加测序深度。这也表明目前的分析结果是可靠的，可以在此基础上展开后续的数据分析工作。在 4 组样本中 HFD 组 Sob 指数最低，MBPH 组最高，说明 HFD 组的样本数目最少，而 MBPH 组的样本数目最多，多样性较好。

2. 小鼠肠道微生物菌群的 α-多样性

α-多样性分析（alpha diversity）指的是群落的物种丰富度分析，这种方法能够揭示微生物群落的丰富度、均匀度以及多样性等关键特征，如表 5-6。其中反映群落丰富度的指数有 Ace、Chao、Sobs，反映群落多样性的指数有 Shannon、Simpson，反映群落覆盖度的指数有覆盖率（coverage）。

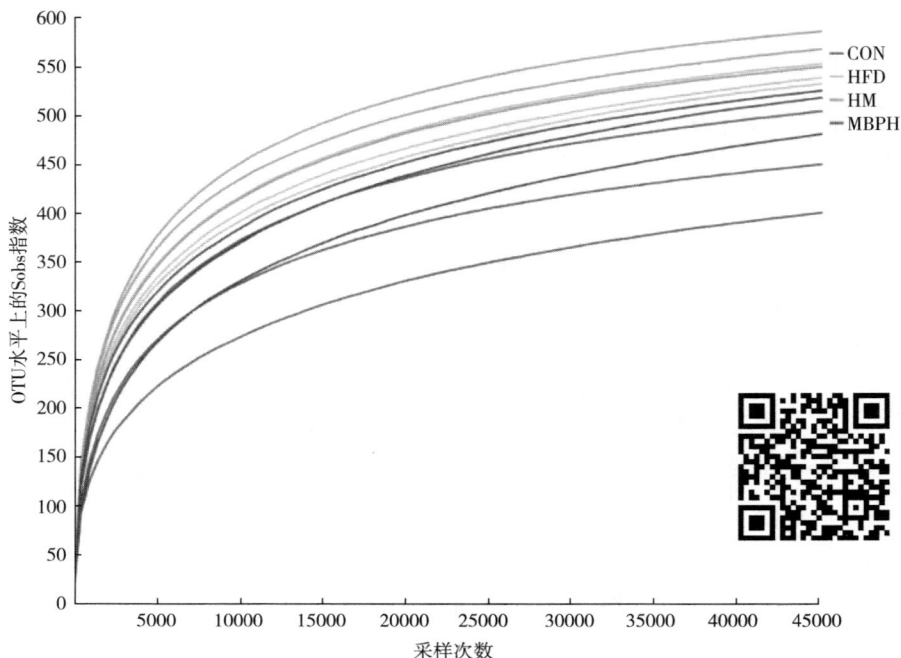

图 5-16　小鼠肠道微生物菌群的稀释曲线分析

表 5-6　小鼠肠道内容物菌群的 α-多样性分析

样本	Ace	Chao	Sobs	Shannon	Simpson	Coverage/%
CON	588.51	588.29	516.33	4.11	0.05	99.82
HFD	531.27	531.11	472.00	3.75	0.02	99.87
HM	613.45	615.39	575.33	4.47	0.08	99.88
MBPH	597.31	597.36	548.33	4.58	0.04	99.86

　　由表 5-6 可知，与 CON 组相比，HFD 组的 Ace、Chao、Sobs、Simpson 指数降低，表明 HFD 组群落丰富度和多样性比 CON 组低，这可能是由于高脂饮食会刺激机体产生氧化应激水平，进而使小鼠肠道菌群的丰富度和多样性降低。与HFD 组相比，HM 组的 Ace、Chao、Sobs、Simpson 指数升高，说明绿豆抗氧化肽的摄入有助于改善菌群平衡，提高小鼠肠道菌群的丰富度和多样性。作者前期研究已发现绿豆肽可以调节高脂诱导小鼠脂代谢紊乱，提高高脂诱导小鼠血液和肝脏中抗氧化物酶活性，因此，绿豆抗氧化肽改善高脂诱导小鼠肠道菌群平衡可能是由于绿豆抗氧化肽缓解了由高脂饮食引起的氧化应激对肠道的损害，从而有利于改善肠道微生物的平衡。与 CON 相比，MBPH 组 Ace、Chao、Sobs、Simpson

指数升高，表明 MBPH 组群落丰富度比其 CON 组高，这可能是由于绿豆抗氧化肽中的营养物质可以促进有益肠道细菌的生长并提高活性，从而有助于增加这些细菌的数量和多样性。所有样品的覆盖率介于 99.82%~99.88% 之间，这表明饮食干预后，小鼠肠道内容物中几乎所有的菌落信息都可以被检测到。

3. 小鼠肠道微生物菌群的 β-多样性分析

β-多样性（beta-diversity）可以用来观察样本群落间在组成上的不同与变异，通过将每个菌落样本以点的形式映射到空间坐标中，样本间的差异可以通过这些点在空间中的相互距离来体现，从而展示了各个样本在空间中的分布情况。使用 PCA 分析来比较 4 组小鼠肠道内容物菌群组成的相似程度。如图 5-17 所示，4 组小鼠样本完全分开，HFD 组与 CON 组相距最远，表明高脂诱导小鼠肠道菌群与正常组有明显的差异。与 HFD 组相比，HM 组所有菌落样本的点都向 0 轴趋近，而且相对集中，表明高脂饮食小鼠经过绿豆抗氧化肽干预后，菌群多样性开始恢复，肠道菌群从失衡向平衡状态接近。MBPH 组与 CON 组距离最近，这表明绿豆抗氧化肽饮食与正常饮食小鼠肠道菌群相近，绿豆抗氧化肽干预不会诱导小鼠产生不利影响。综上所述，绿豆抗氧化肽改善了高脂诱导小鼠的肠道菌群。

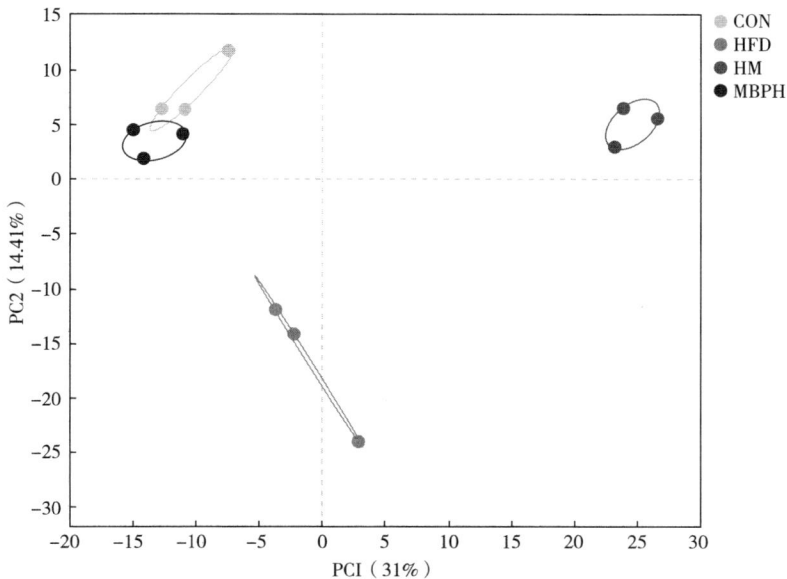

图 5-17　小鼠肠道内容物菌群的 β-多样性分析

4. 小鼠肠道微生物菌群的群落组成 Venn 图分析

根据 4 组小鼠肠道内容物菌群的样品中 OTU 数，通过 MOTHUR 软件绘制得到 Venn 图，如图 5-18。Venn 图可用于比较和展示 4 个不同组别（CON、HFD、MBPH 和 HM）之间的交集和差异。Venn 图中共检测了 798 个物种，在分析中，每个椭圆代表了两组比较之间的差异。椭圆之间重叠区域所显示的数字，代表了这些比较组合之间共享的差异基因数量，而那些没有重叠的区域，则表示每个比较组合所独有的差异基因数量。

图 5-18 显示 CON 组共有 630 个物种，HFD 组中共有 595 个物种，HM 组中共有 669 个物种，MBPH 组中共有 642 个物种。经两两比较后，CON 组与 HFD 组共同拥有 553 个物种，HM 组与 HFD 组共同拥有 526 个物种，CON 组与 MBPH 组共同拥有 510 个物种。其中，CON 组、HFD 组、HM 组和 MBPH 组特有的 OTU 数分别为 24 个、16 个、14 个和 28 个。这表明高脂诱导后的小鼠肠道菌群已经发生改变，而喂食绿豆抗氧化肽后小鼠肠道菌群丰富度增加，说明绿豆抗氧化肽可能有助于调节肠道菌群的结构，抑制与高脂饮食相关的有害细菌的生长，同时促进有益细菌的增殖，从而增加了菌群的丰富度。CON 组与 MBPH 组独有的 OTU 数量最多，说明绿豆抗氧化肽的对维持小鼠健康状态有积极作用，从而保持了与正常饮食相似的菌群结构。综上所述，通过绿豆抗氧化肽的饮食干预可以有效地调节小鼠肠道菌群，降低有害菌的数量，增加有益菌含量，进而对脂代谢起到调控作用。

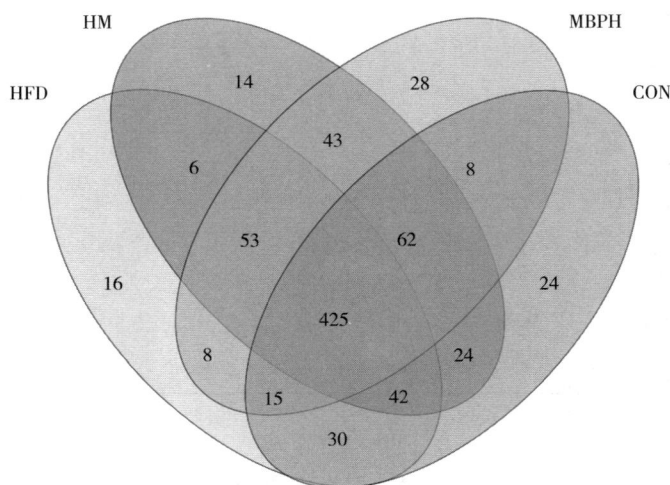

图 5-18　小鼠肠道微生物菌群的群落组成 Venn 图分析

5. 小鼠肠道微生物菌群在属水平上的群落结构

对所检测到的 798 个物种富集后进行 OTUT 轴分析，可以得到各试验组的微生物群落及其相对丰度。图 5-19 展示的是在属水平上小鼠肠道内容物菌群的相对丰度。由图可知，在属水平上小鼠肠道内容物菌群共鉴定出 32 个属，分别是：S24-7 菌属（*Muribaculaceae*）、乳杆菌属（*Lactobacillus*）、NK4A136-毛螺菌属（*Lachnospiraceae*-NK4A136）、UCG001-普雷沃氏菌属（*Prevotellaceae*-UCG001）、Ga6A1-普雷沃氏菌属（*Prevotellaceae*-Ga6A1）、未分类的毛螺菌属（unclassified-f-*Lachnospiraceae*）、杜氏杆菌属（*Dubosiella*）、粪杆菌属（*Faecalibaculum*）、脱硫弧菌属（*Desulfovibrio*）、未分类的颤螺菌属（unclassified-o-*Oscillospirales*）、未定名的颤螺菌属（norank-f-*Oscillospiraceae*）、未定名的毛螺菌属（norank-f-*Lachnospiraceae*）、瘤胃球菌属（*Ruminococcus*）、肠鼠杆菌属（*Muribaculum*）、异普雷沃菌属（*Alloprevotella*）、拟杆菌属（*Bacteroides*）、蓝绿藻菌属（*Lachnoclostridium*）、*Colidextribacter*、假丝酵母属（*Candidatus-Saccharimonas*）、幽门螺杆菌

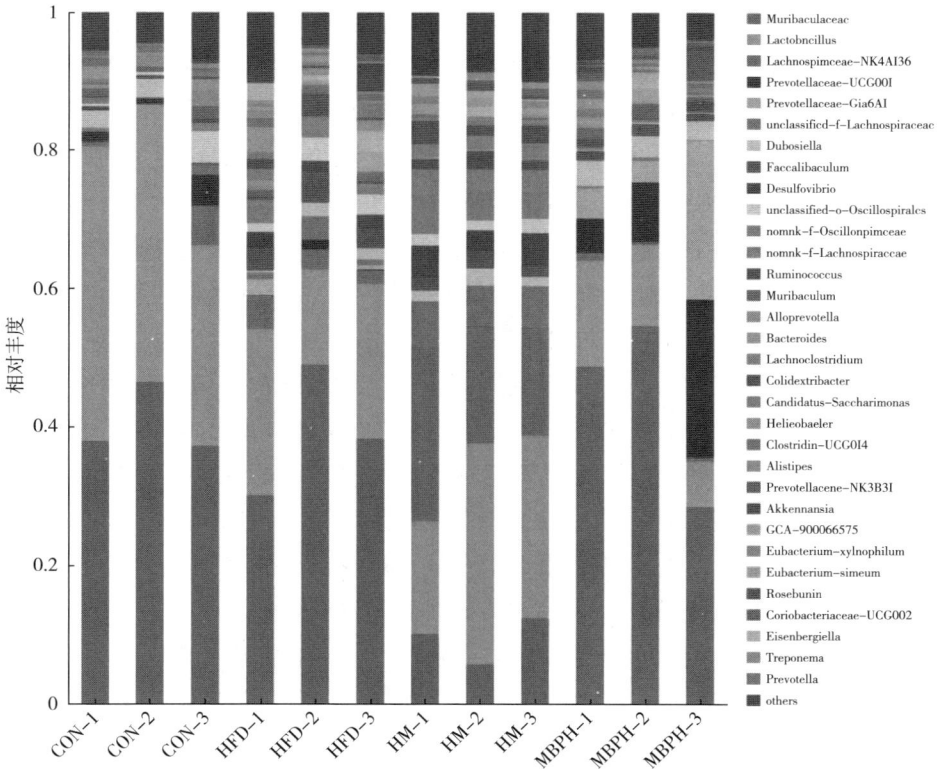

图 5-19　小鼠肠道内容物菌群在属水平上的群落丰度

属（*Helicobacter*）、UCG014-梭菌属（*Clostridia*-UCG014）、另枝菌属（*Alistipes*）、NK3B31-普雷沃氏菌属（*Prevotellaceae*-NK3B31）、嗜黏蛋白—阿克曼氏菌（*Akkermansia*）、毛螺菌属（GCA-900066575）、嗜木聚糖—真杆菌（*Eubacterium*-*xylanophilum*）、惰性—真杆菌属（*Eubacterium*-*siraeum*）、罗氏菌属（*Roseburia*）、红蝽菌属（*Coriobacteriaceae*-UCG002）、螺旋体菌属（*Mucispirillum*）、艾森伯格氏菌属（*Eisenbergiella*）、普雷沃菌属（*Prevotella*）。

与 CON 组相比，HFD 组小鼠肠道中的微生物平衡遭到破坏，有益菌如乳杆菌属的丰度显著降低，颤螺菌属、幽门螺旋杆菌属、艾森伯格氏菌属的丰度升高。研究表明，高脂饮食增加了小鼠肠道中颤螺菌属的丰度，而颤螺菌属又与肥胖、消瘦、胆结石和慢性便秘等相关，从而加重小鼠机体脂代谢水平。幽门螺旋杆菌是一种致病菌，其丰度增加会引起机体氧化与抗氧化系统失衡，导致活性氧簇产生过多，使小鼠免疫力降低，出现感染幽门螺旋杆菌的现象。艾森伯格氏菌丰度增加预示着机体出现炎症反应，这可能是由于高脂饮食会增加氧化应激，产生更多的自由基和活性氧物质，这些物质会损害细胞和组织，引发炎症反应。与 HFD 组相比，HM 组中 S24-7 菌属和颤螺菌属的丰度显著降低，乳杆菌属、毛螺菌属、瘤胃球菌属、脱硫弧菌属丰度显著增加，其中，乳杆菌能够显著抑制高脂饮食下小鼠胆固醇和甘油三酯的升高，这与图 5-15 的分析结果相似，也有研究表明乳杆菌代谢能够产生胆盐水解酶，它能够通过影响胆固醇转运及向胆汁酸转化，降低脂类物质的吸收。毛螺菌也能够加速脂肪分解，从而产生短链脂肪酸，这些物质可以在机体中缓解氧化应激水平。瘤胃球菌能够产生短链脂肪酸，如乙酸、丙酸和丁酸，这些物质是重要的能量来源，对维持肠道健康、调节机体氧化与抗氧化系统和减少炎症具有重要作用。脱硫菌在代谢中也能产生具有抗氧化性质的代谢产物，这些物质具有还原金属离子的能力，从而在体内发挥抗氧化作用。这进一步证明绿豆抗氧化肽的摄入可以减轻小鼠机体氧化应激水平，起到抗氧化作用。此外，厚壁菌门作为重要的有益菌，HFD 组的 S24-7 菌属丰度高于绿豆抗氧化肽干预高脂组（图 5-19），这可能是由于在高脂诱导下，机体自身产生的应激调节反应，促进了拟杆菌门的生长；绿豆抗氧化肽干预高脂组，菌群趋于平衡，在自身调节过程中，各类优势菌之间产生拮抗作用，因此，其丰度相对较低，但结合 MBPH 组 S24-7 菌属的结果来看，MBPH 是有利于促进拟杆菌门的生长。与 CON 组相比，MBPH 组中 S24-7 菌属和普雷沃菌属丰度显著上升，S24-7 菌属的成员被预测能够产生丙酸，它可以通过重塑肠道微生物群、提高肠道短链脂肪酸含量、改善肠道屏障功能以及缓解炎症，对肠道健康和长寿有积极作用。普雷沃氏菌不仅能够维持肠道健康，防止有害物质和病原体通过肠道进入血液循环，还能通过发酵作用产生乙酸和琥珀酸。乙酸可以调节脂肪细胞的分化，抑制机体脂肪沉积，从而改善和预防肥胖及其相关疾病。琥珀酸是一种抗氧化物质，能够参与调节机体的氧化应激水平，减轻自由基对细胞的损伤作用。这可能是由于 MBPH 组的小鼠在进食后，绿豆抗氧化肽会向肠道菌群提供有益普雷沃氏菌生长所需的营养物质，使普雷沃氏菌大量繁殖，进而对机体健康发挥积极作用。

6. 小鼠肠道微生物菌群在科水平上的群落结构

将属水平上的菌群丰度相加求取平均值得到 4 组小鼠肠道内容物菌群样本在科水平上的群落结构，如图 5-20 所示。由图可知，小鼠肠道内容物菌群共鉴定出 14 个科，分别是：S24-7 菌科（Muribaculaceae）、乳杆菌科（Lactobacillaceae）、毛螺菌科（Lachnospiraceae）、普雷沃氏菌科（Prevotellaceae）、丹毒丝菌科（Erysipelotrichaceae）、颤螺菌科（Oscillospiraceae）、脱硫弧菌科（Desulfovibrionaceae）、瘤胃球菌科（Ruminococcaceae）、未分类的颤螺菌科（unclassified-o-Oscillospirale）、拟杆菌科（Bacteroidaceae）、鞘脂单胞菌科（Saccharimonadaceae）、螺旋杆菌菌科（Helicobacteraceae）、理研菌科（Rikenellaceae）、阿克曼氏菌科（Akkermansiaceae）。

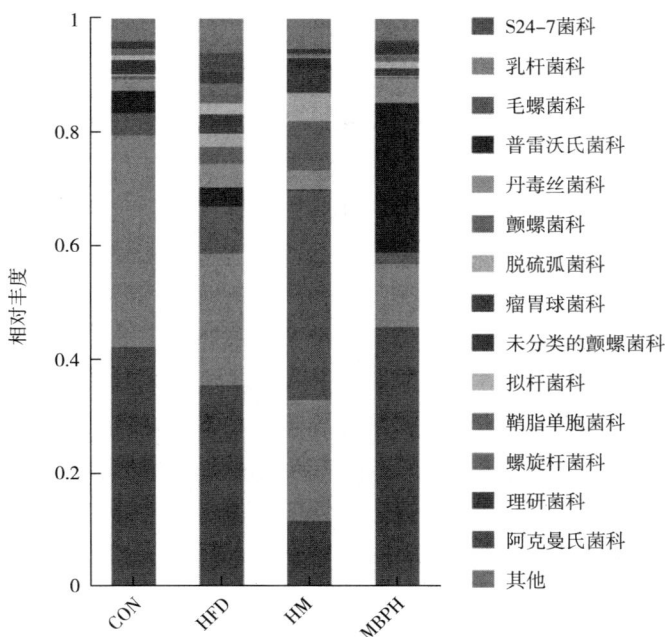

图 5-20　小鼠肠道内容物菌群的在科水平上的群落丰度

由图 5-18 和图 5-19 可知，拟杆菌科包括拟杆菌属；乳杆菌科包括乳杆菌属；毛螺菌科包括 NK4A136-毛螺菌属、未分类的毛螺菌属、未定名的毛螺菌属、毛螺菌属；普雷沃氏菌科包括 UCG001-普雷沃氏菌属、Ga6A1-普雷沃氏菌属、NK3B31-普雷沃氏菌属、普雷沃菌属、异普雷沃菌属；颤螺菌科包括未分类的颤螺菌属、未定名的颤螺菌属；瘤胃球菌科包括瘤胃球菌属；脱硫弧菌科包括脱硫弧菌属；螺旋杆菌菌科包括蓝绿藻菌属、螺旋体菌属、密螺旋体菌属、幽门螺杆菌属；阿克曼氏菌科包括嗜黏蛋白—阿克曼氏菌。

与 CON 组相比，HFD 组中 S24-7 菌科、乳杆菌科的丰度出现不同程度的降低，颤螺菌科和丹毒丝菌科的丰度提高。这可能是由于高脂饮食能引起小鼠机体氧化/抗氧化系统失衡，产生更多的自由基，导致有益菌丰度降低，有害菌丰度升高。研究表明，高脂饮食会增加丹毒丝菌科细菌的数量，这些细菌会导致机体氧化应激的增加。与 HFD 组相比，HM 组中 S24-7 菌科和颤螺菌科的丰度降低，乳杆菌科、毛螺菌科、瘤胃球菌科、脱硫弧菌科的丰度显著提高，同时乳杆菌、毛螺菌、瘤胃球菌、脱硫弧菌都是肠道中潜在的有益菌。这也说明绿豆抗氧化肽的摄入，改善了小鼠肠道菌群，使有益菌丰度增加。与 CON 组相比，MBPH 组中拟杆菌科、普雷沃氏菌科的丰度显著提高。综上所述，绿豆抗氧化肽能够改善小鼠肠道菌群的丰富度，通过提高有益菌丰度，降低高脂饮食诱导的不良反应，对小鼠健康起到积极作用。

7. 小鼠肠道微生物菌群在门水平上的群落结构

为了深入分析 4 组小鼠肠道菌群的组成变化，在门分类水平上对肠道菌群进行富集分析，并利用 Circos 图（图 5-21）进行可视化展示。Circos 图可以提供直观的视角，能够清晰地观察到 4 组小鼠肠道菌群在门水平上的动态变化以及优势物种的分布情况。在 Circos 图的左侧，小半圆区域展示了各个样本中物种的组成情况。外层彩带使用不同的颜色来区分不同的样本分组，而内层彩带颜色则代表不同的物种。内层彩带的长度则直观地表示了该物种在相应样本中的相对丰度，长度越长，表示该物种在该样本中的相对丰度越高。在 Circos 图的右侧，大半圆区域展示了在当前分类学水平下，各个物种在不同样本中的分布比例。这里，外层彩带代表不同的物种，而内层彩带颜色则用来区分不同的样本分组。内层彩带的长度同样具有象征意义，它代表了在某一物种中，各个样本分组的分布比例情况。

由 Circos 图可知在门水平上 4 组小鼠肠道的优势菌群主要由 5 组门构成，分别是厚壁菌门（Firmicutes）、拟杆菌门（Bacteroidota）、脱硫菌门（Desulfobacterota）、

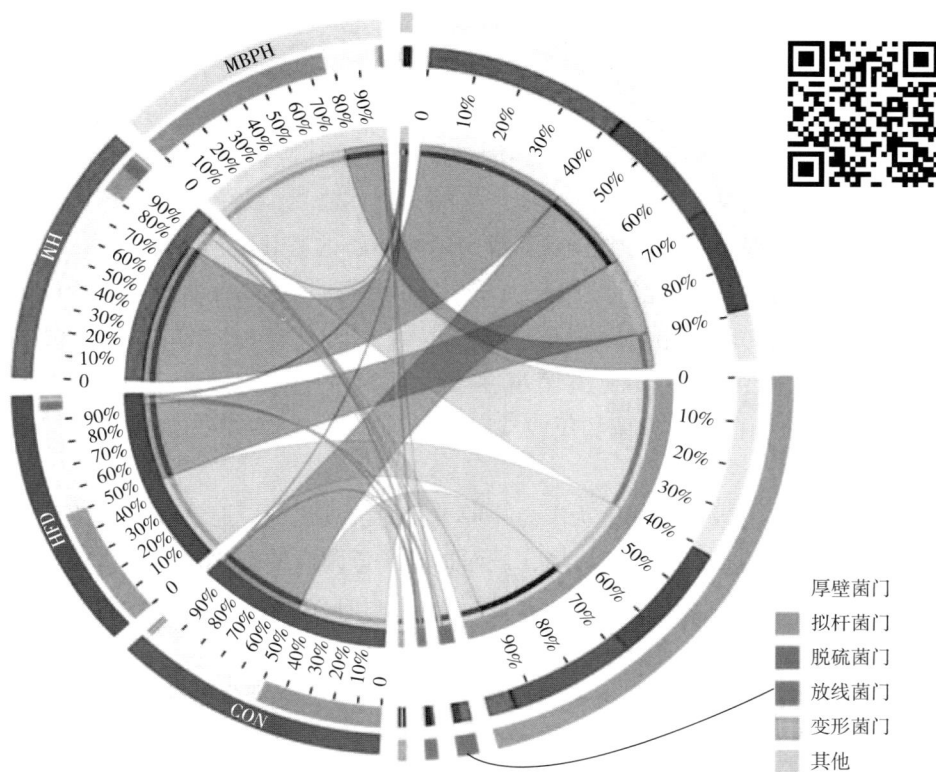

图 5-21　小鼠肠道内容物菌群的在门水平上的 coris 图

放线菌门（Actinobacteriota）、变形菌门（Patescibacteria），并由图 5-19、图 5-20
和图 5-21 可知，厚壁菌门中包括乳杆菌科、毛螺菌科、颤螺菌科、瘤胃球菌科、
粪杆菌属、UCG014-梭菌属、嗜木聚糖—真杆菌、惰性—真杆菌属。拟杆菌门包
括 S24-7 菌科、普雷沃氏菌科、鞘脂单胞菌科。脱硫菌门包括脱硫弧菌科。放线
菌门包括丹毒丝菌科、红蝽菌属、另枝菌属。变形菌门包括螺旋杆菌菌科、理研
菌科、杜氏杆菌属、肠鼠杆菌属、Colidextribacter、罗氏菌属，其中厚壁菌门和拟
杆菌门丰度最大。由图 5-21 分析可知，在厚壁菌门中 CON 组的丰度占 26%、
HFD 组的丰度占 22%、HM 组的丰度占 38%、MBPH 组的丰度占 14%。在拟杆菌
门中 CON 组的丰度占 29%、HFD 组的丰度占 24%、HM 组的丰度占 9%、MBPH
组的丰度占 38%。与 CON 组相比，HFD 组的厚壁菌门和拟杆菌门降低。这可能
是由于当小鼠摄入过量的脂肪，引起机体脂质代谢异常，对细胞和组织造成损
伤，进而对肠道微生物群落产生一定的影响，使厚壁菌门和拟杆菌门中的有益菌
减少。与 HFD 组相比，HM 组的厚壁菌门显著提高，拟杆菌门下降。在 HM 组中

207

小鼠肠道菌群主要由乳杆菌科和毛螺菌科构成（＞50%），它们都属于厚壁菌门，通常被认为是益生菌，可以通过与病原体竞争营养和黏附位点，抑制有害细菌的生长。乳杆菌科的某些细菌种类已被证实能够降低血液中的胆固醇水平，它们可能通过抑制胆固醇的吸收、促进胆固醇的排泄或直接降解胆固醇来降低脂质水平。毛螺菌科的某些细菌种类能够产生酶，这些酶可能影响脂肪的消化和吸收，例如，参与初级胆汁酸的中和或降解，影响脂肪的乳化，从而减少脂肪的吸收。这表明绿豆抗氧化肽通过促进有益菌的生长和活动，可能有助于调节肠道环境和代谢途径，从而降低脂代谢水平。与 CON 组相比，MBPH 组的拟杆菌门占比增加。在 MBPH 组中小鼠肠道菌群主要由 S24-7 菌科和普雷沃氏菌科构成（＞70%），该菌能产生抗菌物质或与病原菌竞争营养物质和黏附位点来抑制有害菌的生长。

综上所述，绿豆抗氧化肽作为一种潜在的抗氧化剂，能够为肠道微生物提供一个更加均衡和丰富的生态环境，进而提高肠道菌群的多样性和丰富度，促进有益菌生长，加快脂质代谢水平，并可能通过中和自由基来缓解脂代谢引发的氧化应激水平，实现对脂代谢的调控作用。

（三）绿豆抗氧化肽对高脂小鼠粪便非靶向代谢组学的影响

1. 绿豆抗氧化肽对高脂小鼠粪便代谢物的 PLS-DA 分析

采用 PLS-DA 分析法对小鼠粪便进行分析，并将鉴定到的所有代谢物重新线性组合得到 PLS-DA 模型，以分析小鼠粪便中代谢物的整体情况，其 PLS-DA 得分图见图 5-22。其中图 5-22（a）是正离子模式 PLS-DA 得分图，图 5-22（b）是负离子模式 PLS-DA 得分图。PC1 和 PC2 分别代表 PLS-DA 模型的两种主成分，相同形状的 6 个点表示组内的 6 组生物学重复，图中所有点均分布于 95% 置信区间内，每组样本的数据点基本都能很好的集中在一起。这些结果表明该 PLS-DA 模型稳定可靠，样本生物学重复性好，可用于后续分析。采用置换检验方法对模型进行验证，可以确保建模过程中模型的泛化能力并防止过拟合现象。在图 5-23 中展示了偏最小二乘判别分析（PLS-DA）模型的置换检验结果。图 5-23（A）展示了正离子模式下 PLS-DA 模型的置换检验图，而图 5-23（B）则展示了负离子模式下的相应结果。从图中可以观察到，随着置换保留度的逐步降低，R2 和 Q2 的值均呈现逐渐下降趋势，这表明模型的稳健性良好。在正离子模式的模型参数中，R2X 的值为 0.859，表明模型对自变量 X 的解释能力达到了 85.9%，而 R2Y 的值为 0.992，说明模型对分类变量 Y 的解释能力高达 99.2%。Q2 的值为 0.974，表明模型对样本变量的预测能力为 97.4%。在负离子模式下，

模型对自变量 X 的解释能力为86.7%，对分类变量 Y 的解释能力为98.8%，对样本变量的预测能力为97.3%。这些指标越接近于1，表明模型的稳定性和可靠性越高，拟合度也越佳。最后，进行200次随机置换检验，结果显示，随着置换保留度的降低，R2 和 Q2 的值均有所下降，回归线呈现出上升的趋势。并且，在最右侧的 R2 和 Q2 值均超过了0.9，Q2 回归线的截距为−0.509，这进一步表明置换检验得以通过，模型未出现过度拟合的现象，展现出了良好的稳定性和预测能力。说明4组小鼠粪便样品模式非常相近，适合探索不同喂养条件下小鼠粪便代谢物的差异。

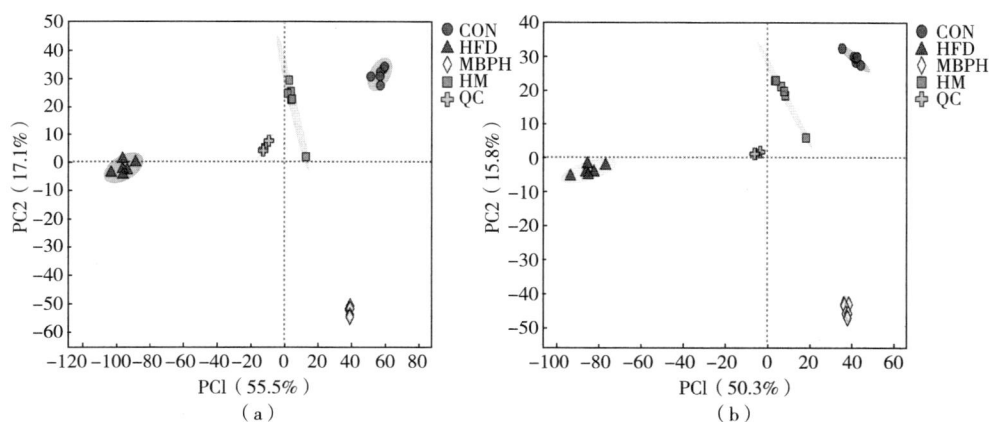

图5-22 绿豆抗氧化肽对高脂小鼠粪便代谢物的 PLS-DA 分析

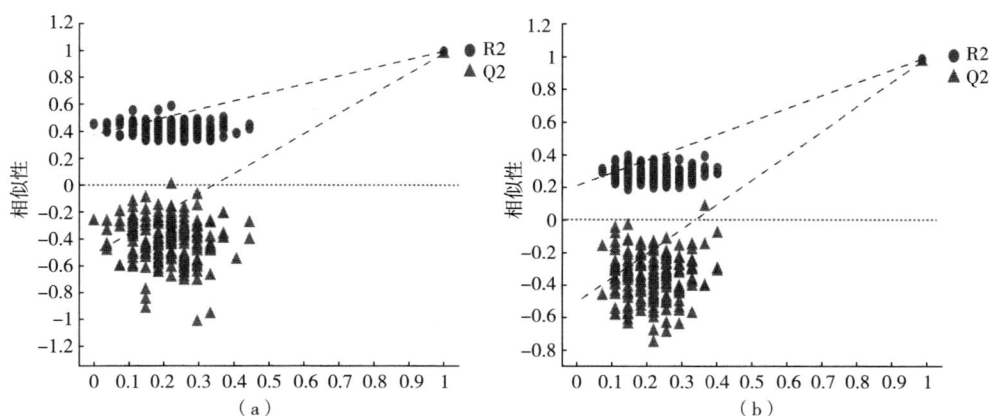

图5-23 绿豆抗氧化肽对高脂小鼠粪便代谢物的 PLS-DA 置换检验分析

2. 绿豆抗氧化肽对高脂小鼠粪便代谢物的代谢物识别与鉴定分析

本试验通过质谱检测，随机给每个离子峰进行编号，通过对所有收集到的数据与人类代谢数据库（HMDB）进行对比分析，最终获取每一种代谢物的具体信息。分析结果如图 5-24 所示，本研究共鉴定出 897 种代谢物，这些代谢物根据其化学分类归属信息，被进一步分为 11 个不同的类别。各类别及其占比如下：脂质和类脂质化合物（lipids and lipid-like molecules）占 58.53%、有机酸及其衍生物（organic acids and derivatives）占 18.84%、有机杂环化合物（organoheterocyclic compounds）占 5.69%、苯基丙烷类和聚酮类化合物（phenylpropanoids and polyketides）占 5.69%、有机氧化合物（organic oxygen compounds）占 5.35%、苯环类化合物（benzenoids）占 2.68%、核酸类化合物（nucleosides, nucleotides, and analogues）占 1.45%、有机氮化合物（organic nitrogen compounds）占 1.23%、木脂素和新木脂素及其相关化合物（lignans, neolignans and related compounds）占 0.33%、生物碱及其衍生物（alkaloids and derivatives）占 0.11%、碳氢化合物（hydrocarbons）占 0.11%。其中，脂质和类脂质化合物种类占比最高。

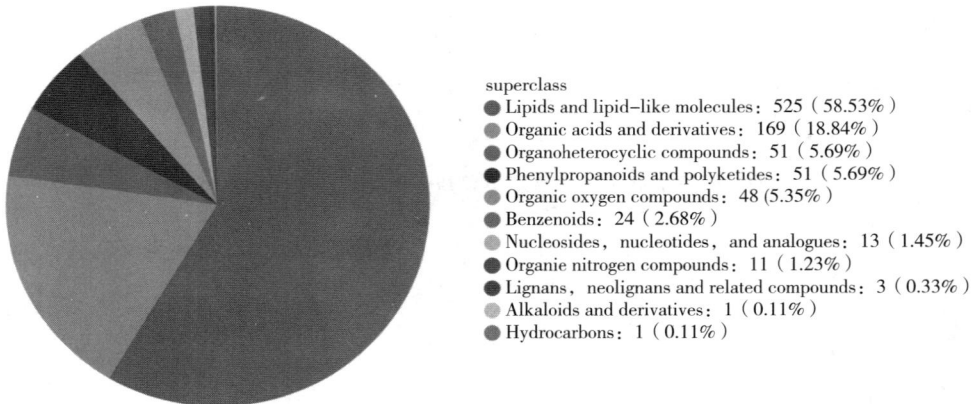

superclass
● Lipids and lipid-like molecules：525（58.53%）
● Organic acids and derivatives：169（18.84%）
● Organoheterocyclic compounds：51（5.69%）
● Phenylpropanoids and polyketides：51（5.69%）
● Organic oxygen compounds：48（5.35%）
● Benzenoids：24（2.68%）
● Nucleosides, nucleotides, and analogues：13（1.45%）
● Organie nitrogen compounds：11（1.23%）
● Lignans, neolignans and related compounds：3（0.33%）
● Alkaloids and derivatives：1（0.11%）
● Hydrocarbons：1（0.11%）

图 5-24　绿豆抗氧化肽对高脂小鼠粪便代谢物的化合物分类统计

3. 绿豆抗氧化肽对高脂小鼠粪便代谢物的组间 Ven 图分析

对质谱检测鉴定的 897 种代谢物进行代谢集分析，得到 671 种优势代谢物，经两两比较绘制得到 Venn 图 5-25。该图可通过图形的相互叠加关系，展示不同代谢集合中共享或独有的代谢物。HFD 组与 CON 组共同拥有 366 种代谢物，MBPH 组与 CON 组共同拥有 368 种代谢物，HM 组与 CON 组共同拥有 456 种代谢物。其中，HM 组与 CON 组共同拥有的代谢物数目最多，结合本章第三节

（三）-2 的研究说明高脂饮食影响了肠道微生物群落的组成，从而改变了小鼠的代谢状态，绿豆抗氧化肽的摄入，可能促进了与脂质代谢相关的有益菌的生长，这些菌能够产生对宿主健康有益的代谢产物，从而使代谢物数目增加。

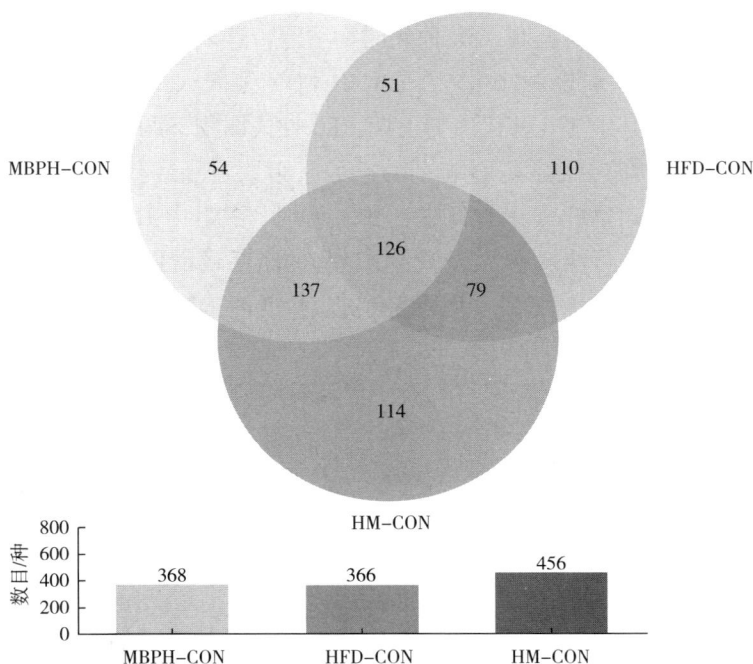

图 5-25　绿豆抗氧化肽对高脂小鼠粪便代谢物的组间 Ven 图分析

4. 绿豆抗氧化肽对高脂小鼠粪便代谢物的组间火山图分析

通过 PL-SDA 分析来分析两组的整体差异情况，再通过 PL-SDA 分析中代谢物的 VIP 值和单变量分析中的 Fold change 和 p-value 来进行差异代谢物的筛选，筛选条件为 $p < 0.05$，OPLS-DA 的 VIP > 1，并绘制火山图。图 5-26 反应的是阴离子和阳离子的结果合并火山图，横轴标记了代谢物在两个不同处理组之间的表达差异倍数变化值，以对数形式表示（$\log_2 FC$），这个数值反映了一个代谢物在两个组别中表达量差异的倍数关系。在图表的纵轴上，展示了这些代谢物表达量变化差异的统计学显著性，这一显著性是通过计算出的负对数 p 值 [$-\log_{10}$（p-value）] 来体现的，数值越大，意味着统计学检验的结果越显著，即代谢物在不同条件下的表达量差异越加明显和越有统计学意义。火山图能够反应试验小鼠在不同饮食条件下的代谢变化模式，通过颜色和点的大小，可以直观地看到哪些代谢物在处理条件下发生了显著的变化。

图 5-26（a）是 HFD-CON 组间火山图，共检测到 366 种差异表达代谢物，其中 227 种代谢物上调，139 种代谢物下调，这表明高脂饮食会抑制小鼠代谢物的表达。图 5-26（b）是 MBPH-CON 组间火山图，共检测到 368 种差异表达代谢物，其中 310 种代谢物上调，58 种代谢物下调，这表明绿豆抗氧化肽饮食会增加小鼠代谢物的表达。图 5-26（c）是 HM-CON 组间火山图，共检测到 456 种差异表达代谢物，其中 376 种代谢物上调，80 种代谢物下调，这表明绿豆抗氧化肽的摄入对小鼠代谢产生显著影响，缓解了高脂饮食导致代谢物表达下降的趋势，并且对小鼠代谢物的表达有促进作用。同时，3 组中 HM-CON 组间火山图的上调代谢物最多，可能反映了某些生物过程的激活或增强，也暗示着这些代谢物可能作为潜在的生物标志物，用于绿豆抗氧化肽改善脂代谢的诊断或监测。

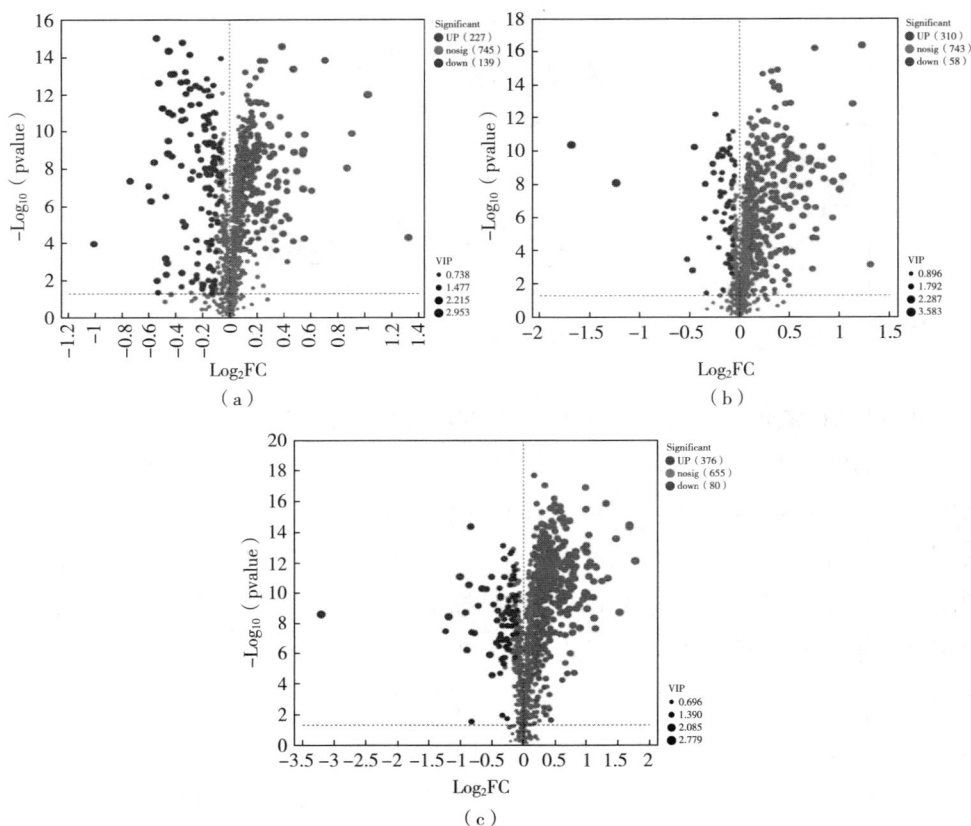

图 5-26 绿豆抗氧化肽对高脂小鼠粪便代谢物的组间火山图分析

注：图（a）是 HFD-CON 组间火山图，（b）是 MBPH-CON 组间火山图，（c）是 HM-CON 组间火山图。

5. 绿豆抗氧化肽对高脂小鼠粪便代谢物的组间 VIP 值分析

运用 PLS-DA 模型和七折交叉验证方法，评估和预测样本配对间的不同生物标志物在各独立样本中的表达特征和差异变化，通过将代谢物在多变量统计方法下的 VIP 值与单变量分析中的 p 值相结合，利用 PLS-DA 模型的第一主成分识别出对分类贡献最大的关键代谢物，从而得到 VIP 值分析图，如图 5-27 所示。在图表的每一行，描绘了一个特定的代谢物，每行的颜色深浅代表了该代谢物在各个样本组中的相对表达水平。通过这种视觉化的方式，可以直观地比较不同代谢物在不同样本组中的表达差异，进而分析代谢物与样本组之间的关联性。图表右侧展示了代谢物的 VIP 值条形图，条形的长度直观地展示了每个代谢物对于两组比较差异的贡献度，其中，默认的阈值设定为 1 或以上，条形越长表明该代谢物在两组之间的差异越显著。条形的颜色则揭示了代谢物在两组样本中差异的统计学显著性，即 p 值。其中，p 值越小，对应的 $-\log_{10}$（p-value）值越大，即颜色越深，表示差异越显著。在图表右侧，$*$ 表示显著性 $p < 0.05$，$**$ 表示显著性 $p < 0.01$，$***$ 表示显著性 $p < 0.001$。

图 5-27（a）是 HFD-CON 组间 VIP 值图，可以发现代谢物 D-erythro-Sphingosine C-15 的 VIP 得分较高（2.6）、$-\log_{10}$（p-value）较大（13.6），因此被认为是 HFD-CON 组间 VIP 值图中最有潜力的生物标志物。D-赤式鞘氨醇 C-15（D-erythro-Sphingosine C-15）是鞘氨醇类化合物，研究表明鞘氨醇在脂代谢中扮演着重要的角色。鞘氨醇可以参与脂质合成的过程，也可以被代谢为其他脂质分子，如脂肪酸和固醇等化合物，从而加重机体脂代谢水平。这表明，高脂饲料会诱导小鼠产生更多的鞘氨醇，使鞘氨醇代谢的异常，最终可能导致机体脂质代谢紊乱。

图 5-27（b）是 MBPH-CON 组间 VIP 值图，可以发现代谢物 23-Acetoxysoladulcidine 的 VIP 得分最高（3.6）、$-\log_{10}$（p-value）较大（12.3），因此被认为是 MBPH-CON 组间 VIP 值图中重要的代谢物。23-Acetoxysoladulcidine 是一种吲哚生物碱类化合物。Zhou 等发现吲哚生物碱类化合物作为肠道菌群色氨酸代谢的产物，可通过芳香烃受体作为配体调节体内炎症和自身免疫反应，这些反应对神经系统和神经精神疾病的治疗和康复具有重要意义，包括缺血性中风、阿尔茨海默病、帕金森病、抑郁和焦虑等的治疗和康复。此外，Hsu 等的研究发现拟杆菌门中的菌群在产生吲哚生物碱类化合物方面具有潜在的作用。这可能是绿豆抗氧化肽作为一种营养物质通过影响肠道微生物的组成和活性，进而提高机体的吲哚生物碱类化合物的含量，从而产生对健康有益的效果。

图 5-27（c）是 HM-CON 组间 VIP 值图，可以发现代谢物 MG［0：0/14：1

（9Z）］的 VIP 得分最高（2.9）、$-\log_{10}$（p-value）较大（13.9），它是一种单酰基甘油醇类化合物，因此被认为是 HM-CON 组间 VIP 值图中重要的代谢物。Yen 等研究表明单酰基甘油醇类化合物有较好的脂肪吸收抑制效果，可用于治疗诸如肥胖症、2 型糖尿病及血脂异常等代谢综合征。Blankman 等研究表明单酰基甘油醇类化合物在疾病治疗中的主要作用是抑制单酰基甘油脂肪酶（MGL）的活性，MGL 是一种丝氨酸水解酶，它在催化不饱和脂肪酸水解为甘油和脂肪酸方面起着至关重要的作用。单酰基甘油醇类化合物作为 MGL 抑制剂通过抑制脂肪

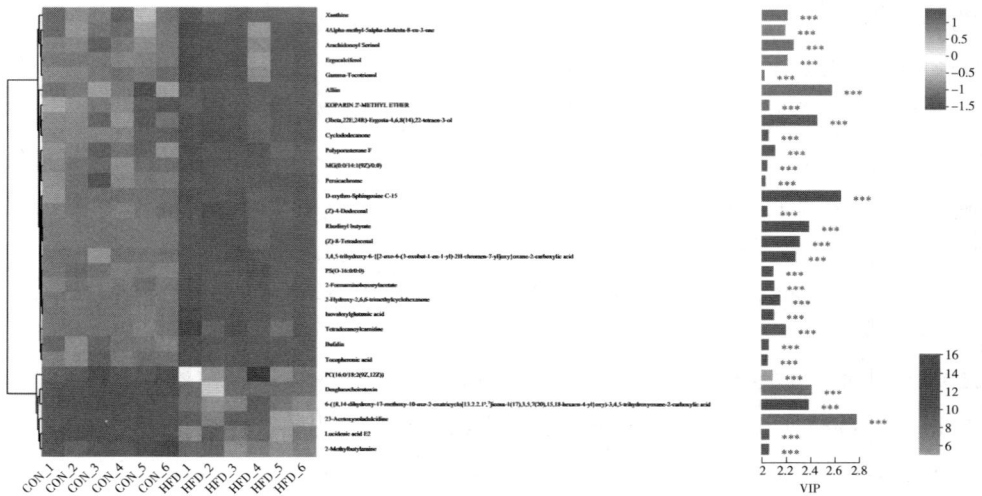

（a）

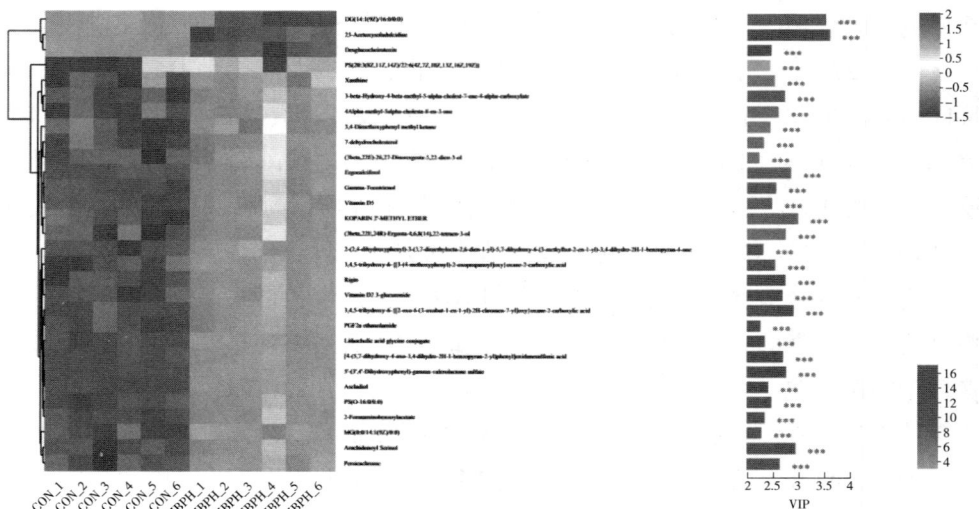

（b）

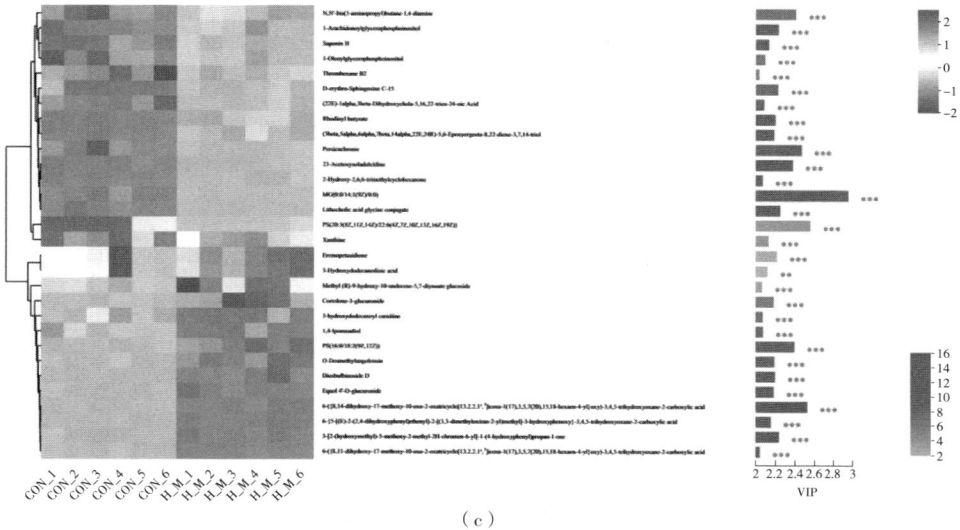

（c）

图 5-27　绿豆抗氧化肽对高脂小鼠粪便代谢物的组间 VIP 值分析

注：图（a）是 HFD-CON 组间 VIP 图，（b）是 MBPH-CON 组间 VIP 图，

（c）是 HM-CON 组间 VIP 图。

分解，可以降低血液中的脂肪酸水平，减少脂肪在体内的储存。这可能是绿豆抗氧化肽促进小鼠产生更多的单酰基甘油醇类化合物，为缓解脂代谢异常起到积极作用。

综上所述，绿豆抗氧化肽干预脂质代谢主要方式是抑制脂肪吸收，从而改善机体炎症和免疫反应，这与课题组前期研究已发现绿豆抗氧化肽可以调节高脂诱导小鼠脂代谢紊乱，提高高脂诱导小鼠血液、肝脏抗氧化物酶活性的结果一致。这进一步说明，绿豆抗氧化肽具有调节高脂诱导脂质代谢紊乱的作用。

6. 绿豆抗氧化肽对高脂小鼠粪便代谢物的相关性热图分析

为了直观观察不同试验组小鼠粪便差异代谢物的浓度变化趋势，从本项目鉴定到的代谢物中选取含量较高的前 30 个物质，依据每个差异代谢物的相对含量做出热图，如图 5-28，该图通过色彩渐变展示了代谢物在不同样本中的表达水平，从左至右每列代表一个样本，从上至下每列则代表一个代谢物。颜色由蓝至红的变化表示代谢物丰度的增加。

根据上方样本聚类的树状图分析可知，HFD 组与 CON 组距离最远，表明高脂小鼠与正常喂食组小鼠的代谢物差异最大。MBPH 组与 CON 组距离最近，表明正常饮食的基础上，继续给小鼠喂食绿豆抗氧化肽后，对小鼠的代谢物影响较

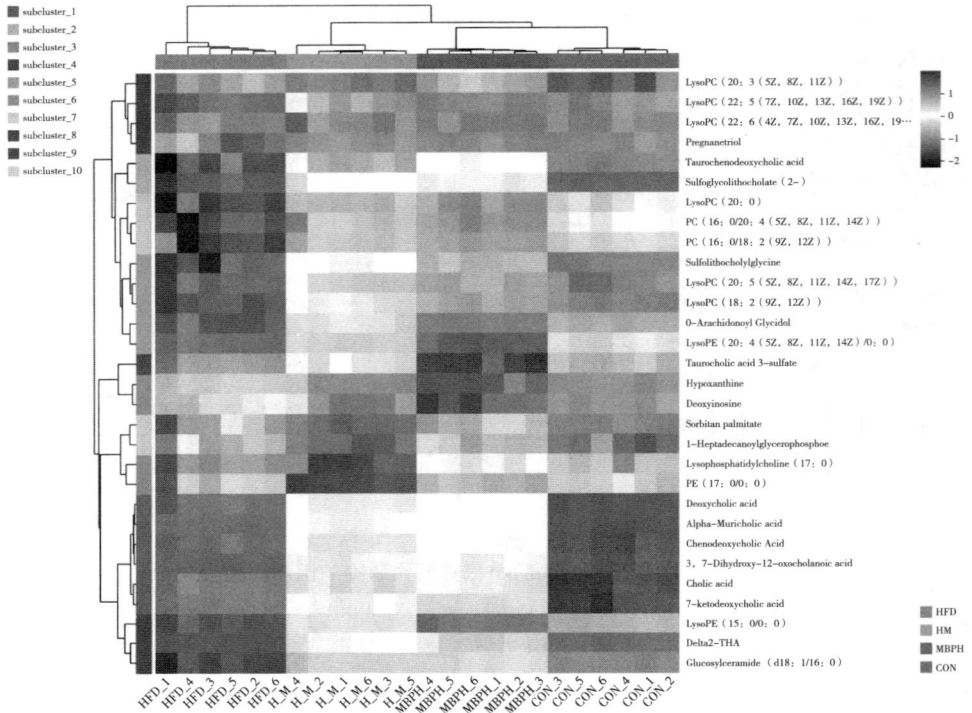

图 5-28　绿豆抗氧化肽对高脂小鼠粪便代谢物的相关性热图分析

小。与 HFD 组相比，HM 组距离 CON 组较近，这说明小鼠摄食绿豆抗氧化肽后粪便代谢物逐渐向正常水平恢复。

根据图 5-28 中代谢物颜色的变化可以发现，HFD 组中的显著代谢物是 Glucosylceramide（d18：1/16：0）和 Delta2-THA，它们的平均 Value > 1.5。其中 Glucosylceramide（d18：1/16：0）是一种包含鞘氨醇、脂肪酸和糖部分的糖基鞘脂分子，这与 5-26（a）的 VIP 分析结果相似。研究发现，一些厚壁菌门的细菌能够产生更多的糖基鞘脂化合物，这些化合物的增加与血脂异常有关。Delta2-THA 是一种多不饱和脂肪酸，主要由拟杆菌门的一些细菌代谢产生。虽然多不饱和脂肪酸对机体健康有积极作用，但高脂饮食后 Delta2-THA 异常增多，说明着小鼠摄入了过量的脂肪食物，导致机体脂肪氧化过程出现障碍，脂肪酸在体内的积累。Nowak 研究发现多不饱和脂肪酸的异常增多可能会导致氧化应激，从而对机体的健康产生不利影响。Jadhav 等的研究也发现多不饱和脂肪酸过量摄入会增加氧化应激，从而使母体营养失衡，导致胎儿发育不良。MBPH 组中的显著代谢物是 LysoPE［20：4（5Z，

8Z，11Z，14Z）/0：0］，这是一种磷脂酰胆碱化合物。研究发现，一些拟杆菌门的细菌能够产生磷脂酰胆碱分子。磷脂酰胆碱是细胞膜的主要成分之一，也可以参与脂质的运输，降低血液中的胆固醇含量，减少肥胖的风险。此外也有研究表明，一些磷脂酰胆碱分子具有抗氧化性质，能够保护细胞免受自由基的损伤，有助于延缓细胞衰老，对细胞的生长和活化有积极作用。HM 组中的显著代谢物是 Lysophosphatidylcholine（17：0）和 PE（17：0/0：0），它们的平均 Value >1.5。其中 Lysophosphatidylcholine（17：0）也是一种磷脂酰胆碱化合物。而 PE（17：0/0：0）是一种磷脂酰乙醇胺化合物。拟杆菌门是肠道菌群中产生磷脂酰乙醇胺化合物的主要菌种，这与图 5-21 的研究结果相似，绿豆抗氧化肽摄入后，HM 组小鼠的肠道菌群中拟杆菌门丰度显著增加。研究发现，磷脂酰乙醇胺可以参与脂质的运输，降低血液中的胆固醇含量，对机体加快脂质代谢、减少脂肪积累和维持脂肪代谢平衡具有重要作用。

7. 绿豆抗氧化肽对高脂小鼠粪便代谢物的 KEGG 通路富集分析

通过利用 KEGG（kyoto encyclopedia of genes and genomes）数据库对所有已鉴定的代谢物进行 pathway level$_2$ 级别的通路注释，结果发现这些差异代谢物在110 条不同的代谢通路中呈现出显著富集的现象。通过将代谢物比对到 KEGG compound ID，能够更深入地分析这些代谢物在生物体内的功能和作用机制，其中显著富集的代谢通路有 20 条。在图中柱子颜色梯度表示富集的显著性，＊表示显著性 p-value < 0.05，＊＊表示显著性 p-value < 0.01，＊＊＊表示显著性 p-value < 0.001。

由图 5-29 可知，颜色越偏向橙色，代表该 KEGG 通路越富集显著，其中 p-value < 0.001 的通路共有 7 条，它们富集程度由高到低依次分别是次级胆汁酸的生物合成（secondary bile acid biosynthesis）、胆汁分泌（bile secretion）、初级胆汁酸生物合成（primary bile acid biosynthesis）、胆固醇代谢（cholesterol metabolism）、亚油酸代谢（linoleic acid metabolism）、α-亚麻酸代谢（alpha-linolenic acid metabolism）、胆固醇代谢牛磺酸和低牛磺酸代谢（cholesterol metabolism taurine and hypotaurine metabolism）。在 7 条显著富集的通路中，富集程度最高（Value > 5）的前 3 条代谢通路都与胆汁酸代谢密切相关，而胆汁酸的主要功能是促进肠道脂质的吸收和运输，此外对营养吸收、代谢调节和能量稳态的维持也发挥着重要作用。其中，次级胆汁酸的生物合成通路富集程度最高（Value = 7.3）。研究发现，初级胆汁酸可以通过肠道细菌的作用进一步转化为次级胆汁酸，这些菌群主要由拟杆菌和乳杆菌构成。这也表明绿豆抗氧化肽可以通过调节肠道菌群中有益菌的丰度，促进次级胆汁酸的合成和代谢，从而提高次级胆汁酸的分泌量。Cai 等的研究表明次级胆汁酸可以通过缓解肠道炎症发生，从而实现对肠道免疫、抑制炎症的调控作用。Masse 等研究表明随着次级胆汁酸含量的增加，既可以对肠道黏膜起到一定的保护作用，减少肠道炎症和损伤的发生，又可以增强脂肪的乳化作用，使脂肪更容易被消化酶分解，从而提高脂肪的消化效率。此外也有研究发现，次级胆汁酸还可以作为一种信号分子，参与调节人体内的葡萄糖平衡、脂质代谢和能量消耗，对胆汁淤积性肝病、高脂血症、脂肪肝疾病、心血管疾病和糖尿病等具有积极调控作用。这些结果表明绿豆抗氧化肽可能拥有作为潜在的脂代谢调节剂的可能性，它能够通过促进有益菌的合成，进而影响次级胆汁酸代谢物的产生，次级胆汁酸不仅有助于维持脂代谢的平衡，而且还能够在体内发挥提高免疫、缓解炎症等多种作用，从而保持机体的健康状态。

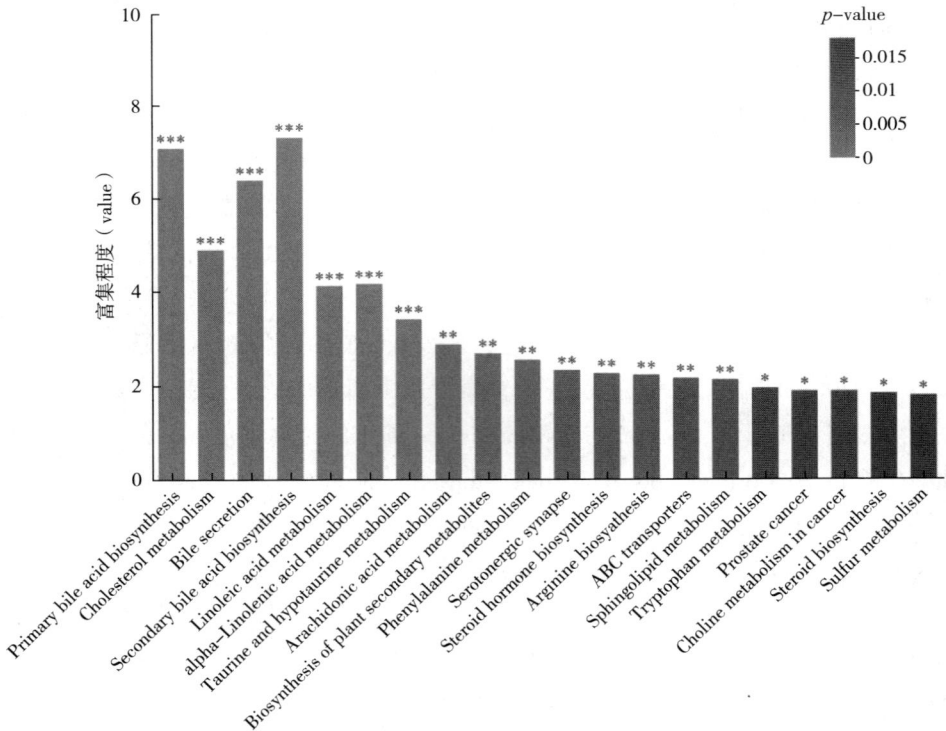

图 5-29　绿豆抗氧化肽对高脂小鼠粪便代谢物的 KEGG 通路富集分析

第四节　讨论

一、超声辅助酶法制备绿豆抗氧化肽工艺参数的优化

绿豆蛋白作为一种具有生物活性的蛋白质，具有抗氧化、降血压血脂、提高机体免疫力等多重功效。为了进一步挖掘其抗氧化的功能特性，采用酶解制备绿豆抗氧化肽，可以将蛋白质中与抗氧化有关的功能基团释放，增加其抗氧化活性。传统酶解方法存在一些缺点，如酶解时间长、酶解得率低等。而超声波技术的应用，为绿豆蛋白酶解提供了一种新的可能。超声波能够在液体中产生空化效应，从而打破蛋白质的二级和三级结构，使其更易于酶的作用。与此同时，超声波的应用对绿豆蛋白酶解的研究相对较少，这限制了其应用范围。将超声波技术与酶解法相结合，可以充分发挥两者的优势。超声波预处理能够使绿豆蛋白的结构展开，而酶解法能进一步将超声波处理后的蛋白质分解为小分子肽。这种超声辅助酶法不仅提高了绿豆蛋白的酶解效率，还能有效保留蛋白质的抗氧化等生物活性。

在超声辅助酶法制备绿豆抗氧化肽的过程中，超声功率、超声时间、酶的种类、酶解时间等条件都是需要考虑的重要因素。超声功率过高或过低都会使蛋白质再次聚集，从而无法达到最佳的酶解效果，适宜的超声功率能够提高酶解效率。超声时间过短则酶解不充分，过长则可能导致蛋白质过度降解，降低肽的得率。此外，不同的酶具有不同的最适作用条件，因此，选择适宜的酶种类和酶解时间对提高绿豆抗氧化肽的得率及抗氧化活性至关重要。在优化超声辅助酶法制备绿豆抗氧化肽的工艺参数时，以肽得率、氮溶指数、水解度、DPPH 自由基清除率为指标，进行综合评价（参见图 5-2~图 5-5）。肽得率反映了绿豆蛋白的酶解效率，氮溶指数和水解度则能反映绿豆蛋白的水解程度，而 DPPH 自由基清除率则反映了绿豆抗氧化肽的抗氧化活性。通过单因素逐一优化实验设计方法，最终筛选出超声辅助酶法的最优工艺参数，既超声功率 400 W、超声时间 15 min，选用碱性蛋白酶，酶解 4 h。

综上所述，超声辅助酶法作为一种新型绿豆蛋白酶解技术，具有广泛的应用前景。在未来研究中，进一步探讨超声波技术在绿豆蛋白酶解中的应用，优化工艺参数，将对我国绿豆资源的深度利用具有重要意义。同时，这也为其他植物蛋白的酶解提供了新的思路和方法。

二、绿豆蛋白及其抗氧化肽结构和功能的关系

绿豆抗氧化肽的功能活性与其结构密切相关。首先，酶解物的溶解度决定了绿豆抗氧化肽在生物体内的可利用性，而溶解度高的绿豆抗氧化肽更易被生物体消化吸收发挥抗氧化作用。其次，抗氧化能力取决于绿豆抗氧化肽中抗氧化氨基酸的组成和含量，这些氨基酸能有效清除自由基。此外，消化率影响了绿豆抗氧化肽在体内的吸收效率。二级结构和三级结构对绿豆抗氧化肽的稳定性和生物活性有重要作用，而分子量、粒径、电位和微观结构影响了绿豆抗氧化肽在生物体内的分布和作用范围。

超声预处理产生的高剪切、机械能和空化效应改变了绿豆蛋白的分子构象，显著提高了绿豆蛋白的溶解度、体外抗氧化活性和消化率。酶解处理后绿豆蛋白溶解度达到 60.42%，表明超声波有助于蛋白质展开，促进酶解反应。超声处理—超声辅助酶解组的溶解度进一步增强至 83.22%，表明超声波可以进一步破坏肽分子，使其溶解度增加，从而使更多的抗氧化基团得以释放。超声和酶解处理显著提升了抗氧化指标，如 DPPH 自由基清除率、羟基自由基清除率、TBARS 值、还原能力和 Fe^{2+} 螯合能力。与单一酶解产物相比，超声处理—超声辅助酶解组的抗氧化活性显著提高，说明超声辅助酶解处理能够增加绿豆蛋白和肽中与抗氧化有关的基团暴露，提高其抗氧化能力。同时，超声和酶解处理也显著提高了绿豆蛋白的消化率，其中，超声处理—超声辅助酶解组的消化率达到 95.22%。这可能是由于超声处理破坏了蛋白质结构，增加了酶解位点，而进一步对酶解液处理，可以将未水解彻底的蛋白质或大分子肽转化为易消化的小分子肽。同时，较高的消化率也暗示绿豆抗氧化肽能够被机体更容易吸收，从而充分发挥其抗氧化活性。

绿豆蛋白水解得到分子肽所富含的谷氨酸、天冬氨酸、精氨酸和赖氨酸等氨基酸，是其抗氧化活性的关键因素。超声处理—超声辅助酶解组中的疏水氨基酸和芳香族氨基酸含量达到了 28.73 g/100 g 和 6.82 g/100 g。同时，二级结构和三级结构的变化也会影响绿豆蛋白和肽的抗氧化活性。超声处理后绿豆蛋白和绿豆抗氧化肽的红外光谱都发生不同程度的红移，与单一酶解产物相比，超声处理超声辅助酶解处理组的二级结构中 α-螺旋和 β-折叠含量降低、β-转角和无规则卷曲含量增加，荧光光谱最大吸收波长红移 2.7 nm，荧光强度显著增加。此外，粒径、ζ 电位、分子量分布和微观结构的改变也反映了结构的变化，超声和酶解处理减小了粒径并增强了 ζ 电位，超声处理—超声辅助酶解组中的分子量主要分

布于小于 500 Da 的范围，扫描电镜变的质地更加分散，其抗氧化活性在 6 个试验组中也最高。

综上所述，绿豆蛋白及其抗氧化肽的功能活性与其结构特性密切相关，通过改变结构，可以调节其功能活性，从而在食品和营养补充领域发挥更大的作用。

三、绿豆抗氧化肽对高脂小鼠脂代谢的调控作用

氧化应激与脂质代谢紊乱之间存在着紧密联系。目前研究表明，植物源性的抗氧化肽可能通过多种途径减少氧化应激，从而对脂质代谢产生正面影响。植物肽中的特定成分能够为细胞提供合成抗氧化酶所需的营养素，如氨基酸和微量元素，有助于增强细胞的抗氧化防御能力。也有研究发现，植物抗氧化肽能够有选择地促进有益菌的生长，同时抑制有害菌的繁殖，从而改善肠道微生物群落的平衡。这种平衡的改善可能有助于减少胆固醇的吸收和合成，对脂质代谢产生调节作用。此外，植物抗氧化肽还可能通过调节肠道菌群来影响炎症反应，维持肠道屏障的完整性，防止有害物质和脂质进入血液循环，进而降低血脂水平。尽管已有研究证实，某些植物蛋白抗氧化肽能够通过调节肠道菌群来降低血脂，但绿豆抗氧化肽如何通过这一机制调节脂质代谢的具体作用尚不明确。因此，深入研究绿豆抗氧化肽对脂质代谢的调节机制显得尤为重要。

本研究发现，绿豆抗氧化肽的摄入能够促进小鼠血液中抗氧化酶的产生，降低血液中脂肪的含量，与 HFD 组相比，HM 组 SOD 酶和 CAT 酶分别升高了 10.6% 和 11.3%，TC 和 TG 分别降低了 9.9% 和 18.86%。这初步表明绿豆抗氧化肽可以调节高脂饮食诱导的脂质代谢紊乱，为了进一步验证绿豆抗氧化肽的降脂效果，对小鼠肠道菌群进行分析。Venn 图显示共检测到 798 个菌种，对所检测到菌种富集后进行 OTUT 轴分析，得到各试验组的微生物群落结构，包括 27 个属、14 个科、5 个门。结果发现，在高脂饮食诱导的条件下，小鼠肠道中的微生物平衡遭到破坏，有益菌如乳杆菌属的丰度显著降低，颤螺菌、幽门螺旋杆菌、艾森伯格氏菌、丹毒丝菌的丰度升高，这些细菌会导致肠道炎症发生，使活性氧簇产生过多，引起机体氧化与抗氧化系统失衡。而绿豆抗氧化肽摄入后，乳杆菌、毛螺菌、瘤胃球菌、脱硫弧菌丰度显著增加，这些都是肠道中潜在的有益菌，对改善小鼠肠道菌群中有益菌的丰富度，降低高脂饮食诱导的氧化应激水平，对小鼠健康都能起到积极作用。伴随肠道菌群的变化，其代谢物也会发生变化。通过对小鼠粪便进行非靶向代谢组学分析，结果共鉴定出 897 种代谢物，包含 671 种优势代谢物，其中，HM 组与 CON 组共同拥有的代谢物数目最多。之后

通过组间火山图分析发现，HFD-CON 组火山图的下调代谢物最多，HM-CON 组火山图的上调代谢物最多。这表明绿豆抗氧化肽的摄入对小鼠代谢产生显著影响，缓解了高脂饮食导致代谢物表达下降的趋势，并且对小鼠代谢物的表达有促进作用。为了进一步评估和预测样本配对间的不同生物标志物在各独立样本中的表达特征和差异变化，进行 VIP 值分析得出 D-赤式鞘氨醇 C-15、吲哚生物碱类化合物、单酰基甘油醇类化合物分别是 HFD-CON、MBPH-CON、HM-CON 组间 VIP 值图中最有潜力的生物标志物。相关性热图结果显示 HFD、MBPH、HM 组中的显著代谢物分别是糖基鞘脂与 Delta2-THA、磷脂酰胆碱化合物、磷脂酰胆碱化合物与磷脂酰乙醇胺化合物。KEGG 通路显示次级胆汁酸的生物合成通路富集程度最高（Value = 7.3）。这些结果表明绿豆抗氧化肽可能拥有作为潜在的脂代谢调节剂的可能性，它能够通过促进有益菌的合成，进而影响磷脂酰胆碱化合物与磷脂酰乙醇胺化合物的产生，增加次级胆汁酸代谢通路的富集程度，这些代谢物有助于机体维持脂代谢的平衡，促进高脂小鼠肠道和机体的健康，缓解高脂引起的氧化应激水平，最终对小鼠的脂代谢水平产生积极影响。

第五节　结论

本章以绿豆蛋白为原料，采用超声波辅助酶法对绿豆蛋白进行处理，分析超声处理对绿豆蛋白结构、酶解速率和酶解产物抗氧化功效的影响，考察超声辅助酶法对绿豆蛋白功效影响的作用机制，并建立高脂小鼠模型，通过测定小鼠血液抗氧化酶、血脂分泌量，和小鼠肠道内容物的 16s RNA 高通量测序、非靶向代谢组学的研究，分析绿豆抗氧化肽对高脂小鼠的脂代谢调节作用，本研究形成的主要结果如下：

（1）筛选出具有抗氧化性质的高得率绿豆抗氧化肽最适工艺条件：超声功率 400 W、超声时间 15 min、蛋白酶为碱性蛋白酶、酶解时间为 4 h。

（2）结构表征结果得出：超声辅助酶解改变了绿豆蛋白酶解物分子构象，使二级结构展开，亲水基团暴露，有利于底物与酶的结合，促进绿豆蛋白的水解程度，增加了绿豆抗氧化肽的得率及活性。

（3）绿豆抗氧化肽的摄入能够促进小鼠血液中抗氧化酶的产生，HM 组较 HFD 组的 SOD 酶和 CAT 酶分别升高了 10.6% 和 11.3%；降低小鼠血液中脂肪的含量，TC 和 TG 分别降低了 9.9% 和 18.86%。绿豆抗氧化肽的摄入使高脂小鼠肠道菌群中颤螺菌丰度降低，乳杆菌、毛螺菌、瘤胃球菌、脱硫弧菌丰度显著增加，并促进了吲哚生物碱、单酰基甘油醇、磷脂酰胆碱、磷脂酰胆碱与磷脂酰乙醇胺类化合物的分泌，增加了次级胆汁酸代谢通路的富集程度。

参考文献

［1］刘慧. 我国绿豆生产现状和发展前景［J］. 农业展望，2012，8（6）：36-39.

［2］MEHTA N，RAO P，SAINI R. A review on metabolites and pharmaceutical potential of food legume crop mung bean（*Vigna radiata* L. Wilczek）［J］. BioTechnologia（Pozn），2021，102（4）：425-435.

［3］李意思，谢岚，祝红，等. 破碎方式对绿豆理化性质的影响［J］. 粮油食品科技，2021，29（5）：78-83.

［4］MOHAN N G，ABHIRAMI P，VENKATACHALAPATHY N. Pulses：Processing and Product Development［M］. Switzerland：Springer，Cham，2020.

［5］BAZAZ R，BABA W N，MASOODI F A，et al. Formulation and characterization of hypo allergic weaning foods containing potato and sprouted green gram［J］. Journal of Food Measnrement and characterization，2016，10（3）：453-465.

［6］ZHOU Y，ZHENG J，GAN R Y，et al. Optimization of ultrasound-assisted extraction of antioxidants from the mung bean coat［J］. Molecules，2017，22（4）：638.

［7］WANG L，LI X，GAO F，et al. Effects of pretreatment with a combination of ultrasound and γ-aminobutyric acid on polyphenol metabolites and metabolic pathways in mung bean sprouts［J］. Frontiers in Nutrition，2022，9：1081351.

［8］KUSUMAH J，REAL H，GONZALEZ D. Antioxidant potential of mung bean（*Vigna radiata*）albu min peptides produced by enzymatic hydrolysis analyzed by biochemical and in silico methods［J］. Foods，2020，9（9）：1241.

［9］TANG C H，SUN X. Physicochemical and structural properties of 8S and/or 11S globulins from mungbean［*Vigna radiata*（L.）Wilczek］with various polypeptide constituents［J］. Journal of Agricultural and Food Chemistry，2010，58：6395-6402.

［10］YANG J，KORNET R，DIEDERICKS C F，et al. Rethinking plant protein extraction：albumin from side stream to an excellent foa ming ingredient［J］. Food Structure，2022，31：100254.

［11］ALI S，SINGH B，SHARMA S. Response surface analysis and extrusion process optimisation of maize-mungbean-based instant weaning food［J］. International Journal of Food Science & Technology，2016，51（10）：2301-2312.

［12］乔宁. 绿豆蛋白的提取及其功能性质研究［D］. 天津：天津商业大学，2015.

［13］KOHNO M，SUGANO H，SHIGIHARA Y，et al. Improvement of glucose and lipid metabolism via mung bean protein consumption：clinical trials of GLUCODIATM isolated mung bean protein in the USA and Canada［J］. Journal of Nutritional Science，2018，14（7）：e2.

［14］HOU D，ZHAO Q，YOUSAF L，et al. Whole mung bean（*Vigna radiata* L.）supplementation prevents high-fat diet-induced obesity and disorders in a lipid profile and modulates gut microbiota in mice［J］. European Journal of Nutrition，2020，59（8）：3617-3634.

［15］XIANG J D，HAI L L，MENG D X，et al. Peptide composition analysis，structural characterization，and prediction of iron binding modes of small molecular weight peptides from mung bean

[J]. Food Research International, 2024, 175: 113735.

[16] LIU F F, LI Y Q, WANG C Y, et al. Physicochemical, functional and antioxidant properties of mung bean protein enzymatic hydrolysates [J]. Food Chemistry, 2022, 11 (1): 133397.

[17] XIE J, YE H, DU M, et al. Mung bean protein hydrolysates protect mouse liver cell line nctc-1469cell from hydrogen peroxide-induced cell injury [J]. Foods, 2019, 9 (1): 14.

[18] 吴登宇, 李昕宇, 韦体, 等. 响应面法优化马铃薯蛋白水解工艺及其抗氧化活性研究 [J]. 中国食品添加剂, 2023, 34 (8): 61-69.

[19] 上官玲玲, 张辉燕, 王文欣, 等. 大豆分离蛋白酶解工艺优化及在发酵调味料中的应用 [J]. 食品工业科技, 2023, 44 (19): 272-280.

[20] ROY T, SINGH A, SARI T P, et al. Microwave-assisted enzymatic hydrolysis: A sustainable approach for enhanced structural and functional properties of broken rice protein [J]. Process Biochemistry, 2024, 136 (1): 301-310.

[21] 常慧敏, 杨敬东, 田少君. 超声辅助木瓜蛋白酶改性对米糠蛋白溶解性和乳化性的影响 [J]. 中国油脂, 2019, 44 (4): 35-40.

[22] 张帅, 韩冰, 马春敏, 等. 超声协同大豆分离蛋白对米粉和米面包品质的影响及机制研究 [J]. 食品安全质量检测学报, 2024, 15 (2): 19-27.

[23] OSUNA G F M, ARREOLA T W, RÍOS M E, et al. Antioxidant activity of 0 eptide fractions from chickpea globulin obtained by pulsed ultrasound pretreatment [J]. Horticulturae, 2023, 9 (4): 415.

[24] HUI L, HONG N S, MIAO Z, et al. Production, identification and characterization of antioxidant peptides from potato protein by energy-divergent and gathered ultrasound assisted enzymatic hydrolysis [J]. Food Chemistry, 2023, 405 (3): 134873.

[25] 赵城彬, 曹勇, 张浩, 等. 超声辅助复合酶预处理提取黑豆蛋白工艺研究 [J]. 食品科技, 2018, 43 (4): 222-227.

[26] WEN L Z, DONG L, RUOSHUANG M, et al. Process optimization, structural characterization, and calcium release rate evaluation of mung bean peptides-calcium chelate [J]. Foods, 2023, 12 (5): 1058.

[27] YI J Z, XIAN G D, MEI Q L. Preparation, characterization and in vitro stability of iron-chelating peptides from mung beans [J]. Food Chemistry, 2021, 349 (1): 129101.

[28] BUDSEEKOAD S, YUPANQUI C T, SIRINUPONG N, et al. Structural and functional characterization of calcium and iron-binding peptides from mung bean protein hydrolysate [J]. Journal of Functional Foods, 2018, 49: 333-341.

[29] 富天昕, 张舒, 盛亚男, 等. 绿豆多肽锌螯合物的制备及其结构与体外消化的分析 [J]. 食品科学, 2020, 41 (4): 59-66.

[30] 侯珮琳, 赵肖通, 张彦青, 等. 绿豆蛋白降血脂水解物的制备及纯化工艺 [J]. 食品工业科技, 2020, 41 (9): 186-192, 199.

[31] 刘妍兵. 绿豆蛋白酶解物结构分析及调节高脂小鼠脂代谢水平的研究 [D]. 大庆: 黑龙江八一农垦大学, 2023.

[32] LIYANAGE R, NADEESHANI H, JAYATHILAKE C, et al. Comparative analysis of nutritional and bioactive properties of aerial parts of snake gourd (Trichosanthes cucumerina Linn.) [J]. International Journal of Food Science, 2016, 2016 (2): 1-7.

[33] 李婧御，李元鑫，刘冉，等．原花青素对大豆分离蛋白凝胶流变特性及抗氧化活性的影响 [J]．中国调味品，2024，49（3）：81-86.

[34] 谷红，王远丽，毛绍春，等．不同酶制备豌豆蛋白水解物及其抗氧化活性研究 [J]．食品科技，2023，48（5）：231-236.

[35] 陈音．黑豆抗氧化肽抑制油脂氧化作用解析 [D]．无锡：江南大学，2023.

[36] HOU D, FENG Q Q, NIU Z T, et al. Promising mung bean proteins and peptides：A comprehensive review of preparation technologies, biological activities, and their potential applications [J]. Food Bioscience, 2023, 55（1）：102972.

[37] ZHANG S, MA Y T, FENG Y C, et al. Potential effects of mung bean protein and a mung bean protein-polyphenol complex on oxidative stress levels and intestinal microflora in aging mice [J]. Food Function, 2022, 13（1）：186-197.

[38] YAN T, VIOLINA V, PUTRI C E, et al. Branched chain a mino acid content and antioxidant activity of mung bean tempeh powder for developing oral nutrition supplements [J]. Foods, 2023, 12（14）：2789.

[39] 柳芬芳．绿豆蛋白及水解物的理化、功能及抗氧化特性研究 [D]．济南：齐鲁工业大学，2023.

[40] SONKLIN C, LAOHAKUNJIT N, KERDCHOECHUEN O. Assessment of antioxidantproperties of membrane ultrafiltration peptides from mungbean meal proteinhydrolysates [J]. PeerJ, 2018, 6（7）：5331-5337.

[41] JENNIFER K, REAL H, GONZALEZ M. Antioxidant potential of mung bean albu min peptides produced by enzymatic hydrolysis analyzed by biochemical and in silico methods [J]. Foods, 2020, 9（9）：1241-1241.

[42] 刁静静．绿豆肽对小鼠巨噬细胞免疫活性的影响及其作用机制 [D]．大庆：黑龙江八一农垦大学，2019.

[43] PHONGTHAI S, D'AMICO S, SCHOENLECHNER R, et al. Fractionation and antioxidant properties of rice bran protein hydrolysates stimulated by in vitro gastrointestinal digestion [J]. Food Chemistry. 2018, 240：156-164.

[44] 刘文颖，冯晓文，程青丽，等．小麦低聚肽的结构特征及其体外抗氧化活性 [J]．现代食品科技，2021，37（12）：72-79.

[45] GU L P, PENG N, CHEN S, et al. Bioactive peptides derived from quinoa protein：fabrication, antioxidant activities, and in vitro digestion profiles [J]. Journal of Food Measurement and Characterization, 2023, 18（2）：894-903.

[46] 韩杰，赵路苹，王丹，等．高温花生粕功能肽的酶法制备 [J]．食品研究与开发，2023，44（1）：110-116.

[47] 刘玉军，李金华，孙志强，等．基于仿生酶解技术制备牡丹籽粕小肽及其抗氧化活性研究 [J]．轻工科技，2022，38（2）：42-44.

[48] 王怡菊．南极磷虾活性肽的分离鉴定及功能验证 [D]．武汉：华中农业大学，2023.

[49] 齐宝坤，赵城彬，江连洲，等．糖基化反应对绿豆分离蛋白二级结构及抗氧化性的影响 [J]．中国食品学报，2018，18（9）：53-60.

[50] 孙健．基于食品非热加工 PEF 技术处理松子源抗氧化六肽的工艺优化研究 [D]．长春：吉林大学，2017.

[51] 于梦怡，刘世林，董文明，等. 青刺果抗氧化肽的分离鉴定、结构表征及其潜在分子机制 [C] //. 中国食品科学技术学会第十九届年会论文摘要集，2022.

[52] 姜颖俊，冯玉超，张舒，等. 绿豆抗氧化肽的制备及理化特性分析 [J]. 中国粮油学报，2023，38（3）：75-85.

[53] 李琳. 英国红芸豆抗氧化肽对氧化应激斑马鱼的保护作用研究 [D]. 大庆：黑龙江八一农垦大学，2023.

[54] UDENIGWE C C, ROUVINEN K. The role of food peptides in lipid metabolism during dyslipidemia and associated health conditions [J]. International Journal of Molecular Sciences，2015，16（5）：9303-9313.

[55] 张才科，白静，余慧，等. 槲皮素体外抗氧化及对小鼠血脂代谢作用的研究 [J]. 天然产物研究与开发，2012，24（5）：663-667.

[56] CHAUDHARI H S, BHANDAIR U, KHANNA G. Preventive effect of embelin from embelia ribes on lipid metabolism and oxidative stress in high-fat diet-induced obesity in rats [J]. Planta Medica，2012，78（7）：651-657.

[57] LIU T, BAI Y, WANG C, et al. Effects of probiotics supplementation on the intestinal metabolites, muscle fiber properties, and meat quality of sunit lamb [J]. Animals，2023，13（4）：762.

[58] DENG Y, LIU W, WANG J, et al. Intermittent fasting improves lipid metabolism through changes in gut microbiota in diet-induced obese mice [J]. Medical Science Monitor：International Medical Journal of Experimental and Clinical Research，2020，26：e926789.

[59] 徐梦柯. 益生菌对调节超重或肥胖人群肠道菌群及脂代谢的影响 [D]. 石家庄：河北医科大学，2023.

[60] MANI S, BHATT S B, VASUDEVAN V, et al. The updated review on plant peptides and their applications in human health [J]. International Journal of Peptide Research and Therapeutics，2022，28（5）：135.

[61] WU L, HU J, YI X, et al. Gut microbiota interacts with inflammatory responses in acute pancreatitis [J]. Therapeutic Advances in Gastroenterology，2023，16.

[62] 宿华林，吴迪，孙爽，等. 高强度超声辅助乳化对金鲷鱼蛋白—茶皂苷复合乳液性质的影响 [J]. 中国油脂，2024，49（1）：35-42.

[63] HU Y, CHEN X, CAI X, et al. Effect of starch content and ultrasonic pretreatment on gelling properties of myofibrillar protein from *Lateolabrax japonicus* [J]. Food Frontiers，2023，4（3）：1482-1495.

[64] 曾广镇，赵志浩，周鹏飞，等. 去红衣与超声处理对花生油体提取及其乳化特性、抗氧化活性的影响 [J]. 中国油脂，2024，49（1）：22-28，42.

[65] 张宁芸，邓爱华，王云，等. 油茶叶黄酮超声辅助提取工艺优化 [J]. 农产品加工，2023，8（16）：33-36，40.

[66] 张佳伟，汪峰，韩森森，等. 超声结合低温清卤两段热加工对鸡肉品质和风味的影响 [J]. 食品工业科技，2024，45（3）：207-217.

[67] 马致静，车寒梅，柳文军，等. 蒲公英不同干燥条件下总黄酮含量及抗氧化活性研究 [J]. 现代农业科技，2024，3（32）：141-143，148.

[68] 沈玲玲. 超声预处理对植物蛋白生物利用度的影响及其机制研究 [D]. 镇江：江苏大

学，2020.

[69] LI L, ZHOU Y, TENG F, et al. Application of ultrasound treatment for modulating the structural, functional and rheological properties of black bean protein isolates [J]. International Journal of Food Science & Technology, 2020, 55 (4): 1637–1647.

[70] 范路好. 超声波辅助酶解对核桃蛋白酶解物抗氧化性的影响研究 [D]. 石河子：石河子大学，2023.

[71] 王蔓. 超声辅助绿豆发芽的工艺优化及相关转录组学的分析 [D]. 沈阳：沈阳农业大学，2023.

[72] 王新新. 花生分离蛋白的多样化改性及其在不同领域的应用研究 [D]. 济南：齐鲁工业大学，2023.

[73] 李笑笑. 高场强超声波处理对大豆分离蛋白结构及乳化性的影响 [D]. 广州：华南理工大学，2021.

[74] 王朝欣. 乳清蛋白微凝胶制备及功能特性的研究 [D]. 济南：齐鲁工业大学，2023.

[75] 王瑞雪. 绿豆蛋白凝胶特性的改善及其形成机理的研究 [D]. 济南：齐鲁工业大学，2023.

[76] WANG Y T, WANG Y J, LI K, et al. Effect of high intensity ultrasound on physicochemical, interfacial and gel properties of chickpea protein isolate [J]. LWT, 2020, 129: 109563.

[77] 周琪. 超声对不同氧化程度米糠蛋白乳液性质的影响及荷载 β-胡萝卜素应用研究 [D]. 长沙：中南林业科技大学，2023.

[78] SALVE A R, PEGU K, ARYA S S. Comparative assessment of high-intensity ultrasound and hydrodynamic cavitation processing on physico-chemical properties and microbial inactivation of peanut milk [J]. Ultrasonics Sonochemistry, 2019, 59: 104728.

[79] 曹佳兴. 超声辅助 EGCG 共价修饰在小麦醇溶蛋白改性中的应用研究 [D]. 郑州：河南工业大学，2023.

[80] WANG Y, LI B, GUO Y, et al. Effects of ultrasound on the structural and emulsifying properties and interfacial properties of oxidized soybean protein aggregates [J]. Ultrasonics Sonochemistry, 2022, 87: 106046.

[81] LI N, WANG T, YANG X, et al. Effect of high-intensity ultrasonic treatment on the emulsion of hemp seed oil stabilized with hemp seed protein [J]. Ultrasonics Sonochemistry, 2022, 86: 106021.

[82] 张娇娇. 超声协同苯乳酸对冷鲜鸡肉中三种常见食源性致病菌的抑制作用研究 [D]. 镇江：江苏大学，2023.

[83] 肖雪，王金浩，邵俊花，等. 超声辅助酶法优化鸡肉蛋白水解工艺 [J]. 食品研究与开发，2023，44 (2): 124–131.

[84] 马开元. 超声制备豌豆分离蛋白—果胶复合纳米颗粒及其自组装特性研究 [D]. 郑州：河南工业大学，2023.

[85] MINJU L, KWANG-GEUN L. Effect of ultrasound and microwave treatment on the level of volatile compounds, total polyphenols, total flavonoids, and isoflavones in soymilk processed with black soybean [Glycine max (L.) Merr.] [J]. Ultrasonics Sonochemistry, 2023, 99 (4): 106579–106579.

[86] 周澍，海洪，金文英，等. 利用缲丝废水处理过程中产生的微生物蛋白制备复合氨基酸

［J］. 环境污染与防治，2011，33（8）：14-17.

［87］ JIN J，MA H，WANG W，et al. Effects and mechanism of ultrasound pretreatment on rapeseed protein enzymolysis ［J］. Journal of the Science of Food and Agriculture，2016，96（4）：1159-1166.

［88］ WANG B，MENG T，MA H，et al. Mechanism study of dual-frequency ultrasound assisted enzymolysis on rapeseed protein by immobilized alcalase ［J］. Ultrasonics Sonochemistry，2016，32（3）：307-313.

［89］ KRISANA N，KRITTAPHAT F，PRISANA P，et al. Properties and characteristics of acid-soluble collagen from salmon skin defatted with the aid of ultrasonication ［J］. Fishes，2022，7（1）：51.

［90］ SAMANEH P，MASOUD R，MEHDI A. Impact of ultrasound on extractability of native collagen from tuna by-product and its ultrastructure and physicochemical attributes ［J］. Ultrasonics Sonochemistry，2022，89（2）：106129.

［91］ ZHANG Y，ZHANG N，WANG Q，et al. A facile and eco-friendly approach for preparation of microkeratin and nanokeratin by ultrasound-assisted enzymatic hydrolysis ［J］. Ultrasonics Sonochemistry，2020，68（206-211）：105201.

［92］ YANFEI G，MINGHAO W，KAIWEN X，et al. Covalent binding of ultrasound-treated japonica rice bran protein to catechin：Structural and functional properties of the complex ［J］. Ultrasonics Sonochemistry，2023，93（11）：106292.

［93］ ALFAHAD A，ALHALABI R. Ultrasound（US）-guided percutaneous thrombin injection for stoma-site bleeding after PEG tube insertion：a case series and review of the literature ［J］. CVIR endovascular，2024，7（1）：20.

［94］ 杨会丽. 超声辅助酶法制备大豆分离蛋白 ACEI 活性肽的研究 ［D］. 镇江：江苏大学，2015.

［95］ 王康. 超声对胃蛋白酶，胰蛋白酶，过氧化氢酶作用的研究 ［J］. 中国生物工程杂志，2006，26（5）：81-84.

［96］ 张喜才，张新林，黄业传，等. 超声波和碱性蛋白酶处理对克氏原螯虾脱壳及虾仁品质的影响 ［J］. 食品研究与开发，2024，45（5）：90-96.

［97］ ZHONG X，ZHANG S，WANG H，et al. Ultrasound-alkaline combined extraction improves the release of bound polyphenols from pitahaya（Hylocereus undatus 'Foo-Lon'）peel：Composition，antioxidant activities and enzyme inhibitory activity ［J］. Ultrasonics Sonochemistry，2022，90：106213.

［98］ THONGRATTANATRAI K，IMPAPRASERT R，SUNTORNSUK W，et al. Effect of ultrasonic-assisted enzymatic hydrolysis on functional properties and antioxidant activity of eri silkworm pupa protein isolate ［J］. International Journal of Food Sciences and Nutrition，2023，29：9409710.

［99］ QIAN J，CHEN D，ZHANG Y，et al. Ultrasound-assisted enzymatic protein hydrolysis in food processing：mechanism and parameters ［J］. Foods，2023，12（21）：4027.

［100］ 赵吉平，王彩萍，侯小峰，等. 论绿豆的经济价值及产业化开发利用 ［J］. 农业科技通讯，2016，32（5）：9-10.

［101］ 庄艳，陈剑. 绿豆的营养价值及综合利用 ［J］. 杂粮作物，2009，29（6）：418-419.

［102］ 纪花，陈锦屏，卢大新. 绿豆的营养价值及综合利用 ［J］. 现代生物医学进展，2006，

6（10）：143-144，156.

［103］ TARAHI M，ABDOLALIZADEH L，HEDAYATI S. Mung bean protein isolate：Extraction，structure，physicochemical properties，modifications，and food applications［J］. Food Chemistry，2024，444：138626.

［104］ DIAO J J，MIAO X，CHEN H S. Anti-inflammatory effects of mung bean protein hydrolysate on the lipopolysaccharide-induced RAW264. 7 macrophages［J］. Food Science and Biotechnology，2022，31（7）：849-856.

［105］ 叶贺丹. 绿豆抗氧化肽的制备及其分离纯化与结构鉴定［D］. 南昌：南昌大学，2022.

［106］ XIN Z，KAI G，YONG Q Q，et al. Enzymolytic soybean meal improves growth performance，economic efficiency and organ development associated with cecal fermentation and microbiota in broilers offered low crude protein diets［J］. Frontiers in Veterinary Science，2023，10：1293314.

［107］ LING C，YUAN L，FANG Z. Enhancing bioavailability of soy protein isolate（SPI）nanoparticles through limited enzymatic hydrolysis：Modulating structural properties for improved digestion and absorption［J］. Food Hydrocolloids，2024，147：109397.

［108］ SHU J B，FEN F L，YING Q L，et al. The structural characteristics and physicochemical properties of mung bean protein hydrolysate of protamex induced by ultrasound［J］. Journal of the Science of Food and Agriculture，2023，19（30）：13251.

［109］ COELHO F A P，COELHO F P，ZINATO G P，et al. Structural changes induced by ultrasound in proteases and their consequences on the hydrolysis of pumpkin seed proteins and the multifunctional properties of hydrolysates［J］. Food and Bioproducts Processing，2024，144（3）：13-21.

［110］ 张琳，顾风云，秦宇婷，等. 浅谈蛋白质含量的测定［J］. 食品安全导刊，2021（29）：158-9.

［111］ 廖小微. 水相体系中内源性蛋白酶水解芝麻蛋白的行为及其应用研究［D］. 无锡：江南大学，2022.

［112］ 刘恩岐. 黑豆蛋白酶解产物的生物活性研究与结构表征［D］. 咸阳：西北农林科技大学，2014.

［113］ 刘妍兵，陶阳，苗雪，等. 绿豆蛋白酶解物抗氧化活性与其结构、氨基酸组成的相关性［J］. 食品工业科技，2022，43（7）：50-58.

［114］ 郭莹，虞夏晖，陈碧宵，等. 望江南子不同溶剂提取物体外抗氧化活性及抗脑缺血性损伤作用［J］. 中华中医药杂志，2018，33（11）：5168-5171.

［115］ VHANGANI L N，VAN W J. Antioxidant activity of Maillard Reaction products（MRPs）in a lipid-rich model system［J］. Food Chemistry，2016，208（30）：1-8.

［116］ 张江涛，冯晓文，秦修远，等. 海洋蛋白低聚肽的抗氧化与降血压作用［J］. 中国食品学报，2020，20（11）：63-70.

［117］ AKINDOYENI I A，OGUNSUNY O B，ALETOR V A，et al. Effect of selenium biofortification on phenolic content and antioxidant properties of Jute leaf（Corchorus olitorius）［J］. Vegetos，2022，1-10.

［118］ LIU F F，LI Y Q，SUN G J，et al. Influence of ultrasound treatment on the physicochemical and antioxidant properties of mung bean protein hydrolysate［J］. Ultrasonics Sonochemistry，

2022, 84 (10): 5964.

[119] WANG T, CHEN K R, ZHANG X Z, et al. Effect of ultrasound on the preparation of soy protein isolate-maltodextrin embedded hemp seed oil microcapsules and the establishment of oxidation kinetics models [J]. Ultrasonics Sonochemistry, 2021, 77: 105700.

[120] DADA S O, EHIE G C, OSUKOYA O A, et al. In vitro antioxidant and anti-inflammatory properties of Artocarpus altilis (Parkinson) Fosberg (seedless breadfruit) fruit pulp protein hydrolysates [J]. Scientific Reports, 2023, 13 (1): 1493.

[121] JAKOVETIC T S, LUKOVIC N, GRBAVCIC S, et al. Production of egg white protein hydrolysates with improved antioxidant capacity in a continuous enzymatic membrane reactor: optimization of operating parameters by statistical design [J]. Journal of Food Science and Technology, 2018, 55 (12): 8-37.

[122] WANG S T, WANG P Y, CUI Y W, et al. Study on the physicochemical indexes, nutritional quality, and flavor compounds of Trichiurus lepturus from three representative origins for geographical traceability [J]. Frontiers in Nutrition, 2022, 1 (9): 1034868.

[123] QU J L, ZHANG M W, HONG T T, et al. Improvement of adzuki bean paste quality by Flavourzyme-mediated enzymatic hydrolysis [J]. Food Bioscience, 2023, 51: 102205.

[124] FAN L H, MAO X Y, WU Q Z. Purification, identification and molecular docking of novel antioxidant peptides from walnut (Juglans regia L.) protein hydrolysates [J]. Molecules, 2022, 27 (23): 8423.

[125] 阴宏婕, 鞠化鹏, 钟利敏, 等. 核黄素结合肽的生物活性及结构表征 [J]. 食品科学, 2021, 42 (9): 137-144.

[126] MARTINEZ C S, ALTERMAN C D C, VERA G, et al. Egg white hydrolysate as a functional food ingredient to prevent cognitive dysfunction in rats following long-term exposure to alu minum [J]. Scientific Reports, 2019, 9 (1): 1868.

[127] KINGWASCHARAPONG P, CHAIJAN M, KARNJANAPRATUM S. Ultrasound-assisted extraction of protein from Bombay locusts and its impact on functional and antioxidative properties [J]. Scientific Reports, 2021, 11 (1): 17320.

[128] ZHAO J, JUN H, DANG Y L. Ultrasound treatment on the structure of goose liver proteins and antioxidant activities of its enzymatic hydrolysate [J]. Journal of Food Biochemistry, 2020, 44 (1): e13091.

[129] YANG J, DUAN Y Q, GENG F, et al. Ultrasonic-assisted pH shift-induced interfacial remodeling for enhancing the emulsifying and foa ming properties of perilla protein isolate [J]. Ultrasonics Sonochemistry, 2022, 89: 106108.

[130] CHEN W, MA H, WANG Y Y. Recent advances in modified food proteins by high intensity ultrasound for enhancing functionality: Potential mechanisms, combination with other methods, equipment innovations and future directions [J]. Ultrasonics Sonochemistry, 2022, 85: 105993.

[131] WANG Q, WANG Y, HUANG M G, et al. Ultrasound-assisted alkaline proteinase extraction enhances the yield of pecan protein and modifies its functional properties [J]. Ultrasonics Sonochemistry, 2021, 80: 105789.

[132] ZHU Z, ZHU W, YI J, et al. Effects of sonication on the physicochemical and functional

properties of walnut protein isolate [J]. Food Research International, 2018, 106: 853-861.

[133] DABBOUR M, XIANG J, MINTAH B, et al. Localized enzymolysis and sonochemically modified sunflower protein: Physical, functional and structure attributes [J]. Ultrasonics Sonochemistry, 2020, 63: 104957.

[134] TANG L, YONGSAWATDIGUL J. Physicochemical properties of tilapia (Oreochromis niloticus) actomyosin subjected to high intensity ultrasound in low NaCl concentrations [J]. Ultrasonics Sonochemistry, 2020, 63: 104922.

[135] YU Y L, LU X Y, ZHANG T H, et al. Tiger nut (Cyperus esculentus L.): nutrition, processing, function and applications [J]. Foods, 2022, 11 (4): 601.

[136] GU S, ZHU Q J, ZHOU Y, et al. Effect of ultrasound combined with glycerol-mediated low-sodium guring on the quality and protein structure of pork tenderloin [J]. Foods, 2022, 11 (23): 3798.

[137] LUCIA A G, EDUARDO C T, ANABERTA C M, et al. Production of ACE inhibitory peptides from whey proteins modified by high intensity ultrasound using bromelain [J]. Foods, 2021, 10 (9): 2099.

[138] ZHANG Y, ZHOU F, ZHAO M, et al. Soy peptide nanoparticles by ultrasound-induced self-assembly of large peptide aggregates and their role on emulsion stability [J]. Food Hydrocolloids, 2018, 74: 62-71.

[139] LI Y F, ZENG Q H, LIU G, et al. Effects of ultrasound-assisted basic electrolyzed water (BEW) extraction on structural and functional properties of Antarctic krill (Euphausia superba) proteins [J]. Ultrasonics Sonochemistry, 2021, 71: 105364.

[140] FLORES-JIMÉNZE N T, ULLOA J A, URíAS-SILVAS J E, et al. Influence of high-intensity ultrasound on physicochemical and functional properties of a guamuchil Pithecellobium dulce (Roxb.) seed protein isolate [J]. Ultrasonics Sonochemistry, 2022, 84, 105976.

[141] MOHAMMADI V, SHARIFI S D, SHARAFI M, et al. Effects of dietary L-carnitine on puberty indices in the young breeder rooster [J]. Heliyon, 2021, 7 (4): e06753.

[142] ZHAO Q C, ZHAO J Y, AHN D U, et al. Separation and identification of highly efficient antioxidant peptides from eggshell membrane [J]. Antioxidants (Basel), 2019, 8 (10): 495.

[143] KONIKOFF T, GOPHNA U. Oscillospira: a central, enigmatic component of the human gut microbiota [J]. Trends Microbiol, 2016, 24 (7): 523-524.

[144] HARRIS A G, HINDS F E, BECKHOUSE A G, et al. Resistance to hydrogen peroxide in Helicobacter pylori: role of catalase (KatA) and Fur, and functional analysis of a novel gene product designated 'KatA-associated protein', KapA (HP0874) [J]. Microbiology (Reading), 2002, 148 (12): 3813-3825.

[145] MISIAK B, PAWLAK E, REMBACZ K, et al. Associations of gut microbiota alterations with clinical, metabolic, and immune-inflammatory characteristics of chronic schizophrenia [J]. Journal of Psychiatric Research, 2024, 171 (22): 152-160.

[146] 段亮亮, 张蒙, 冯洁, 等. 乳酸菌胆盐水解酶和共轭脂肪酸产生及对宿主脂代谢影响的研究进展 [J]. 微生物学通报, 2022, 49 (9): 3890-3905.

[147] XIE J, LI L F, DAI T Y, et al. Short-chain fatty acids produced by ru minococcaceae mediate α-Linolenic acid promote intestinal stem cells proliferation [J]. Molecular Nutrition &

Food Research, 2022, 66 (1): e2100408.

[148] HAN Y, SONG M, GU M, et al. Dietary intake of whole strawberry inhibited colonic inflamma-tion in dextran sulfate sodium treated Mice via restoring immune homeostasis and alleviating gut microbiota dysbiosis [J]. Journal of Agricultural and Food Chemistry, 2019, 67 (33): 1-32.

[149] SMITH B J, MILLER R A, SCHMIDT T M. Muribaculaceae genomes assembled from metage-nomes suggest genetic drivers of differential response to acarbose treatment in mice [J]. mSphere. 2021, 6 (6): e0085121.

[150] LIU M, KANG Z, CAO X, et al. Prevotella and succinate treatments altered gut microbiota, increased laying performance, and suppressed hepatic lipid accumulation in laying hens [J]. Journal of Animal Science and Biotechnology, 2024, 15 (1): 26.

[151] 秦昆鹏, 王志云, 高骞, 等. 乙酸对脂肪代谢的影响及其作用机制 [J]. 动物营养学报, 2021, 33 (5): 2544-2554.

[152] ZHANG W, LANG R. Succinate metabolism: a promising therapeutic target for inflammation, ischemia/reperfusion injury and cancer [J]. Frontiers in Cell and Developmental Biology, 2023, 11: 1266973.

[153] 朱宏斌. 宏基因组研究高脂饮食诱导小鼠的肥胖易感性与肠道菌群的关系 [D]. 重庆: 第三军医大学, 2018.

[154] QUINVILLE B M, DESCHENES N M, RYCKMAN A E, et al. A comprehensive review: sphingolipid metabolism and implications of disruption in sphingolipid homeostasis [J]. Inter-national Journal of Molecular Sciences, 2021, 22 (11): 5793.

[155] GUZIOR D V, QUINN R A. Review: microbial transformations of human bile acids [J]. Mi-crobiome, 2021, 9 (1): 140.

[156] ZHOU Y, CHEN Y, HE H, et al. The role of the indoles in microbiota-gut-brain axis and potential therapeutic targets: A focus on human neurological and neuropsychiatric diseases [J]. Neuropharmacology, 2023, 239: 109690.

[157] HSU C L, SCHNABL B. The gut-liver axis and gut microbiota in health and liver disease [J]. Nature Reviews Microbiology, 2023, 21 (11): 719-733.

[158] YEN C L, CHEONG M L, GRUETUR C, et al. Deficiency of the intestinal enzyme acyl CoA: monoacylglycerol acyltransferase-2 protects mice from metabolic disorders induced by high-fat feding [J]. Nature Medicine, 2009, 15 (4): 442-446.

[159] BLANKMAN J L, SIMON G M, CRAVATT B F. A comprehensive profile of brain enzymes that hydrolyze the endocannabinoid 2-arachidonoylglycerol [J]. Chemistry & Biology, 2007, 14 (12): 1347-1356.

[160] IQBAL J, WALSH M T, HAMMAD S M, et al. Sphingolipids and lipoproteins in health and metabolic disorders [J]. Trends Endocrinol Metab, 2017, 28 (7): 506-518.

[161] NOWAK J Z. Oxidative stress, polyunsaturated fatty acids-derived oxidation products and bis-retinoids as potential inducers of CNS diseases: focus on age-related macular degeneration [J]. Pharmacological Reports, 2013, 65 (2): 288-304.

[162] JADHAV A, KHAIRE A, JOSHI S. Exploring the role of oxidative stress, fatty acids and neu-rotrophins in gestational diabetes mellitus [J]. Growth Factors, 2020, 38 (3-4): 226-234.

[163] KIM J Y, KIM M J, YI B, et al. Effects of relative humidity on the antioxidant properties of

α-tocopherol in stripped corn oil [J]. Food Chemistry, 2015, 167: 191-6.

[164] CALZADA E, ONGUKA O, CLAYPOOL S M. Phosphatidylethanolamine metabolism in health and disease [J]. International Review of Cell and Molecular Biology, 2016, 321 (1): 29-88.

[165] GUZIOR D V, QUINN R A. Review: microbial transformations of human bile acids [J]. Microbiome, 2021, 9 (1): 140.

[166] CAI J, SUN L, GONZALEZ F J. Gut microbiota-derived bile acids in intestinal immunity, inflammation, and tumorigenesis [J]. Cell Host Microbe, 2022, 30 (3): 289-300.

[167] MASSE K E, LU V B. Short-chain fatty acids, secondary bile acids and indoles: gut microbial metabolites with effects on enteroendocrine cell function and their potential as therapies for metabolic disease [J]. Frontiers in Endocrinology, 2023, 14: 1169624.

[168] TRAUNER M, FUCHS C D. Novel therapeutic targets for cholestatic and fatty liver disease [J]. Gut, 2022, 71 (1): 194-209.

第六章　绿豆蛋白酶解物结构分析及其对调节高脂小鼠脂代谢水平的影响

第一节　引言

一、氧化应激损伤与脂代谢

（一）氧化应激损伤

1956 年，Harman 最先提出自由基这一概念，很多慢性非传染性疾病的发生都与自由基的过量积累相关。自由基具有极强的氧化性，能够破坏细胞结构，引起蛋白质变性和 DNA 断裂，癌症、心血管疾病等非传染性的疾病随之发生。氧化应激是指机体内氧化物质如活性氧（reactive oxygen species，ROS）过度积累，机体自身的清除能力不足以清除掉这些自由基，随之引起氧化反应的不断发生，导致机体始终处在一种氧化/抗氧化平衡丧失的状态。在正常的状态下，机体内参与 ROS 产生和清除的系统处于一种相对稳定、动态平衡的状态。但是，由于外界环境的刺激或者机体自身的变化等原因，使机体内 ROS 的产生突然增多或者机体对 ROS 的清除能力下降，组织细胞发生氧化应激损伤，机体相应的就会出现氧化应激损伤现象。

（二）氧化应激与脂代谢紊乱

长期的高脂肪、高能量饮食容易诱发机体氧化应激损伤，当机体长期处于氧化应激状态时，机体内肝脏组织中的 ROS、丙二醛（malondialdehyde，MDA）水平显著增加，阻碍了线粒体对脂肪酸的氧化作用，导致脂肪代谢异常，脂肪酸调节失衡，同时机体对自由基的清除能力大幅度减弱，使之难以回到平衡状态，从而导致各个组织、细胞中的脂质过氧化水平明显升高，引发 DNA 的损伤以及蛋白质的表达异常，机体因此受到损害。

肝脏是机体进行脂代谢的重要器官，负担着胆固醇和磷脂的合成，脂蛋白合成和运输等脂质代谢调节功能。肝脏在遭受过量氧自由基的攻击后，原本正常的脂质代谢受到影响。胆固醇代谢是维持胆固醇平衡的关键，脂类胆固醇的吸收、合成、运输和排泄等过程与许多酶、转运体、受体的协同作用有关。研究表明，高脂饮食的长期摄入导致机体甘油三酯的增加，脂肪酸 β-氧化进程加快，线粒体 DNA 损伤，肝细胞能量代谢受阻碍，机体的脂代谢发生紊乱现象。

　　脂代谢紊乱的发生常常伴随着氧化应激损伤，而氧化应激及其产生的脂质过氧化物又会导致线粒体功能失调，细胞功能受损，进一步产生活性氧 ROS，又引起脂代谢紊乱的发生。综上，改善氧化应激的损伤与调节脂质代谢作用的功效具有相关性。研究证明，长期的高脂、高能量饮食在导致脂质代谢紊乱的同时，也会引起体内氧化损伤的出现，进而导致很多慢性疾病的发生，严重威胁人类的身体健康。因而，找寻天然无毒的活性物质减缓或避免这些慢性疾病的发生已成为各领域的研究热点。

二、绿豆蛋白酶解物生物活性与结构的关系

　　绿豆蛋白酶解物是经过蛋白酶作用于绿豆蛋白后，得到的由氨基酸序列组成的肽段，其长短不一，氨基酸的组成和排列也不相同，所具有的生物功能活性具有多样性。绿豆蛋白酶解物分子量低、易消化吸收，制备方法简单，安全无毒副作用，受到国内外研究人员的广泛关注，应用前景广阔。绿豆蛋白经过酶解后，抗氧化活性、降脂活性、降血压功能以及抑炎作用得到良好的发挥，这些功能活性的发挥与酶解物的空间结构息息相关。

（一）绿豆蛋白酶解物抗氧化活性与结构的关系

　　抗氧化肽是由多个氨基酸脱水缩合形成的氨基酸序列，具有一定的空间结构并具有抗氧化效果，其中，抗氧化作用的发挥主要受分子量、氨基酸组成及含量的影响。

　　蛋白质在被机体摄入后，经过胃肠道中多种消化酶的水解作用进行初步水解，于小肠上皮细胞处被进一步的消化和吸收，使其中大分子的蛋白质被酶解转变成为低分子量的肽链片段。有研究认为，分子量是影响蛋白酶解物消化吸收继而发挥良好活性的关键因素之一。Soklin 等采用两种不同的蛋白酶处理绿豆蛋白，结果发现经过菠萝蛋白酶酶解的绿豆蛋白具有良好的抗氧化活性，其 DPPH 自由基清除能力、ABTS 自由基清除能力最高分别达到了 82.31% 和 94.93%，随后再将绿豆蛋白酶解物超滤分级后，分别测定不同级分的酶解物抗氧化活性及其分子量，得出结论：分子量低的酶解物具有更强的抗氧化活性。张玲、任海伟等分别对不同分子量的罗非鱼蛋白酶解物及藏系羊胎盘蛋白酶解物的抗氧化活性进行测定，发现两种蛋白酶解物均在低分子量时发挥更强的抗氧化作用，这是因为

低分子量的蛋白酶解物更容易被人体消化吸收，低分子量物质能够直接参与、组织蛋白质的合成代谢。Powers、卢素珍等也得出了相似的结论，认为低分子量的蛋白酶解物易于更好地发挥抗氧化活性。对绿豆蛋白酶解物的游离氨基酸组成进行测定分析，结果发现，抗氧化活性强的酶解物含有大量的疏水性氨基酸。二级结构 α-螺旋、β-折叠结构同样是决定着蛋白酶解物抗氧化活性是重要因素之一。当 α-螺旋二级结构的增加以及 β-折叠二级结构的减少时，均能够显著提升蛋白酶解物的抗氧化能力。

蛋白质及其水解后的酶解物都是由氨基酸经脱水缩合后，才形成氨基酸序列，再经过复杂的盘曲折叠构成复杂的空间结构，所以氨基酸的组成是影响抗氧化肽发挥作用的重要因素之一。大量研究表明，与亲水性氨基酸相比，疏水性氨基酸在高抗氧化活性肽中占有更高比例，并且被认为是影响肽自由基清除能力的关键因素。另外，有研究认为，芳香族氨基酸（Trp，Tyr 和 Phe）含量的增加可以显著提高酶解物的抗氧化活性。卢红妍等对松仁清蛋白抗氧化肽的结构进行鉴定，发现疏水性氨基酸和芳香族氨基酸含量高的氨基酸序列 Phe-Phe-Pro-Tyr（FFPY）以及 Tyr-Leu-Pro-Phe（YLPF）序列具有更高的抗氧化活性。这与 DE-JIAN 等的研究结果一致。刘文颖等采用中性蛋白酶法制备小麦抗氧化肽并分析其氨基酸组成，研究表明，小麦酶解物的抗氧化活性与肽段的疏水性有一定关系，高含量的疏水氨基酸，对氧自由基的清除能力呈增强趋势，表明肽链中疏水性非极性氨基酸与肽段的抗氧化活性具有较强的关联性，这与先前的报道一致。

（二）绿豆蛋白酶解物降脂能力与结构的关系

膳食蛋白具有多种营养和生物活性功能。可食用蛋白除了能够提供人体合成蛋白质需要的各种氨基酸外，还具有调节葡萄糖代谢、脂质代谢、血压、骨骼代谢和免疫系统的功能。大量的研究表明，蛋白质及其酶解物都具有一定的降脂功能，如乳清蛋白及其酶解物、鱼肉蛋白及其酶解物、原人参三醇组皂苷及其酶解物和西蓝花茎叶蛋白及其酶解物。蛋白质及其酶解物调节体内脂质代谢的方式主要是通过调节脂蛋白、胆固醇和甘油三酯的代谢，以此来达到调节脂质代谢的目的。虽然调节脂质代谢的机理还不明确，但是大量的研究均认为，酶解物的结构、氨基酸组成是影响酶解物降脂活性的重要原因。

侯佩琳为了探究不同作用条件对绿豆蛋白酶解物降脂能力的影响，在不同时间下处理绿豆蛋白并测定活性，最后认为当水解时间延长到 146 min 时获得的酶解物其结合脱氧胆酸钠的能力最强，在此基础上又建立了秀丽隐杆线虫高胆固醇动物模型，证实了其体内降脂能力。水解时间的延长导致了酶解物的分子量降低，即分子量低的酶解物其降脂能力更强。研究证明，疏水性氨基酸占比更高的酶解物能够很好的束缚胆汁酸分泌，并且通过粪便快速代谢出机体，避免脂质代谢紊乱。Vahouny 等为了探究大豆蛋白在体内的降脂活性，建立动物模型，发现当在饮食中添加了精氨酸（Arg）后，能够有效减缓大鼠对脂质的消化吸收，抑制肝脏脂肪的过度积累；而在大豆蛋白中额外添加了赖氨酸（Lys）后，则出现明显相反的现象：大鼠肠道吸收脂肪的速度明显加快，由此得出结论，精氨酸/赖氨酸比例的降低，有利于酶解物发挥降脂能力。此外，半胱氨酸（Cys）含量增加也有助于酶解物更好地发挥降低胆固醇含量的能力。另外，大多数的蛋白类膳食多以二肽、三肽的形式被消化吸收，因而，酶解后低分子量的蛋白酶解物更容易进入消化系统中，发挥降脂作用。

（三）绿豆蛋白酶解物抑炎作用与结构的关系

炎症因子参与机体的炎症反应，主要包括肿瘤坏死因子-α 和白细胞介素等因子，能够通过结合相对应的受体来调节机体进行免疫应答。研究发现，绿豆蛋白酶解物能够降低促炎因子的分泌量，在体内、体外均可发挥良好的免疫活性。采用 LPS 刺激巨噬细胞后，炎症细胞因子大量分泌，LPS 刺激了炎症的发生并产生抗体，IL-6 分泌量显著增加，在添加了不同级分的 MBPH 后，明显抑制了 LPS 诱导巨噬细胞炎症因子的分泌，其中，分子量最低的第三级分的 MBPH-P3 抑制 IL-6 的分泌量最低下降至 239 pg/mL。结果表明，低分子量的酶解物更能发挥抑制炎症细胞因子分泌的作用。游离氨基酸的组成是影响酶解物活性的重要因素。与影响酶解物抗氧化活性的游离氨基酸组成相同，疏水性氨基酸和芳香族氨基酸的高含量也是提高免疫活性的重要因素。这与 Maestri 等人的研究结果相一致。

三、绿豆蛋白酶解物的应用前景

蛋白酶将蛋白质酶解成酶解物、肽链、氨基酸，赋予产物不同的物理化学性质，决定了蛋白酶解物的生物活性。绿豆蛋白酶解物不仅具有良好的加工特性，如溶解性、起泡性、乳化性、改良食品风味等多种特性，还有抗氧化、抗疲劳、降血压、调节机体免疫能力等多种生物活性功能。郭健等的实验结果表明，机体摄入超高剂量的绿豆多肽后，能够显著的延长常压缺氧和亚硝酸钠中毒小鼠的存活时间，并且能够促进淋巴细胞大量增殖，提高小鼠的免疫力。Li 等分别用碱性蛋白酶和中性蛋白酶水解绿豆蛋白后，得到了不同水解度的蛋白酶解物水解液，其中，水解 2 h 后得到的蛋白酶解物其 ACE 抑制活性最强，IC50 值为 0.64 mg/mL，随后在对小鼠进行灌胃实验后，发现绿豆蛋白酶解物能够明显降低自发性高血压小鼠的心脏收缩压，起到良好的降压效果。还有研究证明，蛋白酶解物能够刺激机体肠道胃黏膜的发育，同时促进肠道内菌群的生长繁殖，从而起到保护肠道的作用。用添加了绿豆蛋白酶解物的运动饮料喂养小鼠，发现小鼠体内乳酸的产生大幅度降低，并能够促进肝糖原的合成积累，提高机体免疫力。同时，绿豆蛋白酶解物因其具有良好的抗氧化活性，使其可被当作天然的防腐剂添加到食品中。作为一种安全的食源性蛋白酶解物，绿豆蛋白酶解物具有来源广、安全性高、无毒害作用、制备简单等优点，并且在体内也能够很好的发挥生物活性，是一种天然的活性物质，近年来对绿豆蛋白酶的研究受到广泛关注，随着专家们对其功能活性发挥机制、物理特性及结构的深入研究，在制备功能性食品、食品添加剂方向甚至是医学领域都具有极大的应用前景。

第二节　材料与方法

一、试验材料

（一）主要材料和试剂

试验所用到的主要材料和试剂见表 6-1。

表 6-1　试验试剂与材料

材料名称	生产厂家
绿豆蛋白粉	山东六六顺食品有限公司
碱性蛋白酶	丹麦诺维信公司
中性蛋白酶	上海源叶生物科技有限公司
胃蛋白酶	上海浩洋生物有限公司
胰蛋白酶	上海浩洋生物有限公司
L-组氨酸	上海麦克林生化科技有限公司
大豆卵磷脂	上海麦克林生化科技有限公司
菲洛嗪	美国 Sigma 公司
SDS-PAGE 凝胶快速制备试剂盒	北京百奥莱博科技有限公司
分子量标准蛋白	北京博奥拓达科技有限公司
总抗氧化能力试剂盒	上海楚肽生物科技有限公司

续表

材料名称	生产厂家
总超氧化物歧化酶活力检测试剂盒	上海楚肽生物科技有限公司
丙二醛测定试剂盒	上海楚肽生物科技有限公司
甘油三酯测定试剂盒	上海楚肽生物科技有限公司
总胆固醇测定试剂盒	上海楚肽生物科技有限公司
高密度脂蛋白检测试剂盒	上海楚肽生物科技有限公司
肿瘤坏死因子 α 检测试剂盒	上海楚肽生物科技有限公司
γ-干扰素检测试剂盒	上海楚肽生物科技有限公司
小鼠脂多糖测定试剂盒	上海楚肽生物科技有限公司

（二）主要仪器设备

试验所用到的主要仪器设备见表6-2。

表6-2　试验仪器设备

仪器名称	生产厂家
FB124 电子天平	上海恒平科学仪器有限公司
S-2600CRT 紫外分光光度计	上海精密科学仪器有限公司
PHS-25 数显 pH 计	上海精密科学仪器有限公司
FD-1A-50 冷冻干燥机	杭州川一实验仪器有限公司
SY-601 恒温水浴锅	天津市欧诺仪器仪表有限公司
BIO-Rad Mini-Protean 电泳仪	美国 Bio-Rad 公司
WD-9405F 脱色摇床	河北恒仪电子科技有限公司
Spectrum Two 傅里叶红外变换光谱分析仪	美国 PE 公司
LA8080 氨基酸分析仪	日本日立公司
Sunrise 全波长时间荧光分辨酶标仪	奥地利 Tecan 公司
GL-25M 高速冷冻离心机	湖南湘仪离心机仪器有限公司
YLGF-1B 电热恒温鼓风干燥箱	上海精宏实验设备有限公司
TENLIN-A 手持式均质器	江苏天翎仪器有限公司
JASCO J-810 圆二色谱仪	上海中科新生命生物科技有限公司
HS-S7220 石蜡切片机	沈阳恒松科技有限公司
QP-1910 实验室超纯水仪	滕州卓普分析仪器有限公司
RW-120 高速搅拌器	上海精密科学仪器有限公司

仪器名称	生产厂家
WPL-30BE 电热恒温培养箱	天津泰斯特仪器有限公司
DW-HL1010 -80 ℃超低温冷冻冰箱	中国美菱有限责任公司

二、试验方法

（一）绿豆蛋白酶解物的制备

1. 制备绿豆蛋白酶解物

将绿豆蛋白粉配制成质量比为7%的稀溶液，用 1 mol/mL 的 NaOH 溶液或者 1 mol/mL 的盐酸溶液分别调 pH 至 4 种蛋白酶的最适 pH 值（蛋白酶的具体操作条件见表 6-3），添加 60 万 U/g 的蛋白酶（碱性蛋白酶的酶活 2.4 AU/g，中性蛋白酶的酶活 10 万 U/g，胃蛋白酶的酶活 110 万 U/g，胰蛋白酶的酶活 100 万 U/g），在水浴加热的同时不间断搅拌，水解过程中用 1 mol/mL 的 NaOH 溶液或者 1 mol/mL 的盐酸溶液保持体系的 pH 值恒定。当水解时间达到 120 min 后，立刻停止水解，迅速调 pH 值至 7.0，并升温至 95 ℃，保持 10 min 以灭酶。酶解得到的绿豆蛋白酶解物（mung bean protease hydrolyzate，MBPH）溶液冷冻干燥，冻干粉末于干燥环境中保存备用。

表 6-3 蛋白酶的酶解条件

蛋白酶	酶解温度/℃	酶解 pH 值
碱性蛋白酶	55	8.0
中性蛋白酶	50	6.5
胃蛋白酶	37	2.0
胰蛋白酶	37	9.0

2. 制备中性蛋白酶不同酶解时间下的绿豆蛋白酶解物

将绿豆蛋白粉配制成质量比为7%的稀溶液，水浴加热至 50 ℃，并调 pH 值至 6.5，添加中性蛋白酶，水解过程中保持温度、pH 值均恒定不变，水解过程中持续搅拌混合溶液，分别在水解时间达到 1 h、2 h、3 h、4 h、5 h 时即刻停止水解，迅速收集酶解液冷冻干燥，保存备用。

（二）绿豆蛋白酶解物体外抗氧化活性的测定

1. DPPH 自由基清除能力

参考佟晓红等的研究方法。准确称量 12.5 mg 的 DPPH 粉末，用无水乙醇溶解，并定容至 500 mL 的棕色容量瓶中（避光保存）。取 4 mL 配制好的 DPPH 溶液于试管中，加入 1 mL 的 MBPH 样品溶液，旋涡振荡器混合均匀。避光静置 30 min 后，于 517 nm 处测定吸光值，记为 A_S，1 mL 无水乙醇代替 MBPH 样品测得吸光值记为 A_0。利用式（6-1）计算酶解物的 DPPH 自由基清除率。

$$DPPH\ 自由基清除率（\%）=\left(1-\frac{A_S}{A_0}\right)\times100 \qquad (6-1)$$

2. 羟自由基清除能力

选用邻二氮菲法测定 MBPH 的羟自由基清除能力。将配制好的 0.75 mmol/L 邻二氮菲溶液取 1 mL，再依次加入 2 mL 的 PBS 溶液和 1 mL 的 MBPH 溶液，旋涡振荡器混匀后，再加入 1 mL 的硫酸亚铁溶液（现用现配），混匀后，加入 1 mL 体积分数为 0.12% 的过氧化氢水溶液，在 37 ℃ 下水浴加热 60 min，于 536 nm 处测定混合体系的吸光值，记为 A_S；1 mL 蒸馏水代替 MBPH 溶液，记为 A_0；1 mL 蒸馏水代替过氧化氢水溶液，记为 A_H。利用式（6-2）计算蛋白酶解物的羟自由基清除率。

$$羟自由基清除率（\%）=\frac{A_S-A_0}{A_H-A_0} \qquad (6-2)$$

3. Fe^{2+} 螯合率

参考 Akindoyeni 等的方法，并稍作修改。在试管中添加 1 mL 的 MBPH 溶液，再加入 2 mL 的 $FeCl_2$ 溶液和 2 mL 的菲洛嗪溶液，混匀后静置 10 min，在 562 nm 处测定吸光值，记为 A_S；1 mL 蒸馏水代替 MBPH 溶液，记为 A_0。利用式（6-3）计算蛋白酶解物的 Fe^{2+} 螯合率。

$$Fe^{2+}\ 螯合率（\%）=1-\frac{A_S}{A_0} \qquad (6-3)$$

4. 还原能力

参考张江涛等的方法。准确吸取 2.5 mL 的 MBPH 溶液，加入 2.5 mL 的 PBS 以及 2.5 mL K_3［Fe（CN）$_6$］溶液，混合均匀后，在 50 ℃ 下保持水浴加热 20 min，迅速冷却后，加入 2.5 mL 浓度为 10% 的三氯乙酸溶液，0.5 mL $FeCl_3$ 溶液，室温下静置 10 min 后，在 700 nm 处测定吸光值。以吸光值表示 MBPH 的还原能力。

5. TBARS 值

参考 Vhangani 等的试验方法并稍微修改。首先配制 pH 6.8 的组氨酸-KCl 溶液，加入适量的大豆卵磷脂，在 4 ℃ 下超声，直至大豆卵磷脂全部溶解。

取 5 mL 配制好的卵磷脂溶液，加入 1 mL 浓度为 10 mg/mL 的 MBPH 溶液，0.1 mL 50 mmol/L 氯化铁溶液，0.1 mL 10 mmol/L 的抗坏血酸钠溶液（现用现配），在 37 ℃条件下水浴 1 h，这一步是为了引发脂质氧化。

取上面脂质氧化后的混合液 0.5 mL，加入 1.5 mL TBARS 溶液，8.5 mL 三氯乙酸—盐酸（TCA-HCl）混匀，沸水浴 30 min，冷却，加入等体积的 CHCl₃ 溶液，在 3000 r/min 下离心 10 min，于 532nm 测定吸光值，记为 A_s。利用式（6-4）计算蛋白酶解物的 TBARS 值。

$$TBARS（mg/kg）= \frac{A_s}{V} × 9.48 \qquad (6-4)$$

式中：V 为体系的体积（mL）；9.48 为常数。

（三）绿豆蛋白酶解物结合三种胆酸盐浓度的测定

分别称取一定量的牛磺胆酸钠、甘氨胆酸钠以及胆酸钠，用浓度为 0.1 mol/L，pH 值为 6.3 的 PBS 溶液溶解，分别配制成 0.4 mmol/L 的胆酸盐溶液。分别取 0、0.5 mL、1.0 mL、1.5 mL、2.0 mL、2.5 mL 上述配制好的胆酸盐溶液，每管中加入 0.1 mol/L PBS 溶液补充体积至 2.5 mL，然后加入 7.5 mL 60% 的浓硫酸溶液，在 70 ℃下水浴 30 min 后，冰浴 5 min 冷取，于 387.5nm 处分别测定 3 种胆酸盐溶液的吸光值。以吸光值为纵坐标，胆酸盐溶液的浓度为横坐标，绘制胆酸盐吸附标准曲线。

配制人工胃液：取 1 mol/L 的盐酸溶液 16.4 mL，与蒸馏水混合均匀，再加入 10 g 胃蛋白酶，溶解后定容至 1000 mL。

配制人工肠液：称量 6.8 g 的磷酸二氢钾于烧杯中，加少量的蒸馏水溶解，以 0.4% 的 NaOH 溶液调节 pH 至 6.8，加入 5 g 猪胰蛋白酶，溶解后定容至 1000 mL。

取 1 mL MBPH 溶液，加入 1 mL 人工胃液，在 37 ℃水浴 60 min，加入 5 mL 人工肠液和 2 mL 胆酸盐溶液，继续 37 ℃水浴 60 min，8000 r/min 离心 15 min，取上清液 2.5 mL，加入 7.5 mL 60% 的浓硫酸溶液混和均匀，在 70 ℃下水浴 30 min 后，冰浴 5 min 冷取，在 387.5 nm 处测定吸光度。临床降脂药物考来烯胺做对照组。吸光值代入胆酸盐标准曲线计算上清液中胆酸盐浓度。利用式（6-5）计算蛋白酶解物分别结合牛磺胆酸钠、甘氨胆酸钠、胆酸钠 3 种胆酸盐的浓度。

结合胆酸盐的浓度（mg/mL）= 总胆酸盐浓度-上清液中胆酸盐浓度（6-5）

（四）绿豆蛋白酶解物十二烷基硫酸钠聚丙烯酰胺凝胶电泳的测定

参考 Lin 等的实验方法，采用十二烷基硫酸钠—聚丙烯酰氨凝胶电泳（SDSpolyacrylami de gel electrophoresis，SDS-PAGE）法分析 MBPH 的分子量。准确称量 70 mg MBPH 粉末，用 0.1 mol/L NaOH 溶液溶解并定容至 10 mL 容量瓶，配制成 7 mg/mL 的 MBPH 碱溶液，每管转移 1 mL 的 MBPH 碱溶液，分装在 2 mL 的离心管中。每管与上样缓冲液 4：1 混合，使用时先沸水浴 10 min。电泳条件：上样量 15 μL，电泳凝胶板厚度为 1 mm，浓缩胶浓度 5%，分离胶浓度 15%，样品在浓缩胶阶段采用 60 V 电压，分离胶阶段调整至 80 V，直至条带到达分离胶底部时停止电泳。电泳凝胶浸泡在考马斯亮蓝染色液中染色 2 h，随后冰醋酸—乙醇脱色液脱色至出现清晰的蛋白亚基条带。

（五）绿豆蛋白酶解物二级结构的测定

1. 傅里叶红外光谱分析

参考郭莲东等的傅里叶变换红外光谱（fourier transform infrared spectroscopy，FTIR）溴化钾压片法对 MBPH 二级结构进行分析。将冷冻干燥得到的 MBPH 冻干粉末与溴化钾 1：100 混合均匀，碾磨压片。傅里叶红外光谱仪测定谱图。测定条件：吸收光谱测定范围为 $1600 \sim 1700$ cm^{-1}，波数度为 0.01 cm^{-1}，分辨率为 2 cm^{-1} 扫描 128 次。

2. 圆二光谱分析

参考 Zhao 等的实验方法并稍加修改。将 MBPH 冻干粉末用超纯水溶解，配制成 0.2 mg/mL 的水溶液，用圆二光谱仪测定 MBPH 二级结构。测定条件：光谱测定范围 $185 \sim 265$ nm，光径长度 1 mm，扫描次数 3 次。

（六）绿豆蛋白酶解物游离氨基酸组成的测定

称取 MBPH 冻干样品 0.2 g 于水解管中，在水解管内加 10 mL 浓度为 6 mol/L 的盐酸溶液，加入苯酚 $3 \sim 4$ 滴，再将水解管放入冷冻剂中，冷冻 5 min 后再连接到真空泵的抽气管上，抽真空至 0 psi，接着充入高纯度氮气，在充氮气环境中封口，将已封口的水解管放在 (110 ± 1)℃ 的恒温干燥箱内，22 h 后停止水解，取出水解管冷却。将冷却后的水解液全部转移至 50 mL 容量瓶内，用去离子水定容，去离子水多次冲洗水解管确保无残留。过滤水解液，吸取滤液 2 mL 置于试管中，在 50 ℃吹干，余下残留物用 2 mL 去离子水溶解，蒸干。将得到的固体用 4 mL 0.02 mol/L 稀盐酸溶液溶解，过滤后由氨基酸分析仪分析测定游离氨基酸的含量。

（七）动物饲养

将 40 只 SPF 级雄性 C57BL/6 小鼠 [7 周龄，(20 ± 2) g] 用正常饲料适应性饲喂一周后，按体重质量随机分为 4 组，每组 10 只，分组情况如下：①空白组（CON 组，正常饲料）；②绿豆蛋白酶解物组 [MBPH 组，正常饲料＋500 mg/

（kg mb·d）MBPH］；③高脂组（HFD 组，高脂饲料）；④高脂绿豆蛋白酶解物组［HM 组，高脂饲料+500 mg/（kg mb·d）MBPH］。实验小鼠 5 只/笼，饲养于 SPF 级动物房，12 h/12 h 昼夜循环光照，保持饲养环境卫生。所有实验小鼠均自由采食，每 3 天记录 1 次体重体温。

饲养 30d 后，小鼠禁食 12 h，称重后眼球取血，4 ℃，3000 r/min 离心 10 min 取上清液血清。断颈处死，在冰浴上迅速摘取肝脏，精确称重并记录，部分浸泡于福尔马林溶液保存备用，剩余的部分液氮中保存备用。

（八）小鼠肝脏 HE 染色

将浸泡于福尔马林溶液中的小鼠肝脏组织取出，流水冲洗 2 h，切成 3 ~ 5 mm 薄片，采用乙醇溶液梯度洗脱，随后在二甲苯Ⅰ、二甲苯Ⅱ溶液中分别浸泡 1 h、2 h，加热的石蜡油液体包埋，预冷切片（5 μm），按照苏木精—伊红（hematoxylin and eosin，HE）染色的方法进行肝脏组织染色，二甲苯中快速取出湿润的载玻片，滴加少量中性树脂封片，在通风处晾干，镜检（200X）。

（九）绿豆蛋白酶解物饲养高脂饮食小鼠氧化还原状态的测定

精确剪取 0.1 g 小鼠的肝脏组织与预冷的生理盐水按照 1∶9 的比例混合，均浆仪匀浆，4 ℃，3000 r/min 离心 15 min，留取上清液。以上操作均在冰上进行。

T-AOC、MDA、SOD、CAT 水平的测定均按照 ELISA 试剂盒说明书要求严格操作。

（十）绿豆蛋白酶解物饲养高脂饮食小鼠肝脏脂肪的测定

剪取 0.1 g 小鼠的肝脏组织与预冷的生理盐水按照 1∶9 的比例混合匀浆，在 4 ℃环境中，3000 r/min 离心 15 min，留取上清液。以上操作均在冰上进行。

TG、TC、FFA、LDL、HDL 含量的测定均按照 ELISA 试剂盒说明书要求严格操作。

（十一）绿豆蛋白酶解物饲养高脂饮食小鼠血液中炎症因子分泌量的测定

在 4 ℃，3000 r/min 离心血浆 10 min，获得的上清液为血清。

严格按照 ELISA 试剂盒说明书的要求精确操作，分别测定 TNF-α、IFN-γ、IL-6、IL-10、LPS 的分泌量。

三、数据统计处理

以上所得数据均为 3 次重复试验的数据平均值，用 Statistix 8（分析软件，St Paul，MN）进行数据分析，平均数之间显著性差异（$p < 0.05$）通过 IBM SPSS Statistics 20 进行比较分析。采用 SigmaPlot 12.5 软件作图。

第三节　结果与分析

一、绿豆蛋白酶解物体外功能活性

（一）绿豆蛋白酶解物的抗氧化活性

不同蛋白酶水解得到蛋白酶解物的抗氧化活性不同。图 6-1 是 4 种绿豆蛋白酶解物的抗氧化活性。由图可知，4 种绿豆蛋白酶解物的抗氧化活性差异显著，其中，中性蛋白酶的绿豆蛋白酶解物抗氧化活性最高（$p < 0.05$），碱性蛋白酶的蛋白酶解物和胰蛋白酶的蛋白酶解物抗氧化活性次之，胃蛋白酶的绿豆蛋白酶解物抗氧化活性最低。与未水解的绿豆蛋白抗氧化活性相比较，中性蛋白酶的酶解物除 Fe^{2+} 螯合率外，总体具有更高的抗氧化活性；相比较于对照组维生素 C，中性蛋白酶的酶解物具有更高的 Fe^{2+} 螯合能力，已有研究证明，在与 Fe^{2+} 螯合方面中起着重要作用的活性基团包括吲哚基、咪唑基和巯基等活性基团，中性蛋白酶的酶解物中含有大量的组氨酸、蛋氨酸等含有吲哚基、咪唑基等活性基团的氨基酸，更易于发挥 Fe^{2+} 螯合能力。中性蛋白酶酶解物的 DPPH 自由基清除率和羟自由基清除率分别达到 66.07% 和 43.54%，Fe^{2+} 螯合率达到 47.51%，TBARS 值为 0.5020 mg/mL，还原能力的吸光值为 0.0757。不同蛋白酶的作用位点不同，中性蛋白酶主要水解羧基端含酪氨酸、苯丙氨酸、色氨酸等芳香族氨基酸残基的肽键，这些氨基酸的含量增加与酶解物抗氧化活性的提高呈正比。上述结果表明，中性蛋白酶的绿豆蛋白酶解物抗氧化活性最强，这与孙键的研究结果相一致，因此，在后续试验中选取中性蛋白酶对绿豆蛋白进行处理。

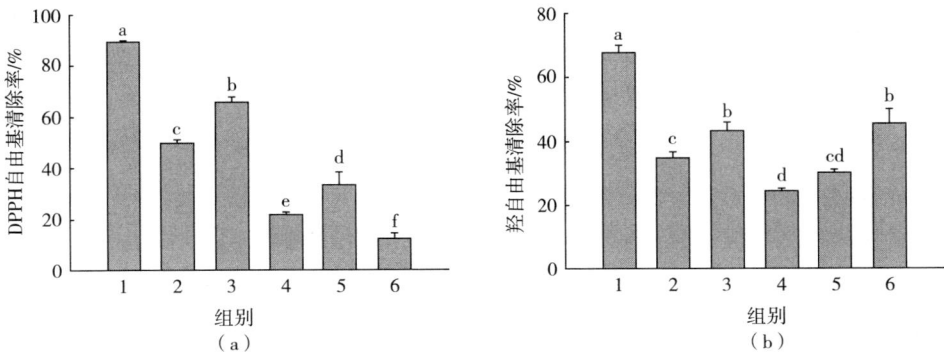

图 6-1

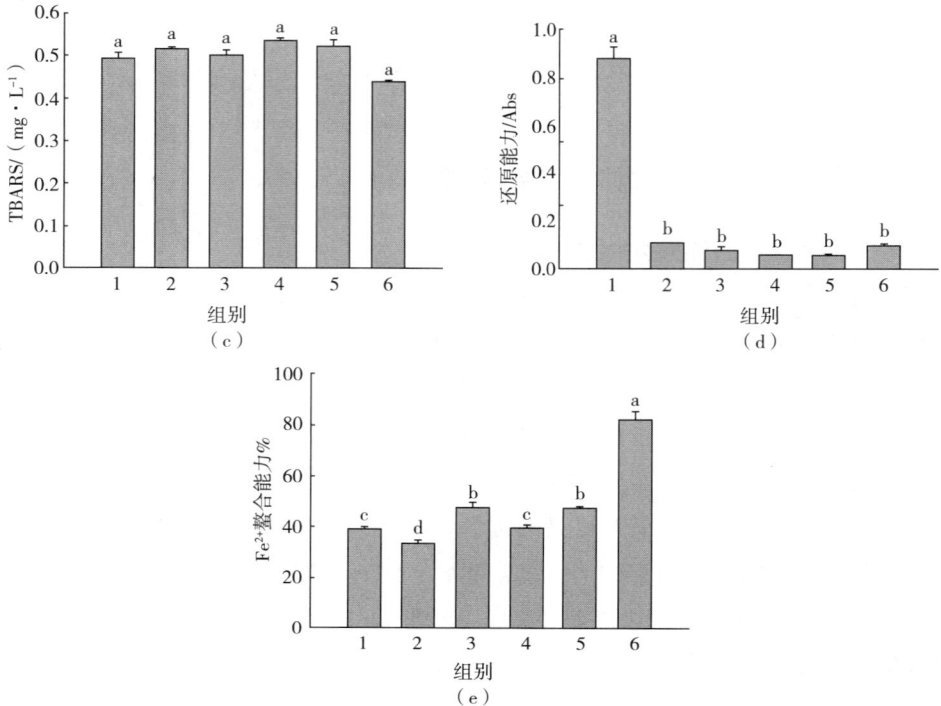

图 6-1　绿豆蛋白酶解物的抗氧化活性

注：1 为对照组 Vc，2 为碱性蛋白酶酶解物，3 为中性蛋白酶酶解物，
4 为胃蛋白酶酶解物，5 为胰蛋白酶酶解物，6 为绿豆蛋白；
不同字母代表在 $p<0.05$ 水平上具有显著性差异，下同。

图 6-2 是中性蛋白酶不同处理时间得到的酶解物的抗氧化活性。从图中可以看出，随着酶解时间的增加，蛋白酶解物的抗氧化活性大体呈现增加的趋势。酶解 4 h 获的中性蛋白酶酶解物具有最强的抗氧化活性，其 DPPH 自由基清除率、羟自由基清除率分别达到 71.03% 和 51.94%，Fe^{2+} 螯合率达到 52.31%，TBARS 值达到 0.4045 mg/mL，还原能力吸光值达到 0.1237。中性蛋白酶酶解 5h 的酶解物 5 个抗氧化活性中部分数据出现降低的趋势，羟自由基清除率、还原能力的下降与酶解时间过长有关。一个可能的原因是酶解过程被过度延长，使一些原本具有抗氧化活性的抗氧化肽段在中性蛋白酶的作用下被降解；另一个可能的原因是由于肽段缠绕导致的。中性蛋白酶在酶解绿豆蛋白的过程中，在搅拌器的作用下不间断的被搅拌，这种搅拌使细碎的肽段之间彼此纠缠，发生肽段间的缠绕，导致水解作用暴露出的—NH_2 基团被掩盖，最后造成酶解物活性降低的现象。

TBARS 值反应的是蛋白酶解物抑制丙二醛生成的能力。从图 6-2（c）中可以看出，TBARS 值呈现先降低后增加的趋势，随着中性蛋白酶酶解时间的增加，绿豆蛋白酶解所释放出的肽链片段也逐渐增多，这些碎片状的肽链片段能够包裹在卵磷脂的周围，进而阻断了油脂与氧气的接触，从而达到抑制氧化的效果，但是当酶解进程的进一步延续，中性蛋白酶酶解物的肽链片段又被进一步降解成更小的片段，此时肽链片段无法包裹住整个卵磷脂体系，导致酶解物抑制脂质氧化能力的降低。综上所述，当中性蛋白酶酶解时间达到 4 h 时，获得的中性蛋白酶酶解物的抗氧化活性在 5 种酶解物中是最强的。

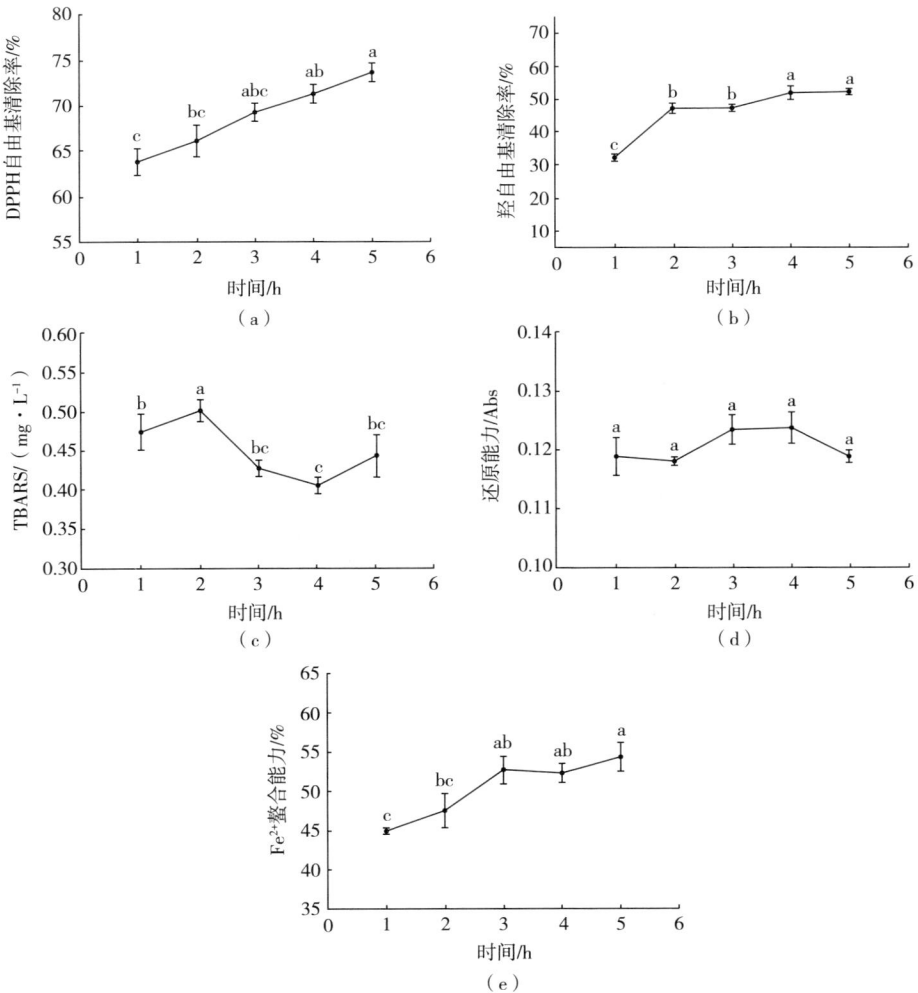

图 6-2　绿豆蛋白中性蛋白酶酶解物的抗氧化活性

（二）绿豆蛋白酶解物结合三种胆酸盐的浓度

图 6-3 反映的绿豆蛋白酶解物结合牛磺胆酸钠、甘氨胆酸钠和胆酸钠 3 种胆酸盐的浓度。4 种不同来源蛋白酶的绿豆蛋白酶解物结合 3 种胆酸盐的浓度差异明显（$p < 0.05$）。当水解时间为 2 h 时，中性蛋白酶水解获得的绿豆蛋白酶解物结合牛磺胆酸钠、甘氨胆酸钠和胆酸钠 3 种胆酸盐的浓度达到最高，分别为 0.2534 mg/mL、0.2423 mg/mL 和 0.2099 mg/mL。与未经过蛋白酶水解的绿豆蛋白相比较（$p < 0.05$），但是结合胆酸钠的能力弱于绿豆蛋白。中性蛋白酶酶解物结合牛磺胆酸钠以及甘氨胆酸钠的浓度接近，没有明显差异，胆汁酸是以甘氨胆酸钠和牛磺胆酸钠两种胆酸盐的形式经过胆汁分泌进入十二指肠，随后在盲肠的末端经过重吸收，从而进入肝脏—肠道循环。因此，可以通过计算酶解物在体外结合 3 种胆酸盐的浓度，反映酶解物降低胆固醇积累的能力。后续试验中选择中性蛋白酶继续筛选酶解时间。

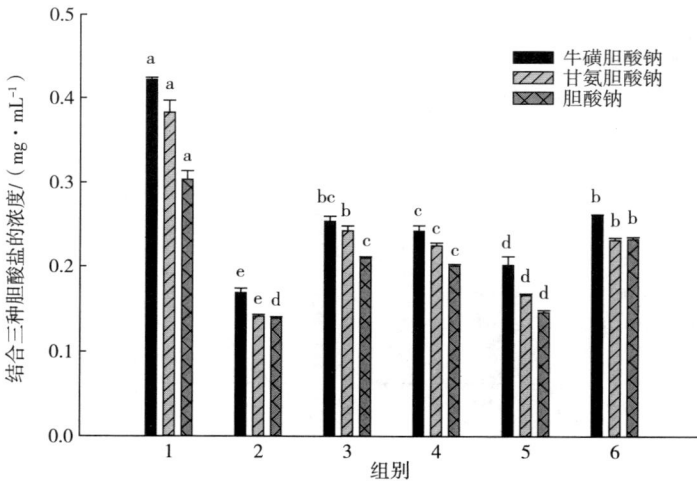

图 6-3　绿豆蛋白酶解物结合 3 种胆酸盐的浓度

注：1 为对照组考来烯胺，2 为碱性蛋白酶酶解物，3 为中性蛋白酶酶解物，
4 为胃蛋白酶酶解物，5 为胰蛋白酶酶解物，6 为绿豆蛋白；
不同字母代表在 $p < 0.05$ 水平上具有显著性差异，下同。

图 6-4 反映的是绿豆蛋白中性蛋白酶酶解不同时间获得的酶解物，结合牛磺胆酸钠、甘氨胆酸钠以及胆酸钠 3 种胆酸盐的浓度。随着酶解时间的增加，中性蛋白酶酶解物结合上面 3 种胆酸盐的浓度整体呈现先增加后减少的趋势。表明水解进程的持续推进有助于结合胆酸盐的能力提高。随着酶解过程的发展，中性蛋

白酶酶解 4 h 时获得的酶解物结合 3 种胆酸盐的浓度最高，其结合牛磺胆酸钠、甘氨胆酸钠以及胆酸钠 3 种胆酸盐的浓度分别达到 0.2548 mg/mL、0.2473 mg/mL 和 0.2302 mg/mL。在此基础上，继续延长中性蛋白酶的水解时间，发现中性蛋白酶酶解物结合 3 种胆酸盐的浓度出现减少趋势，这与中性蛋白酶酶解物抗氧化活性的降低现象相同。因此，推测酶解物的抗氧化活性发挥与结合 3 种胆酸盐浓度即降脂能力的发挥呈正比。综上所述，在后面的小鼠试验中选择中性蛋白酶酶解 4 h 的蛋白酶解物饲养小鼠。

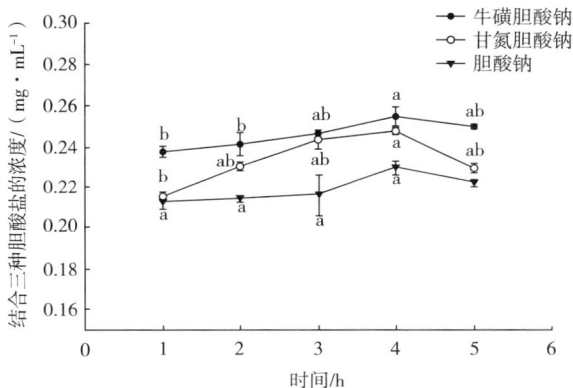

图 6-4　绿豆蛋白中性蛋白酶酶解物结合 3 种胆酸盐的浓度

二、绿豆蛋白酶解物的结构鉴定

（一）绿豆蛋白酶解物的 SDS-PAGE

图 6-5 是绿豆蛋白酶解物的 SDS-PAGE 图，它反映的是绿豆蛋白酶解物的亚基条带变化情况。根据图 6-5（a）的 4 种绿豆蛋白酶解物的亚基条带可知，绿豆蛋白 4 种蛋白酶酶解物的亚基条带经过蛋白酶的水解均发生了不同程度的变化。绿豆蛋白具有 5 个鲜明的亚基条带，其分子量分别分布在 61.7 kDa、57.5 kDa、50.1 kDa、25.1 kDa、19.5 kDa，而这 4 种不同蛋白酶的酶解物的亚基条带经过水解均发生了不同程度的降解，其中，碱性蛋白酶的酶解物、中性蛋白酶的酶解物和胰蛋白酶的酶解物分子量在 10 kDa 以下的亚基条带，胃蛋白酶的酶解物在 17 kDa 以下亚基条带逐渐增多，此外，胃蛋白酶酶解物在 70 kDa~90 kDa 范围内还出现了显著的亚基条带，这可能是因为在胃蛋白酶的酶解过程中始终处在一个强酸性的环境中，在强酸性环境中胃蛋白酶酶解物的短肽链发出了聚集现象。结合酶解物抗氧化活性及结合 3 种胆酸盐能力的研究结果可以发现，经过

了酶解的绿豆蛋白，其抗氧化活性明显提高，结合 3 种胆酸盐的浓度却有减少。分子量低于 10 kDa 以下的碱性蛋白酶、中性蛋白酶和胰蛋白酶酶解物具有较强的抗氧化能力，而分子量明显分布在高分子量范围内更多的胃蛋白酶酶解物的抗氧化活性较低。但是，与此同时，也发现并不是绿豆蛋白酶解物的分子量越小其抗氧化能力、结合 3 种胆酸盐的能力就越强，例如，在 SDS-PAGE 图反映的蛋白亚基条带变化中，分子量低于 10 kDa 以下的胰蛋白酶酶解物的亚基条带较比碱性蛋白酶酶解物的亚基条带更加明显，但是碱性蛋白酶酶解物却具有更强的抗氧化活性，推测这可能是因为碱性蛋白酶作用位点的关系，已有研究证实碱性蛋白酶能够水解所有羧基侧具有芳香族或疏水性的氨基酸肽键，因此，碱性蛋白酶酶解物的抗氧化能力更强。由此，也可以得出结论，绿豆蛋白酶解物的抗氧化活性与其分子量相关，但并不一定就是分子量越小，酶解物的活性就越强。

图 6-5（b）是中性蛋白酶在不同酶解时间条件下制备的酶解物的 SDS-PAGE 图，能够反映中性蛋白酶水解不同时间得到的酶解物的亚基变化情况。由图 6-5（b）可以看出，随着水解时间的延长，绿豆蛋白的降解越来越严重，大分子量的肽段链片段逐步被酶解成了低分子量的氨基酸基团。40 kDa 和 24 kDa 处的亚基条带分别表示绿豆蛋白 11s 球蛋白的大小亚基，两者通过二硫键链接，与绿豆蛋白的 8s 球蛋白亚基间结合紧密，由图 6-5（b）可知，原本分布在 24 kDa、16 kDa、10 kDa 等亚基条带随着酶解时间的延长逐渐变浅，直到中性蛋白酶 5 h 酶解物的 24 kDa、16 kDa 亚基条带显著变窄，这是由于酶解过程中的热处理使蛋白结构遭到破坏，二硫键发生断裂，原本紧密结合的 8s、11s 球蛋白亚基分离被水解成低分子量物质。10 kDa 亚基条带显著变宽，且分子量分布在 10 kDa 以下的亚基条带数目显著增加，颜色也更明显。这说明，随着酶解时间的延长，酶解物的分子量逐渐降低，结合抗氧化活性和结合 3 种胆酸盐的浓度分析，随着绿豆蛋白酶解物分子量的显著降低，酶解物生物活性总体呈现升高的趋势，但是当水解时间过长的时候，酶解物的功能活性反而出现下降。

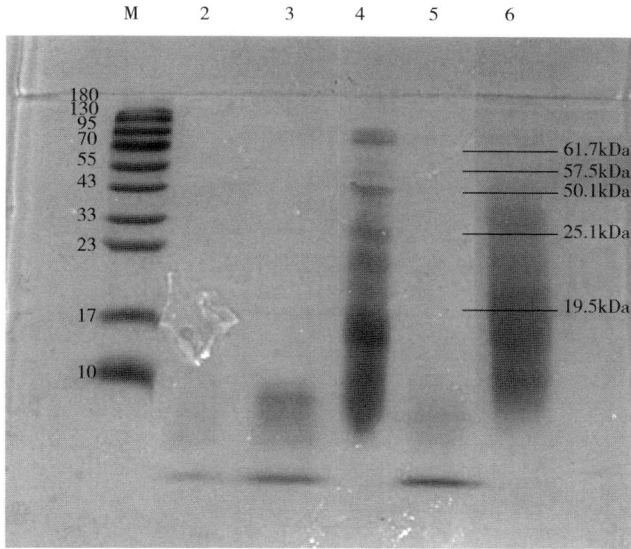

（a）

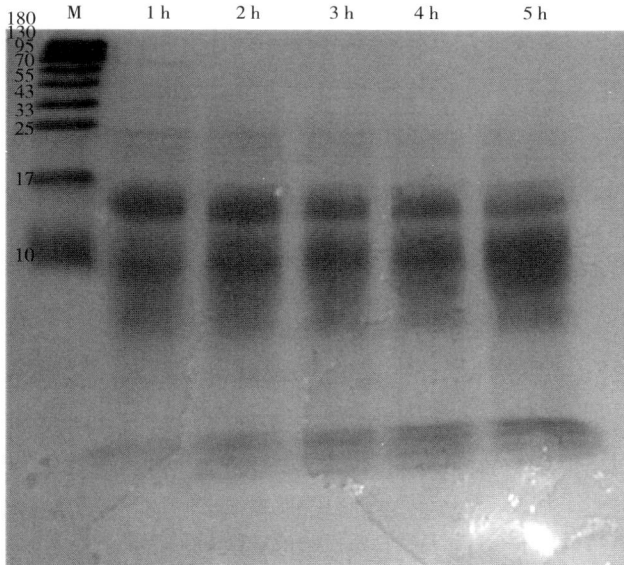

（b）

图6-5　绿豆蛋白酶解物的 SDS-PAGE 图

注：图6-5（a）中，M：marker，分子量标准蛋白；2 为碱性蛋白酶酶解物，

3 为中性蛋白酶酶解物，4 为胃蛋白酶酶解物，5 为胰蛋白酶酶解物，6 为绿豆蛋白；

图6-5（b）中，1 h 为中性蛋白酶水解 1 h 后获得的蛋白酶解物；2 h 为中性蛋白酶水解

2 h 后获得的蛋白酶解物；3 h 为中性蛋白酶水解 3 h 后获得的蛋白酶解物；

4 h 为中性蛋白酶水解 4 h 后获得的蛋白酶解物；5 h 为中性蛋白酶水解 5 h 后获得的蛋白酶解物。

（二）绿豆蛋白酶解物的 FTIR 分析

图 6-6 是绿豆蛋白酶解物在 $1600\sim1700$ cm^{-1} 范围内的酰胺 I 带红外图谱。根据图 6-6 可以看出，绿豆蛋白的红外图谱在 1650 cm^{-1} 处出现了一个小峰，这是蛋白质的一个显著特征峰，出峰的原因主要由 C ═O 基团的伸缩震动。绿豆蛋白在经 4 种不同来源的蛋白酶酶解处理后，酶解物在 1650 cm^{-1} 处代表蛋白质特征的峰发生红移，经过去卷积分析后得出不同酶解物的二级结构组成占比不同，其中，中性蛋白酶酶解物 β-折叠结构的比例较其他酶解物二级结构 β-折叠所占的比例显著降低（表 6-4），α-螺旋二级结构增加，且抗氧化活性在 4 种蛋白酶解物中也是最强的，这个结果进一步表明，中性蛋白酶酶解物具有较强的抗氧化活性，这种活性的提高与其 β-折叠、α-螺旋二级结构有关。有研究认为，β-折叠含量的降低导致疏水性相关位点暴露，提高了酶解物的抗氧化性。中性蛋白酶的酶解物结合 3 种胆汁酸的浓度在 4 种酶解物中也是最高的。初步推测，酶解物的抗氧化活性与其降脂能力呈现正比例增长。绿豆蛋白酶解物的抗氧化活性与其二级结构 β-折叠、α-螺旋所占的比例相关。

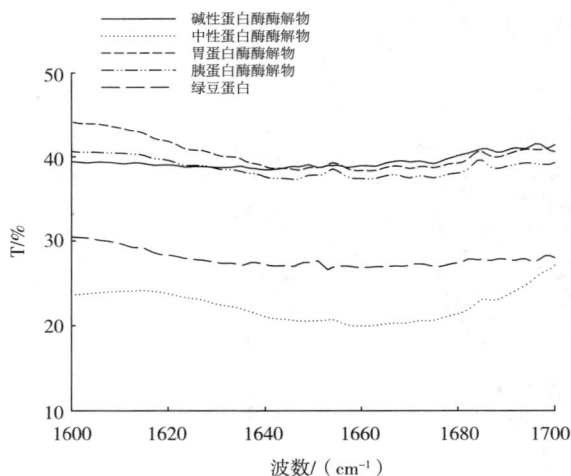

图 6-6　绿豆蛋白酶解物的酰胺 I 带红外图谱

表 6-4　绿豆蛋白及其酶解物酰胺 I 带二级结构

样品	α-螺旋	β-折叠	β-转角	无规则卷曲	其他
碱性蛋白酶酶解物	11.65	37.62	29.82	17.05	3.86
中性蛋白酶酶解物	12.37	31.38	45.54	8.77	1.94
胃蛋白酶酶解物	7.55	36.27	27.98	10.50	17.6

续表

样品	α-螺旋	β-折叠	β-转角	无规则卷曲	其他
胰蛋白酶酶解物	7.61	36.67	27.99	10.59	17.14
绿豆蛋白	14.87	42.67	25.49	14.82	2.15

由图 6-7 中性蛋白酶经过不同酶解时间获得酶解物的酰胺 I 带红外图谱可以得出，4 h 中性蛋白酶酶解物的红外图谱在波长 1650 cm^{-1} 处蛋白特征峰发生了不同程度的偏移，根据红外去卷积处理结果得出，酶解 4 h 得到的酶解物的 β-折叠二级结构含量较比其他处理时间的中性蛋白酶酶解物最低，α-螺旋二级结构的含量比其他处理时间的中性蛋白酶酶解物要高（表 6-5）。此时，酶解物的抗氧化活性和结合 3 种胆酸盐的浓度都达到最高水平。而中性蛋白酶水解 5 h 酶解物的 α-螺旋二级结构含量却突然减少，转变成了无规则卷曲等二级结构，这可能是因为蛋白酶解时间过长，导致连接 α-螺旋结构的氢键遭到破坏而断裂，无规则结构逐渐增多，发生了解螺旋的现象。与未经蛋白酶处理的绿豆蛋白相比，随着蛋白酶水解时间的延长，α-螺旋、β-折叠二级结构逐渐转变成 β-转角和无规则卷曲等相对不稳定的二级结构，转变的过程中，导致短肽链片段中的一些活性位点暴露出来，最终让酶解物的活性提高。

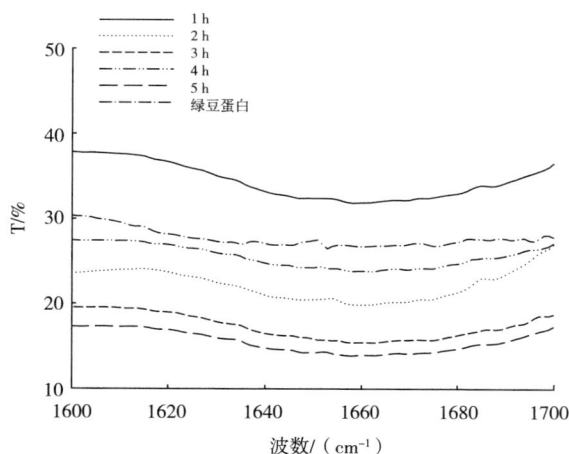

图 6-7　中性蛋白酶酶解物的酰胺 I 带红外图谱

注：1 h 为中性蛋白酶水解 1 h 后获得的蛋白酶解物；2 h 为中性蛋白酶水解 2 h 后获得的蛋白酶解物；
　　3 h 为中性蛋白酶水解 3 h 后获得的蛋白酶解物；4 h 为中性蛋
　白酶水解 4 h 后获得的蛋白酶解物；5 h 为中性蛋白酶水解 5 h 后获得的蛋白酶解物。

表 6-5 中性蛋白酶不同水解时间酰胺 I 带二级结构

样品	α-螺旋	β-折叠	β-转角	无规则卷曲	其他
1 h	14.29	30.63	43.40	9.96	1.72
2 h	12.37	31.38	45.54	8.77	1.94
3 h	18.94	22.69	41.71	16.60	0.6
4 h	18.99	22.68	41.38	16.84	0.11
5 h	14.48	24.38	43.91	17.12	0.11

(三) 绿豆蛋白酶解物的圆二色谱

图 6-8 是绿豆蛋白、碱性蛋白酶酶解物、中性蛋白酶酶解物、胃蛋白酶酶解物以及胰蛋白酶酶解物在 185~265 nm 范围内的圆二光色谱图。在图 6-8 中可以发现，未经过蛋白酶水解的绿豆蛋白在 190 nm 附近出现了一个正峰，并且在 200~250 nm 的范围内处于负值，这与天然蛋白质的圆二光色谱图具有相类似的特征，而水解得到的 4 种不同绿豆蛋白酶解物的圆二色谱图却显示出不一样特征峰，几种酶解物原本在 190 nm 附近出现的正峰消失，与此同时，图 6-8 中原本在 200~250 nm 范围内的负值峰也发生了偏移，以上出峰位置的改变，说明未经过蛋白酶水解的绿豆蛋白原本的稳定结构，在酶解的过程中被蛋白酶的作用破坏，影响了酶解物的各种二级结构所占比例也随着结构的被破坏而发生变化（表 6-4），最终导致蛋白酶解物的功能活性发生改变。

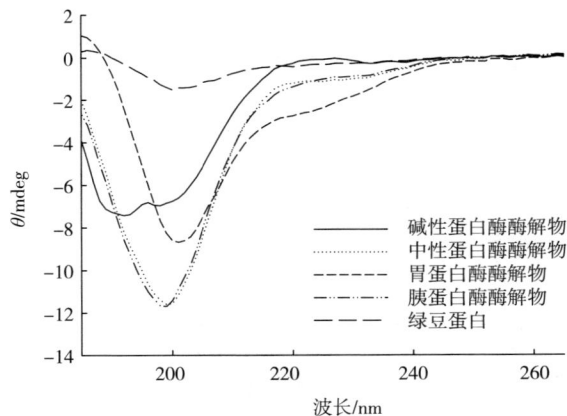

图 6-8 绿豆蛋白酶解物的 CD 图

根据图 6-9 中性蛋白酶不同酶解时间获得酶解物的圆二光色谱图可以发现，水解时间不同的中性蛋白酶酶解物的吸收峰出峰位置极为接近，但是峰值的高低存在着明显差距，随着水解时间的增加，在 200 nm 附近的峰值逐渐增大，当酶解时间达到 4 h 时，此时获得的酶解物其负峰值达到最大，而当酶解时间为 5 h 时，此时制备得到的中性蛋白酶酶解物负峰值的绝对值出现减小趋势，席加富等认为，峰值的大小与 α-螺旋二级结构的含量呈反比趋势，结合本章第三节三（3）蛋白酶解物的酰胺 I 带红外谱图，去卷积分析计算得到的中性蛋白酶酶解物的二级结构组成（表 6-5）发现，得出了与席加富等研究结果相同的结论。综上所述，认为酶解过程增加了蛋白的 α-螺旋结构、减少了 β-折叠结构，并且抗氧化性和结合 3 种胆酸盐的能力得到提高，与 FTIR 分析得出的结论相同，毛小雨在对芸豆蛋白的结构研究时发现了同样的规律。

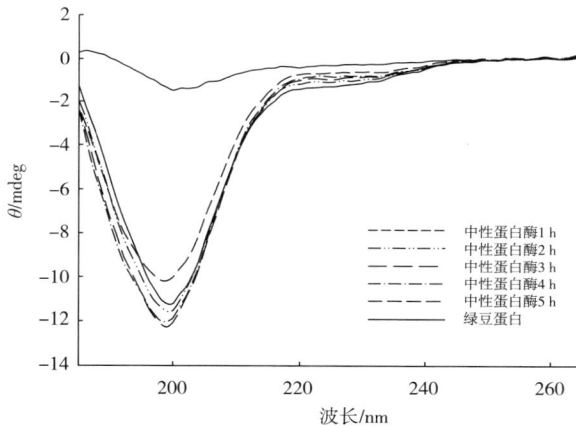

图 6-9　中性蛋白酶酶解物的 CD 图

注：中性蛋白酶 1 h 为中性蛋白酶 1 h 后获得的蛋白酶解物；中性蛋白酶 2 h 为中性蛋白酶水解 2 h 后获得的蛋白酶解物；中性蛋白酶 3 h 为中性蛋白酶水解 3 h 后获得的蛋白酶解物；中性蛋白酶 4 h 为中性蛋白酶水解 4 h 后获得的蛋白酶解物；中性蛋白酶 5 h 为中性蛋白酶水解 5 h 后获得的蛋白酶解物。

（四）绿豆蛋白酶解物的游离氨基酸组成

表 6-6 反映的是碱性蛋白酶解物、中性蛋白酶解物、胃蛋白酶解物以及胰蛋白酶解物 4 种蛋白酶解物和未经过蛋白酶处理过的绿豆蛋白的游离氨基酸组成分析。根据表 6-6，这 4 种不同来源的蛋白酶在经过酶解绿豆蛋白这一过程后，所获得蛋白酶解物的游离氨基酸组成差异显著。与未经过蛋白酶水解处理过的绿豆蛋白相比，这 4 种蛋白酶解物的游离氨基酸组成也发生了极大改变。其中，抗氧化活性最强与结合 3 种胆酸盐浓度最高的是经过中性蛋白酶酶解 2 h 后获得的中性蛋白酶酶解物，中性蛋白酶酶解物的疏水性氨基酸（21.183 g/100 g）和芳香

族氨基酸（6.202 g/100 g）含量在 4 种蛋白酶解物中是最高的，仅次于未经过蛋白酶水解过的绿豆蛋白，疏水性氨基酸的含量在国际上被专家们广泛认作是可以影响酶解物自由基清除能力的关键因素之一，芳香族氨基酸含量（如酪氨酸 Tyr 和苯丙氨酸 Phe）的增加也同样是被认为能够显著提高生物活性肽抗氧化能力的原因之一。此外，经过中性蛋白酶处理绿豆蛋白后得到的酶解物，其游离氨基酸谷氨酸（Glu）、精氨酸（Arg）、天冬氨酸（Asp）以及脯氨酸（Pro）的含量分别是 16.337 g/100 g、7.067 g/100 g、9.669 g/100 g、3.167 g/100 g，这些游离氨基酸同样也是影响蛋白酶解物抗氧化活性的重要氨基酸。

表 6-6 绿豆蛋白酶酶解物游离氨基酸的组成

氨基酸	样品 1/ （g/100 g）	样品 2/ （g/100 g）	样品 3/ （g/100 g）	样品 4/ （g/100 g）	样品 5/ （g/100 g）
天冬氨酸	9.07	8.74	9.67	7.29	8.72
苏氨酸	2.72	2.57	2.72	1.76	2.40
丝氨酸	4.27	4.09	4.54	3.35	4.05
谷氨酸	13.81	13.70	16.34	14.10	14.30
甘氨酸	3.03	2.83	3.07	2.42	2.80
丙氨酸	3.29	3.05	3.23	2.29	2.90
缬氨酸	3.30	3.08	3.07	2.34	2.87
蛋氨酸	0.38	0.22	0.12	0.23	0.23
异亮氨酸	2.94	2.75	2.69	2.05	2.59
亮氨酸	5.25	5.81	5.88	4.38	5.5
酪氨酸	2.82	2.68	2.71	1.74	2.56
苯丙氨酸	3.73	3.47	3.49	2.55	3.53
赖氨酸	5.48	5.24	5.91	4.06	5.33
组氨酸	1.73	1.62	1.79	1.44	1.56
精氨酸	6.51	6.26	7.07	5.66	6.49
脯氨酸	3.09	2.89	3.167	2.34	2.81
疏水性氨基酸	21.70	21.05	21.18	15.57	20.17
芳香族氨基酸	6.55	6.15	6.20	4.29	6.09

注　样品 1 为绿豆蛋白；样品 2 为碱性蛋白酶的酶解物；样品 3 为中性蛋白酶的酶解物；样品 4 为胃蛋白酶的酶解物；样品 5 为胰蛋白酶的酶解物。

表 6-7 是中性蛋白酶水解不同时间后所获得的 5 种蛋白酶解物游离氨基酸的组成。随着中性蛋白酶水解进程的延长，游离氨基酸中芳香族氨基酸酪氨酸（Tyr）、苯丙氨酸（Phe）以及疏水性氨基酸丙氨酸（Ala）、缬氨酸（Val）、蛋氨酸（Met）、异亮氨酸（ILe）、亮氨酸（Leu）、酪氨酸（Tyr）和苯丙氨酸（Phe）的含量逐渐增加，这些游离氨基酸的含量随着水解时间的增加也呈现增加趋势，进而提高了中性蛋白酶酶解物的活性。当中性蛋白酶水解时间到达 5 h 时，获得的中性蛋白酶酶解物的疏水性氨基酸含量与芳香族氨基酸含量分别减少了 0.495 g/100 g 和 0.612 g/100 g，酶解物的体外抗氧化活性和结合 3 种胆酸盐浓度均出现了不同程度的下降，初步推测，中性蛋白酶的酶解物出现生物活性下降的原因可能是，因为中性蛋白酶的水解时间过长，从而导致了活性肽段序列被中性蛋白酶过度降解，碎片化的短肽段链丧失了原本具有的功能活性。综合上述研究结果，认为游离氨基酸的组成是影响酶解物抗氧化的发挥以及结合 3 种胆酸盐浓度的重要原因之一。

表 6-7　中性蛋白酶的酶解物游离氨基酸组成

氨基酸	样品 1/（g/100 g）	样品 2/（g/100 g）	样品 3/（g/100 g）	样品 4/（g/100 g）	样品 5/（g/100 g）
天冬氨酸	9.87	9.67	9.27	9.89	9.94
苏氨酸	2.53	2.72	2.46	2.64	2.66
丝氨酸	4.68	4.54	4.36	4.66	4.66
谷氨酸	18.37	16.34	16.65	17.70	17.69
甘氨酸	3.04	3.07	2.87	3.08	3.09
丙氨酸	3.22	3.23	3.39	3.25	3.26
缬氨酸	3.04	3.07	3.09	3.05	3.09
蛋氨酸	0.08	0.12	0.13	0.20	0.21
异亮氨酸	2.64	2.69	2.59	2.68	2.76
亮氨酸	5.86	5.88	5.86	5.98	5.98
酪氨酸	2.48	2.71	2.84	3.00	2.62
苯丙氨酸	3.77	3.49	3.36	3.76	3.52
赖氨酸	6.14	5.91	5.72	6.12	6.13
组氨酸	1.73	1.77	1.78	1.80	1.83
精氨酸	7.56	7.07	7.01	7.62	7.52

氨基酸	样品 1/ （g/100 g）	样品 2/ （g/100 g）	样品 3/ （g/100 g）	样品 4/ （g/100 g）	样品 5/ （g/100 g）
脯氨酸	3.08	3.17	2.97	3.16	3.18
疏水性氨基酸	21.09	21.18	21.27	21.90	21.41
芳香族氨基酸	6.25	6.20	6.21	6.76	6.14

注　样品 1 为中性蛋白酶水解 1 h 后获得的蛋白酶解物；样品 2 为中性蛋白酶水解 2 h 后获得的蛋白酶解物；样品 3 为中性蛋白酶水解 3 h 后获得的蛋白酶解物；样品 4 为中性蛋白酶水解 4 h 后获得的蛋白酶解物；样品 5 为中性蛋白酶水解 5 h 后获得的蛋白酶解物。

综上试验结果得出，绿豆蛋白酶解物在体外具有良好的抗氧化活性、结合胆酸盐的能力，且经分子量等结构分析结果可以得出，绿豆蛋白酶解物的抗氧化活性及结合胆酸盐浓度的能力与酶解物结构具有相关性：在一定的范围内，分子量越小，其活性越强，通常当分子量<1000 Da，酶解物显示出较高的生物活性；当二级结构中 α-螺旋含量增加、β-折叠含量减少时，其活性也会增强；另外，酶解物的氨基酸组成同样影响功能活性，随着芳香族氨基酸和疏水性氨基酸含量的逐渐增加，酶解物的活性也随之而增强。绿豆蛋白酶解物在体内经过消化吸收后，酶解物的结构会发生一定变化，此时需确认是否还同样具有较强的抗氧化活性及调节脂代谢能力的效果。因此，在后续的体内试验中，采用了中性蛋白酶酶解 4 h 所获得的产物继续进行后面体内小鼠试验，以明确酶解物在体内的生物活性。

三、绿豆蛋白酶解物对高脂饮食诱导小鼠活性的影响

（一）绿豆蛋白酶解物对高脂饮食诱导小鼠体质量和肝脏质量的影响

表 6-8 表示 MBPH 对高脂饮食所喂养的小鼠初始体重、终止体重、体重增加量以及肝脏质量的影响。经过高脂饮食的喂养，HFD 组小鼠的终止体重质量显著高于 CON 组小鼠的终止体重质量，体重的增幅超过了 16.82%（见图 6-10），体重增加量的变化也明显高于 CON 组小鼠。与高脂饮食 HFD 组小鼠相比较，MBPH 的摄入能够显著降低小鼠的终止体重和体重增加量，同时减少小鼠体内脂肪的过度积累。脂肪的积累、分解都与肝脏组织密切相关。研究证明，由高脂饮食诱导的小鼠体重增加往往伴随着肝脏质量增加，随着具有降脂作用饲料的摄入，小鼠的体重质量显著降低，肝脏质量也随之减少。在本试验中，MB-PH 对高脂饮食小鼠肝脏质量的影响也显示出相类似的规律（表 6-8），与 CON

组小鼠相比，HFD 组小鼠的肝脏质量明显增加，其肝脏质量达到了（1.1±0.09）g，而当在高脂饮食中添加了 MBPH 作为饲料补充后，小鼠肝脏质量显著降低，减少到（0.89±0.06）g（$p<0.05$）。另外，在以正常饲料所喂养的小鼠饮食中添加了 MBPH 后，发现 CON 组小鼠与 MBPH 组小鼠在终止体重、体重增加量以及肝脏质量的变化量上没有显著性差异（$p<0.05$），并且，单独食用 MBPH 并不会引起小鼠体重质量和肝脏质量的增加。

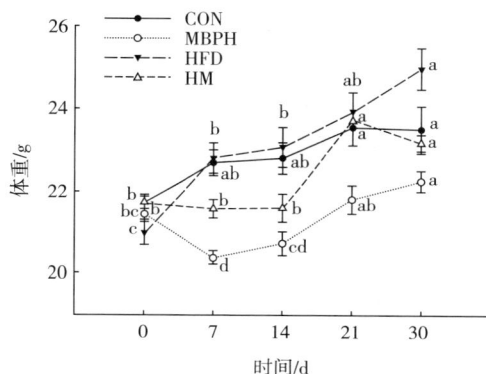

图 6-10　高脂饮食小鼠体重变化

注：a-d 表示各组小鼠在 30 d 内体重质量变化的显著性。

表 6-8　MBPH 对高脂饮食诱导小鼠体质量和肝脏质量的影响

试验组	初始体重/g	终止体重/g	体重增加量	肝脏质量/g
CON	21.8±0.71	23.5±1.50	1.7±0.43	0.89±0.05
MBPH	21.4±0.42	22.3±0.76	0.9±0.13	0.95±0.05
HFD	21.4±0.87	25.0±1.61[#]	3.6±0.65[#]	1.10±0.09[#]
HM	21.7±0.74	23.2±0.63[**]	1.5±0.35[***]	0.89±0.06[*]

注　#表示 HFD 组与 CON 组的显著差异性，*表示 HM 组相比较于 HFD 组的显著差异性，下同。

从图 6-11 中可以看出，4 组不同饮食的小鼠体内脂肪积累量差距明显。采用正常饲料喂养的是 CON 组与 MBPH 组小鼠，这两组小鼠体内脂肪的积累没有明显变化，其饲养结束时的终止体质量及饲养过程中的体重变化量也没有统计学差异（$p<0.05$）。但是相比较于 CON 组小鼠，HFD 组的小鼠体内积累了更多的脂肪组织，体重质量也有着明显的增加，饲养过程中小鼠的体重增加量是最高，达到了 3.6 g（表 6-8）。HM 组小鼠是在高脂饲料喂养的基础上，在小鼠饮食中添

加了 MBPH 后，发现 MBPH 的摄入有效抑制了小鼠体内脂肪的积累，其终止体重、体重增加量也相应的降低了。综上所述，认为 MBPH 的摄入能够有效抑制高脂饮食小鼠体重质量的增加和肝脏质量的增加，降低了脂肪的积累量。

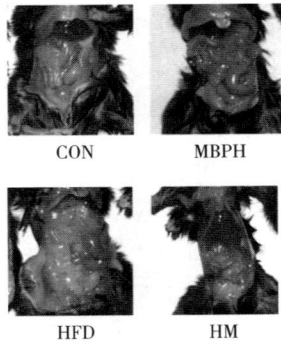

图 6-11　高脂饮食和正常饮食小鼠的解剖图

（二）绿豆蛋白酶解物对高脂饮食诱导小鼠肝脏组织形态的影响

图 6-12 是高脂饮食小鼠肝脏组织切片的 HE 染色结果。可以发现，正常饮食 CON 组肝脏组织 HE 染色的脂肪空泡很少，肝脏组织切片的结构完整且排列致密有序；对比 CON 组，MBPH 组在饮食中添加了蛋白酶解物，MBPH 的加入并没有使小鼠肝脏组织的结构遭到明显破坏，肝脏组织排列较为紧密、有序，结构较完整，脂肪空泡含量很少。而与空白对照 CON 组相比较，HFD 组小鼠肝脏 HE 染色结果显示，肝细胞体积膨大，脂肪大量囤积，出现了明显的脂肪变性。HFD 组小鼠肝脏由于长期摄入高脂饮食发生明显的脂肪变性，肝脏组织结构杂乱无章，排列乱，脂肪空泡多，而在高脂饮食中添加了 MBPH 后，我们观察 HE 染色的结果可以发现，HM 组小鼠的肝脏组织形态又重新变得致密起来，肝脏中的脂肪空泡数量也明显减少，结构相对变得完整，排列重新变得整齐有序。这与王雅楠等人肝脏组织 HE 染色结果类似。总的来说，MBPH 的单独摄入不会破坏小鼠肝脏组织形态，同时还能够更好的保护高脂饮食小鼠肝脏组织形态的完整性，有序排列，减少脂肪空泡。

（三）绿豆蛋白酶解物对高脂饮食诱导小鼠肝脏氧化还原状态的影响

MBPH 对高脂饮食小鼠肝脏氧化还原状态的影响见表 6-9。与正常饮食 CON 组小鼠对比，高脂饲料喂养的 HFD 组小鼠 MDA 含量显著增加，SOD 酶活性、CAT 酶活性均显著性降低，T-AOC 水平虽无显著变化（$p < 0.05$），但是也降低了

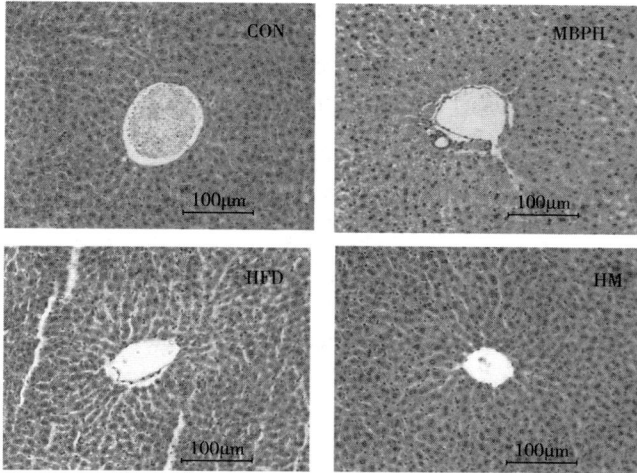

图 6-12　MBPH 对高脂饮食诱导小鼠肝脏组织 HE 染色的影响

1.06 U/mL，这说明高脂饮食能够诱导小鼠在肝脏水平上遭受到严重的氧化损伤，体内氧化/抗氧化的平衡状态被打破。与高脂饮食 HFD 组小鼠对比，HM 组小鼠 MDA 水平极显著降低，SOD 酶活性显著提升，T-AOC 水平也得到显著的提升，对 CAT 酶活性的增加虽无差异显著性，但是也有相对的提高改善。HM 组小鼠的 T-AOC 水平显著提高，表明 MBPH 的摄入成功抑制了高脂饮食小鼠肝脏脂质氧化的发生。王雅楠等建立高脂动物模型，同样得出高脂饮食能够诱导小鼠肝脏氧化损伤的出现，而在膳食中添加酶解物可以阻碍肝脏氧化损伤的过程。当在正常饮食中添加了 MBPH 后，发现小鼠肝脏的氧化/抗氧化的平衡状态没有发生变化，虽然 CAT 活性降低、MDA 含量的增加会导致小鼠肝脏的氧化应激损伤，但是 T-AOC 水平和 SOD 酶的活性均有不同程度的提高。综上所述，MBPH 在体内依然能够发挥良好的抗氧化活性，可避免肝脏组织遭受到氧自由基的攻击。

表 6-9　MBPH 对高脂饮食诱导小鼠肝脏组织氧化还原状态的影响

试验组	T-AOC/（U·mL^{-1}）	SOD/（ng·mL^{-1}）	CAT/（pg·mL^{-1}）	MDA/（nmol·mL^{-1}）
CON	20.02±0.63	526.38±21.48	1361.17±21.54	4.11±0.27
MBPH	23.11±0.99	566.14±8.84	1276.60±37.64	4.38±0.11
HFD	18.96±2.92	481.85±10.79[#]	966.77±6.19[###]	7.96±0.76[###]
HM	25.82±0.20[**]	532.86±14.78[*]	1075.98±25.90	4.27±0.05[***]

（四）绿豆蛋白酶解物对高脂饮食诱导小鼠肝脏脂肪积累量的影响

高脂饮食可以明显增加小鼠肝脏脂肪累积量（表 6-10）。与正常饮食 CON

组对比，高脂饲料喂养的 HFD 组小鼠血液中的 TG、TC、FFA、LDL 含量显著提升，HDL 含量明显降低，说明高脂饮食能够增加 C57BL/6 小鼠的肝脏脂肪含量，影响小鼠体内原本能够正常运行的脂质代谢系统，对肝脏造成了一定程度的损伤。对比于 HFD 组，HM 组小鼠的 TC、TG、FFA 含量显著减少，HDL 含量明显增加，LDL 含量变化虽然没有差异显著性，但是也降低了 0.63 mmol/L。HDL 主要参与体内胆固醇逆向转运，能够清除血管壁及外周组织细胞的胆固醇，HDL 含量的增加还与小鼠肝脏 TG 水平的下降有关。正常饮食的是 CON 组小鼠与 MBPH 组小鼠，这两组小鼠的肝脏脂肪积累的含量十分接近，也就是说，MBPH 的摄入不会引起小鼠肝脏脂肪的过度积累，对小鼠体内正常的脂代谢系统没有影响。总的来说，MBPH 的摄入能够降低因高脂饮食而引起的小鼠肝脏脂肪异常累积，对小鼠肝脏组织起到很好的保护作用，同时起到调节机体脂代谢紊乱的作用。

表 6-10　MBPH 对高脂饮食诱导小鼠肝脏脂肪积累量的影响

试验组	TC/ (mmol · L^{-1})	TG/ (mmol · L^{-1})	FFA/ (μmol · L^{-1})	LDL/ (mmol · L^{-1})	HDL/ (mmol · L^{-1})
CON	6.45±0.09	247.61±2.42	478.39±7.00	5.13±0.71	3.26±0.41
MBPH	6.35±0.23	265.99±11.37	495.08±6.26	5.26±0.27	2.54±0.26
HFD	7.51±0.13###	317.11±2.73###	548.26±3.45###	6.02±0.53#	2.33±0.07##
HM	6.77±0.02***	257.30±18.40**	496.34±2.84*	5.39±0.71	2.95±0.28*

（五）绿豆蛋白酶解物对高脂饮食诱导小鼠血液中炎症因子分泌量的影响

长期的高脂饮食会导致机体内氧自由基水平增加，体内抗氧化活性下降，脂肪大量积累，而氧化应激被认为是可能触发机体炎症反应的重要介质。测定了高脂饮食小鼠和正常饮食小鼠的炎症因子分泌量（表 6-11），发现与正常饮食 CON 组小鼠相比，HFD 组小鼠血液中的 TNF-α 和促炎因子 IL-6 分泌量显著增加，IFN-γ 分泌量降低，上述结果可以说明，食用高脂饮食导致小鼠体内出现了炎症反应。与 HFD 组小鼠相比，HM 组小鼠血液中的 TNF-α 和促炎因子 IL-6 分泌量显著降低，IFN-γ 分泌量显著增加。各组小鼠血液中抑炎因子 IL-10 的分泌量无显著性差异，但是高脂饮食饲养的 HFD 组小鼠分泌量明显是减少。LPS 是一种肉毒素，常被用来诱导巨噬细胞、小鼠肝脏炎症因子的分泌。与正常饮食 CON 组相比，高脂饮食的摄入导致 HFD 组小鼠血液中 LPS 的分泌量显著增加，而当在高脂饮食中添加了 MBPH 后，小鼠血液中的 LPS 分泌量又降回原有的分泌量

（HM 组）。大量研究证明，目前市售的多种降压药容易引起患者出现系统性红斑狼疮等因免疫力过强而导致的免疫性疾病，也就是说，降脂与免疫力的提高存在正相关。除此之外，预防血脂异常的 HDL 被认为具有一定的抗炎作用。对摄入 MBPH 的小鼠研究发现，MBPH 能够减少高脂饮食导致的脂肪积累，HDL 含量显著增加，同时抑制促炎因子的分泌，提高免疫力，避免炎症反应的发生。综上所述，MBPH 的摄入不会引起小鼠出现一些炎症反应，对于高脂饮食诱发的小鼠炎症反应能够有效的改善。

表 6-11　MBPH 对高脂饮食诱导小鼠炎症因子分泌量的影响

试验组	TNF-α/ （pg·mL^{-1}）	IFN-γ/ （pg·mL^{-1}）	IL-6/ （pg·mL^{-1}）	IL-10/ （pg·mL^{-1}）	LPS/ （EU·mL^{-1}）
CON	575.84±22.71	918.50±19.48	104.54±2.46	39.38±3.88	397.8460±45.44
MBPH	464.90±17.77	835.02±20.73	103.80±3.93	34.89±3.19	397.4916±7.61
HFD	671.65±7.65[#]	803.31±1.03[##]	112.32±5.50[#]	32.76±6.09	596.6159±69.93[#]
HM	540.78±47.71[**]	1073.49±42.10[**]	96.37±1.01[***]	40.38±4.94	383.8479±145.23[*]

第四节　讨论

一、绿豆蛋白酶解物体外抗氧化活性的作用模式

抗氧化肽指的是那些具有抗氧化功能的生物活性肽，由于其分子质量小、生物活性高、致敏性弱、易吸收等特点而受到专家们的广泛关注。当机体受到过量的氧自由基攻击时，机体的脏器组织发生氧化应激损伤，心血管疾病、炎症性疾病、癌症和衰老的发生均与机体的氧化应激损伤有关。近年来，大量的研究均证实，食物来源中蛋白质的酶解物都具有良好的抗氧化活性，酸枣仁蛋白酶解物、小麦蛋白酶解物以及大豆蛋白的酶解物都具有清除机体内过量自由基的能力，能够较好的发挥抗氧化活性。

影响 MBPH 体外抗氧化活性的因素有很多，作用模式也不尽相同（图 6-13）。在本章中，认为经过中性蛋白酶酶解过程，所获得蛋白酶解物的体外抗氧化活性的发挥作用模式有以下 5 个表现形式：中性蛋白酶酶解物的抗氧化活性与其结构的变化联系紧密，特别是在中性蛋白酶水解绿豆蛋白的过程中，产生的 α-螺旋二级结构，水解过程破坏了绿豆蛋白原本紧密稳定的结构，使具抗氧化作用的氨

基酸残基暴露出来，酶解物的抗氧化活性提高；酶解过程中所释放的肽链片段产生了大量的疏水性氨基酸，这些游离氨基酸的释放有利于酶解物在脂类中发挥抗氧化作用，这些肽链片段能够包裹在卵磷脂脂滴的周围，隔绝了油脂与氧气的接触，达到抑制脂肪氧化的效果；酶解物的残基与亚铁离子能够形成稳定的环状结构，中性蛋白酶在水解绿豆蛋白质的过程中会释放出各种游离氨基酸，如组氨酸（His）、蛋氨酸（Met）等游离氨基酸，这些氨基酸含有大量的吲哚基、咪唑基等活性基团，它们在与 Fe^{2+} 螯合的方面中起着至关重要的作用；游离氨基酸中的精氨酸（Arg）、赖氨酸（Lys）还有组氨酸（His）含量的增加，导致酶解得到的肽链片段中含有的—NH_2 基团暴露出来，酶解物的抗氧化活性随之增加；DPPH·是一个以 N—为中心的自由基，在酶解过程中释放的"自由基"能够将自身具有的电子给予 DPPH·自由基的孤电子，形成电子配对，从而淬灭了 DPPH·自由基，继而达到提高酶解物抗氧化活性的效果。

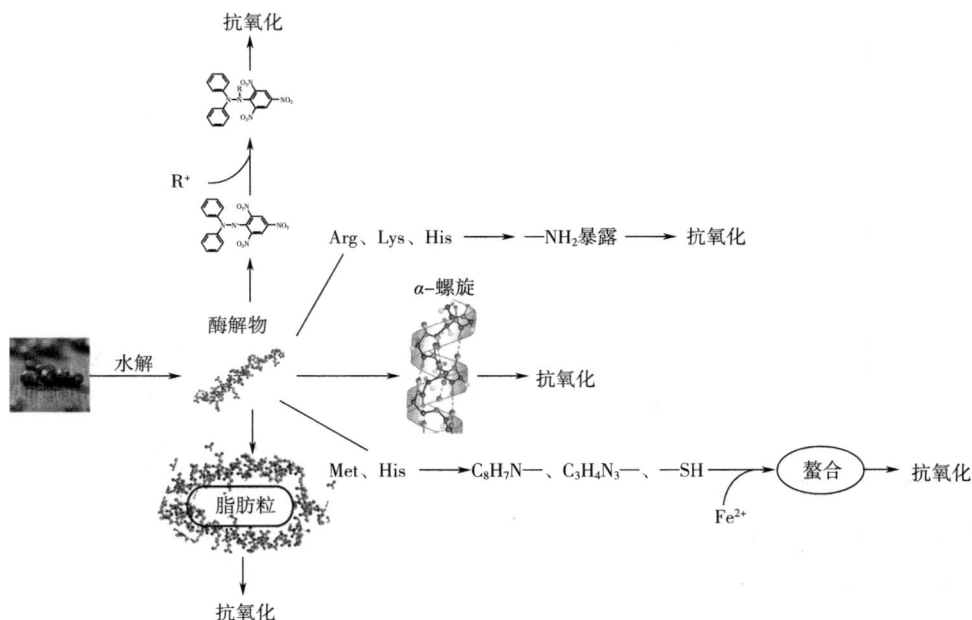

图 6-13　绿豆蛋白酶解物抗氧化作用模式

二、绿豆蛋白酶解物抗氧化活性与结构的关系

结构决定活性。抗氧化肽是由多个氨基酸脱水缩合形成的氨基酸序列，这些

第六章 绿豆蛋白酶解物结构分析及其对调节高脂小鼠脂代谢水平的影响

序列具有一定的空间结构，并具有抗氧化效果，其中抗氧化作用的发挥主要是受到酶解物分子量、氨基酸组成和含量以及二级结构的影响。

中性蛋白酶因其特有的作用位点，在水解绿豆蛋白的过程中，主要水解羧基侧含酪氨酸（Tyr）、苯丙氨酸（Phe）、色氨酸（Trp）等芳香族氨基酸残基的肽键，这些氨基酸的含量与抗氧化性呈正比。疏水性氨基酸、芳香族氨基酸含量的提高有利于酶解物抗氧化活性的增加，这可能是由于疏水基团可以与细胞膜相互作用，加速酶解物被消化吸收，从而更好地发挥抗氧化效果。

蛋白质在被机体摄入后，需要经过胃肠道中多种消化酶的水解作用，对蛋白质进行初步水解，然后在小肠上皮细胞处被进一步消化和吸收，使高分子量的蛋白质被蛋白酶酶解，变成低分子的短肽链。所以，有研究认为，水解获得的短肽链主要是通过胃肠道中一种特殊的肽运转系统被进一步消化吸收。肽转运载体PepT-1作为主要的肠肽转运载体，能够转运2~5个氨基酸组成的肽链，其中二肽的转运速度是最快的，五肽以上原则不能转运，因此，分子量是影响多肽消化吸收进而发挥活性的关键因素。通过观察酶解物的SDS-PAGE图，得出结论，4种蛋白酶解物中，中性蛋白酶解物的分子量最小，抗氧化活性最强，而当中性蛋白酶酶解时间达到5h时，更小分析量的酶解物抗氧化活性却弱于酶解4h所获得的酶解物，由此可见，分子量越小，酶解物的抗氧化活性越强，但也并不是绝对的分子量越小抗氧化活性就越强。

蛋白质复杂的空间结构是相对稳定的，特别是二级结构。酶解过程破坏了相连的肽键，酶解物的二级结构随之发生改变。经过酶解后的绿豆蛋白，α-螺旋二级结构占全部二级结构的18.99%，显著增加了4.12%，β-折叠二级结构的占比为41.38%，占比减少了1.29%。席加富等的研究同样认为，α-螺旋二级结构所占比例的增加与抗氧化活性的提高相关。β-折叠二级结构所占比例减少，导致酶解物疏水相关位点的暴露，酶解物的抗氧化性得到提高。以上结果均证明，抗氧化活性与酶解物的结构密切相关。

三、绿豆蛋白酶解物体内调节氧化还原状态与降脂能力的关系

在前面的实验中，测定了不同酶解物的体外抗氧化活性及结合胆酸盐的浓度，比较分析酶解物体外抗氧化活性的发挥与其结构的关系，从中选出活性最好的中性蛋白酶酶解4h的酶解物。在此基础上，又建立高脂饮食小鼠模型，接着对酶解物体内活性的发挥进行测定，进而探究酶解物体内抗氧化活性与降脂能力的关系。

265

　　大量的研究已经证明，MBPH 在体外以及动物模型中均能够发挥良好的抗氧化活性、降脂作用以及抑制炎症反应。但是，目前尚不清楚体内抗氧化活性的发挥与降低脂肪积累、阻碍炎症因子的分泌之间存在怎样的关联，因此，在本章中，以高脂饮食饲养小鼠，分别测定了小鼠氧化还原状态相关酶的表达水平、肝脏脂肪积累量以及炎症因子的分泌量。结果表明，在高脂饮食中添加 MBPH 可以提高 C57BL/6 小鼠机体内抗氧化活性、降低肝脏脂肪含量并且抑制炎症因子的分泌。食用 MBPH 的高脂饮食小鼠，其体内肝脏 T-AOC 活性显著升高，血液中 TG、TC 含量显著降低，HDL 含量增加，血液中的促炎因子 IL-6 分泌量降低，IFN-γ 分泌量减少的现象更加明显。综上所述，MBPH 的摄入能够提高机体内的抗氧化活性、降低脂肪积累，同时并不会引起机体内的炎症反应，可以作为一种改善高脂、高能量饮食带来的机体氧化应激损伤以及肥胖等慢性、非传染性疾病的功能性保健食品。

　　长期高脂高能量饮食，极容易导致机体内氧自由基水平极大幅度的提高，这些过量的氧自由基又导致机体内发生氧化应激，攻击肝脏等脏器组织造成氧化应激损伤，诱导肝脏脂质过氧化的进程加快、脂质代谢紊乱，从而使脂质量增加异常，进而产生肥胖现象。肝脏是机体进行脂代谢的重要器官，负担着胆固醇和磷脂的合成、脂质蛋白合成以及运输等流程。胆固醇代谢是维持胆固醇平衡的关键，脂类胆固醇的吸收、合成、运输和排泄等过程与许多酶、转运体、受体的协同作用有关。研究发现，当机体长期摄入高脂食品时，会导致机体中甘油三酯含量的增加以及脂肪酸的 β-氧化，继而产生大量的自由基，最终导致线粒体的 DNA 发生损伤，从而使肝脏细胞的能量代谢产生巨大阻碍。以上研究均认为氧化与脂质代谢存在相关性。

　　大量研究均已证实，绿豆蛋白酶解物在体内、体外都能够很好地发挥抗氧化活性，在此基础上，继续进行试验，进一步发现 MBPH 的摄入能够改善这种高脂饮食所导致的小鼠肝脏氧化应激损伤，显著降低肝脏脂肪的含量，抑制促炎因子的分泌，同时增加抑炎因子的分泌量，效用明显。MDA 是氧自由基促使生物膜中的多不饱和脂肪酸发生过氧化反应后形成的过氧化产物之一，MDA 的浓度能够间接反应机体脂质过氧化的程度。在本实验中可以发现，与高脂饮食 HFD 组相比较，HM 组小鼠肝脏水平上 T-AOC 能力显著提高，同时抑制了 MDA 的产生，SOD 酶的活性也得到很大提升，并且通过抑制 MDA 的产生，肝脏组织中 TC、TG、FFA 含量降低，HDL 的含量明显增加，调节了脂质代谢。HDL 具有促进肝脏细胞外排胆固醇的作用，且具有能够将胆固醇再逆转运到肝中进行代谢的作用，所以提高 HDL 水平也被常常认为是预防血脂异常的一个非常重要的参考指标。除此之外，还有一些专家认为 HDL 具有抗炎的作用。IFN-γ 炎症因子能够激活 B 淋巴细胞、淋巴 T 细胞以及一些其他免疫细胞参与机体的免疫应答，促炎因子 TNF-α 同样也是能够参与机体的炎症反应以及免疫反应来发挥作用。对 TNF-α 炎症因子和 IFN-γ 炎症因子的分泌量进行测定，得出结果，发现与高脂饮食 HFD 组相比，在饮食中添加了 MBPH 的 HM 组，小鼠血液中的 TNF-α 分泌量、IL-6 分泌量及 LPS 分泌量显著降低，IFN-γ 分泌量显著增加，可以说明 MBPH 的摄入避免了高脂饮食导致的炎症。

由此认为，这种高脂饮食导致的小鼠体内抗氧化活性、肝脏脂肪的积累量和炎症反应的变化之间存在着一些关联。长期食用高脂食品，小鼠血液中的 TG、TC、FFA、LDL 含量明显增加，脂肪堆积明显；同时 MDA 含量增加，CAT、SOD 水平降低，体内的抗氧化活性减弱，而当在高脂饮食中添加了 MBPH 后，发现高脂小鼠的肝脏脂肪含量和 MDA 含量显著减少。由此，推断体内抗氧化活性的发挥与维持机体正常脂质代谢呈正比关系，MBPH 即能保持体内氧化/抗氧化动态平衡，又能够维持肝脏进行正常的脂质代谢，避免肝脏脂肪积累异常。已经有研究证实，氧化损伤可能导致机体炎症反应的发生，长期的高脂饮食、高能量饮食导致的肥胖本身就是一种慢性炎症疾病，这种炎症反应的发生与机体的氧化应激损伤息息相关。测定高脂饮食小鼠 TNF-α、IL-6、IFN-γ 和 IL-10 因子的分泌量，结果发现，TNF-α 和 IL-6 因子分泌量的增加导致了炎症发生，而 IFN-γ 炎症因子以及 IL-10 炎症因子的增加，能够抑制机体炎症反应的发生。高脂饮食饲养小鼠时，小鼠的体内抗氧化活性降低，肝脏脂肪积累量显著增加，促炎因子 TNF-α、IL-6 的分泌量增加，抑炎因子 IFN-γ 以及 IL-10 的分泌量下降，而当在高脂饮食中添加了 MBPH 后，得到了相反的结果，促炎因子 TNF-α、IL-6 的分泌量减少，抑炎因子 IFN-γ 以及 IL-10 的分泌量增加。因此，可以得出结论：氧化应激的损伤常常会伴随着肝脏脂质代谢异常，两者的出现又会导致机体炎症反应的发生。

第五节 结论

本章以绿豆蛋白为原料，采用 4 种蛋白酶进行酶解，通过抗氧化活性、结合 3 种胆酸盐的能力筛选出酶解效果最好的中性蛋白酶，并分析了酶解物的结构以及游离氨基酸组成，以期阐明 MBPH 的构效关系；选用活性最好的中性蛋白酶酶解 4 h 后得到的酶解物进行后续实验，建立高脂饮食小鼠模型，研究 MBPH 在体内是否仍然能够调节氧化还原状态、具有降低脂肪的能力和抑炎作用，并分析氧化与脂代谢的关系。本章得到的主要结论如下：

（1）绿豆蛋白经过中性蛋白酶酶解 4 h 得到的酶解物活性最强，其 DPPH 自由基清除率 71.03%，羟自由基清除率 51.94%，Fe^{2+} 螯合率 52.31%，TBARS 值是 0.4045 mg/mL，代表还原能力的吸光值为 0.1237；结合牛磺胆酸钠的浓度为 0.2548 mg/mL，结合甘氨胆酸钠的浓度为 0.2473 mg/mL，结合胆酸钠的浓度为 0.2302 mg/mL。

（2）结构影响酶解物的生物活性。疏水性氨基酸和芳香族氨基酸含量的提高，均有利于增强 MBPH 的抗氧化活性；在一定范围内酶解物的分子量越低酶解物的抗氧化活性越强；酶解物二级结构 α-螺旋占比的增加、二级结构 β-折叠百分比的减少，也有利于酶解物抗氧化活性的提高。

（3）酶解物能够改善因高脂饮食诱导的小鼠氧化应激损伤，调节氧化损伤引起的肝脏脂代谢紊乱，同时抑制促炎症因子的分泌。MBPH 的摄入能够抑制小鼠肝脏 MDA 产生，降低肝脏脂肪的含量，调节高脂饮食诱导的脂质代谢紊乱。MBPH 的摄入使 HM 小鼠体内 T-AOC 水平、SOD、CAT 酶的活性分别增加至（25.82±0.20）U/mL、（532.86±14.78）ng/mL 以及（1075.98±25.90）pg/mL，MDA 的分泌量极显著的减少，仅为（4.27±0.05）nmol/mL；且小鼠肝脏水平上 TG、TC、FFA、LDL 的积累量均显著降低，分别为（6.77±0.02）mmol/L、（257.30±18.40）mmol/L、（496.34±2.84）μmol/L 及（5.39±0.71）mmol/L，与此同时，HDL 的表达增加至（2.95±2.84）mmol/L。酶解物的抗氧化活性与降脂能力相关，长期食用高脂饮食，导致体内脂肪积累异常，肝脏受到严重的氧化应激损伤，正常的脂质代谢受到影响，而 MBPH 的摄入能够改善高脂饮食诱导的机体氧化还原失衡状态，同时减少肝脏脂肪异常累积，调节脂质代谢。同时，长期高脂饮食极易引起炎症反应，MBPH 的摄入能够抑制因子的分泌，增强免疫力。由此得出结论，氧化应激损伤常常会伴随着机体脂质代谢异常，进而导致炎症反应的发生。MBPH 作为一种天然的抗氧化物质能够调节脂质代谢同时抑制炎症的发生。

参考文献

[1] KEONG Y S, KEE B B, YONG H W, et al. *In Vivo*, Antioxidant and Hypolipidemic Effects of Fermented Mung Bean on Hypercholesterolemic Mice [J]. Evidence-Based Complementary and Alternative Medicine, 2015: 1-6.

[2] 田茜，张文兰，李群，等. 绿豆的品质特性及综合利用研究进展（英文）[J]. Agricul-

tural Science & Technology，2017，18（1）：127-133，136.

［3］陈萍，谭书明，黄颖，等. 刺梨，山楂，绿豆饮料的降血脂作用研究［J］. 食品研究与开发，2019，40（14）：57-61.

［4］MAO D R，DU F G，HONG H C，et al. The Research on the Hydrolysis and Application of the Starch from Mung Beans［J］. Advanced Materials Research，2014，933：86-90.

［5］滕聪，么杨，任贵兴. 绿豆功能活性及应用研究进展［J］. 食品安全质量检测学报，2018，9（13）：3286-3291.

［6］刘婷婷，吴玉莹，秦宇婷，等. 绿豆淀粉工艺废水中蛋白质的功能性质［J］. 食品科学，2017，（5）：114-120.

［7］HERNÁNDEZ L B，GARCÍA N M J，FERNÁNDEZ T S，et al. Dairy protein hydrolysat es：Peptides for health benefits［J］. International Dairy Journal，2014，38（2）：82-100.

［8］ALUKO R E. Deter mination of nutritional and bioactive properties of peptides in enzymatic pea，chickpea，and mung bean protein hydrolysates［J］. Journal of AOAC International，2008，91（4）：947-956.

［9］HARMAN D. About "Origin and evolution of the free radical theory of aging：a brief personal history，1954-2009"［J］. Biogerontology，2009，10（6）：773-781.

［10］JOHN R，SPEAKMAN C. The free-radical damage theory：Accumulating evidence against a simple link of oxidative stress to ageing and lifespan［J］. Bioessays，2011，33（4）：255-259.

［11］田耀博，赵大庆，李香艳，等. 人参多糖通过抑制 ROS 水平和凋亡保护 H_2O_2 诱导的心肌细胞氧化应激损伤［J］. 华中师范大学学报：自然科学版，2018，52（2）：91-98.

［12］SARNA L K，SID V，WANG P，et al. Tyrosol Attenuates High Fat Diet-Induced Hepatic Oxidative Stress：Potential Involvement of Cystathionine β-Synthase and Cystathionine γ-Lyase［J］. Lipids，2016，51（5）：583-590.

［13］TSUKAMOTO H. Oxidative stress antioxidants and alcoholic liver fibrogenesis［J］. Alcohol，1993，10（6）：465-467.

［14］HALLIWELL B，GUTTERIDGE J M C. Free radicals in biology and medicine［M］. 3rd Ed. New York：xford University Press，1999.

［15］BOER J F D，SCHONEWILLE M，DIKKERS A，et al. Transintestinal and Biliary Cholesterol Secretion Both Contribute to Macrophage Reverse Cholesterol Transport in Rats［J］. Arteriosclerosis Thrombosis & Vascular Biology，2017，37（4）：643-646.

［16］PONZIANI F R，PECERE S，GASBARRINI A，et al. Physiology and pathophysiology of liver lipid metabolism［J］. Expert Rev Gastroenterol Hepatol，2015，9（8）：1055-1067.

［17］王越. 苦荞活性肽对调节肝细胞氧化应激和脂代谢的影响［D］. 上海：上海应用技术大学，2017.

［18］张玲，李春海，区志峰，等. 罗非鱼皮/鳞胶原蛋白肽加工性能及抗氧化性质比较研究［J］. 食品研究与开发，2018，39（18）：12-20.

［19］任海伟，石菊芬，王曼琪，等. 藏绵羊胎盘肽的抗氧化能力及其结构表征［J］. 食品与机械，2020（4）：162-169.

［20］任海伟，石菊芬，蔡亚玲，等. 响应面法优化超声辅助酶解制备藏系羊胎盘肽工艺及抗氧化能力分析［J］. 食品科学，2019，40（24）：265-273.

［21］POWERS J P S，HANCOCK R E W. The relationship between peptide structure and antibacterial activity［J］.Peptides（New York），2003，24（11）：1681-1691.

［22］卢素珍，涂宗财，王辉，等.二步酶解法制备鱼鳞明胶抗氧化肽及其抗氧化活性研究
［J］.食品与机械，2019（5）：166-172.

［23］许晶，韩东，王昱婷，等.超声预处理对大豆蛋白酶解物结构及抗氧化活性的影响
［J］.2018，39（19）：78-85.

［24］马思彤，刘静波，张婷，等.体外模拟胃肠消化及碱性蛋白酶处理后蛋清肽抗氧化活性
差异及肽序列解析［J］.食品科学，2020，41（21）：122-129.

［25］KLOMPONG V，BENJAKUL S，KANTACHOTE D，et al.Antioxidative activity and functional
properties of protein hydrolysate of yellow stripe trevally（Selaroides leptolepis）as influenced by
the degree of hydrolysis and enzyme type［J］.Food Chemistry，2007，102（4）：1317-1327.

［26］GIRGIH A T，HE R，MALOMO S，et al.Structural and functional characterizatio n of hemp
seed（Canna bis sativa L.）protein-derived antioxidant and antihypertensive peptides［J］.
Journal of Functional Foods，2014，6（1）：384-394.

［27］卢红妍，杨行，方丽，等.松仁清蛋白抗氧化肽的分离纯化及结构鉴定［J］.食品科
学，2019，40（24）：40-45.

［28］DEJIAN H，BOXIN O U，PRIOR R L.The chemistry behind antioxidant capacity assays［J］.
Dairy Science & Technology，2005，53（6）：1841-1856.

［29］刘文颖，冯晓文，程青丽，等.小麦低聚肽的结构特征及其体外抗氧化活性［J］.现代
食品科技，2021，37（12）：72-79.

［30］SAIGA A，TANABE S，NISHIMURA T.Antioxidant activity of peptides obtained fromporcine
myofibrillar proteins by protease treatment［J］.J Agric Food Chem，2003，51：3661-3667.

［31］RAJAPAKSE N，MENDIS E，JUNG W，et al.Purification of a radical scavenging peptide from
fermented mussel sauce and its antioxidant properties［J］.Food Research International，2005，
38：175-182.

［32］JAHAN M A，LUHOVYY B L，KHOURY D E，et al.Dietary proteins as deter minan ts of
metabolic and physiologic functions of the gastrointestinal tract［J］.Nutrients，2011，3（5）：
574-603.

［33］NAGAOKA S，FUTAMURA Y，MIWA K，et al.Identification of novel hypocholeste rolemic
peptides derived from bovine milk［beta］-lactoglobulin［J］.Biochem Biophys Res Commun，
2001，281（1）：11-17.

［34］HOSOMI R，FUKUNAGA K，ARAI H，et al.Fish protein decreases serum cholesterol in rats by
inhibition of cholest-erol and bile acid absorption［J］.J Food Sci，2011，76（4）：116-121.

［35］毕云枫，闫璐，王溪竹，等.原人参三醇组皂苷酶解产物对高脂模型小鼠的降血脂作用
［J］.食品工业科技，2019，40（21）：292-295，305.

［36］李露，何传波，李漫，等.西兰花茎叶蛋白酶解条件优化及其降血脂活性［J］.食品工
业科技，2019，40（19）：1-7.

［37］IWAMI K，SAKAKIBARA K，IBUKI F.Involvement of post-digestion 'hydrophobic' pep-
tides in plasma cholester ol-lowering effect of dietary plant proteins［J］.Agric Biol Chem，
1986，50（5）：1217-1222.

［38］VAHOUNY G V，ADAMSON I，CHALCARZ W，et al.Effects of casein and soybean protein
on hepatic and serum lipids and lipoprotein lipid distributions in the rat［J］.Atherosclerosis，

1985，56（2）：127-137.

［39］ JACQUES H, DESHAIES Y, SAVOIE L. Relationship between dietary proteins, their in vitro digestion products, and serum cholesterol in rats［J］. Atherosclerosis, 1986, 61（2）：89-98.

［40］ HADDAD J J. Cytokines and related receptor-mediated signaling pathways［J］. Biochemical and Biophysical Research Communications, 2002, 297（4）：700-713.

［41］ 林捷，郑华，田秀秀，等.2种鸡肉蛋白源酶解产物抗氧化活性研究［J］. 现代食品科技，2019，35（3）：111-117.

［42］ MAESTRI E, MARMIROLI M, MARMIROLI N. Bioactive peptides in plant-derived foodstuffs［J］. Journal of Proteomics, 2016, 147：140-155.

［43］ PACHECO A R, MAZORRA M M A, RAMÍREZ-SUÁREZ J C. Functional properties of fish protein hydrolysates from Pacific whiting（Merluccius productus）muscle produced by a commercial protease［J］. Food Chemistry, 2008, 109（4）：782-789.

［44］ SHAN H, FRANCO C, WEI Z. Functions, applications and production of protein hydrolysates from fish processing co-products（FPCP）［J］. Food Research Internationa l, 2013, 50（1）：289-297.

［45］ LI G H, SHI Y H, LIU H, et al. Antihypertensive effect of alcalase generated mung bean protein hydrolysates in spontaneously hypertensive rats［J］. European Food Research and Technology, 2006, 222（56）：733-736.

［46］ 藏亚运. 紫苏迷迭香酸生物活性及其应用研究［D］. 太原：中北大学，2018.

［47］ 刘妍兵，陶阳，苗雪，等. 绿豆蛋白酶解物抗氧化活性与其结构、氨基酸组成的相关性［J］. 食品工业科技，2022，43（7）：1-9.

［48］ 佟晓红，王欢，刘宝华，等. 生物解离大豆蛋白酶解物体外模拟消化抗氧化活性变化［J］. 食品科学，2019，604（15）：58-64.

［49］ 郭莹，虞夏晖，陈碧宵，等. 望江南子不同溶剂提取物体外抗氧化活性及抗脑缺血性损伤作用［J］. 中华中医药杂志，2018，33（11）：5168-5171.

［50］ AKINDOYENI I A, OGUNSUYI O B, ALETOR V A, et al. Effect of selenium biofortification on phenolic content and antioxidant properties of Jute leaf（Corchorus olitorius）［J］. Vegetos, 2021, 35（1）：94-103.

［51］ 张江涛，冯晓文，秦修远，等. 海洋蛋白低聚肽的抗氧化与降血压作用［J］. 中国食品学报，2020，20（11）：69-76.

［52］ VHANGANI L N, VAN W J. Antioxidant activity of Maillard reaction products（MRPs）in a lipid-rich model system［J］. Food Chemistry, 2016, 208（1）：301-308.

［53］ 侯珮琳，赵肖通，张彦青，等. 绿豆蛋白降血脂水解物的制备及纯化工艺［J］. 食品工业科技，2020，41（9）：186-192，199.

［54］ LIN Y, WANG Y, JI Z, et al. Isolation, Purification, and Identification of Coconut Protein through SDS-PAGE, HPLC, and MALDI-TOF/TOF-MS［J］. Food Analytical Methods, 2020, 13（1）：1-9.

［55］ 郭莲东，徐丽，欧才智，等. 小米蛋白的分子组成及结构特性［J］. 食品科学，2019，40（24）：209-214.

［56］ ZHAO J Z, MAN W, JIA X L, et al. Comparative assessment of physicochemic al andanti oxidative properties of mung bean protein hydrolysates［J］. Roval Society of Chemistry, 2020, 10

（5）：2634-2645.

[57] ABOUEE M A, RASOULZADEH Y, MEHDIPOUR A, et al. Hepatotoxic effects caused by simultaneous exposure to noise and toluene in New Zealand white rabbits: a biochemical and histopathological study [J]. Ecotoxicology, 2021, 30（1）：154-163.

[58] 胡乔迁. 酶解芝麻蛋白肽及其亚铁螯合物的制备与特性 [D]. 扬州：扬州大学, 2019.

[59] 谭梦. 低抗原性乳清蛋白的酶法制备及风味改善 [D]. 杭州：浙江大学, 2016.

[60] 胡廷, 青维, 李美凤, 等. 大鲵多肽体外抗氧化活性研究 [J]. 食品科技, 2018, 43（6）：254-259.

[61] 章健. 鸡汤抗氧化蛋白和肽的胞内外抗氧化活性研究 [D]. 杭州：浙江工商大学, 2019.

[62] 刁静静. 猪骨蛋白水解物的抗氧化机理以及在肉制品中应用的研究 [D]. 哈尔滨：东北农业大学, 2008.

[63] 侯珮琳, 赵肖通, 张彦青, 等. 绿豆蛋白降血脂水解物的制备及纯化工艺 [J]. 食品工业科技, 2020, 41（9）：186-192, 199.

[64] 王睿綮. 豆乳中植酸, 钙镁与蛋白质的相互作用及其对蛋白质聚集的影响 [D]. 北京：中国农业大学, 2018.

[65] 高义霞, 周向军, 魏苇娟, 等. 豆渣蛋白肽的酶解工艺、抗氧化作用及其特性研究 [J]. 中国粮油学报, 2014, 29（4）：46-52, 67.

[66] 胡扬. 不同氮肥对 Arthrobacter sp. DNS10 消减玉米农田黑土中阿特拉津残留的影响 [D]. 哈尔滨：东北农业大学, 2019.

[67] 叶林, 廖钰, 赵谋明. 花生分离蛋白氧化过程中的结构变化 [J]. 食品与机械, 2015, 31（2）：3-6.

[68] 金红. 大黄鱼脱脂鱼卵酶法改性及其产物乳化性和抗氧化性的研究 [D]. 福州：福建农林大学, 2018.

[69] 席加富, 唐蕾, 张建华, 等. 圆二色谱表征芥蓝抗坏血酸过氧化物酶变性过程中的结构变化 [J]. 光谱学与光谱分析, 2014, 34（17）：3062-3065.

[70] 毛小雨. 体外模拟消化对芸豆蛋白结构特征及抗氧化活性的影响研究 [D]. 大庆：黑龙江八一农垦大学, 2020.

[71] GIRIH A T, HE R, MALOMO S, et al. Structural and functional characte rization of hemp seed（Ca nna bis sativa, L.）protein-derived antioxidant and antihypertensive peptides [J]. Journal of Fu nctional Foods, 2014, 6（1）：384-394.

[72] 任海伟, 石菊芬, 王曼琪, 等. 藏绵羊胎盘肽的抗氧化能力及结构表征 [J]. 食品与机械, 2020, 36（4）：162-169.

[73] 刘懿芷. 精氨酸谷氨酸注射液对肝切除术后患者氧化反应及免疫功能的影响 [J]. 中国合理用药探索, 2019, 16（8）：86-88.

[74] 熊明泽, 孙尧, 崔本海, 等. 鸿雁骨胶原多肽制备及其抗氧化活性研究 [J]. 食品研究与开发, 2020, 394（21）：117-125.

[75] 王雅楠, 张佳红, 郭海涛, 等. 蛋氨酸限制和胶原蛋白肽对高脂饮食小鼠脂代谢和氧化应激的联合作用 [J]. 食品科学, 2018, 39（9）：1-12.

[76] THOMPSON M D, CISMOWSKI M J, TRASK A J, et al. Enhanced Steatosis and Fibrosis in Liver of Adult Offspring Exposed to Maternal High-Fat Diet [J]. Gene Expression, 2016, 17

（1）：47−59.

［77］ 孙兆庆，闫波．高密度脂蛋白胆固醇与冠心病早期预防的关系［J］．慢性病学杂志，2019，20（5）：685−690.

［78］ MULYA A，LEE J Y，GEBRE A K，et al. Initial Interaction of ApoA−I with ABCA1Impacts in Vivo Metabolic Fate of Nascent HDL［J］. Journal of Lipid Research，2008，49（11）：2390−2401.

［79］ SINGH V N，ELENA C G，M P H，et al. High HDL Cholesterol（Hyperalphalipoproteine−mia）Treatment & Management［J］. RDID，2006：1−8.

［80］ LIAO W Z，NING Z X，CHEN L Y，et al. Intracellular Antioxidant Detoxifying Effects of Di−osmetin on 2，2−Azobis（2−amidinopropane）Dihydrochloride（AAPH）−Ind uced Oxidative Stress through Inhibition of Reactive Oxygen Species Generation［J］. Journal of Agricultural and Food Chemistry，2014，62（34）：8648−8654.

［81］ SHARMA N K，SANGH P，PRIYANKA，et al. Free radical scavenging activity of methanolic extract of Luffa cylindrica leaves［J］. International Journal of Green Pharmacy，2012，6（3）：231−236.

［82］ SONG W，SONG C，SHAN Y，et al. The antioxidative effects of three lactobacilli on high−fat diet induced obese mice［J］. Rsc Advances，2016，1−11.

［83］ 董翔，许琴，高晓康，等．姜黄素预处理对干热环境下中暑大鼠肠黏膜相关蛋白及血清炎症因子的影响［J］．中国急救医学，2018，38（10）：906−909.

［84］ 张莉，高炜，孙利平．茶多酚通过调控 XB130 对 LPS 诱导小鼠肺泡巨噬细胞炎症因子表达的影响［J］．中国药师，2021，24（4）：670−674.

［85］ 张子琪．虾青素干预对脂多糖诱导炎症反应小鼠的保护作用［D］．长春：吉林农业大学，2019.

［86］ 朱振，曹海龙，朱海杭，等．降脂药物诱导自身免疫性肝炎的系统评价［J］．世界华人消化杂志，2015，23（13）：2130−2134.

［87］ PEDRET A，FERNÁNDEZ C S，VALLS R M，et al. Back cover：Cardiovascular Benefits of Phenol−Enriched Virgin Olive Oils：New Insights from the Virgin Olive Oil and HDL Function−ality（VOHF）Study［J］. Molecular Nutrition & Food Research，2018，62（16）：1800456.

［88］ 唐宁，庄红．玉米抗氧化肽 Leu−Pro−Phe 抗氧化稳定性研究［J］．中国食品学报，2015，15（2）：49−55.

［89］ 范吉钺，柯义强，刘红海，等．发酵法制备生物活性肽的研究进展［J］．安徽农学通报，2020，26（23）：19−23.

［90］ 席高磊，许克静，王宏伟，等．4−甲基−7−羟基香豆素及其衍生物的抗氧化性能［J］．精细化工，2019，36（6）：1159−1165.

［91］ 韩荣欣，张红印，周光鑫，等．体外模拟消化对酸枣仁蛋白酶解产物抗氧化活性的影响［J］．食品与机械，2021，37（7）：171−176.

［92］ WLIKINSON M D，TOSI P，LOVEHROVE A，et al. The Gsp−1，genes encode the wheat ar−abinogalactan peptide［J］. Journal of Cereal Science，2017，74：155−164.

［93］ 马萍，郭增旺，迟志平，等．双酶分段水解制备紫花芸豆肽工艺优化及抗氧化测定［J］．中国食品添加剂，2018（2）：166−176.

［94］ 夏琪娜．超声预处理结合美拉德对酪蛋白及其酶解物抗氧化性影响［D］．哈尔滨：东北

农业大学.

[95] 张士坤. 电荷对抗菌肽与生物膜相互作用的影响 [D]. 北京：中国人民解放军军事医学科学院，2017.

[96] 向枭，叶元土，周兴华，等. 鲇胃肠道，胰脏对 7 种饲料蛋白质的酶解动力学 [J]. 水生生物学报，2006，30（4）：493-498.

[97] 王志华，焦颖，黄序，等. 运动营养食品的好原料——蛋白水解物在运动训练中的作用 [J]. 食品研究与开发，2005，26（1）：79-87.

[98] ZIV E, BENDAYAN M. Intestinal absorption of peptides through the entero-cytes [J]. Microsc Res Tech niq, 2000, 49（4）：346-352.

[99] 曹文红，章超桦. 生物活性肽的吸收机制 [J]. 药物生物技术，2006，5：384-388.

[100] WU H, RUI X, LI W, et al. Mung bean（Vigna radiata）as probiotic food through fermentation with Lactobacillus plantarum B1-6 [J]. LWT -Food Science and Technology, 2015, 63（1）：445-451.

[101] XIA J, SONG H, HUANG K, et al. Purification and characterization of antioxidant peptides from enzyme c hydrolysate of mungbean protein [J]. Journal of Food Science, 2020（4）：1-7.

[102] ASHRAF J, LIU L, AWAIS M, et al. Effect of thermosonication pre-treatment on mung bean（Vigna radiata）and white kidney bean（Phaseolus Valgaris）proteins：enzymatic hydrolysis, cholesterol lowering activity and structural characterizeation [J]. Ultrasonics Sonochemistry, 2020, 66：1-39.

[103] NAKATANI A, LI X, MIYAMOTO J, et al. Dietary mung bean protein reduces high-fat diet-induced weight gain by modulating host bile acid metabolism in a gut microbiota-dependent manner [J]. Biochemical and Biophysical Research Communica tions, 2018, 501（4）：955-961.

[104] REDINGER R N. Fat storage and the biology of energy expenditure [J]. Transl Res, 2009, 154（2）：52-60.

[105] GULCIN I, ELMASTAS M, ABOULENEIN H Y. Antioxidant activity of clove oil：a powerful antioxidant source [J]. Arabian Journal of Chemistry, 2012, 5（4）：489-499.

[106] 文若剑，乐凯，易卉玲，等. miRNA 在肝脏脂代谢和脂代谢紊乱性疾病中的作用 [J]. 江汉大学学报：自然科学版，2018，46（3）：257-264.

[107] 喻青青. 二氢姜黄素对油酸诱导的非酒精性脂肪肝体外模型的预防和治疗作用与机制研究 [D]. 武汉：湖北大学，2018.

[108] 张翠羽，赵阳，杨威，等. 添加胆固醇对非酯化脂肪酸介导的犊牛肝细胞脂质沉积的差异蛋白组成分析 [J]. 畜牧与兽医，2019（6）：23-28.

[109] BOER J F D, SCHONEWILLE M, DIKKERS A, et al. Transintestinal and BiliaryCholesterol Secretion Both Contribute to Macrophage Reverse Cholesterol Transport in Rats [J]. Arteriosclerosis Thrombosis & Vascular Biology, 2017, 37（4）：643-646.

[110] SCHUMACKER P T. Reactive oxygen species in cancer：a dance with the devil [J]. Cancer Cell, 2015, 27（2）：156-157.

[111] 邹基豪，刘振春，李侠. 绿豆中 ACE 抑制肽的分离纯化及抗氧化研究 [J]. 食品工业，2018，39（1）：168-172.

[112] 邹基豪. 绿豆 ACE 抑制肽的纯化及功能特性研究 [D]. 长春：吉林农业大学，2018.

[113] ALUKO R E. Deter mination of nutritional and bioactive properties of peptides in enzymatic

pea, chickpea, and mung bean protein hydrolysates [J]. Journal of Aoac International, 2008, 91 (4): 947-956.

[114] 姜玉晴. 低温胁迫下过氧化氢浸种对花生种子萌发的影响 [D]. 合肥：安徽农业大学, 2019.

[115] 时黛. 细胞因子TNF-α, IGF-1水平与脂肪肝脂质过氧化的相关性研究 [J]. 保健文汇, 2018 (10): 44.

[116] OH S, LEE M S, JUNG S, et al. Ginger extract increases muscle mitochondrial biogenesis and serum HDL-cholesterol level in high-fat diet-fed rats [J]. Journal of Functional Foods, 2017, 29: 193-200.

[117] NIJKAMP F P, PARNHAM M J. Principles of Immunopharmacology C7 Anti-infective activity of immunomodulators [J]. Anti-infective activity of immunomo dulators, 2011, (22): 411-435.

[118] AL R F, AHMAD Z, SNIDER A J, et al. Ceramide kinase regulates TNF-α-induced immune responses in human monocytic cells [J]. Scientific Reports, 2021, 11 (1): 1-14.

[119] TANG J, YAN H, ZHUANG S. Inflammation and Oxidative Stress in Obesity-Related Glomerulopathy [J]. International Journal of Nephrology, 2012,: 1-11.

[120] OHASHI K, SHIBATA R, MUROHARA T, et al. Role of anti-inflammatory adipokines in obesity-related diseases [J]. Trends in Endocrinology & Metabolism Tem, 2014, 25 (7): 348-355.

[121] DEY A, LAKSHMANAN J. The role of antioxidants and other agents in alleviating hyperglycemia mediated oxidative stress and injury in liver [J]. Food & Function, 2013, 4 (8): 1148-1184.

[122] DAS, NILANJAN, SIKDER, et al. Moringa oleifera Lam. leaf extract prevents early liver injury and restores antioxidant status in mice fed with high-fat diet [J]. Indian Journal of Experimental Biology, 2012, 50: 404-412.

第七章　干法超微粉碎对全籽粒绿豆及其
预混合粉加工特性的影响

第一节　引言

绿豆籽粒经超微粉碎处理后，其各种理化、结构、功能性质均会随粉碎时间而发生显著变化。陈玲等发现，球磨粉碎时间为 50 h 时，绿豆淀粉颗粒受损严重，绝大部分颗粒偏光十字消失，结晶度降低；Liu 等通过球磨处理绿豆淀粉发现，球磨改性 1 h 后，绿豆淀粉的损伤淀粉含量显著增高，结晶度降低 3.5%，溶解度提高；郝征红等研究发现，绿豆淀粉经振动磨处理后，随处理时间增加，更多淀粉结构由有序变为无序，溶解度、膨胀度、凝成性、老化程度均发生明显改善。

现阶段对于绿豆粉的加工研究大体分为两个阶段：一是以绿豆粉为辅料，加入各种食品中用来改善产品食用品质和营养价值；二是将绿豆粉作为主料，从而加工制作成各种食品。庞慧敏在绿豆—小麦混合粉的实验中发现，随绿豆粉添加量增加，混合粉面团的吸水率、形成时间、稳定时间降低，弱化度、最大拉伸阻力上升；张宇在不同绿豆粉添加量对面团品质影响的实验中发现，混合粉热稳定性提高，回生特性得到良好改善，在绿豆粉添加量为 40% 时，仍然可形成面条。郎双梅等探讨了不同处理方式对绿豆面包品质的影响，研究结果表明，绿豆经超高压处理可显著改善面包中因添加绿豆粉而出现感官和质构方面的问题。目前，对于绿豆精深加工及其创新产品开发的报道仍较为缺乏，本实验旨在为绿豆及其高附加值产品的开发和应用提供理论参考。

一、超微粉碎技术研究进展

（一）超微粉碎技术概述

超微粉碎技术是近几十年来新兴的一门科学技术，它源自古老的粉碎技术，其意义在于对传统粉碎方法进行了全新的创新和改革。超微粉碎通过利用机械或流体动力的方法，使物料在设备舱体内进行碰撞、摩擦、剪切和挤压，从而将物料粉碎至微米、亚微米甚至纳米级的一种新型食品粉碎技术。超微粉碎技术具有操作简单，适用范围较大，产品附加值高，经济效益显著等优点，因处理过程中物料载体种类的不同，一般分为干法粉碎和湿法粉碎两种。

（二）干法粉碎

干法粉碎是指当物料进行粉碎作业时，工作环境无水或其他液体介质介入。研究表明，食品原料在低水分含量状态下研磨处理可显著改变其质构、结构和理化性质。常见干法粉碎方式有气流粉碎、旋转球粉碎（球磨）和振动粉碎（振动磨）等。其优势在于对工作环境要求简单、成本低、产量大，是目前制备微细化粉体的主要技术手段。气流粉碎可以制备出最终颗粒直径小于 10 μm 的微细化粉体，其优点在于粉碎过程中，反应腔体内部温度几乎不会升高，这一特性对一些特殊的热敏性原料尤为重要。气流粉碎在食品领域得到广泛应用，如对蛋白质、淀粉等研究与开发。球磨粉碎是一种经济、快捷、实用的粉碎方法，对环境要求简单，它通常是由中心轴承上固定多个研磨罐组成，使用时将物料与玛瑙球按照一定比例放置在研磨罐中，在高速旋转下对物料进行研磨，其优点在于可对不同组分粉碎处理，可用于干磨和湿磨等多个领域。由于其独特的多组分研磨特性，现已被证明是一种高效制备微细化粉末的粉碎技术，广泛应用于食品领域，如糯米粉等。

（三）湿法粉碎

物料在粉碎过程中，工作环境有水和其他液体介质参与的粉碎方式被叫作湿法粉碎。物料与水（或其他液体）所制备的悬浊液在腔体中相互碰撞、剪切，从而使悬浊液中颗粒被粉碎至纳米级。常见湿法粉碎机器一般以胶体磨和均质机为主。胶体磨对悬浊液中固体或液体破碎效果尤为明显，一般胶体磨通常是由定子和转子组成，静态定子稳定转子在其内部旋转。胶体磨对黏性较强和密度较大的物料有较好的粉碎效果，该方法操作简单，占地面积小。但是，胶体磨齿轮间隙较小，对物料种类加工有限。值得注意的是，胶体磨在食品工业中常被用于制作 5000 以上的高黏度乳液，一般对乳液起到均质和乳化的作用。均质机相较于胶体磨来说，使用范围更大，效果更明显。不同的是，均质机工作原理是物料通过狭窄均质阀时，被不同梯度压力加速，使悬浊液流体产生高速剪切、空化等现象，从而致使悬浊液中颗粒被粉碎。在食品工业中，近年来高压均质被广泛开发，出现了多种新用途，如果汁和液体鸡蛋的开发与利用。与干法粉碎相比，湿法粉碎局限性较高，花费较大，且长时间潮湿的工作条件下，机器内零件受损严重，机器一般使用寿命较短。

（四）干/湿法粉碎的异同、优缺点及原料适用性

干法粉碎和湿法粉碎的处理过程涉及我们日常生活中的无数产品。两种粉碎方式是最有效的粉碎方法，它们都有优缺点和可能使工艺复杂化的特定挑战。原料选择干法还是湿法工艺取决多种因素，如原料自身属性、目标粒径、颗粒表面和形状要求、最终产品应用等。尽管两种粉碎方式的目标都是将原料粒度处理至目标范围内，但粉碎原理不同。通常，干法粉碎使用原料与原料之间或原料与介质之间的冲击来减小尺寸，而湿法粉碎涉及原材料分散在液体中并循环产生的液体以将颗粒粉碎到固体研磨介质上以减小其尺寸。尽管两种研磨方法不同，但干法和湿法都面临一个共同挑战：粉碎设备的潜在磨损，随着时间的推移，可能会损坏部件并污染产品。在湿法和干法中，由于与机器部件的反复碰撞，原材料可能会磨损并损坏设备，在湿法的情况下，还会与研磨介质发生碰撞。此外，湿法工艺中使用的液体需要与原料在化学性上相容，无论是水、油、溶剂还是表面活性剂，液体都会侵蚀研磨介质、搅拌器或其他组件。因此，无论干燥或潮湿，设备颗粒和研磨介质远离最终产品至关重要。

在决定采用干法或湿法粉碎时，材料最终应用所需的特性是最重要的决定因素。例如，以具有水溶性生物活性物质为原料时，湿法粉碎可能会导致生物活性物质溶于液体介质中，尽管在后续干燥处理中会使其保留在原有的粉体中，但是在干燥工程中仍无法避免少量活性物质的丢失；干法粉碎过程产生大量机械能，此部分机械能部分转化为热能，从而产生大量热量，致使其不适合对热敏性较高的原料进行加工处理。

二、预混合粉概述

血糖生成指数（GI）概念的提出，出现了根据餐后血糖反应对碳水化合物食物进行分类的现象，低 GI（$GI<55$）食品摄入可以更利于机体餐后血糖调控。小麦粉是世界上最受欢迎的主食之一。调查发现，小麦面粉营养分布不均衡，其碳水化合物含量占比过高，维生素、矿物质、赖氨酸和膳食纤维占比不足。这会导致长期食用小麦粉，让人体内血糖含量快速增加，且营养不均衡导致慢性病的高发，其潜在危害已经引起人们广泛关注。为了给消费者带来各种各样的健康好处，研制出一种营养丰富且食味品质高的新型"小麦粉"成为趋势，于是预混合粉的概念出现在大众视野中。预混合粉是一种用于制作焙烤食品，把干物质原料按一定比例混合后的半成品，具有使用方便、节省时间、降低操作要求的优点。豆类通常以全谷粉的形式出现在预混合粉配方中，这种混合物因为种子外层

含有丰富的纤维成分，使预混合粉的总膳食纤维（TDF）、不溶性膳食纤维（IDF）和可溶性膳食纤维（SDF）含量整体得到提升，但是添加豆类的同时引入了抗营养因子，导致几种化合物生物利用度可能有所降低。Kataria 等研究结果表明，热处理可钝化植酸和单宁等抗营养因子。豆类（大豆和绿豆）还被用作添加剂，既可以提高预混合粉的蛋白质含量，又可以弥补小麦粉中赖氨酸缺乏的情况，从而增加烘焙产品的营养价值。简单来说，预混合粉最大的优势就是能够机械化加工、工业化生产，而且能够保证做出的产品拥有较好的外观、口感和较高的营养价值，有很多有益的可开发之处。预混合粉的优势使其发展前景潜力巨大，将引领未来主食产品的发展趋势。

目前国内外预混合粉种类繁多，深受大众消费者喜爱。现如今快节奏和高质量的生活水平预示预混合粉对于社会的需求量将不断增加，人们为追求健康快捷且风味独特的饮食，期望预混合粉可以在保持其原有风味的同时增加其功能品质。绿豆具有调节血糖、清热解毒、抗肿瘤、增强食欲等功效，是作为健康食品的一种理想原材料。但目前国内市场中，预混合粉中不含或者只含有少量的绿豆粉，不能满足消费者对于健康膳食的要求。苏勇对苦荞面包预混合粉的配方进行探究，发现各原料添加量为苦荞粉 50%、谷朊粉 0.75%、黄原胶 0.55%、羟丙甲基纤维素 0.55%，获得了粉质指数 94，综合评分 12.79 的苦荞—小麦预混合粉；吴祎帆通过研究发现预糊化小米粉添加 60%、吉士粉 6.5%、泡打粉 1%、糖 45%、奶粉 8%、盐 0.5%，此条件下预糊化小米—小麦预混合粉拥有较好的粉质指数；蔡攀福设计了一款低 GI 预混合粉，各原料添加量为燕麦麸皮膳食纤维 15 g/100 g、魔芋葡甘聚糖 2.5 g/100 g、小麦粉 82.5 g/100 g、谷朊粉 3.5 g/100 g、海藻酸钠 0.3 g/100 g、盐 1 g/100 g，此条件下得到了 GI 值为 47.12±1.12 的燕麦麸皮膳食纤维—小麦预混合粉。李妍分别探讨了燕麦、荞麦对马芬蛋糕预混合粉的复配比例，结果得到添加量为燕麦粉 17%、植脂末 8%、单甘脂 1.2% 和荞麦粉 12%、植脂末 6%、单甘脂 0.9% 时，制备而成的马芬蛋糕拥有硬度小、气味佳、产品受众度高的特点。因此，开发一种绿豆—小麦预混合粉既可以丰富绿豆创新产品的种类，同时也为绿豆的精深加工和功能食品的研发提供一些思路。

三、面团概述

（一）常温面团

面团是面制品制作过程中最为重要的一个阶段，面团品质质量是决定成品接受度的关键因素。在此阶段中，面粉原料应与水充分混合均匀，使其形成具有黏弹性的面筋网络结构。简单地说，面团的形成与处理对面制食品而言尤为重要。Ottavia 等在对面团准备性的测定中评述了"揉面"和"混合"对面团初始现象与形成过程中，均匀化和面筋网络的发展现象间的变化和不同。由于小麦粉中非晶态聚合物（面筋蛋白）的存在，面团在形成过程中麦胶蛋白与谷蛋白通过二硫键产生新的相互作用，面筋网络结构得到舒展，达到最佳结构，这使常规小麦面团会呈现良好的体态。Sun 等研究发现，小麦品种对面团中面筋强度起到关键作用，面粉颗粒越大，面筋网络强度越弱，淀粉回生程度越高，松弛时间越短，面筋网络厚度越大，淀粉颗粒覆盖率越大；面筋网络的舒展能力决定了面团形成后的各项性质，部分胶体的介入往往会对面筋网络结构或面团各项性能进行良好的改善；Zhang 等综述了阴离子、阳离子等水胶体对面团中面筋蛋白的影响，其表明黄原胶可显著增强面团保水能力，延缓面团的老化速度，改善烘焙产品的食用品质。而豆类介质的介入，使面团体系中非晶态聚合物含量降低，成团性较差，通常会加入谷朊粉来增强面团网络结构，并以此来制作出营养丰富，口味独特的豆类面制食品。

（二）冷冻面团

冷冻面团是利用冷冻技术使面团快速冻结，然后冻藏，需用时再经解冻制作的一类面团成品或半成品。冷冻面团技术的出现改变了制作面团和面包烘烤在同一个环节的现象，实现了面制食品的标准化和方便化。冷冻面团技术使面团货架期的问题得到了良好改善，实现了面制食品随时制作随时烘烤的需求，大大提高了生产车间的生产效率。1980 年左右，冷冻面团技术才引入中国，因其技术有着方便、高效、快捷、贮藏期长等优点，使此技术在我国面食食品领域飞速发展，诞生了三全、思念、安井等以速冻为主要经营方向的面制食品工厂，其市场份额中，冷冻非发酵面制食品占比最大，种类繁多。近几年来，出现了电商、外卖等新兴产品售卖方式，同样为我国冷冻面制食品行业提供了新的消费渠道。目前，冷冻面团及其面制食品已逐步发展为中国面制食品主食产业化生产模式。

第二节　材料与方法

一、材料与设备

（一）实验材料

绿豆品种为巴哈西伯，购自黑龙江省大庆市。绿豆在实验前清理干净（无灰尘、谷物、石头、昆虫等），含水量为7%。

（二）实验试剂

实验所需试剂信息如表7-1所示。

表7-1　实验试剂

试剂名称	规格	生产厂家
盐酸	分析纯	北京化工试剂厂
氢氧化钠	分析纯	Macklin 公司
氯化钠	分析纯	Macklin 公司
胆酸钠	分析纯	Macklin 公司
硫酸	分析纯	北京化工试剂厂
糠醛	分析纯	Macklin 公司
亚硝酸钠	分析纯	Macklin 公司
对氨基苯磺酸	分析纯	Macklin 公司
盐酸萘乙二胺	分析纯	Macklin 公司

（三）实验仪器

实验所需试剂信息如表7-2所示。

表7-2　实验仪器

仪器名称	型号	生产厂家
万能粉碎机	FW100	天津泰斯特有限公司
行星式球磨粉碎机	QM-ISP2	江苏南京大学仪器厂
振动式超微粉碎机	JFM-50	济南建辰机械有限公司
离心机	TG16-WS	长沙湘仪有限责任公司
pH 计	DELTA 320	梅特勒-托利多仪器（上海）有限公司
紫外可见分光光度计	A360	翱艺仪器（上海）有限公司
数显恒温水浴锅	HHS-21-6	上海博迅实业有限公司医疗设备厂
电热恒温鼓风干燥箱	DGG-9140	上海森信实验仪器有限公司
电子天平	Quintik 224-1CN	赛多利斯科学仪器（北京）有限公司
旋转蒸发仪	RE-3000B	亚荣仪器有限公司
扫描电子显微镜（SEM）	SU8020	日本 Hitaci 公司
气浴恒温振荡器	CHA-2A	常州申光仪器有限公司

仪器名称	型号	生产厂家
激光粒度分布仪	Bettersize 2000	丹东百特仪器有限公司
快速黏度分析仪（RVA）	RVA-20	南通金宇博信科技有限公司
差式扫描量热仪（DSC）	TA Q2000	美国 TA 公司
流变仪	MCR92	安东帕（中国）有限公司
振实密度仪	MZ-3003	广东秒准科技有限公司
自然堆积密度仪	MZ-103	广东秒准科技有限公司
色度仪	CR-410	日本 Konca Minolta 公司
质构仪	TA3000	山东赛成仪器有限公司
低场核磁共振成像仪（LF-NMR）	JNM-ECZ400S/L1	日本 Jeol 公司

二、实验方法

（一）样品制备

1. 绿豆微粉制备

取洗净绿豆（含水量7%），使用万能粉碎机粗粉碎1 min，粗粉取出收集备用。

球磨超微粉碎：将粗粉碎的绿豆粉放入球磨机研磨罐中粉碎处理25 h、30 h、35 h、40 h、45 h。取出后，收集备用。

振动磨超微粉碎：将粗粉碎的绿豆粉放入振动式超微粉碎机中粉碎处理10 min、17.5 min、25 min、32.5 min、40 min。取出后，收集备用。

2. 预混合粉制备

根据 AACC 方法 54-21 使用粉质仪对绿豆粉和小麦粉复配比例进行筛选，得到制备样品。复配比例根据吸水率、面团形成时间、稳定性、弱化度以及粉质指数综合评分决定。考虑由此原料制备而得的面团成团性问题，向筛选后得到的预混合粉中加入基于物料总重10%质量的谷朊粉，用来增加粉体体系中面筋蛋白的含量。

3. 面团制备

取50 g 预混合粉（通过粉质仪对绿豆—小麦粉比例筛选）放入自动和面机中，缓慢加入35 ℃温水和物料总重10%质量谷朊粉，加水量以粉质仪测试中得到的最佳吸水率计，搅拌和面10 min。取出面团一半用保鲜膜包裹静置30 min，制备常温面团。另一半用保鲜膜包裹放入-40 ℃冰箱中速冻，制备冷冻面团。

表7-3　常温面团和冷冻面团制备方法

样品	小麦粉/%	绿豆粉/%	谷朊粉/%	温度/℃
NTWD	100	—	—	25
UG-NTMBD	60	40	10	25
BM-NTMBD	60	40	10	25
VM-NTMBD	60	40	10	25
FWD	100	—	—	−40
UG-FMBD	60	40	10	−40
BM-FMBD	60	40	10	−40
VM-FMBD	60	40	10	−40

注　NTWD：常温小麦面团；UG-NTMBD：普通粉碎绿豆预混合粉常温面团；BM-NTMBD：球磨粉碎绿豆预混合粉常温面团；VM-NTMBD：振动磨粉碎绿豆预混合粉常温面团；FWD：冷冻小麦面团；UG-FMBD：普通粉碎绿豆预混合粉冷冻面团；BM-FMBD：球磨粉碎绿豆预混合粉冷冻面团；VM-FMBD：振动磨粉碎绿豆预混合粉冷冻面团。

（二）绿豆粉粉体特性测定

1. 颗粒大小及分布

采用激光粒度分布仪对绿豆粉颗粒大小及分布进行测试，测试中以蒸馏水作为分散剂。中位值粒径 D_{50} 为样品累计粒度分布百分数达到50%时所对应的粒径，通常用来表示粉体的平均粒度。

2. 颗粒比表面积

颗粒比表面积测试方法与本章第二节（二）-1所述方法一致，机器在对粉体颗粒的粒径和分布测量的同时，同样会得到颗粒比表面积参数。

3. 颗粒密度

振实密度与堆积密度测量方法根据 Zhang 等的研究后做出改动。

振实密度：精准称取15 g不同粉碎方法制作得到的绿豆粉放入量筒中，将量筒固定在振实密度仪之上，设置机器参数：行程3mm，振动次数1000。循环测定，直至量筒中刻度不在下降，记录样品体积，每个样品测试3次。用 ρ_v 表示振实密度，计算公式如式（7-1）所示。

$$\rho_v = \frac{m}{V} \tag{7-1}$$

式中：ρ_v 为振实密度（g/mL）；m 为测量前称取样品质量（g）；V 为测量后样品体积（mL）。

堆积密度：取自然堆积密度仪，预先测定仪器下方储料罐体积和密度。将适量经不同粉碎后的绿豆粉样品加入至仪器上方入料口，使样品由重力作用自然散落至下方储料罐中，待储料罐被样品填满，使用铁片将多余样品刮除，使样品与罐口保持平齐。记录样品质量，每个样品测试 3 次，用 ρ_s 表示堆积密度，计算公式如式（7-2）所示。

$$\rho_s = \frac{m}{V} \tag{7-2}$$

式中：ρ_s 为堆积密度（g/mL）；m 为储料罐中样品质量（g）；V 为储料罐体积（mL）。

4. 色度测量

使用色差仪对不同粉碎处理后的样品进行观察，色差仪在使用前按照 Agata 等使用说明放置在调零白板上校零处理。将样品置于白色背景板下，压平、压紧、压实，将色差仪测量扣精准扣在样品之上，记录 L^*、a^*、b^* 值，分别对样品的亮度、红绿度和蓝黄度进行评价。

（三）绿豆粉理化性质测定

1. 持水性和持油性

持水性与持油性测定方法根据 Lessa 等并稍作修改。

持水性：称取 1.0 g 绿豆粉置于离心管中，向离心管中加入 20 mL 去离子水，搅拌均匀。水浴锅 60 ℃加热 30 min 后，立即冰浴 30 min。在 4000 r/min 条件下离心 20 min。去除上清液，记录样品质量。每个样品测试 3 次，具体计算公式如式（7-3）所示。

$$WHC = \frac{m_2 - m_1}{m_1} \tag{7-3}$$

式中：WHC 为持水能力（g/g）；m_1 为样品原质量（g）；m_2 为吸水后样品质量（g）。

持油性：称取 2.0 g 预混合粉置于离心管中，向离心管中加入 30 mL 油，使用旋涡振荡器混合。每个样品每次混合 30 s，共计 5 min。在 4000 r/min 条件下离心 20 min。去除多余的油，记录样品质量。具体计算公式如式（7-4）所示。

$$OHC = \frac{m_2 - m_1}{m_1} \tag{7-4}$$

式中：OHC 为持油能力（g/g）；m_1 为样品原质量（g）；m_2 为吸油后样品质量（g）。

2. 溶解度和膨胀度

不同绿豆粉样品溶解度和膨胀度采用 Zhang 等的方法稍作修改。

溶解度：称取 1.0 g 样品，加入 49 g 蒸馏水，制备 2% 浓度绿豆粉悬浊液。85 ℃ 水浴 30 min 后，4000 r/min 离心 20 min，收集上清液。将收集的上清液倒入预先烘干至恒重的小铝盒中，在 105 ℃ 下烘干至恒重，记录小铝盒中干物质质量，每个样品重复 3 次，计算公式如式（7-5）所示。

$$S = \frac{m_3 - m_2}{m_1} \tag{7-5}$$

式中：S 为溶解度（g/g）；m_1 为样品原质量（g）；m_2 为烘干至恒重的铝盒质量（g）；m_3 为恒重后铝盒与干物质总重（g）。

膨胀度：将上述实验中吸取完上清液后的残渣收集，于 105 ℃ 下烘干至恒重，记录烘干后残渣质量，每个样品测试 3 次，计算公式如式（7-6）所示。

$$SP = \frac{m_4}{1 - S} \tag{7-6}$$

式中：SP 为溶解度（g/g）；m_4 为恒重后干物质质量（g）。

3. 黏度测定（RVA）

参考 Bilal 等使用快速黏度分析仪测量不同粉碎方法处理后的绿豆粉糊化特性。称取 2.5 g 样品置于铝盒中，加入 25 mL 去离子水。测量方法采用预定程序，初始搅拌桨以 960 r/min 运行 8 s，然后保持 160 r/min 稳定；温度以 8.3 ℃/min 从 48 ℃ 上升至 95 ℃，稳定 2.5 min；之后，温度以 10.3 ℃/min 从 95 ℃ 下降至 49 ℃，稳定 3.3 min。在此程序下测量样品的糊化特性（峰值黏度、谷值黏度、最终黏度和糊化温度），每个样品重复 3 次。

4. 流变学性质测定

参考 Jiang 等的方法，采用流变仪对绿豆粉的流变学热性进行测定，并进行少量修改。制备浓度为 5% 的绿豆粉悬浊液，90 ℃ 下水浴 30 min，使其完全糊化。将处理后的样品置于流变仪中，调整平行板与 Peltier 板之间间隙为 1000 μm。设置剪切速率范围为 0.01~100 s^{-1}，剪切应力范围为 1~200 Pa，角频率范围为 0.1~100 rad/s，剪切应变范围为 0.001%~10%。分别对样品进行黏度、振幅和频率扫描，并根据数据绘制剪切速率—黏度、剪切应力—模量和角频率—模量曲线。

（四）绿豆粉结构和功能性质测定

1. 扫描电子显微镜（SEM）

将不同粉碎方法处理的绿豆粉用双面胶带固定在扫描电子显微镜测试平台上，并进行喷金处理。扫描电子显微镜参数设置：放大倍数 1000 倍，电压

3.0kV，真空度 6.0 Pa。在此条件下，对不同粉碎方法处理的绿豆粉进行形貌像拍摄。

2. 热稳定性测定（TG）

采用 de 等所述方法，使用同步热分析仪分析样品热稳定性变化趋势，通过观察样品对吸收/放出热量的变化，进而分析样品随温度变化而产生的相变过程，具体测试条件为：铝盒中加入 2 mg 样品，将混合完成的样品盘置于同步热分析仪中，初始温度为室温，以 10 ℃/min 升温速率升温至 600 ℃，直至检测结束。

3. 阳离子交换能力测定

对刘鸿铖等人的方法做出相应修改。分别称取不同粉碎方法处理得到的样品 0.5 g，配制 100 mL 浓度为 5% 的 NaCl 溶液（w/v），将不同样品分别加入至各自 NaCl 溶液中，保鲜膜封口。混合均匀后使用磁力搅拌器搅拌，5 min 后测量溶液 pH 值。配制浓度 0.01 mol/L NaOH，向溶液中每次加入 0.1 mL NaOH，搅拌 5 min 后测量 pH 值，直至每个样品 NaOH 加入量为 1 mL。根据溶液中 NaOH 添加量与 pH 值变化趋势，对不同处理样品的性质进行表征。

4. 胆酸盐吸附能力

根据 Xia 等的思路对实验方法稍作修改。

标准曲线绘制：取洁净无污染的试管，分别向试管中加入 0.2 mL、0.4 mL、0.6 mL、0.8 mL、1.0 mL 胆酸钠溶液，蒸馏补足至 1.0 mL。待混合均匀后，继续向试管中加入 6 mL 45% H_2SO_4 和 1 mL 0.3% 糠醛溶液，混匀后在 65 ℃ 水浴锅中水浴 30 min。待冷却至室温后，在波长 620 nm 处测定吸光度，绘制胆酸钠标准曲线。

不同粉碎方式处理绿豆粉样品测定具体步骤如下：准确称取 1.0 g 样品于洁净无污染的试管中，加入 30 mL 1 mg/mL 胆酸钠溶液，并使其在 37 ℃ 气浴振荡内反应 2 h。反应完毕以 4000 r/min 离心 20 min，吸取上层清液 1 mL 并按标准曲线测试方法测定溶液中胆酸钠的浓度，通过计算得到绿豆粉样品对胆酸盐的吸附量。

5. 亚硝酸盐吸附能力

Li 等在研究中提到了对脐橙皮膳食纤维对亚硝酸盐吸附能力的测试。

标准曲线绘制：取洁净无污染试管，向各试管中分别加入 0.2 mL、0.4 mL、0.6 mL、0.8 mL、1.0 mL 亚硝酸钠溶液，蒸馏水补足至 1 mL。待混合均匀后，向亚硝酸钠溶液中加入 2 mL 对氨基苯磺酸（4 mg/mL），混匀静置 5 min，再依次向各试管中加入 1 mL 盐酸萘乙二胺（2 mg/mL），混匀静置 15 min，使其反应完全，在波长 538 nm 处测定吸光度，绘制亚硝酸钠标准曲线。

不同粉碎方式处理绿豆粉样品测定具体步骤如下：准确称取 1.0 g 样品于洁净无污染的试管中，加入 30 mL $NaNO_2$（50 μg/mL），调节溶液 pH 为 2 后将其放置在 37 ℃ 气浴振荡中反应 2 h，反应完毕以 4000 r/min 离心 20 min，吸取 1 mL 各样品上清液于试管内，并按照标准曲线测试方法测定溶液中亚硝酸钠的吸光度，通过计算得到绿豆粉样品对亚硝酸钠的吸附量。

（五）预混合粉理化性质测定

1. 持水性和持油性

测定方法同本章第二节（三）1。

2. 黏度测定（RVA）

测定方法同本章第二节（三）3。

3. 热学特性测定（TG）

测定方法同本章第二节（四）2。

4. 流变学特性测定

测定方法同本章第二节（三）4。

（六）面团性质测定

1. 扫描电子显微镜（SEM）

使用扫描电子显微镜分别对常温面团和冷冻面团的微观结构进行表征，并根据 Zheng 等的研究稍作修改。

样品制备：根据表 7-3 所提及到的复配方法，制备常温面团和冷冻面团。样品置于冷冻真空干燥机中进行干燥处理，备用。

测试方法：将冻干后的待测面团样品用小刀平整切出 0.5 cm×0.5 cm×0.5 cm 尺寸大小，置于扫描电镜操作台上。在真空度 6.0 Pa 条件下对样品进行喷金处理，加速电压 5 kV 下放大 300 倍观察。

2. 面团色度测定

使用色差仪对待测面团样品进行颜色观察，方法参考 Sicari 等的研究。取色差仪，按照使用说明将仪器预先在标准白板和标准黑板上校零处理。将制备好的待测面团样品用平板按压成为直径 5 cm（确保色差仪测量口径小于面饼直径），厚度 0.5 cm 厚饼状。使用色差仪对面团样品 L^*、a^* 和 b^* 进行测定，每个样品测量 3 次。

3. 面团质构特性

参考 Cheng 等的方法，使用质构仪（型号厂家）对常温面团和解冻后冷冻面团进行测定，并有所修改。将面团分成若干重量为 5.0 g 的小球体，将其放置在质构仪平台中心，TPA 方式设定质构仪，以 P/50 铝合金制成的圆柱探头测定。测试参数设置为测前速度 3 mm/s，检测速度 1 mm/s，压缩比例 70%，两次压缩间隔 10 s。每个样品测试 3 次取平均值。采用硬度、弹性、黏附性、内聚性和咀嚼性等指标对质构进行评价。

4. 面团流变学性质测定

面团流变学测定方法参照 Zhang 等的研究，进行少量修改。每个样品分成若干质量为 1.5 g 的小球体，将其放在流变仪平台中心。设置温度 25 ℃，夹板间距 2000 μm。频率设置 1 Hz，在角频率（ω）为 0.1~100 rad/s 的线性黏弹状态下，在恒定应变（γ）为 1% 的情况下，通过动态振荡频率扫描测量面团样品的储能模量（G'）和损耗模量（G''）。

5. 水分分布测定

（1）冻结曲线测定：测定方法参照 Chi 等的研究，将电子温度计（精度±0.5 ℃）探头插入质量为 30.0 g，直径为 3 cm 的面团中心部位，置于-40 ℃冰箱中，速冻到面团中心温度-18 ℃以下，用温度记录仪记录每 5 min 记录一次温度变化，当中心温度达到（-18±2）℃时，将样品取出。根据数据绘制冻结曲线。

（2）冻结失水率测定：取制作完成的面团称重。将面团放入已将质量称量完毕的自封袋中，然后放入至-40 ℃冰箱中速冻至中心温度-18 ℃后取出，称量质量。冻结失水率计算公式如式（7-7）所示。

$$冻结失水率 = \frac{m_3 - m_2}{m_1} \tag{7-7}$$

式中：m_1 为待测面团质量（g）；m_2 为保存面团自封袋质量（g）；m_3 为经冷冻后面团与自封袋总质量（g）。

（3）可冻结水含量测定：将 10 mg 的面团放入 DSC 坩埚内，以空坩埚为参照，以氮气作为载体。试验条件：在 DSC 中，先将样品冷却至-30 ℃，在此温度下维持 5 min，以升温速度为 5 ℃/min 升温至 40 ℃，每个样品测试 3 次。测定冷冻面团的冻结融化焓。可冻结水含量计算公式如式（7-8）所示。

$$可冻结水含量（\%）= \frac{\Delta H_w}{\Delta H_i \times T_w} \tag{7-8}$$

式中：ΔH_w 为样品中融化焓值（J/g）；ΔH_i 为纯水结冰的融化焓值（335 J/g）；T_w 为样品含水量。

（4）水分迁移测定：测定方法参考 Guo 等的研究使用核磁共振成像仪对面

团进行低场核磁测定。采用 Carr-Purcell-Meiboom-Gill（CPMG）脉冲序列测定样品的横向弛豫时间（T2）。将解冻后的冷冻面团称取 0.5 g 样品置于永久磁场中心位置的射频线圈中心，进行 CPMG 脉冲测定。CPMG 序列采用参数：磁体温度 32 ℃，90°脉冲宽度 17 us，108°脉冲宽度 33 us，模拟增益 RG1 为 20，数字增益 DRG 为 3，采样点数 TD 为 149990，回波个数 CO 为 6000，重复扫描次数 NS 为 2，半回波时间 TE 为 0.25 ms。利用 FitFrm 软件调用 CPMG 序列反演得到各样品的波图谱和 T2 值，并绘制图形。

6. 数据处理与分析

以上所提及的实验与方法均进行至少 3 次以上实验。本章中图和表中数据均以平均值±标准差形式体现出来；所有柱状图、折线图和点线图等均使用 Origin-Lab 2023 绘制；数据显著性和相关性分析全部采用 IBM SPSS 软件，其中 $p < 0.05$ 表示为差异显著，$p < 0.01$ 表示为差异极显著。

第三节　结果与分析

一、不同粉碎方式对全籽粒绿豆粉理化、功能及结构性质表征

绿豆籽粒营养丰富，内含的膳食纤维、多酚、多糖等物质可有效治疗各种疾病，在各领域中得到广泛利用，但绿豆种皮中由于膳食纤维等物质的存在，导致其本身形成了刚性较强的特点，使常规粉碎方式对其不能产生良好的破碎效果，限制了绿豆在部分领域中的应用。尤其在食品、医药等领域，破碎效果不完全而产生的较大颗粒，对其内部生物活性物质的溶出也产生较大的影响，产生资源浪费且产品附加值较低。超微粉碎技术出现后，对此状况进行了一个良好的改善。其产生强大的机械力，可将绿豆粉碎至微米、亚微米甚至纳米级，使绿豆的各项理化性质均得到良好的改善。

本节主要探究不同粉碎方式对全籽粒绿豆粉结构、理化和功能特性的影响规律。对粗粉碎所得绿豆粗粉进行超微粉碎处理，同时对不同处理时间的绿豆粉结构、理化和功能性质进行表征，探究不同粉碎方式下绿豆粉分子间和分子内变化规律间的关系。

（一）颗粒大小、分布及比表面积

颗粒直径通常被认为是衡量物料破损程度的关键指标。颗粒中值粒径越小，物料破损程度越大，反之越小。本实验探究不同粉碎时间对绿豆颗粒中值粒径的

影响，由表 7-4 和图 7-1 可以直观看出，与普通万转粉碎机相比，球磨粉碎和振动磨粉碎均使绿豆中值粒径出现显著下降趋势，分别在 35 h 和 25 min 时，D_{50} 粒径出现最小值 21.43 μm 和 26.66 μm，中值粒径减小 64.37% 和 55.67%，粉体达到微米级。出现此现象的原因可能是由于在研磨初期，物料刚性较强，受机械力影响较大，更容易破碎。随粉碎时间延长，物料抵抗机械力能力增大，韧性增加，物料不易发生粉碎。当球磨粉碎与振动磨粉碎处理 35 h 和 25 min 后，两种超微粉均导致绿豆粉中值粒径出现增大的现象，但趋势并不显著。可能是物料在粉碎腔体内受到高速碰撞、摩擦和剪切，粉体颗粒被机械力活化，从而产生范德瓦耳斯力和静电力，出现小颗粒附着至大颗粒表面现象，致使颗粒中值粒径增大。

表 7-4　不同粉碎方式对绿豆颗粒大小及比表面积的影响

处理方法	处理时间	D_{50}/μm	比表面积/（$m^2 \cdot g^{-1}$）
粗粉碎	0	60.14±1.75	0.097±0.03
球磨粉碎	20 h	24.72±0.44[c]	0.122±0.02[a]
	27.5 h	22.02±0.25[b]	0.156±0.01[b]
	35 h	21.43±0.29[a]	0.180±0.02[c]
	42.5 h	22.44±0.19[b]	0.178±0.02[c]
	50 h	22.21±0.10[b]	0.177±0.01[c]
振动磨粉碎	10 min	27.99±0.34[b]	0.143±0.02[a]
	17.5 min	27.47±0.27[b]	0.150±0.03[b]
	25 min	26.66±0.35[a]	0.158±0.01[c]
	32.5 min	29.14±0.21[c]	0.137±0.01[d]
	40 min	29.95±0.24[d]	0.136±0.03[d]

注　同一列中标有不同字母表示组内差异显著（$p<0.05$）。

粒度分布通常被定义为受处理后的粉体按质量、数量或体积所占百分比序列，即如图 7-2 所示，绿豆样品经普通粉碎后呈现明显双峰分布，而经球磨和振动磨超微粉碎处理后右侧特征峰消失，主要特征峰基本全部汇集。这说明超微粉碎将体系内各种大小不一的颗粒处理至同一范围内，换句话说，超微粉碎处理后体系内粉体分布更加均匀，原本不易粉碎的大颗粒也被破坏。Yu 等研究了 3 种不同粉碎方式对荞麦粉粒度分布的影响，得出湿磨和石磨处理的荞麦粉比常规粉碎处理的荞麦粉粒径更小，分布更均匀的结论，这与本研究结果一致。随着粉碎

第七章　干法超微粉碎对全籽粒绿豆及其预混合粉加工特性的影响

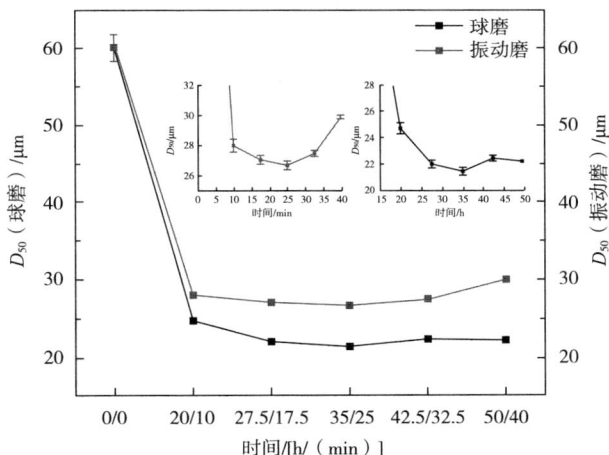

图 7-1　不同粉碎方式对绿豆颗粒直径的影响

时间的延长，颗粒直径 20~30 μm 处特征峰累积量不断增加，更有效说明随超微粉碎时间增大，产生的强大机械力作用使颗粒破损程度加剧，颗粒中值粒径更加细小，分布更加均匀，不同超微粉碎方法有着相同的趋势。

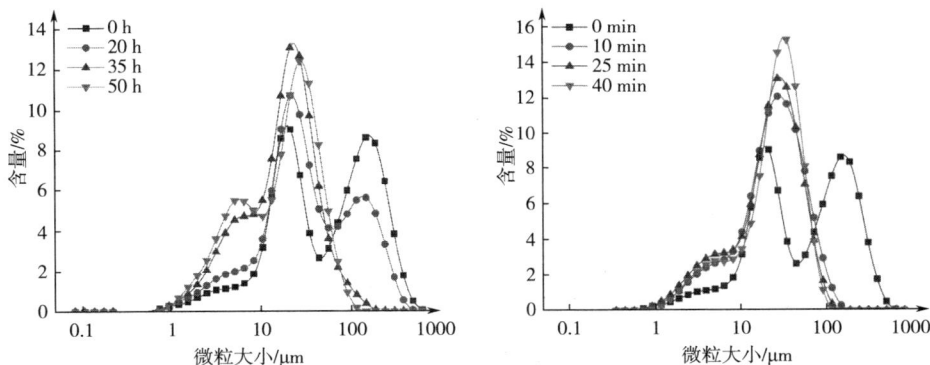

图 7-2　不同粉碎方式对绿豆粒度分布的影响

注：0~50 h 为球磨粉碎；0~40 min 为振动磨粉碎。

（二）颗粒密度

振实密度与堆积密度是与超细颗粒尺寸、形貌及其尺寸分布有关且可测量的宏观特性之一，也是超细粉末产品生产与应用最常用的质量控制参数。不同粉碎时间处理的绿豆微粉振实密度、堆积密度如图 7-3 所示。显而易见，绿豆微粉经两种超微粉碎方式处理后，随着处理时间增加，振实密度均出现显著下降趋势。

可能因为随研磨时间延长，绿豆粉受到更多机械力作用，导致颗粒直径减小，比表面积增大，使颗粒与颗粒之间有效作用位点增加，同时小颗粒附着大颗粒，团聚现象发生，使团聚时粉体间隙比振实的间隙更大，从而导致振实密度减小。此现象在大麦粉和板栗粉研究中也有出现。

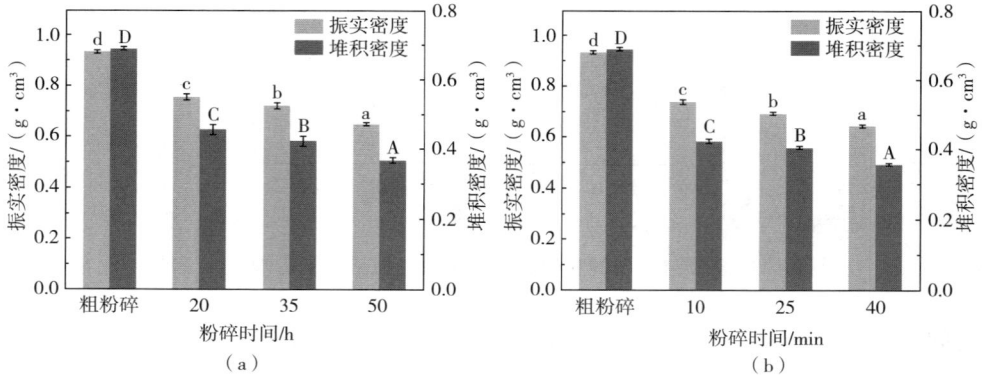

图7-3　不同粉碎时间对绿豆颗粒密度的影响

注：（a）为球磨粉碎，（b）为振动磨粉碎。

小写字母为振实密度显著性分析；大写表示堆积密度显著性分析，$p<0.05$。

堆积密度是反应粉体质构特性的关键指标，其目的在于可以很好的控制粉体其水溶速度、口感及外观。堆积密度有着与振实密度同样的趋势，随着超微粉碎时间增加，绿豆粉堆积密度逐渐减小。可能因为随处理时间增加，颗粒受损程度增大，颗粒直径减小，颗粒之间夹带和吸附更多的空气，致使颗粒与颗粒之间空隙增大，粉体体系变得更为蓬松，堆积密度减小。

（三）色度

色度主要被用来评价色质刺激，一般是由色度坐标或主波长（或补色波长）和纯度确定，通常被用来评价物体与物体之间颜色差异。

不同粉碎时间对绿豆粉颜色变化的影响由表7-5所示，与普通粉碎相比，随着球磨和振动磨粉碎时间延长，绿豆粉的 L^* 值和 a^* 值增加，b^* 值减小，且各组之间差异显著（$p<0.05$）。随着粉碎时间增加，球磨粉碎 L^* 变化范围为 85.57~91.44，振动磨粉碎 L^* 变化范围为 86.41~99.98，这表明两种超微粉碎方式使绿豆粉颜色亮度增加；球磨 a^* 变化范围为 -2.71~1.28，振动磨 a^* 变化范围为 -2.99~-2.47，说明绿豆粉绿色程度下降；球磨 b^* 变化范围为 14.4~8.96，振动磨 b^* 变化范围为 15.34~12.11，说明绿豆粉黄色程度下降。L^* 和 a^* 的增加证明

了绿豆粉经超微粉碎处理后，其刚性较强的绿豆种皮受到了较大程度破坏，种皮颗粒直径降低，在绿豆粉粉体体系中分布更加均匀。由于种皮分布均匀，绿豆粉的整体色泽更加均匀，亮度提高，绿色程度降低，这与赵萌萌等对青稞麸皮所探究的结果相一致。

表 7-5　不同粉碎时间对绿豆粉颜色变化的影响

样品	L^*	a^*	b^*
粗粉碎	82.96±0.57[a]	−3.42±0.05[a]	18.51±0.18[g]
20 h	85.57±0.32[b]	−2.71±0.04[cd]	14.40±0.24[e]
35 h	90.80±0.10[f]	−1.64±0.02[f]	9.84±0.11[b]
50 h	91.44±0.13[g]	−1.28±0.03[g]	8.96±0.06[a]
10 min	86.41±0.03[c]	−2.99±0.02[b]	15.34±0.11[f]
25 min	87.86±0.14[d]	−2.76±0.11[cd]	12.86±0.25[d]
40 min	88.98±0.04[e]	−2.47±0.05[e]	12.11±0.03[c]

注　同一列中标有不同字母表示差异显著（$p<0.05$）。

不同粉碎时间也具有着同样的趋势，可以看出，随着粉碎时间的增加，绿豆粉 L^*、a^* 和 b^* 值都存在着显著变化的趋势，说明在超微粉碎过程中，绿豆粉颗粒在反应腔体内逐步被破坏，且随着时间的延长，破坏效果越明显。

（四）持水性和持油性

持水能力和持油能力通常被定义为分子（通常以低浓度构成的大分子）构成的机体通过物理方式截留大量水（或油）而阻止水（或油）渗出的能力。

不同粉碎方式对绿豆粉持水能力和持油能力的影响如图 7-4 所示，绿豆粉经球磨和振动磨处理后，持水能力和持油能力较普通粉碎相比具有显著提升。骆兆娇等研究得到同样的结果，推测原因可能是绿豆中高含量的淀粉和蛋白质在超微粉碎强大机械力作用下，大颗粒被分解成为小颗粒。随着水和油的释放，增大了绿豆内部结构的面积。因此，随着颗粒直径减小，绿豆粉持水和持油能力均得到提升。

不同粉碎时间对绿豆粉持水和持油能力的影响同样显著，虽然绿豆粉随粉碎时间增加持水和持油能力并未一直增加，但总体能力依旧大于普通粉碎。两种超微粉碎方式中，持水和持油能力最大发生在 50 h 和 40 min 时，推测原因可能是随着粉碎时间增加，颗粒受损程度逐渐增大，虽然部分颗粒出现团聚现象，但并未影响因超微粉碎而暴露出来的结合位点与水和油结合，所以整体趋势一直呈上

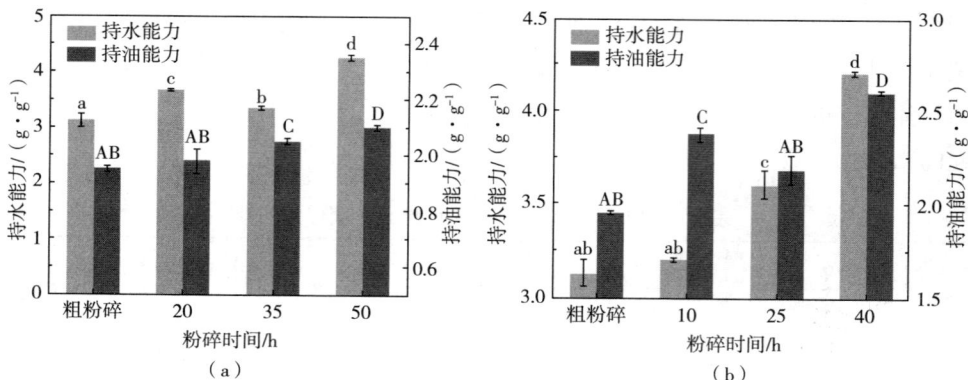

图7-4　不同粉碎时间对绿豆粉持水能力和持油能力的影响

注：（a）为球磨粉碎，（b）为振动磨粉碎。

小写字母为持水能力显著性分析；大写表示持油能力显著性分析，$p<0.05$。

升状态。

（五）溶解度和膨胀度

通常把某一物质溶解在另一物质里的能力称为溶解度，溶解度也是溶解性的定量表示。某一物质受另一物质影响时体积增大或减小的过程称为膨胀度，其与温度、结合能和熔点等物理性质有关。

由图7-5所示，经球磨和振动磨处理后的绿豆粉均出现显著变化（$p<0.05$），绿豆粉的溶解度随球磨和振动粉碎时间的增加而减小，说明超微粉碎时间与绿豆粉溶解度呈负相关。在球磨和振动磨处理过程中，由于超微粉碎产生的强大机械力，使绿豆粉活化程度增加、绿豆淀粉中支链淀粉的支链断裂，这导致绿豆淀粉中支链淀粉含量降低。因为支链淀粉为舒展性结构，更易与水分子结合形成氢键，而直链淀粉分子一般紧密排列、卷曲，容易形成分子内氢键，阻止水分子进入，导致绿豆粉溶解度出现下降的现象。

膨胀度所表现出来的趋势则与溶解度相反，其随粉碎时间的增加而增大。原因可能为直链淀粉含量的增加导致绿豆淀粉分子内部空间错位效应增加，破坏了其有序结构，使内部结构变得松散，从而导致其吸水膨胀。Sharma等与本研究结果一致。

（六）扫描电子显微镜（SEM）

扫描电子显微镜通常被用来观察物料微观结构，当物料受到物理或化学改性时，其内部结构伴随着发生变化。使用扫描电镜可更直观观察物质高分辨的形貌、化学成分的空间变化、表面几何形态、形状和尺寸等。

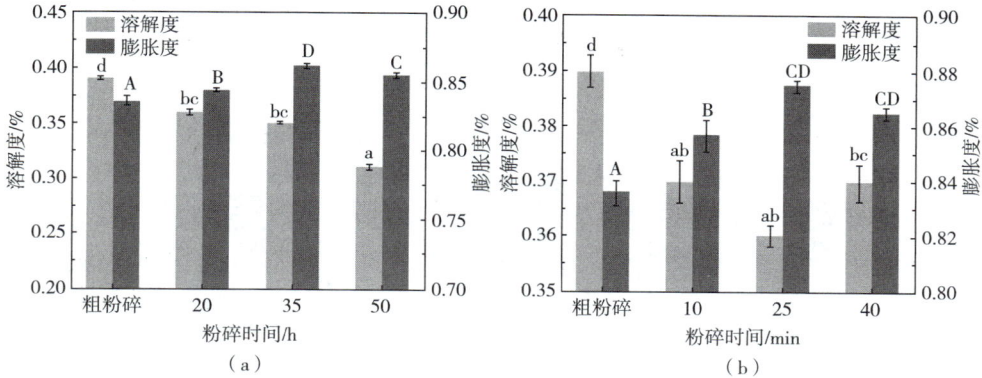

图 7-5　不同粉碎时间对绿豆粉溶解度和膨胀度的影响

注：（a）为球磨粉碎，（b）为振动磨粉碎。

小写字母为溶解度显著性分析；大写表示膨胀度显著性分析，$p < 0.05$。

3 种粉碎方法制备的绿豆粉扫描电镜图如图 7-6 所示，可以看出，通过粗粉碎 ［图 7-6（a）］ 制备的绿豆粉同天然淀粉一样呈卵圆形或不规则形状，依旧保持较为原始的颗粒形态，颗粒受损程度不大，颗粒结构相对比较完整。与粗粉碎相比 ［图 7-6（a）］，球磨超微粉碎 ［图 7-6（b）~（d）］ 和振动磨超微粉碎 ［图 7-6（e）~（g）］ 制备的绿豆粉形态发生了显著变化。受超微粉碎处理后，随着处理时间增加，颗粒受损程度逐渐变大，部分颗粒出现变形现象。由于受到了强烈的冲击力和机械力作用，球磨粉碎和振动磨粉碎处理中未粉碎完全的绿豆粉颗粒由卵形变为扁平状，且扁平状颗粒表面出现明显裂纹。此外，粗粉碎制备的绿豆粉 ［图 7-6（a）］ 粉体体系较为松散，而球磨和振动磨处理后，随时间增加，绿豆粉表现出颗粒聚集的现象 ［图 7-6（d）~（g）］，这可能是由于高速研磨过程中，出现小颗粒附着在大颗粒表面的现象。Zhang 等发现超微粉碎会导致 LBP 的平均球形结构高度先减小后增大，这可能与粉碎过程中高速剪切过程产生的范德瓦耳斯力和静电力以及分子间或分子内聚集现象有关。此外杨沫和陈博睿也得到与本章一致的研究结果。这些结果表明，与普通粉碎机相比，球磨和振动磨可显著提高颗粒的破损程度。

（七）黏度（RVA）

粉体的使用品质有很大关系是粉体糊化后淀粉性质，为表示粉体糊化的性质及其在不同温度下的黏度变化，一般采用 RVA 测量样品的黏度曲线。粉体糊化的本质是水分子进入微晶束结构，拆散粉体分子间的缔合状态，粉体分子或其集聚体经高度水化形成凝胶体体系。

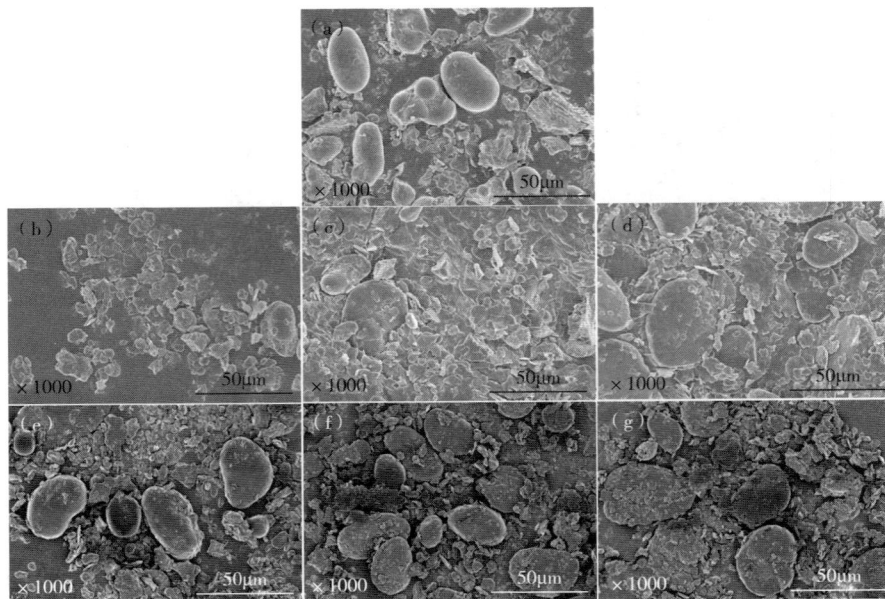

图 7-6　不同粉碎时间对绿豆粉微观结构的影响

注：（a）为粗粉碎；（b）为球磨粉碎 20 h；（c）为球磨粉碎 35 h；（d）为球磨粉碎 50 h；
（e）为振动磨粉碎 10 min；（f）为振动磨粉碎 25 min；（g）为振动磨粉碎 40 min。

图 7-7 和表 7-6 展示了不同粉碎时间和方法与绿豆粉 RVA 各特征值的相关性。显而易见，球磨和振动磨不同粉碎时间处理制备的绿豆粉各项参数均变化显著（$p<0.05$）。普通粉碎制备的绿豆粉峰值黏度与谷值黏度均高于超微粉碎处理，在此阶段绿豆粉颗粒在水中加热升温，水分由绿豆粉的空隙进入粉体内部，颗粒吸收少量水分，但由于超微粉碎处理后，颗粒受损严重，暴露出更多的水分子结合位点，较普通粉碎相比，超微粉碎制备的绿豆粉更易吸收水分，这与持水性［本章第三节、一、（四）］研究结果一致，导致在此阶段超微粉制备的绿豆粉黏度低于普通粉碎制备的绿豆粉，且此现象在不同粉碎时间处理上也表现尤为明显，随处理时间增加，粉体峰值黏度与谷值黏度与其呈负相关，处理时间越长，颗粒破损越严重，球磨与振动磨均呈现此趋势。

表 7-6　不同粉碎时间绿豆粉黏度参数

样品	峰值黏度/（mPa·s）	谷值黏度/（mPa·s）	最终黏度/（mPa·s）	糊化温度/℃
粗粉碎	344±5[d]	293±7[c]	480±11[d]	85.32±0.2[f]
20 h	336±2[c]	291±2[c]	509±4[e]	79.85±0.3[c]

样品	峰值黏度/（mPa·s）	谷值黏度/（mPa·s）	最终黏度/（mPa·s）	糊化温度/℃
35 h	316±2[b]	290±4[c]	508±4[e]	78.1±0.1[b]
50 h	335±3[c]	254±2[b]	444±5[b]	76.75±0.8[a]
10 min	268±9[a]	253±6[b]	449±9[b]	82.35±0.8[e]
25 min	263±3[a]	252±4[b]	469±6[c]	82.25±0.1[e]
40 min	255±8[a]	215±6[a]	419±8[a]	81.42±0.4[d]

注　同一列中标有不同字母表示差异显著（$p<0.05$）。

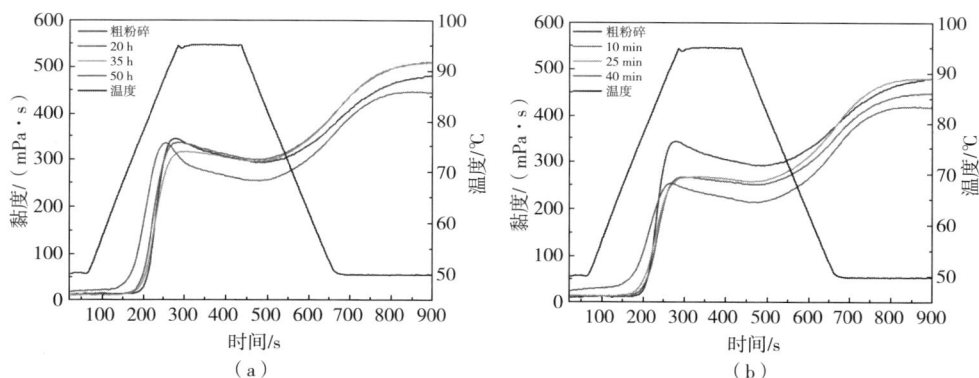

图7-7　不同粉碎时间对绿豆粉黏度的影响

注：（a）为球磨粉碎；（b）为振动磨粉碎。

不同的是经球磨粉碎处理制备的绿豆粉最终黏度出现变大的趋势，但是粉碎时间达到50 h时，最终黏度低于粗粉碎。推测最终黏度变大的原因可能是绿豆粉在糊化过程中还包括了绿豆种皮在内的一些低聚糖和部分多糖的糊化，而超微粉碎促进了这些非淀粉糖类从纤维中的释放，并促进了它们的糊化过程，从而提高了糊化黏度。此部分研究结果与寇福兵等的研究结果一致，而粉碎50 h时黏度出现下降，推测可能是颗粒之间因为团聚从而增大颗粒之间间隙，更多水分子进入，且颗粒受损严重，本身也可以携带更多水分子，从而导致其总体黏度降低。振动磨制备绿豆粉所得到的最终黏度低于普通粉碎，推测绿豆粉在振动磨粉碎处理时，振动磨钢棍之间产生的强大机械力使绿豆淀粉中支链淀粉发生降解，且黏度特性主要是有支链分子所呈现的，直链淀粉含量增加，疏水基团增加，且随时间延长，此现象更加明显，最终导致粉体黏度下降。木薯淀粉和玉米淀粉的研究也是如此。

（八）热稳定性（TG）

热稳定性是反应物质在一定条件下发生化学反应的难易程度，一般来说，单质的热稳定性与构成单质的化学键牢固程度呈正相关。

一般来说，水分蒸发阶段、快速热解阶段和碳化阶段共同构成热分解过程。从图 7-8 可以看出，不同粉碎方法制备的绿豆粉 TG 曲线有着近乎相同的趋势。样品由室温逐渐升温，首先经历水分蒸发阶段，此阶段主要是高温使绿豆粉内部水分蒸发，这一阶段的 TG 曲线显示出体系内轻微质量损失；然后绿豆粉样品质量急剧下降，此阶段为快速热解阶段。在此阶段是系统内部燃烧的主要阶段，失重率为 50%~60%，主要是由于系统内部淀粉链结构的破坏或多种组分的热降解及随后的挥发。随温度增加，样品失重速率降低，此阶段为碳化阶段，由于系统中淀粉、蛋白质和膳食纤维的热分解和碳化，从而导致此阶段最终质量出现变

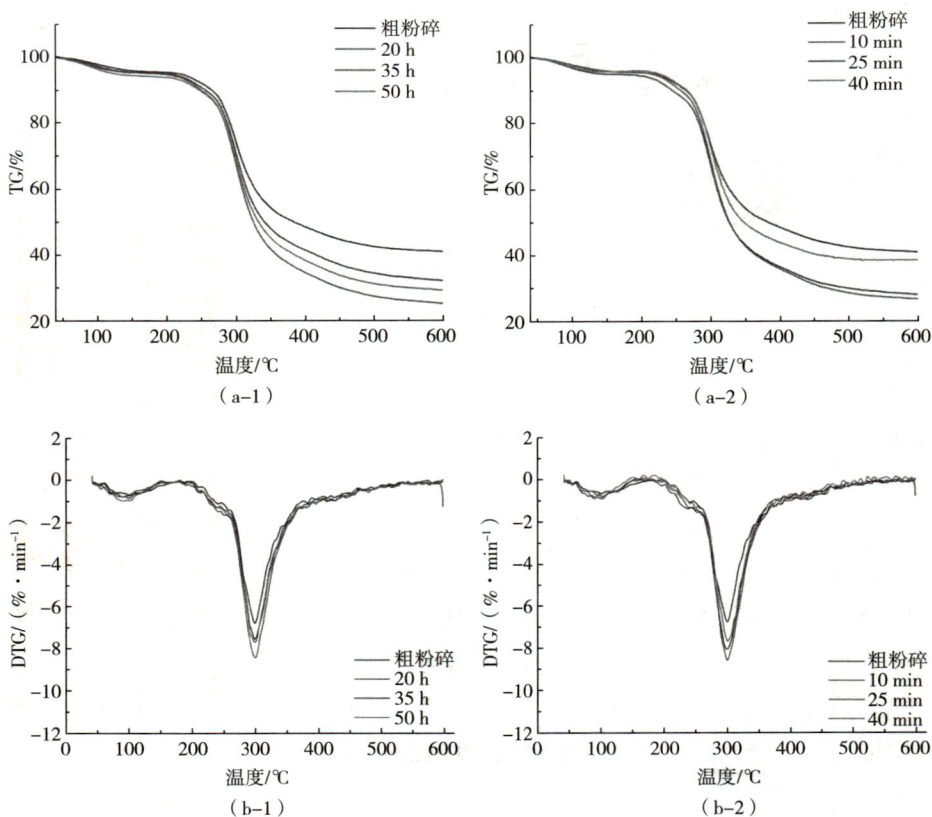

图 7-8　不同粉碎时间对绿豆粉热稳定性的影响

注：（a-1）为球磨 TG；（a-2）振动磨 TG；（b-1）为球磨 DTG；（b-2）为振动磨 DTG。

化。不同粉碎时间制备绿豆粉 TG 曲线变化趋势在碳化阶段差异显著，推测可能由于超微粉碎作用，其产生的强大机械力使绿豆粉分子间化学键的牢固程度发生改变，致使其热稳定性发生改变。随着粉碎时间增加，绿豆粉的热稳定性增加，但由于颗粒受损严重，使经超微粉碎处理后的绿豆粉热稳定性依然比普通粉碎制备的绿豆粉差。热稳定性的降低会使物料抵抗热分解能力变差，但推测热稳定性的降低可能会有利于物料本身所具有营养物质的溶出。

（九）流变学性质

物体的流变特性是指物体受部分外力作用后导致其发生的应力和其应变之间的定量关系。物体一般被分为 3 种典型的流动关系，即牛顿流体、剪切增稠和剪切稀化。自然界中绝大部分流体都表现出非牛顿流体特征，尤其以剪切稀化现象较为常见。剪切稀化现象指在加工拥有假塑性流体特征的物料（高聚物流体）时，出现表观黏度随剪切应力的增加而减小的现象，常见的体系一般包括乳液、大分子悬浊液、胶体等。

图 7-9 展示了不同粉碎时间制备的绿豆粉和其流变特性之间的特征关系。利用幂律方程 $\tau = K\gamma^{\eta}$ 拟合各粉碎方式制备绿豆粉的流变曲线。通过计算得知，模型的流动系数范围为 $-0.7973 \sim -0.8324$（$\eta < 1$），反应了试样的假塑性特征，表明试样符合非牛顿流体定律。由图 7-9（a-1）和图 7-9（b-1）可以看出，经不同超微粉碎方式处理，物料表观黏度均随剪切速率的增加而降低，强大的机械力使颗粒明显受损，分子链断裂，结构疏松，对流黏性阻力减小，导致其黏度降低。且随着粉碎时间的增加，表观黏度依旧保持其原有的趋势，不同粉碎方式亦是如此。推测经超微粉碎处理后，物料颗粒直径明显变小，且由于吸水膨胀，淀粉分子相互交联形成凝胶态。当剪切应力作用增大时，相互交联结构体积被拉直，物理交联点速率超过其重组速率，导致黏度下降，是致使其呈此现象的主要原因，Wang 等的研究得出一致结论。图 7-9（a-1）中还可以看到，表观黏度在球磨粉碎 35 h 时最小，而不是 50 h，且由粒径分析可以得知，由于团聚效应，35 h 得到的颗粒直径小于 50 h，而导致在 35 h 表现的表观黏度小于 50 h，也很有可能与颗粒直径有直接关系，在振动磨粉碎图 7-9（b-1）中也可以看到此现象的发生。

图 7-9（a-2）和图 7-9（b-2）表示物料随剪切应力增加 G' 和 G'' 的变化曲线，可以明显看出，超微粉碎后的绿豆粉和粗粉碎的绿豆粉表现出相同的特征性。初始都具有 $G' > G''$ 的现象，且随剪切应力的增加，出现 $G' = G''$ 现象，我们称 G' 与 G'' 相交的点为屈服应力，称出现屈服应力现象之前区域为线性黏弹区。屈服

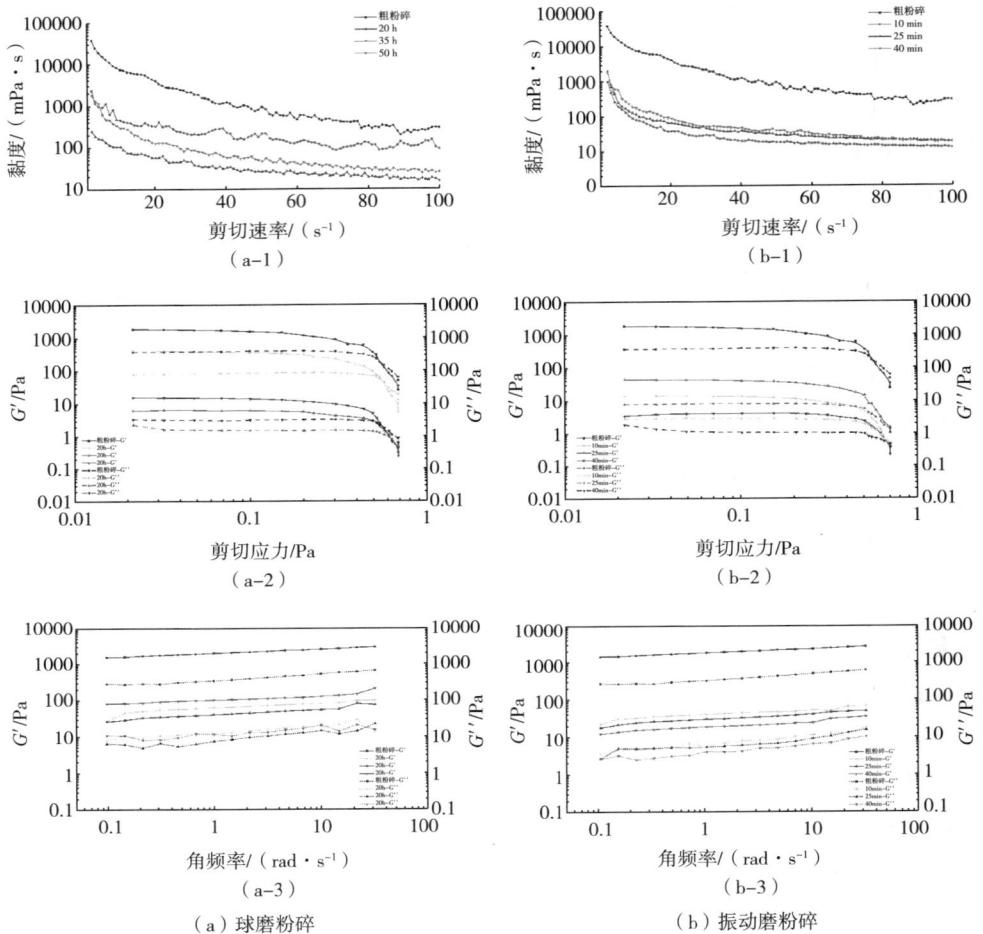

图 7-9　不同粉碎时间对绿豆粉流变学特性的影响

应力一般被认为是对非牛顿流体在施加较小的剪切应力时，只发生变形，不产生流动，当剪切应力增大至某一数值时，流体才发生流动效应，我们称此时的剪切应力为屈服应力。换句话说，当 G' 大于 G'' 时，流体内主要发生弹性形变，即流体向固态转化；当 $G' = G''$ 时，流体内处于凝胶状态；当 G' 小于 G'' 时，流体内部发生黏性形变，即流体向液态转化。从图 7-9（b-1）和图 7-9（b-2）均可以看出，经超微粉碎处理后的绿豆粉，屈服应力明显下降，表明其抵抗剪切能力下降，且随粉碎时间的增加，球磨制备的绿豆粉屈服应力表现出同样趋势；但振动磨则不同，其在最小颗粒直径出表现出较大的屈服应力，推测此现象可能与颗粒破损程度有关。

图 7-9（a-3）和图 7-9（b-3）表示物料随频率扫描增加 G' 和 G'' 的变化关系，不同粉碎方式存在相同的特征性。可以看出，在频率扫描范围内，粗粉碎制备的绿豆粉 G' 和 G'' 始终大于两种超微粉碎，说明粗粉碎制备的绿豆粉溶液凝胶强度和硬度均大于超微粉碎，不同粉碎时间制备的绿豆粉 G' 和 G'' 无交叉，且一直保持 $G'>G''$ 状态。

（十）阳离子交换能力

阳离子交换能力与纤维链断裂和基团暴露程度有关，暴露基团越多，对阳离子吸附能力效果越明显。

图 7-10 显示了不同粉碎方法、不同粉碎时间制备绿豆粉对其阳离子交换能力的影响。可以看出，在相同水质情况下（每组实验用水为同一规格，即原始水溶液 pH 一致），随着不同处理的绿豆粉加入，溶液 pH 发生明显变化。经超微粉碎处理后的绿豆粉溶液 pH 值显著下降（$p<0.05$），且不同处理时间制备的绿豆粉之间也同样具有显著差异。图 7-10 可以看出，NaOH 溶液未添加至溶液中时、各粉碎时间制备的绿豆粉溶液 pH 值与 NaOH 溶液添加 1 mL 时、各粉碎时间制备的绿豆粉溶液 pH 值出现差异。推测此现象可能为阳离子交换能力的差异作出主要贡献，且此现象在球磨和振动磨粉碎中同时出现。其原理可能是随着粉碎进程的增加，绿豆粉分子间/分子内受损程度加剧，更多羟基和羧基暴露，向溶液中释放出更多游离氢离子，且游离的氢离子数量与粉碎时间呈正相关，由此可以解释随 NaOH 添加量增加，各梯度绿豆粉之间 pH 值出现差异的原因。苏玉等在对超微粉碎制备糠膳食纤维阳离子交换能力的实验中表示，经超微粉碎处理后的米糠膳食纤维阳离子交换能力显著提高，与球磨相比，振动磨表现出更强烈的交换能力。振动磨处理后，绿豆粉溶液 pH 值大幅下降，其表现出来的能力近似为球磨粉碎 2 倍。此现象可以理解为振动磨对物料所造成的冲击力大于球磨对物料的冲击力，振动磨对物料可造成更大程度的破坏。

（十一）胆酸盐吸附能力

标准曲线绘制：$y=0.3511x-0.008$，$R^2=0.9887$，根据吸光度计算胆酸盐吸附量。

由图 7-11 可以看出，不同粉碎方法对胆酸盐吸附量有着相同的趋势，且随处理时间增加，绿豆粉胆酸盐吸附量呈上升趋势。球磨粉碎制备的绿豆粉胆酸盐吸附量由普通粉碎制备绿豆粉的 12.17 mg 分别增加至 18.07 mg、20.15 mg、25.35 mg，振动磨粉碎增加至 13.08 mg、14.20 mg、17.52 mg，不同粉碎时间制备的绿豆粉胆酸盐吸附力显著大于粗粉（$p<0.05$），说明超微粉碎处理可增强物料胆酸盐吸附

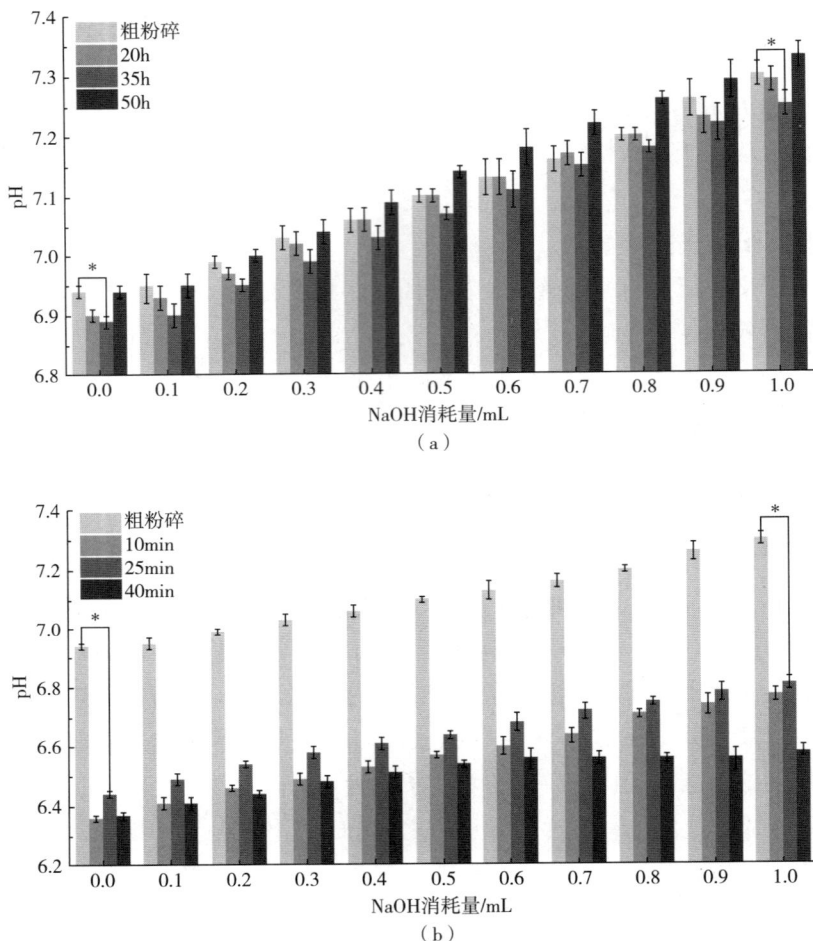

图 7-10　不同粉碎时间对绿豆粉阳离子交换能力的影响

注：（a）为球磨粉碎；（b）为振动磨粉碎。

能力。

　　胆汁酸可分为初级和次级两种，在肝脏中以胆固醇为原料合成的初级胆汁酸能够进入小肠参与脂质消化吸收，并在肠菌的作用下转变为次级胆汁酸。次级胆汁酸大部分会被重新吸收并通过门静脉实现肠肝循环。随着超微粉碎处理时间延长，绿豆粉内生物活性的物质（多糖、膳食纤维）被进一步剪切破坏，使其被分散成更多细小颗粒，增大了粉体与溶液的接触面积，而多糖、膳食纤维等营养物质可以与胆汁酸耦合，阻碍其重吸收，并增加排出体外的速率，促进了胆固醇向胆汁酸的转化速率，同时也能够通过调节肠道菌群间接影响胆汁酸代谢，从而

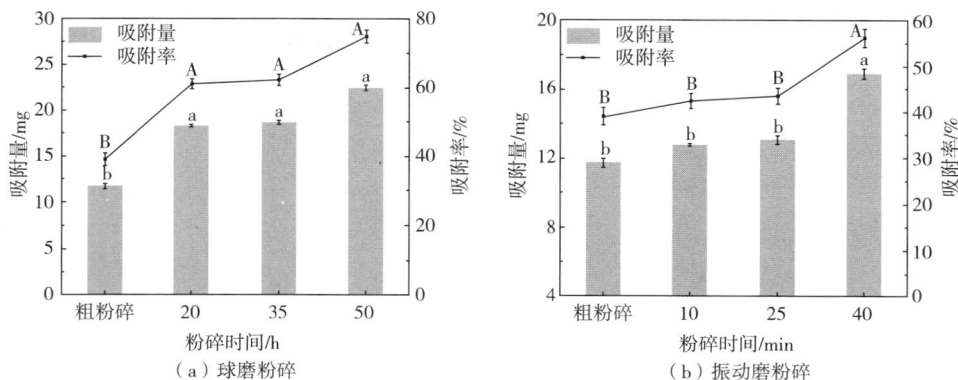

图7-11　不同粉碎时间对绿豆粉胆酸盐吸附能力的影响

注：小写字母为吸附量显著性分析；大写表示吸附率显著性分析，$p < 0.05$。

发挥降脂作用。

（十二）亚硝酸盐吸附能力

标准曲线绘制：$y = 0.9046x + 0.0077$，$R^2 = 0.9994$，通过吸光度计算亚硝酸盐吸附量。

NO_2 在体内可与二叔胺反应产生致癌物质亚硝胺，亚硝胺对人体有各种毒性作用，但摄入一定数量的膳食纤维通常可以抑制亚硝酸盐过量摄入而产生的毒性。两种方法不同粉碎时间制备的绿豆粉胆酸盐吸附能力如图7-12所示，两种方法制备的绿豆粉胆酸盐吸附能力均与粉碎时间呈正相关。球磨粉碎处理后，随粉碎时间延长，样品吸附量从0.58 mg分别提升至0.86 mg、1.17 mg和1.30 mg，且各组间差异显著（$p < 0.05$）。振动磨粉碎处理后，10 min时最少，吸附量为1.19 mg，粉碎时间25 min和40 min无较大差异，吸附量分别为1.51 mg和1.55 mg。由此可以证明，与粗粉碎相比，两种超微粉碎处理均对 NO_2^- 吸附产生显著改善，牛潇潇等的研究结果也是如此。推测其原因可能为超微粉碎可破坏颗粒原有的结构，且随时间增加，此现象更加明显，这使系统中的不溶性膳食纤维转化为含乙二酸盐的可溶性膳食纤维。在酸性条件下，NO_2^- 可与 H^+ 结合形成 HNO_2，其在溶液中积累形成亲电子试剂 $NaNO_3$，它可以有效结合膳食纤维中酚酸基团上的负电荷氧原子，从而起到吸附剂的作用。

二、不同粉碎方式对绿豆—小麦预混合粉理化性质研究

早在20世纪60年代，国外就已经认识到预混合粉的广阔前景，并开始研究

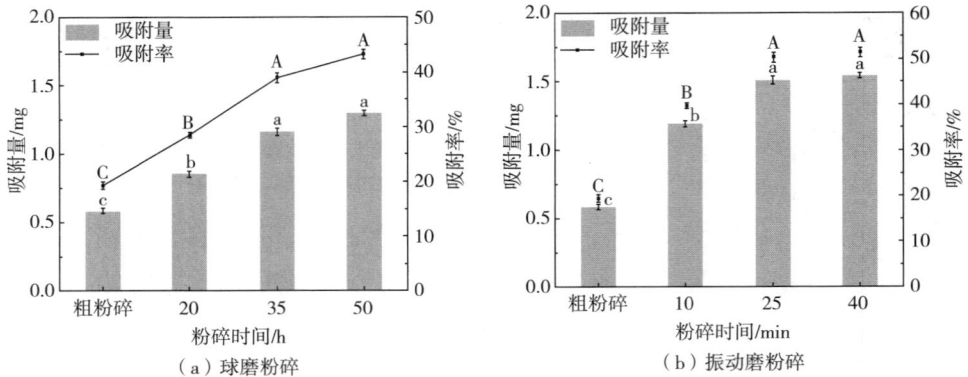

图 7-12　不同粉碎时间对绿豆粉亚硝酸盐吸附能力的影响

注：小写字母为吸附量显著性分析；大写表示吸附率显著性分析，$p < 0.05$。

生产并出售。现如今，国外街道上随处可见的蛋糕店、中小型食品加工厂几乎使用预混合粉制作各类面制食品，而我国对预混合粉的研究和生产起步较晚，市面上预混合粉种类较为单一，无法满足消费者的多种需求。随着社会发展进步，人们对饮食的注重程度逐渐增加，合理膳食和健康食品成为人们目前首要关注的重点。将杂粮与小麦粉混合从而复配成一种新的预混合粉，无疑是对人们健康饮食，营养均衡摄入带来了一种新思路，其既可以改变较为单一的种类，又可以满足人们对健康便捷食品的追求。

本节主要探究不同粉碎方式对绿豆—小麦预混合粉理化性质的影响。通过响应面优化，寻找最佳粉碎参数制备绿豆微粉，同时对复配比例进行筛选，制备得到预混合粉，从而对预混合粉的理化性质进行表征。

（一）不同粉碎方法制备绿豆微粉响应面工艺优化

球磨粉碎中心组合试验结果 Box-Behnken 试验设计的因素水平及结果如表 7-7 所示。

表 7-7　球磨粉碎响应面试验设计与结果

实验号	时间 A/h	转速 B/Hz	球料比 C	粒径 Y/μm
1	20.00	45.00	3.00	40.63
2	35.00	25.00	1.00	40.98
3	35.00	45.00	1.00	26.76
4	35.00	35.00	3.00	25.58
5	35.00	45.00	5.00	44.9

实验号	时间 A/h	转速 B/Hz	球料比 C	粒径 Y/μm
6	35.00	25.00	5.00	24.78
7	35.00	35.00	3.00	21.36
8	50.00	35.00	1.00	28.15
9	35.00	35.00	3.00	21.55
10	50.00	35.00	5.00	46.65
11	50.00	45.00	3.00	48.33
12	20.00	35.00	1.00	39.06
13	50.00	25.00	3.00	20.74
14	20.00	35.00	5.00	37.12
15	35.00	35.00	3.00	18.13
16	35.00	35.00	3.00	26.46
17	20.00	25.00	3.00	22.8

表 7-8　回归模型的方差分析

因素	平方和	自由度	均方	F 值	P 值	显著性
Model	1390.82	9	154.54	3.94	0.0421	显著
A	2.27	1	2.27	0.058	0.8168	
B	329.22	1	329.22	8.40	0.0231	
C	42.78	1	42.78	1.09	0.3310	
AB	23.81	1	23.81	0.61	0.4613	
AC	104.45	1	104.45	2.66	0.1467	
BC	294.81	1	294.81	7.52	0.0288	
A^2	203.29	1	203.29	5.18	0.0569	
B^2	53.32	1	53.32	1.36	0.2818	
C^2	281.63	1	281.63	7.18	0.0315	
Residual	274.49	1	39.21			
Lack of Fit	228.11	3	76.04	6.56	0.0504	不显著
Pure Error	46.38	4	11.59			
Cor Total	1665.31	16				

根据表 7-7 的结果，设定粒径为响应值，通过 Expert. V8.0.6 软件分析，得到二次多元回归方程：

$$y = 178.16114 - 3.20659A - 3.70653B - 32.09692C + 0.016267AB + 0.17033AC +$$

$0.42925BC+0.030882A^2+0.035585B^2+2.04462C^2$

对回归方程的方差分析结果见表7-8。可以看出，对颗粒直径所建立的回归方程模型的显著性极高（$p<0.05$），失拟项（$p>0.05$）不显著，$R^2=0.8352$，证明模型具有良好的拟合度，自变量和响应面的线性关系被证实较为显著，试验的误差较小，因此可以运用该回归模型去分析预测球磨粉碎的制备工艺效果。

分别将模型中的 A（时间）、B（转速）、C（球料比）因素其中的一个固定在 0 水平，可以得到另外 2 个因素的交互作用对颗粒直径的子模型，通过观察模型得到的三维曲面图（图7-13），可以发现试验的交互项均对颗粒直径无显著影响。通过中心组合实验的结果分析，利用软件 Design-Expert. V8.0.6 辅助分析得出球磨粉碎颗粒直径最小情况的各因素条件为：时间 34.07 h、转速 26.12 Hz、球料比 3.94∶1，在此条件下球磨超微粉碎制备绿豆微粉颗粒直径理论值为 19.21 μm。

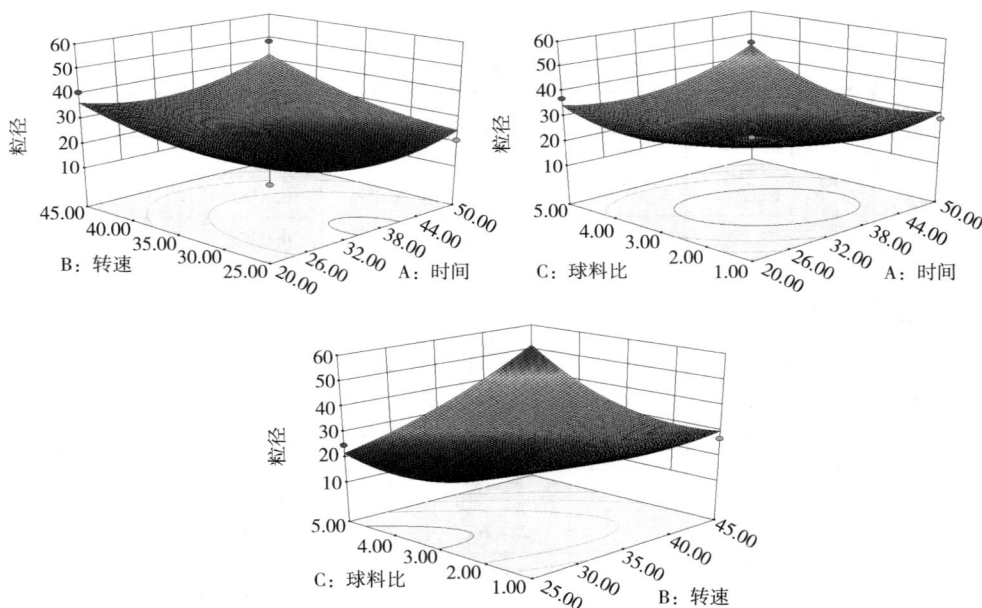

图7-13　各因素交互作用对颗粒直径的影响

响应面法可行性的验证要考虑操作过程中实验的具体可实施性，因此在时间 34 h、转速 26 Hz、球料比 4∶1 条件下进行验证性实验，通过重复 3 组平行实验，得到所制备绿豆粉的颗粒直径为 19.16 μm，与预测值 19.21 μm 的误差在 1%以内，表明采用该响应面优化得到的球磨粉碎工艺参数模型可靠，对球磨粉碎绿豆微粉制备具有意义。

振动磨粉碎中心组合试验结果 Box-Behnken 试验设计的因素水平及结果如表7-9 所示。

表 7-9　振动磨粉碎响应面试验设计与结果

实验号	时间 A/min	进料量 B/kg	进料目数 C	粒径 Y/μm
1	25.00	0.50	70.00	32.49
2	40.00	0.50	80.00	20.68
3	25.00	1.00	80.00	26.15
4	25.00	1.50	70.00	30.27
5	40.00	1.00	90.00	19.09
6	25.00	1.00	80.00	26.83
7	40.00	1.00	70.00	21.57
8	10.00	1.50	80.00	33.4
9	40.00	1.50	80.00	25.42
10	10.00	1.00	90.00	28.04
11	25.00	1.50	90.00	25.69
12	10.00	0.50	80.00	28.65
13	25.00	1.00	80.00	26.28
14	25.00	1.00	80.00	24.57
15	25.00	0.50	90.00	19.88
16	10.00	1.00	70.00	39.91
17	25.00	1.00	80.00	25.95

表 7-10　回归模型的方差分析

因素	平方和	自由度	均方	F 值	P 值	显著性
Model	417.61	6	69.60	24.14	<0.0001	显著
A	233.71	1	233.71	81.06	< 0.0001	
B	21.39	1	21.39	7.42	0.0214	
C	124.35	1	124.35	43.13	< 0.0001	
AB	2.500E-005	1	2.500E-005	8.670E-006	0.9977	
AC	22.04	1	22.04	7.64	0.0200	
BC	16.12	1	16.12	5.59	0.0396	
A^2	28.83	10	2.88			

续表

因素	平方和	自由度	均方	F 值	P 值	显著性
B^2	26.01	6	4.33	6.13	0.0504	
C^2	2.83	4	0.71			
Residual	446.44	16				
Lack of Fit	417.61	6	69.60	24.14	< 0.0001	不显著
Pure Error	233.71	1	233.71	81.06	< 0.0001	
Cor Total	21.39	1	21.39	7.42	0.0214	

根据表 7-9 的结果,设定粒径为响应值,通过 Expert. V8.0.6 软件分析,得到二次多元回归方程:

$$y = 127.44706 - 1.61200A - 28.84167B - 1.18700C - 3.33333E - 004AB + 0.015650AC + 0.40150BC$$

对回归方程的方差分析结果见表 7-10。可以看出,对颗粒直径所建立的回归方程模型显著 ($p<0.05$),失拟项 ($p>0.05$) 不显著,$R^2=0.9354$,证明模型具有良好的拟合度,自变量和响应面的线性关系被证实较为显著,试验的误差较小,因此可以运用该回归模型去分析预测振动磨粉碎的制备工艺效果。

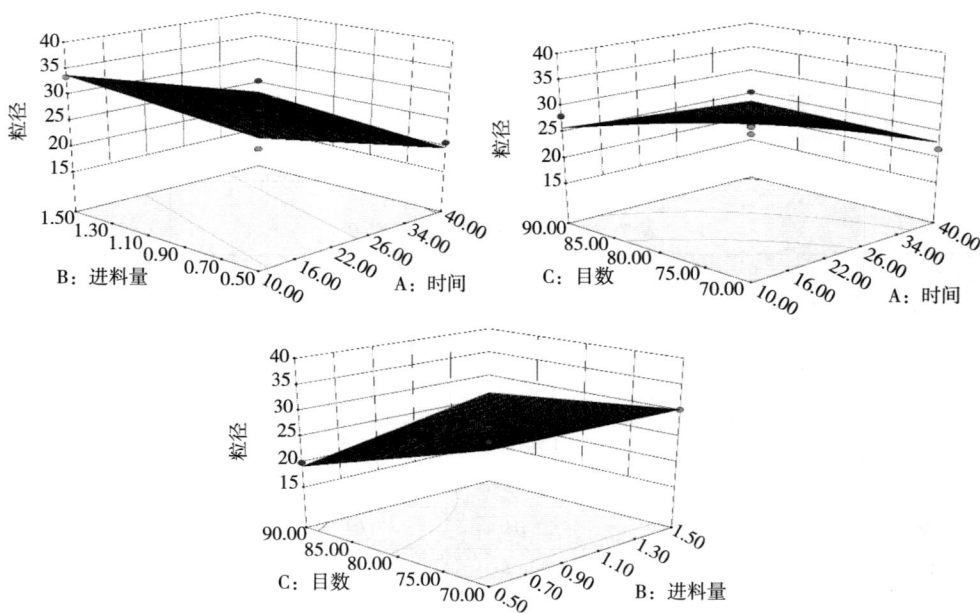

图 7-14　各因素交互作用对颗粒直径的影响

分别将模型中的 A（时间）、B（进料量）、C（进料目数）因素其中的一个固定在 0 水平，可以得到另外 2 个因素的交互作用对颗粒直径的子模型，通过观察模型得到的三维曲面图（图 7-14），可以发现试验的各因素交互水平不显著，变量自动选择各因素最优值，分析得出振动磨粉碎颗粒直径最小情况的各因素条件为：时间 25 min、进料量 1.5 kg、进料目数 90 目，此条件下获得的颗粒直径大小为 25.69 μm。

（二）预混合粉复配比例工艺优化

简单地说，稳定时间越大，弱化度越小，面团的粉质特性越好。由表 7-11 所示，在体系中添加基于物料总重 10% 质量的谷朊粉条件下，随着绿豆粉添加量增加，预混合粉吸水率、面团形成时间、弱化度、粉质指数增加，稳定性下降。

表 7-11　预混合粉粉质参数

样品	绿豆粉添加量/%	吸水率/%	面团形成时间/min	稳定性/min	弱化度/FU	粉质指数
小麦粉	—	66.7	2.3	4.4	82	44
粗粉—预混合粉	20	64.8	4.4	6.4	73	58
	30	79.3	5.3	5.8	78	60
	40	79.3	6.7	4.3	93	62
	50	81.7	7.3	3.5	97	74
球磨—预混合粉	20	83.5	3.9	5.7	67	56
	30	84.4	4.8	5.1	75	56
	40	85.8	6.5	4.5	85	57
	50	89.5	6.8	4	92	72
振动磨—预混合粉	20	81.4	3.7	5.8	66	53
	30	89.4	4.2	5.3	70	55
	40	91.8	6.4	4.7	87	52
	50	98.6	6.9	4.2	90	73

在探究复配比例的实验中，谷朊粉的添加量是固定不变的。换句话说，在绿豆低添加量时，粉体体系中仍存在过量的面筋蛋白，可较容易形成面团，但随绿豆粉添加量增加，体系中面筋蛋白含量降低，出现了面团形成时间、弱化度上升的现象。虽然在绿豆粉添加量为 20% 时所表现出了较好的粉质参数，但这与本研究高杂粮添加预混合粉的目的相违背，综合对比各项参数，发现在 40% 添加量

时，预混合粉仍然可制备出面团，且拥有较好粉质参数，故选取了40%添加量的预混合粉为后续实验原料。因此确定后续实验中预混合粉中原材料添加比例为：40%绿豆粉、60%小麦粉以及基于物料总重10%质量的谷朊粉。

（三）持水性和持油性

持水能力（WHC）和持油能力（OHC）通常被认为是评估粉体或凝胶对水分子和油分子束缚能力的关键指标。不同粉碎方式对预混合粉 WHC 和 OHC 的影响见图7-15。普通粉碎制备的预混合粉 WHC 和 OHC 均略低于小麦粉，原因可能为普通粉碎制备的预混合粉中仍存在较大绿豆粉颗粒，空间结构并未全部裸露，限制了与水分子、油分子的结合位点，而小麦粉中存在大量的面筋蛋白，使其可以赋予粉体较强的持水性。经超细研磨处理后，球磨粉碎和振动磨粉碎的 WHC 和 OHC 与普通粉碎相比均得到较大程度提升。WHC 分别提升了7.5%和7.8%，OHC 分别提升了5%和8.4%，几乎与小麦粉持平。此现象是由于超细研磨对粉体体系赋予强大的机械能，使粉体颗粒受损严重，大量基团暴露，增加了与水分子、油分子的结合位点。Hu 等研究发现，超细研磨可有效提升漆酶交联 α-Lac 的凝胶 WHC，并得到与本章一致的研究结果。

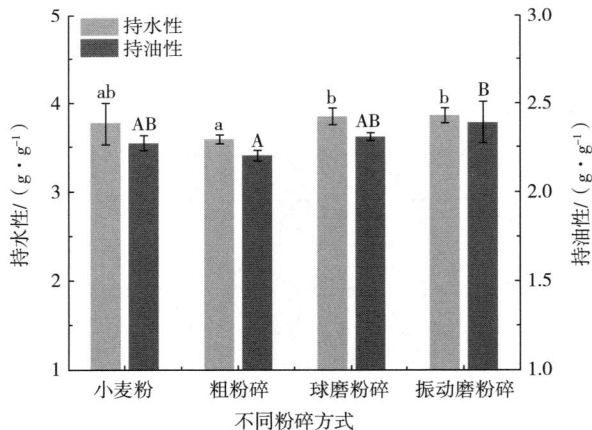

图7-15 不同粉碎方式对预混合粉持水和持油性的影响

注：小写字母为持水性显著性分析；大写字母为持油性显著性分析，$p < 0.05$。

（四）预混合粉黏度（RVA）

RVA 测试一直被用来评价谷物的食用品质，不同研磨方法对预混合粉糊化性能的影响如图7-16和表7-12所示。与小麦粉相比，经研磨后的预混合粉峰值黏度、谷值黏度和最终黏度均出现不同程度的降低。小麦粉中淀粉糊化后形成了质密的凝胶网络结构，导致空间位阻增大，而粗粉碎、球磨粉碎和振动磨粉碎制备的预混合粉则因为糊化过程中，体系内的 IDF 与淀粉颗粒竞争水分子，从而导致凝胶网络形成受阻，黏度降低。超细研磨后，峰值黏度、谷值黏度、最终黏度降低，糊化温度升高。高速研磨过程中，强大的机械力使更多的支链淀粉变为直链淀粉，而直链淀粉作为非极性分子，具有很强的疏水性，这导致粉体与水的结合能力下降，黏度降低。Shi 等通过探究超细研磨玉米淀粉得到与本研究相反的结果，其原因可能与玉米淀粉中支链淀粉含量高有关。

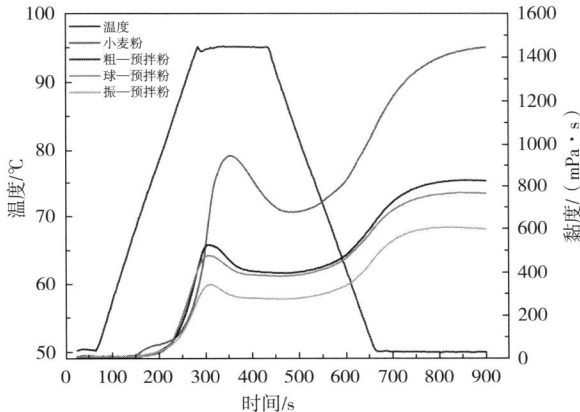

图 7-16　不同粉碎方式对预混合粉黏度性质的影响

表 7-12　不同粉碎方法制备预混合粉黏度参数

样品	峰值黏度/ (mPa·s)	谷值黏度/ (mPa·s)	最终黏度/ (mPa·s)	糊化温度/℃
小麦粉	947±39[d]	676±28[d]	1442±47[d]	89.6±0.8[d]
粗粉—预混合粉	526±12[c]	396±9[c]	824±8[c]	83.95±0.8[a]
球磨—预混合粉	479±9[b]	382±10[b]	764±13[b]	85.62±0.15[b]
振动磨—预混合粉	343±13[a]	273±16[a]	597±24[a]	88.75±0.75[c]

注　同一列中标有不同字母表示差异显著（$p<0.05$）。

（五）预混合粉热稳定性（TG）

不同粉碎方式对预混合粉热稳定性影响变化如图 7-17 所示。显而易见，天然小麦面粉与超细研磨处理后的预混合粉 TG 曲线基本重合。50～275 ℃是水分蒸发阶段和少量小分子碳氢化合物产生阶段，此阶段 TG 曲线显示出轻微质量损失，质量损失率为 5%～10%。275～318 ℃为快速热解阶段，此阶段粉体体系中纤维素、半纤维素和木质素的热分解成为该阶段失重的主要原因，此阶段失重率约占50%，不同处理方法的样品具有相同的趋势。318~500 ℃为碳化阶段，此阶段失重速率较慢。球磨粉碎和振动磨失重率大于普通粉碎，原因是超细研磨处理后，绿豆粉颗粒直径减小，比表面积增大，颗粒更易碳化，质量残余率更小。

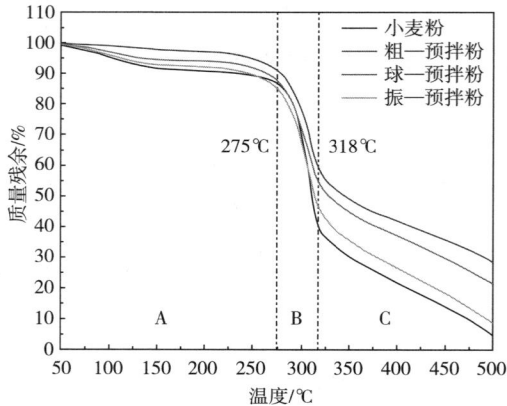

图 7-17 不同粉碎方式对预混合粉热稳定性的影响

注：A 为水分蒸发阶段；B 为快速热解阶段；C 为碳化阶段。

（六）流变学性质

利用幂律方程 $\tau = K\gamma^n$ 拟合出4种样品流变曲线，并通过计算得出4种样品模型流动系数为0.1849~0.6364（$n<1$），反应了样品的假塑性特征，表明4种试样均符合非牛顿流体规律。如图7-18（A）所示，4种样品的表观黏度均随着剪切速率的升高出现降低的趋势，出现剪切稀化现象。推测此现象发生主要是高速剪切将相互交联的聚合物长链打开，分子间作用力降低，黏度降低。

图7-18（B）为4种样品随剪切应力增加 G' 和 G'' 的变化曲线。显而易见，4种样品在非线性黏弹区范围内均存在 $G'>G''$ 的现象。$G'=G''$ 相等的点所表示的值我们称为屈服应力，其是指非牛顿流体在较小剪切力的状态下只发生变形，不发生流动，而剪切力增大至某一数值时，流体才会出现流动效应，即此时的剪切力为屈服应力。球磨和振动磨屈服应力均小于普通粉碎，由此可以说明超微粉碎后粉体抗剪切能力下降，这与（九）节研究结果相一致，推测颗粒受损程度会是影响试样抗剪切能力的主要因素。

图7-18（C）是4种样品随振荡频率增加 G' 和 G'' 的变化曲线。随着振荡频率增加，预混合粉 G' 和 G'' 值始终高于小麦粉，此现象一直稳定在测试结束；不

同粉碎方式相比较发现，普通粉碎 G' 和 G'' 值最大，振动磨 G' 和 G'' 值最小，这与图 7-18（B）所表现出相同趋势。普通粉碎所表现出来的的凝胶强度高于球磨和振动磨粉碎，说明其硬度比球磨和振动磨更加显著。

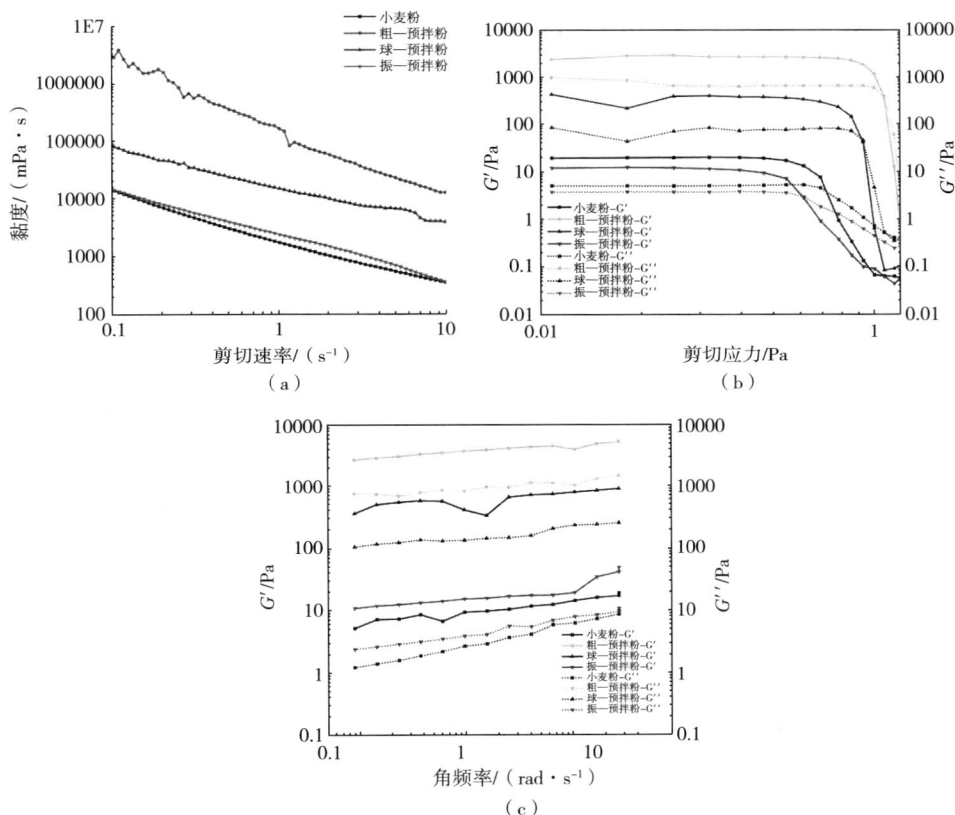

图 7-18　不同粉碎方式对预混合粉流变学性质的影响

三、不同粉碎方式对绿豆粉面团结构、理化特性分析

本研究的目的是初步解析不同干法粉碎方式对绿豆预混合粉及其非发酵面团营养品质的影响程度。在此基础上，对绿豆预混合粉性质变化进行了表征，并进一步观察不同处理方法的非发酵面团与小麦面团的完整性差异，旨在为杂粮预混合粉的工业化生产、技术品质和营养品质提供理论依据。

（一）扫描电子显微镜（SEM）

样品 SEM 图像如图 7-19 所示，常温小麦面团（A1）颗粒空间排列致密，颗粒完整，内部凝胶网络得到良好伸展。而常温粗粉碎—面团（A2）、常温球磨粉碎—面团（A3）和常温振动磨粉碎—面团（A4）中由于绿豆粉的介入，凝胶网络形成受阻。与（A2）相比，经超细研磨处理后，颗粒完整性降低，颗粒之间孔隙增大，细小颗粒排序杂乱无章。（A3）和（A4）中可明显观察到绵密小孔的出现，超微粉碎显著改善了因绿豆粉添加而面筋网络形成受阻的问题。此现象在（A3）和（A4）中尤为明显。

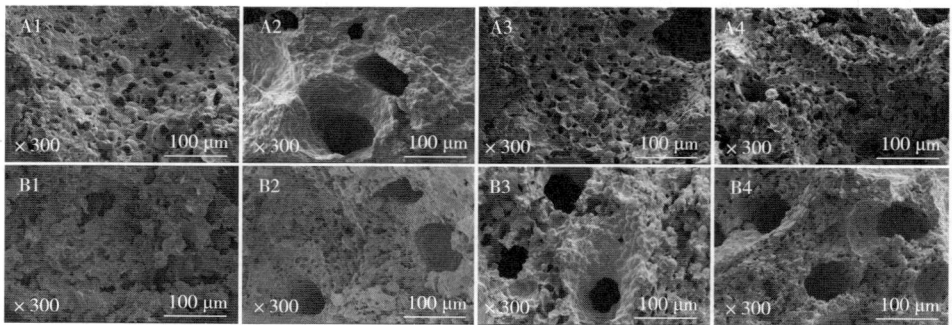

图7-19　不同粉碎方式对常温面团、冷冻面团微观结构的影响

注：A1~A4组分别为常温小麦面团、常温粗粉碎面团、常温球磨粉碎面团、常温振动磨粉碎面团；

B1~B4组分别为冷冻小麦面团、冷冻粗粉碎面团、冷冻球磨粉碎面团、冷冻振动磨粉碎面团。

4种面团经冷冻处理后同样出现较大程度变化（B1~B4），连续致密的面筋网络消失，淀粉颗粒逐渐暴露，推测是由于低温状态下冰晶的大小随时间的推移逐渐变大，切断内部面筋网络。从（B3）和（B4）中不难看出，与（B2）相比，经超细研磨后复配而成的预混合粉制作的面团断层更加致密，裸露出来的颗粒破损程度较大。Jiang 等也报道了类似的现象。

（二）色度

不同粉碎方式对常温面团、冷冻面团颜色的影响由表7-13所示。与小麦面团相比，预混合粉制备的面团在 L^*、a^*、b^* 均有显著差异。预混合粉中由于绿豆的介入，使粉体亮度整体下降，绿色和黄色程度增加，导致 L^* 降低、a^* 降低、b^* 增加。不同储存方式（常温和冷冻）的面团也有着相同的趋势，且不同储存方式（常温和冷冻）的同种样品色度变化不显著（$p > 0.05$）。由此可以推测，常规储存方式（常温和冷冻）对面团色度无较大影响，而经过超微粉碎处理后，L^*、a^*、b^* 的变化说明了研磨处理可对粉体及面团的颜色造成较大影响，较粗粉碎相比较，L^* 和 a^* 的减小说明了超细研磨可有效破坏粉体颗粒、膳食纤维（绿豆皮）

等刚性较强的颗粒同样被破坏，均匀分散在粉体中，使粉体由淀粉、蛋白质为主要体系的白色粉体变为有绿色豆皮介入的淡绿色粉末。

表7-13　不同粉碎方式对面团色度的影响

储存方法	样品	L^*	a^*	b^*
常温面团	小麦粉	88.4±1.02[a]	-0.71±0.01[a]	17.54±1.07[d]
	粗粉碎	78.63±0.83[b]	-2.72±0.03[c]	21.67±0.18[bc]
	球磨	76.47±0.23[c]	-1.99±0.06[b]	21.21±0.22[c]
	振动磨	74.85±1.40[c]	-2.76±0.11[c]	23.35±0.19[a]
冷冻面团	小麦粉	90.12±0.04[a]	-0.77±0.07[a]	16.67±0.24[d]
	粗粉碎	78.87±0.52[b]	-2.69±0.11[c]	21.68±1.17[bc]
	球磨	79.69±1.72[b]	-1.79±0.11[b]	20.97±0.43[c]
	振动磨	80.37±0.98[b]	-2.66±0.18[c]	23.27±0.86[ab]

注　同一列中标有不同字母表示组间差异显著（$p<0.05$）。

（三）质构特性（TPA）

采用质构仪中TPA模式测定面团的硬度、黏性、咀嚼性等质构特性是模拟人类咀嚼食物的机械过程，其科学性与准确性较高，可以客观反应食品的品质。表7-14展示了不同粉碎方法对面团TPA性质的影响，不难看出，预混合粉制作的面团与小麦面团存在显著差异。预混合粉制作而成的面团硬度增加、弹性降低，不同储存方式（常温和冷冻）的相同样品存在差异，说明低温处理对面团食用品质有较大影响；超微粉碎处理后，面团硬度、黏性、弹性、咀嚼性下降，胶黏性、回复性增加，内聚性无显著变化，不同粉碎方式对面团质构同样存在此种差异。推测此现象出现的原因可能由于在超微粉碎进程中，物料在粉碎腔体（研磨罐和振动仓）内受剪切、摩擦，从而使物料严重受损，破碎成为更多细小颗粒。由于膳食纤维等细小颗粒均匀分布在预混合粉中，导致其预混合粉制备而成的面团内部面筋网络被破坏，而低温处理导致面团各参数出现变化的主要原因可能为速冻处理后，面团内部水分冻结成为冰晶，切断了面团内部的交联网络，这一原理与膳食纤维破坏交联网络原理几乎一致；但球磨和振动磨处理过的样品在这些性质上无显著差异。图7-20为不同粉碎方式对面团质构特性的影响相关性分析。不同种类面团热图表明，硬度与弹性、内聚性、黏性均达到显著水平，与黏性呈正相关，相关系数为0.7；与弹性和内聚性呈负相关，相关系数为-0.74和-0.81。回复性与咀嚼性、内聚性达到显著正相关水平，相关系数为

0.48 和 0.64；与黏性、弹性、胶黏性、硬度均为达到显著水平。胶黏性与咀嚼性、内聚性、弹性均为显著负相关，相关系数依次为 -0.45、-0.56、-0.79。

表 7-14　不同粉碎方式对面团质构特性影响

储存方法	样品	硬度/g	粘性/(g·mm)	弹性/%	内聚性	胶黏性	咀嚼性	回复性/%
常温面团	小麦粉	629.27±108.24[c]	255.60±32.45[bc]	0.41±0.25[b]	0.41±0.09[cd]	-151.54±124.52[ab]	111.04±81.35[a]	0.038±0.001[b]
	粗粉碎	1236.29±64.10[a]	409.24±19.71[a]	0.25±0.02[b]	0.33±0.01[d]	-171±5.65[ab]	104.19±12.51[a]	0.044±0.001[b]
	球磨	997.71±126.17[b]	341.17±46.59[ab]	0.18±0.02[b]	0.34±0.01[d]	-90.22±100.92[ab]	64.77±13.58[a]	0.048±0.003[b]
	振动磨	767.03±14.08[c]	266.49±17.57[bc]	0.17±0.01[b]	0.35±0.02[d]	-49.27±26.01[a]	45.39±7.21[a]	0.047±0.001[b]
冷冻面团	小麦粉	749.62±42.63[c]	373.92±78.09[ab]	0.33±0.13[b]	0.49±0.08[bc]	-112.12±99.19[ab]	129.91±75.23[a]	0.071±0.015[a]
	粗粉碎	427.03±87.47[d]	286.71±9.31[c]	0.67±0.15[a]	0.68±0.11[a]	-194.41±92.15[b]	193.88±37.44[a]	0.065±0.006[a]
	球磨	634.72±50.98[c]	354.96±38.62[ab]	0.37±0.03[b]	0.55±0.01[b]	-107.48±22.95[ab]	133.19±16.82[a]	0.067±0.003[a]
	振动磨	652.18±90.59[c]	361.72±10.41[ab]	0.41±0.22[b]	0.56±0.08[b]	-127.84±146.01[ab]	150.40±80.22[a]	0.074±0.006[a]

注　同一列中标有不同字母表示组间差异显著（$p < 0.05$）。

（四）流变学性质

无论是小麦面团还是预混合粉面团，其都有乳液的黏性和固体的柔韧性。结合小变形测量（即动态振荡流变仪）表征了不同面团样品的线性和非线性黏弹特性。图 7-21（a）和图 7-21（b）表现出了储能模量（G'）和损耗模量（G''）对振荡频率的依赖性，不难看出，与小麦面团相比，在相同振荡频率下预混合粉面团表现出更低 G' 和 G''，其中，普通粉碎最低，球磨和振动磨粉碎几乎无差距，冷冻面团也表现出相同状态。Li 等证实了全麦面粉与小麦粉混合比例增加后，面团的 G' 和 G'' 均有所降低，这与本研究是一致的。推测 G' 和 G'' 降低的原因可能是膳食纤维与麦谷蛋白或淀粉竞争与水分子的相互作用，导致面筋水合作用降低，

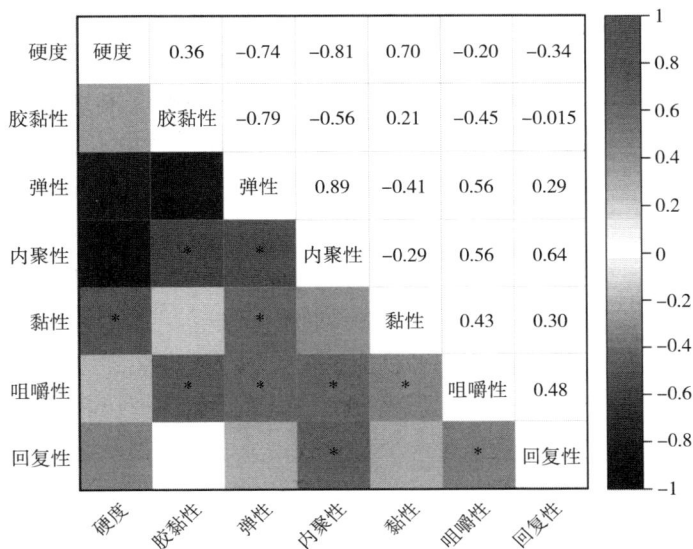

图 7-20　不同粉碎方式对常温面冷冻面团相关性分析热图

使面筋交联网络的形成发展被抑制。

损耗因子（tan δ）是损耗模量（G''）与储能模量（G'）的比值，其反应了面团所展现的综合黏弹特性。图 7-21（c）和图 7-21（d）展示了常温面团和冷冻面团的 tan δ 值，显而易见，在频率扫描范围内，G' 始终大于 G''，面团所表现出来的弹性普遍高于黏性。通常来讲，具有刚性特征的面团 tan δ 值一般较高，并且拥有高 tan δ 值的面团表现出蓬松柔软和黏稠的状态。损耗系数（tan δ）曲线中明显表示出，所有样品（包括冷冻面团）tan δ 值均大于 0.1，并且观察到在弱凝胶中典型的流变特性。添加不同粉碎方式处理后绿豆粉制备而成的预混合粉，tan δ 均大于常规小麦面团，常温面团中振动磨粉碎 tan δ 值最大，球磨粉碎最小，冷冻面团中也具有同样的趋势，但是超微粉碎处理并未导致 tan δ 值发生显著的变化。

（五）冻结曲线

冻结曲线通常被认为是衡量冷冻通过最大冰晶生成带（-5~0 ℃）时间的关键因素，产生的冰晶大小不同，对冷冻食品质量有很大影响。通过时间越短，冰晶体积越小，对面团结构损伤越小，也会加快冻结时通过最大冰晶生成带的时间。图 7-22 显示了不同面团样品冷冻后经过最大冰晶生成带时间曲线，小麦面团通过最大冰晶生成带用时 48 min，而粗粉碎、球磨粉碎和振动磨粉碎仅用时 21 min、9 min 和 7 min。推测由于绿豆粉的介入，粉体体系内更多自由水向结合水转变，可冻结水含量降低。这使面团中冰晶最小，数量最多且分布最均匀，面

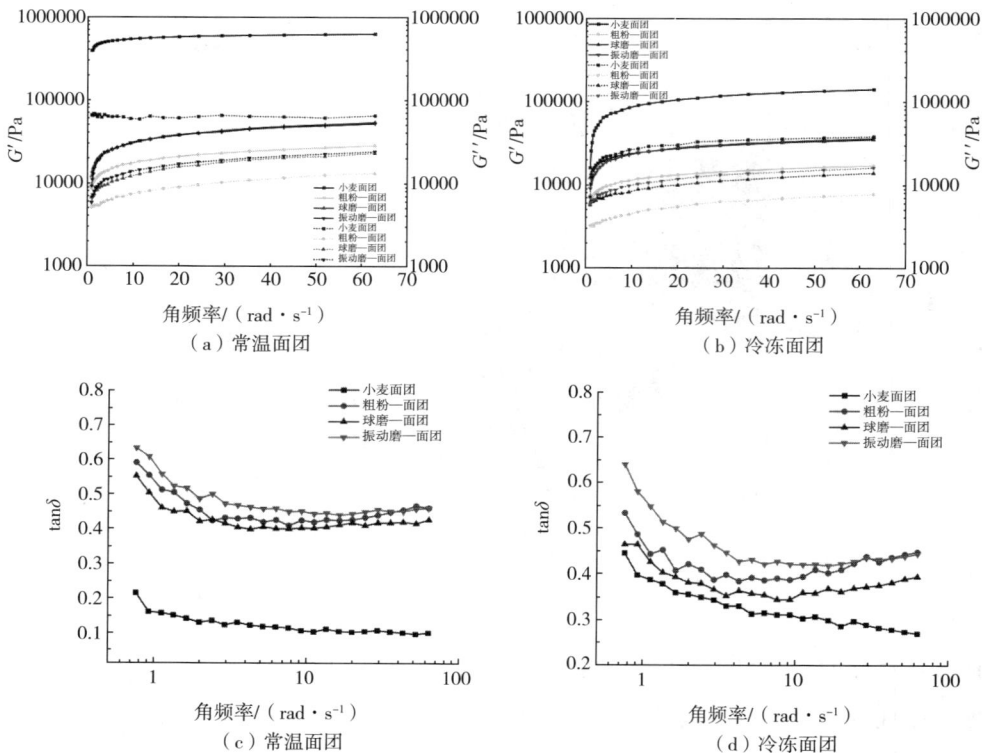

（a）常温面团

（b）冷冻面团

（c）常温面团

（d）冷冻面团

图7-21　不同粉碎方式对面团流变学性质的影响

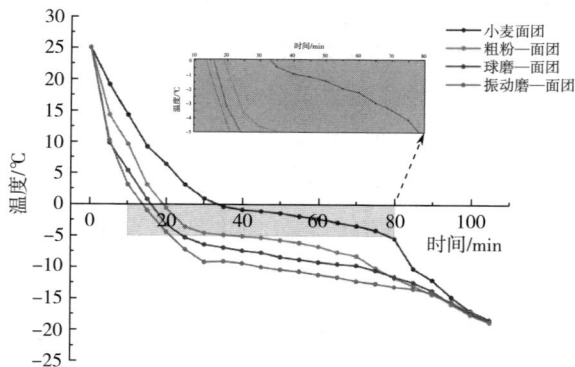

图7-22　不同粉碎方式冷冻面团冻结曲线

筋网络并未受到较大程度破坏，网络结构较为致密。经超细研磨处理后，绿豆粉颗粒直径降低，且更加均匀分布在粉体体系中，对加速通过最大冰晶带的提升尤为明显。

（六）冻结失水率

冷冻面团冻结失水率见图 7-23。显而易见，UG-FMBD、BM-FMBD 和 VM-FMBD 与 FMD 相比，冻结失水率呈现显著性差异。经处理后的样品冻结失水率呈现增加的趋势，分别增加了 0.35%、0.65% 和 1.38%。推测原因是超细研磨过程中氢键、疏水键和离子键等遭到破坏，淀粉、蛋白质等构象发生了改变，从而导致水分子在面筋网络结构空隙中进行不定向运动，降低了对水的束缚能力，造成水分的散失，这与 Vassilis 等的研究结果相一致。

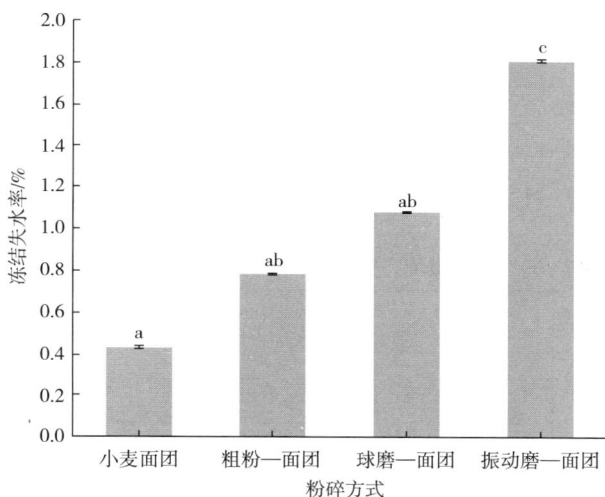

图 7-23　不同粉碎方式对冷冻面团冻结失水率的影响

（七）可冻结水含量

水在面团中起到至关重要的作用，根据面团转化成冰晶的能力，将其分为可冻水和不冻水。可冻水的含量决定了冰晶的大小、数量和分布。冰晶的形成和生长是面团在冷冻贮藏过程中面筋网络结构受损的主要因素。由图 7-24 和表 7-15 可以看出，经冻融循环处理后，粗粉碎、球磨粉碎和振动磨粉碎与小麦面团相比可冻结水含量出现明显下降。但与 Liang 等的结果出现矛盾，推测可能为在冻融循环过程中，冰晶生长和重结晶作用导致水分子与面筋蛋白极性、非极性氨基酸的结合减弱，从而削弱了面筋蛋白的水结合能力，从而增加可冻结水含量。而经超细研磨处理后，受损颗粒数量增加，粉体体系对水的束缚能力增加，有利于防止水分从基质中流失，使不冻水不易转化成冻水。绿豆粉介入后，冷冻面团具有较高的冻融耐受性，使其在冻融循环过程中，冷冻面团中冻水的增加速度减慢。

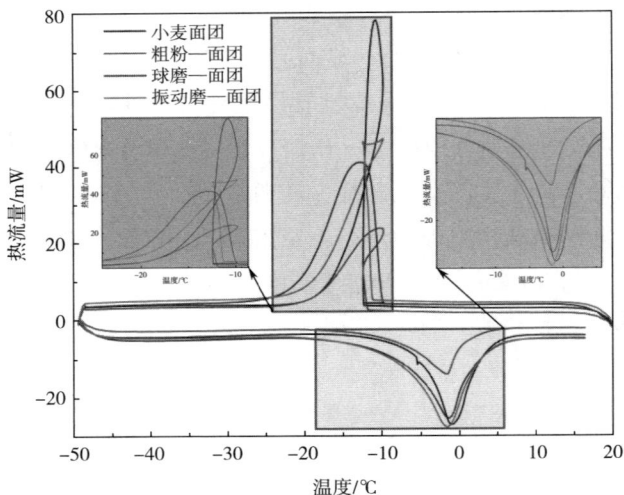

图7-24　不同粉碎方式对冷冻面团可冻结水含量的影响

表7-15　不同粉碎方式对冷冻面团可冻结水含量的影响

样品	$\Delta H_1 /$ $(J \cdot g^{-1})$	$\Delta H_w /$ $(J \cdot g^{-1})$	可冻结水含量/%
小麦面团	76.75	85.66	38.33
粗粉—面团	49.80	60.33	27.71
球磨—面团	76.93	74.47	25.91
振动磨—面团	68.34	77.24	25.15

（八）水分迁移（LF-NMR）

水分迁移对面团品质有显著影响。水的状态、分布和原料成分之间的相互作用可能会改变面团中的物理化学反应。图7-25使用LF-NMR对不同种面团中的水分状态和水分分布进行了定量可视化。图7-25由左到右3个峰依次为T_{21}（0.6~3.5 ms）、T_{22}（4~37 ms）和T_{23}（43~100 ms）。T_{21}、T_{22}和T_{23}分别对应于淀粉颗粒内部或与面筋紧密结合的水，淀粉颗粒外部或面筋网络内部的水，毛细管中存在的水。峰面积越大，水分子越多；峰越窄，弛豫时间越短。显而易见，小麦面团T_{22}均小于普通粉碎、球磨粉碎和振动磨粉碎，且后三者特征峰与小麦面团相比均出现左移趋势，说明自由水向结合水转变，可冻结水含量降低，通过最大冰晶生成带时间减少，这与图7-22和图7-24研究结果相吻合。普通粉碎、球磨粉碎和振动磨粉碎相比同样具有显著差异，T_{22}范围内，从左到右依次为普通粉碎、球磨粉碎和振动磨粉碎。说明经超细研磨处理后，更多结合水转化为自由水。推测可能为超细研磨破坏粉体结构，而水分子状态很容易从结合水转移至自由水，使面团中出现结合水转变为自由水的现象。可冻结水含量增加，冻结失水率增大，这与图 7-21 和图 7-24 得到结果相同。综上所述，加入绿豆粉后，T_{21} 和 T_{22} 均大于小麦面团，说明绿豆粉的介入可以改变面团中各种水分子含量，有效减少面团中结合水损失。此外，由于绿豆粉经超细研磨后，更易与水分子形成氢键，导致淀粉与水的相互作用能力减弱，从而减少游离水迁移。因此，T_{23} 区域峰面积减小。Yu 等通过添加麦芽糊精使面筋网络中水分的再分配，从而有利于减少面筋水合过程中结合水的释放。

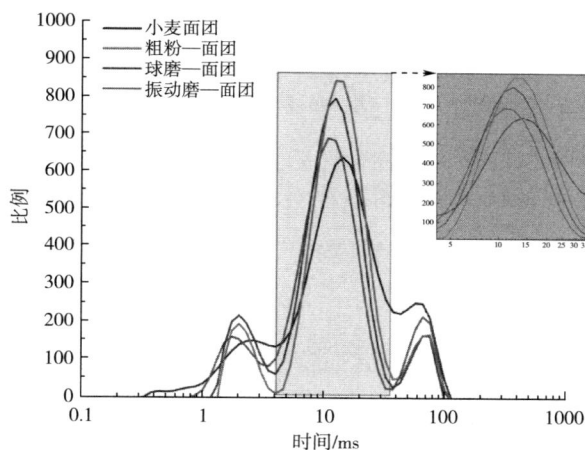

图 7-25　不同粉碎方式对冷冻面团水分迁移的影响

第四节　讨论

超微粉碎方法种类繁多，一般被分为干法粉碎（气流粉碎、球磨粉碎、振动磨粉碎等）和湿法粉碎（胶体磨、高压均质等），其粉碎条件无疑就是研磨处理时，有无水或其他液体介质的参与。在食品加工领域，超微粉碎目前成为了一种新兴的食品加工技术。相对于传统的粉碎方式，其有效改善和提高了食品的利用率。超微粉碎技术对于原料的限制性很少，如富含膳食纤维且刚性较强的杂粮、日常食用的水果及其种皮或种子、蔬菜、菌类等都可以作为其处理原料。如此，更加证明了超微粉碎技术在食品领域中占据着较为重要的地位，其将会对传统工艺的改进和新产品的开发带来巨大推进作用。

　　本章主要研究了两个方面的内容，分别是不同粉碎方式及不同粉碎时间对全籽粒绿豆粉体特性、理化特性、结构特性、功能特性的影响，以及对不同粉碎方式制备预混合粉及其面团和终制品的差异性探究。本研究为绿豆食用化生产提供理论支撑，以满足绿豆生产加工的需求，增加其产品附加值，扩大其在食品领域的应用。

一、不同粉碎方式及不同粉碎时间对全籽粒绿豆粉体、理化、结构、功能特性影响

　　本研究以全籽粒绿豆为原料，经普通粉碎后，使用球磨和振动磨对粗粉进行微细化处理，横向探究不同粉碎方式及不同粉碎时间对绿豆各性质变化影响。研究结果表明：超微粉碎可显著改善绿豆粉各项指标，生物活性物质得到有效释放。

　　绿豆经超微粉碎后，粉体、理化性质、结构均发生显著变化。首先，颗粒完整性降低，表面破损严重，分布更加均匀且出现一些小颗粒与大颗粒附着现象；持水性、持油性、溶解度等理化特性均得到良好改善，提高了绿豆营养和加工利用度。Cao、Zhang、肖文娜等通过超微粉碎方式分别对藜麦、白蛉幼虫粉和玉米粉进行处理，研究发现，超微粉碎可显著改善原料的粉体（振实密度、堆积密度）、理化（持水力和持油力）特性，原料的加工和生物率利用率均得到提升，且得到与本研究一致的结论。其次，功能性实验表明，超微粉碎可显著改善绿豆阳离子能力、胆酸盐吸附能力和亚硝酸盐吸附能力，推测是超微粉碎所产生的剪切、摩擦、撞击等机械力，降低了颗粒表面的完整性，破损程度加剧，内部生物活性物质更易溶出，促进了人体的消化与吸收，两种粉碎方式及不同粉碎时间均是如此。流变学测试中，样品经超微粉碎后，黏度、G' 和 G''、应力均降低，样品凝胶强度与抗剪切能力下降，此现象发生可能是膳食纤维含量或直/支链淀粉含量变化所导致的。Jin 等在对麦麸超微粉碎的实验中发现，研磨处理可有效改变麦麸对流体的影响。球磨粉碎和振动磨粉碎为常温物理干法粉碎，研磨过程不会有化学成分介入，食品加工安全性较高，这对进一步探究绿豆加工方式和超微粉技术原理具有良好的指导意义。

二、不同粉碎方式对预混合粉及其面团应用研究

　　鉴于超微粉碎技术在食品领域的广泛应用，目前国内外许多学者将超微粉碎技术运用在面粉的加工中。超微粉碎技术改善了杂粮因口感差，颗粒粗糙而群众

接受度不高的问题，制备出粒度近似于小麦粉的杂粮粉。随着预混合粉产业的兴起，杂粮粉代替部分小麦粉制备而成的面制食品逐渐出现在人们的视野，杂粮预混合粉既可以满足人们对健康食品合理膳食的要求，又可以解决粗粮口感差等问题。

经优化后，预混合粉中绿豆粉最适添加量为40%。在此状态下，不同粉碎方式所制备的预混合粉峰值黏度、谷值黏度、最终黏度与常规小麦粉相比均有所下降，理化性质均各差异间均显著，振荡扫描范围内 G' 始终大于 G''，且 G' 和 G'' 值逐渐增大。超微粉碎间差异不显著，G 值均低于普通粉碎，证明硬度低于普通粉碎。潘琪峰认为制作添加高含量燕麦的面包预混合粉时，燕麦粉的粒度至少要在80目以上，且通过率要在95%以上。段娇娇在探究粉碎粒度对青稞重组粉理化性质影响的实验中发现，不同粉碎粒度的重组粉在理化性质的差异上是显著的，如持水性的增强、糊化黏度的降低等，这与本研究结果是相一致的。

经超微粉碎处理后所制备的面团硬度和咀嚼性较常规小麦面团略有下降，且不同储存方式（常温、冷冻）无显著差异，储存方式对面团食用品质无较大影响。频率扫描范围内，与普通粉碎相比，超微粉碎所制备的面团（常温和冷冻）表现出较低的 G'、G'' 值和较高的损耗系数（$\tan\delta$），观察到在弱凝胶中典型的流变特性。Li 等在探究阿拉伯木聚糖对面筋结构的影响中得到一致的研究结果，他们推测造成此现象的原因主要是膳食纤维与麦谷蛋白或淀粉竞争与水分子的相互作用，面筋水合作用降低。不同粉碎方式对冷冻面团理化性质也较为显著。可冻结水含量降低、冻结失水率上升，通过最大冰晶生成带速度加快，且更多自由水转化为结合水，不同超微粉碎方式获得近乎相同的结果，超微粉碎在速冻面制品行业有非常广阔的发展前景。

第五节　结论

（1）超微粉碎可显著降低颗粒直径，两种方法不同粉碎时间颗粒分布出现较为相同的趋势，双峰变为单峰，粒度分布更加均匀；微观结构出现较大差异，两种粉碎方法随粉碎时间延长，颗粒破损程度增大，完整性降低；振实密度、堆积密度、溶解度降低，膨胀度、持水性、持油性增加，不同粉碎方式表现相同的趋势。超微粉碎后亮度和绿色程度随粉碎进程的增加而增加；峰值黏度、谷值黏度、最终黏度均随时间增加而降低，热稳定性下降；黏度、屈服应力降低，抗剪切能力下降。综上，超微粉碎对绿豆颗粒内部结构产生较大破坏，功能特性得到良好改善，其中，振动磨对颗粒的破损程度更大，超微粉碎制备的绿豆粉在硬度上显著低于普通粉碎。

（2）通过相应面优化球磨与振动磨工艺参数，得到球磨最佳工艺参数为粉碎时间 34 h、转速 26 Hz、球料比 4∶1，此工艺下获得的颗粒直径为 19. 16 μm；振动磨粉碎最佳工艺参数为粉碎时间 25 min、进料量 1. 5 kg、进料目数 90 目，此工艺下获得的颗粒直径为 25. 96 μm；基于此条件与小麦粉进行复配比例筛选，绿豆粉添加量为 40%时粉质参数最好。较常规小麦面粉相比，普通粉碎的复配粉持水性和持油性略低，球磨和振动磨与其无显著差异；热学性质测定发现预混合粉出现较好的热稳定性，但普通粉碎热稳定高于超微粉碎；预混合粉黏度均低于小麦粉，不同方法之间黏度无显著差异。预混合粉流变学性质表现出与绿豆粉相同的趋势，但小麦粉的黏度与模量（G' 和 G''）均为最低，说明预混合粉在硬度方面要高于小麦面粉。

（3）常温面团与冷冻面团微观结构差异较为显著，普通粉碎交联较为致密，超微粉碎较为疏松；超微粉碎处理后，常温和冷冻面团亮度和绿色程度增加。两种超微粉碎的面团硬度、黏性降低，胶黏性增加；相关性分析中不同粉碎方式所制备的面团硬度与黏性、弹性、内聚性均显著相关，其中，与黏性为正相关，与弹性和内聚性呈负相关。预混合粉面团所表现出来的弹性普遍低于小麦面团；冷冻面团理化性质表明超微粉碎处理的样品经过最大冰晶生成带时间大幅减少，冻结失水率提升，可冻结水含量降低；处理后的样品具有良好的水分迁移效果，更多的自由水转化成结合水。

参考文献

［1］ NAIR, R. M. , YANG, R. -Y. , EASDOWN, W. J. , et al. Biofortification of mungbean（Vigna radiata）as a whole food to enhance human health ［J］. Journal of the Science of Food and Agriculture, 2013, 93（8）, 1805-1813.

［2］ LIU, Y. , XU, M. , WU, H. , et al. The compositional, physicochemical and functional properties of ger minated mung bean flour and its addition on quality of wheat flour noodle ［J］. Journal of Food Science and Technology, 2018, 55, 5142-5152.

［3］ DE ALMEIDA COSTA, G. E. , da Silva Queiroz-Monici, K. , Pissini Machado Reis, S. M. , et al. Chemical composition, dietary fibre and resistant starch contents of raw and cooked pea, common bean, chickpea and lentil legumes ［J］. Food Chemistry, 2006, 94（3）, 327-330.

［4］ BENINGER CLIFFORD W, HOSFIELD GEORGE L. Antioxidant activity of extracts, condensed tannin fractions, and pure flavonoids from Phaseolus vulgaris L. seed coat color genotypes. ［J］. Journal of Agricultural and Food Chemistry, 2003, 51（27）, 7879-7883.

［5］ CHOUNG MYOUNG-GUN, CHOI BYOUNG-ROURL, AN YOUNG-NAM, et al. Anthocyanin profile of Korean cultivated kidney bean (Phaseolus vulgaris L.) [J]. Journal of Agricultural and Food Chemistry, 2003, 51 (24), 7040-7043.

[6] GRANITO, M., PAOLINI, M., PÉREZ, S. Polyphenols and antioxidant capacity of Phaseolus vulgaris stored under extreme conditions and processed [J]. LWT -Food Science and Technology, 2008, 41 (6), 994-999.

[7] Lin Long-Ze, Harnly James M, Pastor-Corrales Marcial S, et al. The polyphenolic profiles of common bean (Phaseolus vulgaris L.) [J]. Food Chemistry, 2008, 107 (1), 399-410.

[8] Dianzhi Hou, Laraib Yousaf, Yong Xue, et al. Mung Bean (Vigna radiata L.): Bioactive Polyphenols, Polysaccharides, Peptides, and Health Benefits [J]. Nutrients, 2019, 11 (6), 1238.

[9] 陈玲, 庞艳生, 李晓玺, 等. 球磨对绿豆淀粉结晶结构和糊流变特性的影响 [J]. 食品科学, 2005 (6): 126-130.

[10] CHONG L, MENGKUN S, LIN L, et al. Effect of heat-moisture treatment on the structure and physicochemical properties of ball mill damaged starches from different botanical sources [J]. International Journal of Biological Macromolecules, 2020, 156, 403-410.

[11] 郝征红, 张炳文, 郭珊珊, 等. 振动式超微粉碎处理时间对绿豆淀粉理化性质的影响 [J]. 农业工程学报, 2014, 30 (18): 317-324.

[12] 石磊, 刘超, 周柏玲, 等. 粒度分布对绿豆粉流变学性质的影响研究 [J]. 食品科技, 2022, 47 (5): 114-119.

[13] 庞慧敏, 陈芸, 赵思明, 等. 绿豆—小麦混合粉的流变学和热力学特性研究 [J]. 中国粮油学报, 2015, 30 (9): 36-38, 60.

[14] 张宇, 陈远文, 段丹, 等. 挤压改性绿豆粉对小麦粉加工及其面条品质特性的影响 [J]. 食品工业科技, 2019, 40 (20): 36-41.

[15] 郎双梅, 吉绘霖, 徐淑科, 等. 不同方式处理的绿豆对面包品质的影响 [J]. 中国食品添加剂, 2020, 31 (5): 47-52.

[16] 赵愉涵. 芹菜叶超微粉的制备及性质研究 [D]. 济南: 齐鲁工业大学, 2022.

[17] 丁华. 灰枣超微粉制备、性能表征及应用 [D]. 乌鲁木齐: 新疆农业大学, 2022.

[18] DJANTOU, E. B., MBOFUNG, C. M. F., SCHER, J., et al. Alternation drying and grinding (ADG) technique: A novel approach for producing ripe mango powder [J]. LWT-Food Science and Technology, 2011, 44 (7), 1585-1590.

[19] 寇福兵. 超微粉碎板栗粉理化性质及其对面条加工特性的影响 [D]. 重庆: 西南大学, 2022.

[20] 王会芳. 超微绿茶粉加工贮存质量安全控制关键技术研究 [D]. 合肥: 安徽农业大学, 2019.

[21] 刘慧君. 龙眼果肉多糖超微粉碎—酶解辅助提取及其理化特性与生物活性 [D]. 广州: 华南农业大学, 2018.

[22] LAZARIDOU, A., VOURIS, D.G., ZOUMPOULAKIS, P., et al. Physicochemical properties of jet milled wheat flours and doughs [J]. Food Hydrocolloids, 2018, 80, 111-121.

[23] HAYAKAWA, I., YAMADA, Y., FUJIO, Y. Microparticulation by Jet Mill Grinding of Protein Powders and Effects on Hydrophobicity [J]. Journal of Food Science, 1993, 58 (5), 1026-1029.

［24］ SINAKI N Y, PALIWAL J, KOKSEL F. Enhancing the Techno-Functionality of Pea Flour by Air Injection-Assisted Extrusion at Different Temperatures and Flour Particle Sizes ［J］. Foods, 2023, 12 (4), 889.

［25］ FANG S, CHEN M, XU F, et al. The Possibility of Replacing Wet-Milling with Dry-Milling in the Production of Waxy Rice Flour for the Application in Waxy Rice Ball ［J］. Foods, 2023, 12 (2), 280.

［26］ MALAMATARI, M., TAYLOR, K. M. G., MALAMATARIS, S., et al. Pharmaceutical nano-crystals: production by wet milling and applications ［J］. Drug Discovery Today, 2018, 23 (3), 534-547.

［27］ MAINDARKAR, S., DUBBELBOER, A., MEULDIJK, J., et al. Prediction of emulsion drop size distributions in colloid mills ［J］. Chemical Engineering Science, 2014, 118, 114-125.

［28］ ALI, A., LE POTIER, I., HUANG, N., et al. Effect of high pressure homogenization on the structure and the interfacial and emulsifying properties of β-lactoglobulin ［J］. International Journal of Pharmaceutics, 2018, 537 (1-2), 111-121.

［29］ SUÁREZ-JACOBO, Á., GERVILLA, R., GUAMIS, B., et al. Effect of UHPH on indige-nous microbiota of apple juice ［J］. International Journal of Food Microbiology, 2010, 136 (3), 261-267.

［30］ VELÁZQUEZ-ESTRADA R M, HERNÁNDEZ-HERRERO M M, LÓPEZ-PEDEMONTE T, et al. Inactivation of Salmonella enterica serovar Senftenberg 775W in liquid whole egg by ultra-high pressure homogenization ［J］. Journal of food protection, 2008, 71 (11), 2283-2288.

［31］ CHEN, T., ZHANG, M., BHANDARI, B., et al. Micronization and nanosizing of particles for an enhanced quality of food: A review ［J］. Critical Reviews in Food Science and Nutrition, 2017, 58 (6), 993-1001.

［32］ 王小龙. 新型商用豆浆机超细粉碎装置研究 ［D］. 无锡：江南大学, 2013.

［33］ 王娇. 不同制粉工艺对大米粉品质的影响 ［D］. 长沙：中南林业科技大学, 2016.

［34］ FERNG, L.-H., LIOU, C.-M., YEH, R., et al. Physicochemical property and glycemic re-sponse of chiffon cakes with different rice flours ［J］. Food Hydrocolloids, 2016, 53, 172-179.

［35］ XU, X., LUO, Z., YANG, Q., et al. Effect of quinoa flour on baking performance, an-tioxidant properties and digestibility of wheat bread ［J］. Food Chemistry, 2019, 294, 87-95.

［36］ TORBICA A, RADOSAVLJEVIĆ M, BELOVIĆ M, et al. Biotechnological tools for cereal and pseudocereal dietary fibre modification in the bakery products creation -Advantages, disadvan-tages and challenges ［J］. Trends in Food Science & Technology, 2022, 129, 194-209.

［37］ ESPINOSARAMÍREZ J, MARISCALMORENO R M, CHUCKHERNÁNDEZ C, et al. Effects of the substitution of wheat flour with raw or ger minated ayocote bean (Phaseolus coccineus) flour on the nutritional properties and quality of bread. ［J］. Journal of food science, 2022, 87 (9), 3766-3780.

［38］ KATARIA, A., SHARMA, S., DAR, B. N. Changes in phenolic compounds, antioxidant potential and antinutritional factors of Teff (Eragrostis tef) during different thermal processing methods ［J］. International Journal of Food Science & Technology. 2021, 57 (11).

［39］ MULDABEKOVA B Z, UMIRZAKOVA G A, ASSANGALIYEVA Z R, et al. Nutritional Eval-uation of Buns Developed from Chickpea-Mung Bean Composite Flour and Sugar Beet Powder

［J］. International Journal of Food Science，2022，2022.

［40］ C. B. J. VILLARINO, V. JAYASENA, R. COOREY, S. CHAKRABARTI-BELL, R. et al. The effects of lupin（Lupinus angustifolius）addition to wheat bread on its nutritional, phytochemical and bioactive composition and protein quality［J］. Food Research International，2015，76（Oct pt. 1），58-65.

［41］ BRITES LARA T. G. F., REBELLATO ANA P., MEINHART ADRIANA D., et al. Technological, sensory, nutritional and bioactive potential of pan breads produced with refined and whole grain buckwheat flours［J］. Food Chemistry：X，2022，13.

［42］ 李里特，江正强，卢山. 焙烤食品工艺学［M］. 北京：中国轻工业出版社，2000：60-65.

［43］ 聂英杰. 燕麦面包预混合粉的配方及保质期的研究［D］. 呼和浩特：内蒙古农业大学，2021.

［44］ 苏勇. 苦荞面包预混合粉开发及流变学特性研究［D］. 太原：山西农业大学，2021.

［45］ 吴祎帆. 小米曲奇预混合粉的研制［D］. 沈阳：沈阳农业大学，2020.

［46］ 蔡攀福. 低升糖指数高纤面条的研发［D］. 广州：华南理工大学，2017.

［47］ 李妍. 杂粮马芬蛋糕预混合粉的配方优化与评价［D］. 西安：陕西师范大学，2014.

［48］ PARENTI, O., GUERRINI, L., MOMPIN, S. B., et al. The deter mination of bread dough readiness during kneading of wheat flour：A review of the available methods［J］. Journal of Food Engineering，2021，309，110692. 1-110692. 19.

［49］ CAUVAIN, S., 2015a. Mixing and dough processing. In：Technology of Breadmaking. Springer［M］, Cham.

［50］ SUN X, BU Z, QIAO B, et al. The effects of wheat cultivar, flour particle size and bran content on the rheology and microstructure of dough and the texture of whole wheat breads and noodles［J］. Food Chemistry，2023，410（410），135447. 1-135447. 9.

［51］ ZHANG H, LIU S, FENG X, et al. Effect of hydrocolloids on gluten proteins, dough, and flour products：A review［J］. Food Research International，2023，164，1. 1-1. 17.

［52］ 高博，黄卫宁，邹奇波，等. 沙蒿胶提高冷冻面团抗冻性及其抗冻机理的探讨［J］. 食品科学，2006（12），94-99.

［53］ 郭雪阳，贾春利. 我国冷冻面团技术的应用和发展综述［J］. 中国食物与营养，2013，19（2），41-44.

［54］ 于治中，丁长河，李里特，等. 冷冻面团技术及其研究现状［J］. 食品工业科技，2008（4），308-310.

［55］ 李亮亮，郭顺堂. 我国速冻食品产业发展及存在的问题［J］. 食品工业科技，2010，31（7）：422-424.

［56］ ZHANG Z Q, CHEN S C, WANG Q L, et al. Effects of traditional grinding and superfine grinding technologies on the properties and volatile components of Protaetia brevitarsis larvae powder［J］. LWT，2023，173：1-10.

［57］ MARZEC A, KOWALSKA J, DOMIAN E, et al. Characteristics of Dough Rheology and the Structural, Mechanical, and Sensory Properties of Sponge Cakes with Sweeteners［J］. Molecules，2021，26（21）：1-13.

［58］ LOPES L V, HARUMI O M, PACHECO S, et al. Obtention and evaluation of physico-chemi-

cal and techno-functional properties of macauba（Acrocomia aculeata）kernel protein isolate
［J］. Food Research International，2022，161：1-13.

［59］ ZHANG X J，CHENG Y Q，JIA X，et al. Effects of Extraction Methods on Physicochemical
and Structural Properties of Common Vetch Starch ［J］. Foods，2022，11（18）.

［60］ BILAL A A，ADIL G，IDREES A W，et al. Production of resistant starch from rice by dual au-
toclaving-retrogradation treatment：Invitro digestibility，thermal and structural characterization
［J］. Food Hydrocolloids，2016，56（May）：108-117.

［61］ FAN J，CHUNWEI D，YING G，et al. Physicochemical and structural properties of starches isola-
ted from quinoa varieties ［J］. Food Hydrocolloids，2020，101（Apr.）：105515. 1-105515. 8.

［62］ CAMILA D B M，MAGALI L，CÉLIA M L F，et al. Characterization of banana starches ob-
tained from cultivars grown in Brazil ［J］. International Journal of Biological Macromolecules，
2016，89：632-639.

［63］ 刘鸿铖，樊红秀，赵鑫，等. 改性处理对绿豆皮膳食纤维结构及功能特性的影响 ［J］.
中国食品学报，2022，22（9）：82-91.

［64］ XIA Y J，MENG P，LIU S D，et al. Structural and Potential Functional Properties of Alkali-
Extracted Dietary Fiber From Antrodia camphorata ［J］. Frontiers in Microbiology，2022，13.

［65］ LI X N，WANG B Y，HU W J，et al. Effect of γ-irradiation on structure，physicochemical
property and bioactivity of solube dietary fiber in navel orange peel ［J］. Food Chemistry：X，
2022，14.

［66］ ZHENG K，CHEN Z H，FU Y，et al. Effect of Tea Polyphenols on the Storage Stability of Non-
Fermented Frozen Dough：Protein Structures and State of Water ［J］. Foods，2022，12（1）.

［67］ SICARI V，ROMEO R，MINCIONE A，et al. Ciabatta Bread Incorporating Goji（Lycium bar-
barum L.）：A New Potential Functional Product with Impact on Human Health ［J］. Foods，
2023，12（3）.

［68］ CHENG J Y，WANG J Y，CHEN F L，et al. Effect of low temperature extrusion-modified po-
tato starch addition on properties of whole wheat dough and texture of whole wheat youtiao.
［J］. Food chemistry，2023，412.

［69］ ZHANG H Y，SUN H N，MA M M，et al. Dough rheological properties，texture，and struc-
ture of high-moisture starch hydrogels with different potassium-，and calcium-based com-
pounds ［J］. Food Hydrocolloids，2023，137.

［70］ CHI C D，XU K，WANG H W，et al Bilian，Wang Meiying. Deciphering multi-scale struc-
tures and pasting properties of wheat starch in frozen dough following different freezing rates
［J］. Food Chemistry，2023，405（PA）.

［71］ GUO C F，ZHANG M，DEVAHASTIN S. Improvement of 3D printability of buckwheat starch-
pectin system via synergistic Ca^{2+}-microwave pretreatment ［J］. Food Hydrocolloids，2020，
113，106483.

［72］ 杨思敏. 绿豆籽粒形成过程中物质积累及淀粉理化性质研究 ［D］. 杨凌：西北农林科技
大学，2022.

［73］ 柳双双. 超微粉碎对绿豆粉物性及其蛋白质功能特性的影响 ［D］. 哈尔滨：哈尔滨商业
大学，2020.

［74］ 董弘旭. 球磨处理对小麦淀粉特性及面条品质的影响 ［D］. 郑州：河南工业大

学，2021.

[75] V. V. BOLDYREV, S. V. PAVLOV, E. L. Goldberg. Interrelation between fine grinding and mechanical activation [J]. International Journal of Mineral Processing, 1996, 44.

[76] DIDI YU, JINCHENG CHEN, JIE MA, et al. Effects of different milling methods on physicochemical properties of common buckwheat flour [J]. LWT, 2018, 92.

[77] 吴秋芳. 超细粉末工程基础 [M]. 北京：中国建材工业出版社，2016, 35-36.

[78] DRAKOS A, ANDRIOTI P L, EVAGELIOU V, et al. Physical and textural properties of biscuits containing jet milled rye and barley flour [J]. Journal of food science and technology, 2019, 56 (1).

[79] 李超男. 黑蒜粉加工工艺研究 [D]. 泰安：山东农业大学，2016.

[80] 赵萌萌. 青稞麸皮加工特性研究及开发应用 [D]. 西宁：青海大学，2021.

[81] [美] 芬内马. 食品化学 [M]. 1999, 46-47.

[82] 骆兆娇. 豆渣纤维和蛋白的理化性质及改性研究 [D]. 广州：华南理工大学，2021.

[83] NIU LI, GUO QIANQIAN, XIAO JING, et al. The effect of ball milling on the structure, physicochemical and functional properties of insoluble dietary fiber from three grain bran [J]. Food Research International, 2023, 163.

[84] 孙晓晓，刘敬科，赵巍，等. 球磨改性对小米全粉理化特性及其面条品质特性的影响 [J]. 食品科学，2023, 1-13.

[85] MONIKA SHARMA, ASHISH K. SINGH, DEEP N. YADAV, et al. Impact of octenyl succinylation on rheological, pasting, thermal and physicochemical properties of pearl millet (Pennisetum typhoides) starch [J]. LWT, 2016, 73.

[86] MIN ZHANG, FANG WANG, RUI LIU, et al. Effects of superfine grinding on physicochemical and antioxidant properties of Lycium barbarum polysaccharides [J]. LWT-Food Science and Technology, 2014, 58 (2).

[87] 杨沫，薛媛，任璐，等. 不同粒度花椒籽黑种皮粉理化特性 [J]. 食品科学，2018, 39 (9): 47-52.

[88] 陈博睿，付永霞，侯殿志，等. 挤压和超微粉碎对绿豆面条特性的影响 [J]. 中国食品学报，2022, 22 (9): 136-144.

[89] MENG NIU, GARY G. HOU, LI WANG, et al. Effects of superfine grinding on the quality characteristics of whole-wheat flour and its raw noodle product [J]. Journal of Cereal Science, 2014, 60 (2): 382-388.

[90] 杜云英，何小维，谭辉. 干湿法微粉碎对木薯淀粉理化性质的影响 [J]. 粮油加工，2010 (2): 56-60.

[91] 夏文，胡洋，李积华，等. 超微粉碎对木薯淀粉老化特性的影响 [J]. 食品工业科技，2017, 38 (24): 44-47, 57.

[92] 王立东，侯越，刘诗琳，等. 气流超微粉碎对玉米淀粉微观结构及老化特性影响 [J]. 食品科学，2020, 41 (1): 86-93.

[93] 傅献彩. 物理化学 [M]. 2005.

[94] 夏晓霞，寇福兵，薛艾莲，等. 超微粉碎对枣粉理化性质、功能特性及结构特征的影响 [J]. 食品与发酵工业，2022, 48 (12): 37-45.

[95] 罗白玲. 超微粉碎对咖啡果皮不溶性膳食纤维加工和功能特性的影响研究 [D]. 银川：

宁夏大学，2020.

［96］詹美礼，钱家欢，陈绪禄．软土流变特性试验及流变模型［J］．岩土工程学报，1993
（3）：54-62.

［97］LIU YANG, SUN QINXIU, WEI SHUAI, et al. LF-NMR as a tool for predicting the 3D print-
ability of surimi-starch systems［J］. Food Chemistry, 2022, 374.

［98］CHUNYAN WANG, TIANQI LI, LING MA, TONG LI, et al. Consequences of superfine grind-
ing treatment on structure, physicochemical and rheological properties of transgluta minase-
crosslinked whey protein isolate［J］. Food Chemistry, 2020, 309.

［99］XIUHENG XUE, JUHUA WANG, SHAOHUA LI, et al. Effect of micronised oat bran by ul-
trafine grinding on dietary fibre, texture and rheological characteristic of soft cheese［J］. Inter-
national Journal of Food Science & Technology, 2020, 55（2）.

［100］LI MO, YAN DANLI, HU XINYU, et al. Structural, rheological properties and antioxidant
activities of polysaccharides from mulberry fruits（Murus alba L.）based on different extrac-
tion techniques with superfine grinding pretreatment.［J］. International journal of biological
macromolecules, 2021, 183.

［101］吴金辉．海带膳食纤维和多糖的制备、理化性质及生物活性研究［D］．秦皇岛：河北
科技师范学院，2022.

［102］苏玉．蒸汽爆破—超微粉碎技术对米糠膳食纤维的改性及功能性质的研究［D］．长沙：
中南林业科技大学，2019.

［103］任春春．金佛山方竹笋干及其超微粉品质研究［D］．贵州：贵州大学，2021.

［104］孟庆然．超微粉碎对天然可食植物组织理化性质及营养素释放效率影响的研究［D］．
无锡：江南大学，2019.

［105］温馨亚．改性处理对黑果腺肋花楸果渣可溶性膳食纤维品质影响的研究［D］．北京：
北京林业大学，2018.

［106］葛莎莎．基于"肠道菌—胆汁酸—肝代谢"轴的蒙药五味清浊散防治高脂血症的作用
机制研究［D］．北京：中国中医科学院，2022.

［107］朱玉莲．改性沙棘不溶性膳食纤维功能特性及应用研究［D］．杨凌：西北农林科技大
学，2022.

［108］牛潇潇．超微粉碎马铃薯渣理化性质和功能特性的研究［D］．呼和浩特：内蒙古农业
大学，2021.

［109］刘静娜，庄远红．盐酸改性西瓜皮不溶性膳食纤维对亚硝酸盐的吸附作用［J］．食品
科学技术学报，2019，37（4）：72-77.

［110］张启月，张士凯，郜良卿，等．不同提取方法对樱桃酒渣水溶性膳食纤维结构、理化
与功能性质的影响［J］．食品科学，2021，42（7）：98-105.

［111］聂英杰．燕麦面包预混合粉的配方及保质期的研究［D］．呼和浩特：内蒙古农业大
学，2021.

［112］张守文．面包科学与加工工艺［M］．1996.

［113］LU W J, ZHANG Y, YE Q, et al. Evaluation of the quality of whole bean tofu prepared from
high-speed homogenized soy flour［J］. LWT, 2022, 172: 10.

［114］刘婷，李淼，齐先科，等．辉光放电冷等离子体处理对小麦加工品质的改善作用［J］．
食品科学，2023，44（15）：87-94.

[115] HU J L, MA L, LIU X Q, et al. Superfine grinding pretreatment enhances emulsifying, gel properties and in vitro digestibility of laccase-treated α-Lactalbu min [J]. LWT, 2022, 157: 1-9.

[116] Xu N, Zhang Y, Zhang G Z, et al. Effects of insoluble dietary fiber and ferulic acid on rheological and thermal properties of rice starch [J]. International journal of biological macromolecules, 2021, 193 (PtB): 2260-2270.

[117] SHI L, LI W H, SUN J J, et al. Grinding of maize: The effects of fine grinding on compositional, functional and physicochemical properties of maize flour [J]. Journal of Cereal Science, 2016, 68: 25-30.

[118] AJAY K, WANG L J, YURIS A D, et al. Thermogravimetric characterization of corn stover as gasification and pyrolysis feedstock [J]. Biomass and Bioenergy, 2007, 32 (5): 460-467.

[119] YU S B, WU Y C, LI Z J, et al. Effect of different milling methods on physicochemical and functional properties of mung bean flour [J]. Frontiers in Nutrition, 2023, 10.

[120] HONG S R, BYOUNGSEUNG Y. Effect of resistant starch (RS3) addition on rheological properties of wheat flour [J]. Starch-Stärke, 2012, 64 (6-8): 511-516.

[121] TIAN X L, WANG Z, WANG X X, et al. A promising strategy for mechanically modified wheat flour by milling of wheat endosperm [J]. Journal of Cereal Science, 2022, 104.

[122] ZHENG K, CHEN Z H, FU Y, et al. Effect of Tea Polyphenols on the Storage Stability of Non-Fermented Frozen Dough: Protein Structures and State of Water [J]. Foods, 2022, 12 (1).

[123] JIANG Y L, ZHAO Y M, ZHU Y F, et al. Effect of dietary fiber-rich fractions on texture, thermal, water distribution, and gluten properties of frozen dough during storage [J]. Food Chemistry, 2019, 297.

[124] LI M, SUSHIL D, WEI Y M. Multilevel Structure of Wheat Starch and Its Relationship to Noodle Eating Qualities [J]. Comprehensive Reviews in Food Science and Food Safety, 2017, 16 (5).

[125] ZHENG Y J, WANG X Y, SUN Y, et al. Effects of ultrafine grinding and cellulase hydrolysis separately combined with hydroxypropylation, carboxymethylation and phosphate crosslinking on the in vitro hypoglycaemic and hypolipidaemic properties of millet bran dietary fibre [J]. LWT, 2022, 172.

[126] PETROFSKY K E, HOSENEY R C. Rheological Properties of Dough Made with Starch and Gluten from Several Cereal Sources. Cereal Chem, 1994, 72 (1): 53-58.

[127] SELAKOVIĆ A, NIKOLIĆ I, DOKIĆ L, et al. Enhancing rheological performance of laminated dough with whole wheat flour by vital gluten addition [J]. LWT, 2021, 138.

[128] LI J, GARY G H, CHEN Z X, et al. Studying the effects of whole-wheat flour on the rheological properties and the quality attributes of whole-wheat saltine cracker using SRC, alveograph, rheometer, and NMR technique [J]. LWT - Food Science and Technology, 2014, 55 (1).

[129] LI J, KANG J, WANG L, et al. Effect of water migration between arabinoxylans and gluten on baking quality of whole wheat bread detected by magnetic resonance imaging (MRI) [J]. Journal of agricultural and food chemistry, 2012, 60 (26): 6507-6514.

[130] JIN X X, LIN S Y, GAO J, et al. How manipulation of wheat bran by superfine-grinding affects a wide spectrum of dough rheological properties [J]. Journal of Cereal Science, 2020, 96.

[131] JAROSLAW K, MARIUSZ W, RAFAF Z, et al. The Impact Of Resistant Starch On Characteristics Of Gluten-free Dough And Bread [J]. Food hydrocolloids, 2009, 23 (3): 988-995.

[132] YANG Y, ZHENG S S, LI Z, et al. Influence of three types of freezing methods on physicochemical properties and digestibility of starch in frozen unfermented dough [J]. Food Hydrocolloids, 2021, Jun: 106619. 1-106619. 8.

[133] VASSILIS K, H. DOUGLAS G, STEFAN K. Effect of aging and ice-structuring proteins on the physical properties of frozen flour-water mixtures [J]. Food hydrocolloids, 2008, 22 (6): 1135-1147.

[134] LI J, SUN L, LI B, et al. Evaluation on the water state of frozen dough and quality of steamed bread with proper amount of sanxan added during freeze-thawed cycles [J]. Journal of Cereal Science, 2022, 108.

[135] LIANG Y, QU Z T, LIU M, et al. Further interpretation of the strengthening effect of curdlan on frozen cooked noodles quality during frozen storage: Studies on water state and properties [J]. Food Chemistry, 2021, 346 (Jun. 1): 128908. 1-128908. 9.

[136] YANG Z X, XU D, ZHOU H L, et al. New insight into the contribution of wheat starch and gluten to frozen dough bread quality [J]. Food Bioscience, 2022, 48.

[137] BOSMANS G M, LAGRAIN B, DELEU L J, et al. Assignments of proton populations in dough and bread using NMR relaxometry of starch, gluten, and flour model systems. [J]. Journal of agricultural and food chemistry, 2012, 60 (21): 5461-5470.

[138] XIE Q R, LIU X R, XIAO S S, et al. Effect of Mulberry leaf polysaccharides on the baking and staling properties of frozen dough bread [J]. Journal of the science of food and agriculture, 2022, 102 (13): 6071-6079.

[139] JIA C L, YANG W D, YANG Z X, et al. Study of the mechanism of improvement due to waxy wheat flour addition on the quality of frozen dough bread [J]. Journal of Cereal Science, 2017, 75.

[140] YU W J, XU D, LI D D, et al. Effect of pigskin-originated gelatin on properties of wheat flour dough and bread [J]. Food Hydrocolloids, 2019, 94 (sep.): 183-190.

[141] 周维维, 刘帆, 谢曦, 等. 超微粉碎技术在农产品加工中的应用 [J]. 农产品加工, 2021 (23): 67-71, 75.

[142] 肖文娜. 预处理改善玉米粉面团特性的研究及应用 [D]. 呼和浩特: 内蒙古农业大学, 2022.

[143] 刘伟. 葡萄籽超微粉的制备及其压片糖果配方工艺优化 [D]. 乌鲁木齐: 新疆农业大学, 2021.

[144] 刘巧红. 香菇多糖提取新工艺研究 [D]. 福州: 福建农林大学, 2013.

[145] CAO H W, HUANG Q L, WANG C, et al. Effect of compositional interaction on in vitro digestion of starch during the milling process of quinoa [J]. Food Chemistry, 2023, 403, Mar. 1: 134372. 1-134372. 12.

[146] 赵晶. 蒲公英超微粉粉体特征及抗氧化研究 [D]. 哈尔滨: 哈尔滨商业大学, 2020.

［147］李支霞，方世辉．超微粉在食品应用中的研究进展［J］．茶业通报，2004（4）：175-177.

［148］潘琪锋．高含量燕麦粉的面包预混合粉研究［D］．无锡：江南大学，2021.

［149］段娇娇．青稞品种及粉碎粒度对重组粉面团和面条品质的影响［D］．重庆：西南大学，2020.